U0121746

21世纪高等学校规划教材 | 计算机应用

Visual Basic 程序设计教程

张国生 编著

清华大学出版社
北京

内容简介

本书是作者十几年从事 Visual Basic 程序设计教学、研究和开发的成果，融入了作者长期的理论教学、实践教学和软件开发的经验。

全书概念清楚、逻辑性强、层次分明，既便于教师教学，又便于学生自学；内容循序渐进、深入浅出，包括 Visual Basic 概述、Visual Basic 语言基础、顺序结构程序设计、选择结构程序设计、循环结构程序设计、数组、过程、键盘鼠标事件与图形多媒体设计、菜单工具栏与对话框、多重窗体程序设计与环境应用、数据文件、数据库应用、软件技术基础。

本书通俗易懂，实用性强，可作为高等学校本科、高职高专、成人继续教育及各类培训班的计算机程序设计课程教材和全国计算机等级考试的备考用书，也可作为软件开发人员的参考书和自学用书。

图书在版编目(CIP)数据

Visual Basic 程序设计教程/张国生编著. —北京：清华大学出版社，2011.2
(21 世纪高等学校规划教材·计算机应用)
ISBN 978-7-302-24525-4

Ⅰ. ①V… Ⅱ. ①张… Ⅲ. ①BASIC 语言－程序设计－高等学校－教材 Ⅳ. ①TP312

中国版本图书馆 CIP 数据核字(2011)第 007575 号

责任编辑：索 梅 王冰飞
责任校对：时翠兰
责任印制：王秀菊
出版发行：清华大学出版社　　**地　址**：北京清华大学学研大厦 A 座
http://www.tup.com.cn　　**邮　编**：100084
社 总 机：010-62770175　　**邮　购**：010-62786544
投稿与读者服务：010-62795954，jsjjc@tup.tsinghua.edu.cn
质 量 反 馈：010-62772015，zhiliang@tup.tsinghua.edu.cn
印 装 者：北京国马印刷厂
经　销：全国新华书店
开　本：185×260　**印　张**：19.75　**字　数**：478 千字
版　次：2011 年 2 月第 1 版　**印　次**：2011 年 2 月第 1 次印刷
印　数：1～3000
定　价：29.00 元

产品编号：039499-01

编审委员会成员

（按地区排序）

出版说明

随着我国改革开放的进一步深化，高等教育也得到了快速发展，各地高校紧密结合地方经济建设发展需要，科学运用市场调节机制，加大了使用信息科学等现代科学技术提升、改造传统学科专业的投入力度，通过教育改革合理调整和配置了教育资源，优化了传统学科专业，积极为地方经济建设输送人才，为我国经济社会的快速、健康和可持续发展以及高等教育自身的改革发展做出了巨大贡献。但是，高等教育质量还需要进一步提高以适应经济社会发展的需要，不少高校的专业设置和结构不尽合理，教师队伍整体素质亟待提高，人才培养模式、教学内容和方法需要进一步转变，学生的实践能力和创新精神亟待加强。

教育部一直十分重视高等教育质量工作。2007 年 1 月，教育部下发了《关于实施高等学校本科教学质量与教学改革工程的意见》，计划实施“高等学校本科教学质量与教学改革工程（简称‘质量工程’）”，通过专业结构调整、课程教材建设、实践教学改革、教学团队建设等多项内容，进一步深化高等学校教学改革，提高人才培养的能力和水平，更好地满足经济社会发展对高素质人才的需要。在贯彻和落实教育部“质量工程”的过程中，各地高校发挥师资力量强、办学经验丰富、教学资源充裕等优势，对其特色专业及特色课程（群）加以规划、整理和总结，更新教学内容、改革课程体系，建设了一大批内容新、体系新、方法新、手段新的特色课程。在此基础上，经教育部相关教学指导委员会专家的指导和建议，清华大学出版社在多个领域精选各高校的特色课程，分别规划出版系列教材，以配合“质量工程”的实施，满足各高校教学质量和教学改革的需要。

为了深入贯彻落实教育部《关于加强高等学校本科教学工作，提高教学……的若干意见》精神，紧密配合教育部已经启动的“高等学校教学质量与教学改革工……课程建设工作”，在有关专家、教授的倡议和有关部门的大力支持下，我们组织……“清华大学出版社教材编审委员会”（以下简称“编委会”），旨在配合教育部……程教材的出版规划，讨论并实施精品课程教材的编写与出版工作。“编委会……全国各类高等学校教学与科研第一线的骨干教师，其中许多教师为各校……学的院长或系主任。

按照教育部的要求，“编委会”一致认……工作从开始就要坚持高标准、严要求，处于一个比较高的起点上；……够反映各高校教学改革与课程建设的需要，要有特色风格、有创……手段、新思路，教材的内容体系有较高的科学创新、技术创新和……（对原有的学科体系有实质性的改革和发展，顺应并符合 21……并引领课程发展的趋势和方向）、示范性（教材所体现的课程……示范性）和一定的前瞻性。教材由个人申报或各校推荐（通……推荐），经“编委会”认真评审，最后由清华大学出版社审定出版。

目前，针对计算机类和电子信息类相关专业成立了两个“编委会”，即“清华大学出版社计算机教材编审委员会”和“清华大学出版社电子信息教材编审委员会”。推出的特色精品教材包括：

(1) 21世纪高等学校规划教材·计算机应用——高等学校各类专业，特别是非计算机专业的计算机应用类教材。

(2) 21世纪高等学校规划教材·计算机科学与技术——高等学校计算机相关专业的教材。

(3) 21世纪高等学校规划教材·电子信息——高等学校电子信息相关专业的教材。

(4) 21世纪高等学校规划教材·软件工程——高等学校软件工程相关专业的教材。

(5) 21世纪高等学校规划教材·信息管理与信息系统。

(6) 21世纪高等学校规划教材·财经管理与计算机应用。

(7) 21世纪高等学校规划教材·电子商务。

清华大学出版社经过二十多年的努力，在教材尤其是计算机和电子信息类专业教材出版方面树立了权威品牌，为我国的高等教育事业做出了重要贡献。清华版教材形成了技术准确、内容严谨的独特风格，这种风格将延续并反映在特色精品教材的建设中。

清华大学出版社教材编审委员会
联系人：魏江江
E-mail：weijj@tup.tsinghua.edu.cn

前言

Visual Basic 是可视化的开发环境，将结构化程序设计方法与面向对象程序设计方法有机结合，大量的 ActiveX 控件使 Visual Basic 可以实现强大的网络功能、数据库功能、图形功能和多媒体功能，使用 Visual Basic 可以非常容易地编写 Windows 下的各种应用程序。

本书是作者十几年从事 Visual Basic 程序设计教学、研究和开发的成果，融入了作者长期的理论教学、实践教学和软件开发的经验，具有以下特色：

(1) 以全国计算机等级考试 Visual Basic 程序设计最新大纲为主线，涵盖大纲所要求的每一个知识点，既包含 Visual Basic 程序设计的内容，又包含软件技术基础知识(全国计算机等级考试公共基础知识)，通过本书的学习可以使学生轻松通过全国计算机等级考试。

(2) 易教、易用、易学；本书概念清楚、逻辑性强、层次分明，作为教材方便教师教学，每一个示例都可以在课堂演示，并配有相应的习题作为学生课后巩固练习；提供图形程序设计、多媒体程序设计和数据库程序设计的完整实例可以直接应用；每一个知识点和示例都做了深入细致的介绍，便于自学。

(3) 本书内容注重理论教学与实践相结合，设计了精练、生动、有趣的示例和习题，有利于学生实践能力的培养和素质的提高。

(4) 注重启发式教学，提高学生分析问题、解决问题的能力；在介绍程序设计基本知识和基本技能的同时，更加注重解决实际问题的算法分析、设计和程序实现。

(5) 通过示例和习题贯穿介绍常用的计算方法，包括解非线性方程的牛顿迭代法、二分法、数值积分、穷举法、递推法、求最大值和最小值、求最大公约数和最小公倍数、多项式求值、进制转换、常用数据排序算法和查找算法等。

(6) 介绍算法与数据结构、程序设计基础、软件工程基础和数据库设计基础知识，进一步增强学生设计、开发软件的能力。

全书内容循序渐进、深入浅出，包括 Visual Basic 概述、Visual Basic 语言基础、顺序结构程序设计、选择结构程序设计、循环结构程序设计、数组、过程、键盘鼠标事件与图形多媒体设计、菜单工具栏与对话框、多重窗体程序设计与环境应用、数据文件、数据库应用、软件技术基础。为方便教学，本书还配有多媒体教学课件，读者可以从清华大学出版社网站 http://www.tup.tsinghua.edu.cn/下载。

在本书的编写过程中，得到了余江、赵东风、梁洁、林玲、陆原、夏既胜、杨项军等人的支持，在此一并表示感谢。

由于作者水平有限，书中难免有不足或疏漏之处，敬请广大读者批评指正。

张国生

2011 年 1 月

目 录

第1章 Visual Basic概述

Visual Basic 是 Microsoft 公司 1991 年推出的,是 Windows 操作系统下的第一个可视化开发环境。Visual Basic 功能强大,易于学习,是开发 Windows 应用程序最快捷、最方便的工具之一。无论是计算机专业人员还是非专业人员,都能迅速学会并掌握。

1.1 Visual Basic 简介

1.1.1 Visual Basic 发展历史

Visual Basic(简称 VB)是以 Basic 语言为基础,以事件驱动为运行机制的新一代可视化程序设计语言,Visual 指的是图形用户界面的可视化设计,大大节省了设计时间,提高了开发效率。

Visual Basic 的发展经历了如下几个版本:

1991 年的 Visual Basic 1.0,采用事件驱动和可视化用户界面设计。

1992 年的 Visual Basic 2.0,加入了对象类型。

1993 年的 Visual Basic 3.0,支持开放数据库连接 ODBC、对象链接与嵌入 OLE 等高级特性。

1995 年的 Visual Basic 4.0,支持 Windows 95 下的 32 位应用程序开发,并引入了类等面向对象程序设计的概念。

1997 年的 Visual Basic 5.0,加入了本地代码编译器,极大地提高了应用程序的执行效率。

1998 年的 Visual Basic 6.0,是当时比较成熟、稳定的应用系统开发环境,成为 Windows 下流行的开发工具。

2002 年的 Visual Studio .NET(其中包含 Visual Basic .NET),彻底支持面向对象的编程机制。

2003 年的 Visual Studio 2003,引入了移动设备支持和企业模板。

2005 年的 Visual Studio 2005,能开发跨平台的应用程序,如:开发使用微软操作系统的手机程序等。

2008 年的 Visual Studio 2008,在 3 个方面为开发人员提供了关键改进:①快速的应用程序开发;②高效的团队协作;③突破性的用户体验。

2010 年的 Visual Studio 2010，能实现多显示器支持；具备强大的 Web 开发功能；新增 SharePoint 开发支持，同时自带大量模板和 Web 部件，并且能更准确地定向任何版本的 .NET Framework。

Visual Basic 6.0 是一个 32 位的应用程序开发工具，有 3 个版本：标准版、专业版和企业版。标准版主要是为初学者了解基于 Windows 的应用程序开发而设计的；专业版主要是为专业人员创建客户机/服务器应用程序而设计的；企业版则是为创建更高级的分布式、高性能的客户机/服务器或 Internet/Intranet 上的应用程序而设计的。

本书介绍 Visual Basic 6.0 简体中文企业版。

1.1.2 Visual Basic 特点

Visual Basic 是开发 Windows 应用程序的高效、简单的程序设计语言，其主要特点如下：

1. 可视化的设计平台

Visual Basic 提供了功能强大的可视化设计工具，开发人员不必为设计用户界面编写大量的程序，只需在窗体上画出各种对象并设置对象的属性，就能快速地设计出用户界面，降低了程序设计的复杂度，缩短了应用程序的开发周期。

2. 面向对象的程序设计

Visual Basic 采用面向对象的程序设计方法，将程序和数据封装起来作为一个对象，并赋予每个对象相应的属性。

3. 结构化程序设计语言

在 Visual Basic 中设计程序，是以面向对象为主，以面向过程为辅的设计模式。结构化程序设计的 3 种基本结构：顺序结构、选择结构、循环结构，在 Visual Basic 程序设计中，仍然作为基本控制结构。

4. 事件驱动的编程机制

Visual Basic 通过事件驱动的方式执行对象的操作，这与面向过程的程序设计有很大的不同。面向过程的应用程序从程序的第一行代码开始执行程序，由程序本身控制程序的执行顺序；在 Visual Basic 中，程序的运行由事件触发，一个对象可以有多个事件，每个事件都可以执行一段程序来响应，这段程序称为对象响应事件的事件过程。

5. 强大的数据库访问能力

在 Visual Basic 应用程序中，可以通过开放数据库连接 ODBC、OLE DB 等技术访问不同的数据库，既可以在客户机/服务器系统中访问数据库，也可以在浏览器/服务器系统中访问数据库。

除上述特点外，Visual Basic 还提供了其他一些功能，包括动态数据交换 DDE、对象的链接与嵌入 OLE、动态链接库 DLL、Internet 组件下载、建立自己的 ActiveX 控件、ActiveX

文档、远程自动化工具直接支持远程操作、ADO 数据控件和 ADO 对象，并具有声明、触发、管理自定义事件的功能等。

1.2 Visual Basic 可视化编程的基本概念

1.2.1 Visual Basic 集成开发环境

Visual Basic 的集成开发环境与 Windows 下的许多应用程序相似，都有标题栏、菜单栏、工具栏、快捷菜单等，另外，Visual Basic 的集成开发环境还包含其他一些窗口：工具箱、工程资源管理器窗口、属性窗口、窗体布局窗口、窗体设计器窗口、代码窗口等。

启动 Visual Basic 后，出现“新建工程”对话框，如图 1-1 所示。在该对话框的“新建”选项卡中双击“标准 EXE”图标，或者单击选中“标准 EXE”图标，再单击“打开”按钮，将新建一个工程；在“现存”选项卡中可以打开原来已有的工程；在“最新”选项卡中可以打开最近建立或打开过的工程。

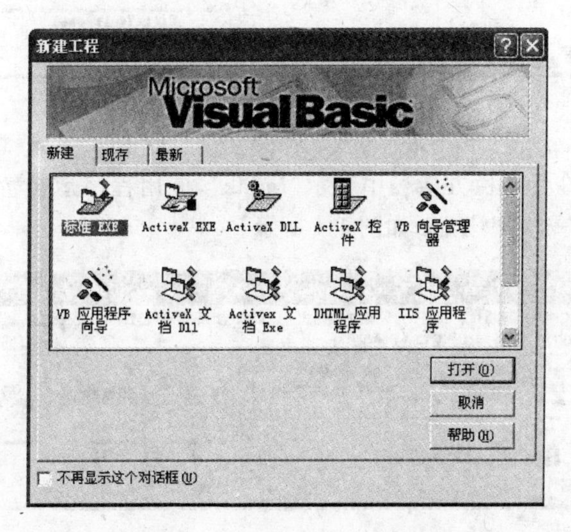

图 1-1 “新建工程”对话框

1. 标题栏

标题栏位于 Visual Basic 窗口的顶部，可以显示 Visual Basic 当前的工作状态，以及最小化、最大化/还原、关闭按钮。

启动 Visual Basic 后，标题栏中显示的信息是“工程 1-Microsoft Visual Basic[设计]”，其中方括号中的“设计”表明当前的工作状态处于“设计模式”。随着工作状态的不同，方括号中的信息也随之改变。

Visual Basic 有 3 种工作模式：设计模式、运行模式和中断模式。

(1) 设计模式。在标题栏方括号中显示“设计”，可进行用户界面设计和程序代码编写，实现应用程序开发，如图 1-2 所示。

图 1-2 Visual Basic 设计模式

(2) 运行模式。在标题栏方括号中显示"运行",可运行应用程序,在此工作模式下,不可以编辑程序代码,也不可以编辑用户界面,如图 1-3 所示。

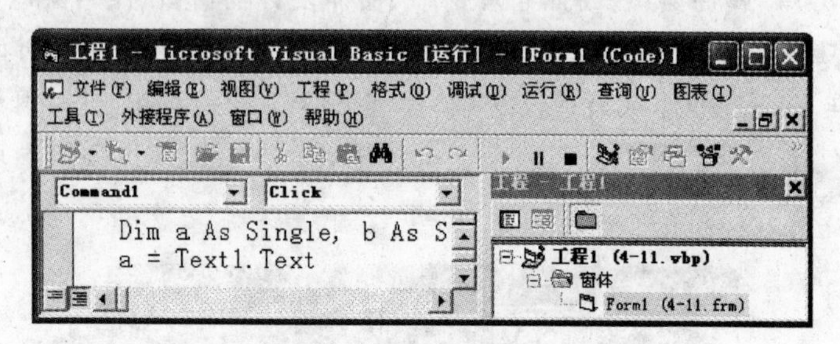

图 1-3 Visual Basic 运行模式

(3) 中断模式。在标题栏方括号中显示"break",应用程序运行暂时中断,用户可编辑程序代码,但不可以编辑用户界面,如图 1-4 所示。

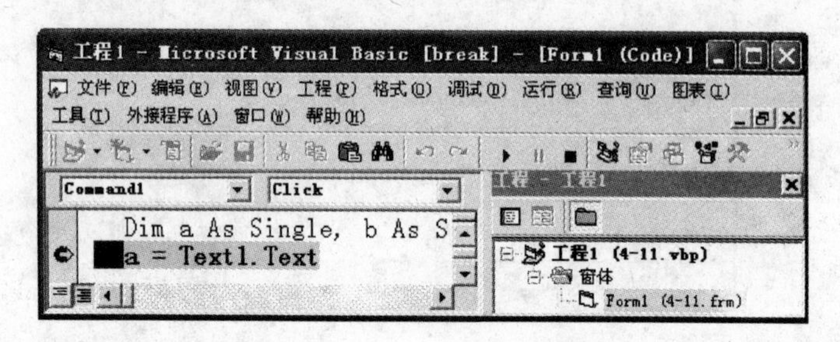

图 1-4 Visual Basic 中断模式

2. 菜单栏

菜单栏位于标题栏下方,以菜单的方式提供给用户开发、运行和调试 Visual Basic 应用程序的所有功能。除了提供"文件"、"编辑"、"视图"、"窗口"和"帮助"菜单外,还提供了编写应用程序专用的功能菜单,如"工程"、"格式"、"调试"和"运行"菜单。

3. 工具栏

工具栏提供了对常用命令的快速访问。Visual Basic 提供了 4 种工具栏:标准、编辑、窗体编辑器和调试。默认情况下,启动 Visual Basic 后显示"标准"工具栏,如图 1-5 所示。"标准"工具栏是开发 Visual Basic 应用程序最常用的工具栏。

在 Visual Basic 的"标准"工具栏中,"启动"按钮和"结束"按钮用于执行和终止用户所

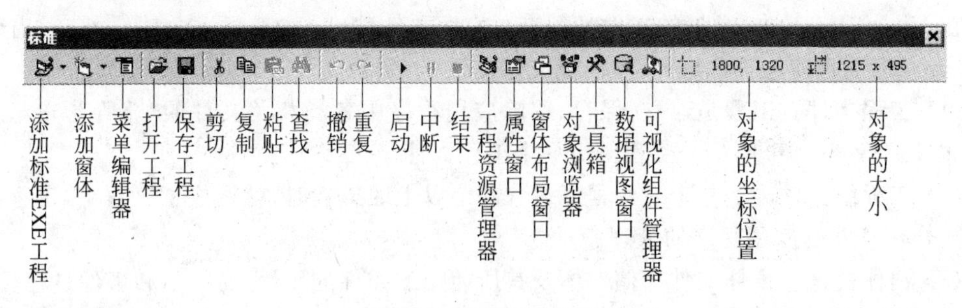

图 1-5 “标准”工具栏

编制的应用程序；“中断”按钮用于暂停应用程序，一般用于程序调试；“工程资源管理器”按钮、“属性窗口”按钮、“窗体布局窗口”按钮和“工具箱”按钮分别对应 Visual Basic 主窗口中的工程资源管理器窗口、属性窗口、窗体布局窗口和工具箱，当这些窗口或工具箱被关闭后，可以通过这些按钮让它们重新显示出来。

4. 窗体设计器窗口

窗体设计器窗口是专门进行用户界面设计的窗口，设计应用程序的用户界面就是通过在窗体中添加控件来实现的。

新建一个工程后，Visual Basic 自动新建一个空白的窗体，并放在窗体设计器窗口中，如图 1-6 所示，在窗体上可以添加所需要的控件。

5. 工程资源管理器窗口

在工程资源管理器窗口中，以树形结构的形式列出了当前工程中所包含的所有模块，如图 1-7 所示。工程资源管理器窗口上部的 3 个按钮及其功能如下：

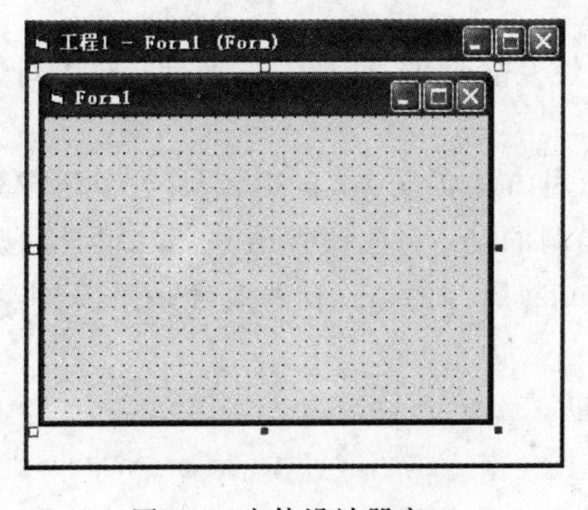

图 1-6 窗体设计器窗口

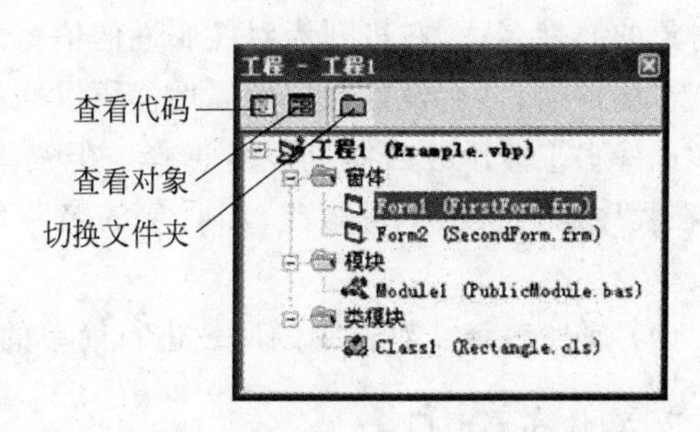

图 1-7 工程资源管理器窗口

(1)“查看代码”按钮。切换到代码窗口，用于显示和编辑代码。

(2)“查看对象”按钮。切换到窗体设计器窗口，用于显示和编辑对象。

(3)“切换文件夹”按钮。切换工程中的文件是否按类型分层次显示。

“查看代码”按钮和“查看对象”按钮可以方便地在代码窗口和窗体设计器窗口之间切换，设计应用程序界面和代码时用得较多。

在 Visual Basic 中，常见的文件类型有：工程文件(. vbp)、工程组文件(. vbg)、窗体文件(..frm)、标准模块文件(. bas)、类模块文件(. cls)和资源文件(. res)。

(1) 工程文件。工程是建立、保存、移除应用程序中各类相关文件的"总管"，它对所有这些文件进行统一管理，一个工程对应一个工程文件。

(2) 工程组文件。当一个应用程序包含两个以上的工程时，就构成了工程组，工程组适合多人合作开发的应用程序的管理。

(3) 窗体文件。窗体文件存储窗体及其所使用的控件的属性、属性值和事件过程代码。

(4) 标准模块文件。标准模块文件包含全局级(在整个应用程序的所有模块都有效)的变量、符号常量和过程，可以在不同的模块中调用，是一个纯代码性质的文件，没有用户界面。

(5) 类模块文件。类模块文件包含用户自定义的类。

(6) 资源文件。资源文件中存放的是各种资源，是一种可以同时存放文本、图片、声音等多种资源的文件。一个工程最多包含一个资源文件。

6. 属性窗口

属性窗口用于对选定的窗体或控件进行属性设置，在属性窗口中列出了选定的窗体或控件的所有属性，可以直接进行设置，如图 1-8 所示。

属性窗口由如下 4 个部分组成：

(1) 对象列表框。该列表框中包含了当前窗体中的所有对象，通过单击右侧的向下箭头，可以选择某个对象为当前对象，与之相应的属性列表将显示该对象的所有属性。

在对象列表框中既包含了对象的名称，又包含了相应类的名称，如：Form1 Form 表示窗体的名称为 Form1，窗体类的名称为 Form。

(2) 属性显示方式。可以选择对象属性列表的排列方式为按字母顺序或按分类顺序两种显示方式，默认为"按字母序"。

(3) 属性列表。列出当前选中对象的所有属性及属性值，分成左右两列：左边列为当前对象的属性名称，右边列为对应属性的值。

在属性窗口中，设置对象的属性值可以通过 3 种方法实现：①直接输入；②从下拉列表框中选择；③打开对话框进一步选择。但需要强调的是：有些属性值只能在设计状态修改，在程序运行状态不得修改，如对象的名称(Name)属性的值；有些属性是只读的，不得修改。

(4) 属性解释。对选中的属性进行简单的说明。

7. 窗体布局窗口

窗体布局窗口用于设置程序运行后，窗体在屏幕上的位置，默认情况下，窗体位于屏幕的左上角。通过拖动窗体布局窗口中的窗体图标，可以改变程序运行后窗体在屏幕上的位置，如图 1-9 所示。

8. 工具箱

工具箱中放置了控件，控件是组成应用程序用户界面的基本元素，每个控件由工具箱中的一个图标表示，如图 1-10 所示。工具箱中的控件由选项卡组织，默认情况下，所有的控件都在 General 选项卡中，也可以在工具箱中创建新的选项卡，然后将控件图标拖入其中进行分类管理。

要在工具箱中创建新的选项卡，只需在工具箱中空白的位置右击鼠标，在弹出的快捷菜单中单击“添加选项卡”命令，然后给选项卡输入一个名称即可。

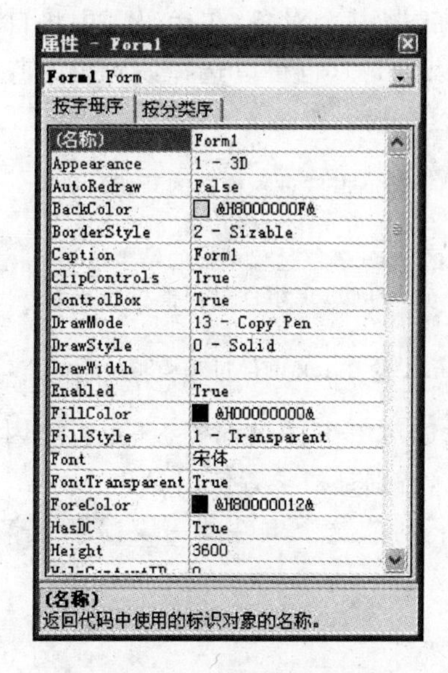

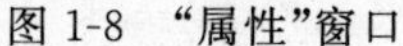

图 1-8 “属性”窗口

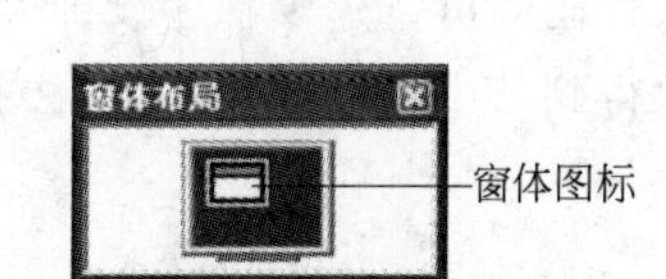

图 1-9 “窗体布局”窗口

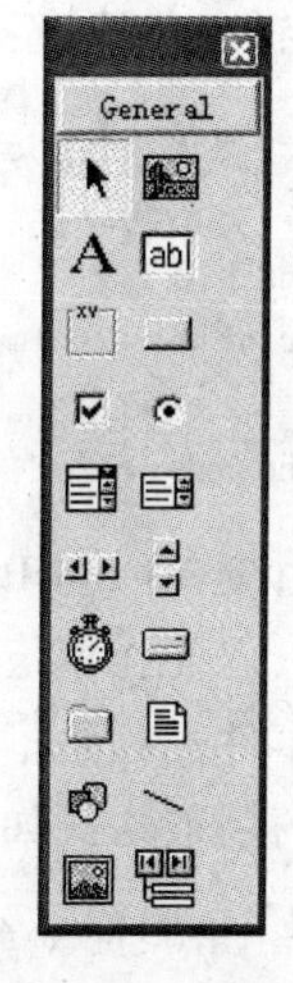

图 1-10 工具箱

9. 代码窗口

代码窗口又称代码编辑器窗口，是显示和编辑程序代码的窗口。应用程序中的每个窗体模块、标准模块或类模块都有一个独立的代码编辑器窗口与之对应。

下列方法可以进入到代码窗口：

(1) 双击窗体的空白位置或双击窗体上的某个控件。

(2) 单击工程资源管理器窗口左上角的“查看代码”按钮。

(3) 单击“视图”菜单中的“代码窗口”命令。

(4) 右击窗体或窗体上的某个控件，在弹出的快捷菜单中单击“查看代码”命令。

Visual Basic 的代码窗口如图 1-11 所示。主要由如下 3 个部分组成：

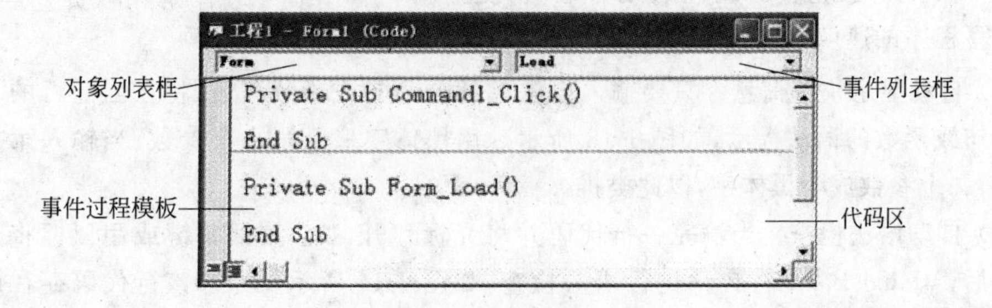

图 1-11 代码窗口

(1) 对象列表框。位于代码窗口的左上角,其中列出了当前窗体及其所包含的所有对象的名称,但无论当前窗体在设计时的名称是什么,当前窗体的名称在代码窗口的对象列表框中总是 Form。对象列表框可以用于选择对象,在编写对象的事件过程时使用。

(2) 事件列表框。位于代码窗口的右上角,其中列出了对象列表框中选定对象的所有事件名。

(3) 代码区。程序代码的编辑区。在对象列表框中选择某个对象,在代码区中将自动生成该对象的默认事件过程模板(事件过程的开始和结束语句),也可以选择该对象的其他事件名,在代码区将自动生成该对象对应事件的事件过程模板。如:

```
Private Sub Form_Load()                '当前窗体 Form 的 Load 事件过程模板的开始
    <语句组>
End Sub                                '当前窗体 Form 的 Load 事件过程模板的结束语句
Private Sub Command1_Click()           '命令按钮 Command1 的 Click 事件过程模板的开始
    <语句组>
End Sub                                '命令按钮 Command1 的 Click 事件过程模板的结束语句
```

由于 Visual Basic 在代码窗口的代码区具有自动生成对象事件过程模板的功能,因此用户只需要在模板内输入代码即可。建议程序设计人员,特别是初学者使用。

事件过程是指当对象得到某个事件(动作)后,去执行对应这个事件的一段程序。事件过程的一般格式如下:

```
Private Sub 对象名_事件名([<形参表>])
    <语句组>
End Sub
```

其中,对象名指的是该对象的名称(Name)属性的值,但当前窗体的对象名为 Form;事件名是系统预定义的事件名称。

用户在代码区编写程序时,还可以使用代码区所提供的如下自动功能:

(1) 自动列出成员。用户在代码区编写程序时,只要输入对象的名称,再输入一个点,Visual Basic 将自动列出该对象包含的所有的属性名和方法名,如图 1-12 所示。用户只需要输入属性名或方法名的前一两个字符,按下空格键即可获得对象完整的属性名或方法名,提高了编写程序的速度,减少了出错的可能。

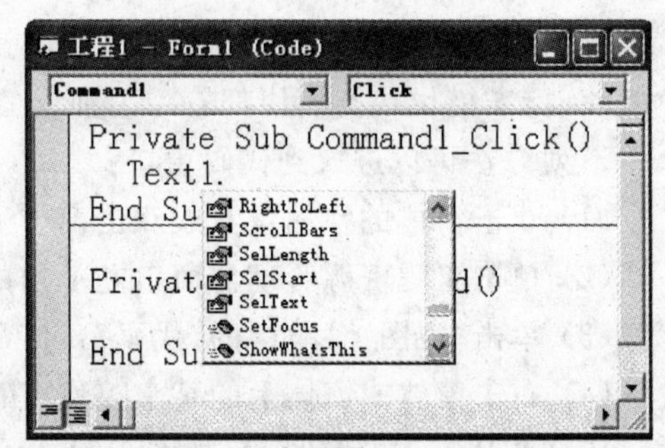

图 1-12 自动列出成员

(2) 自动显示快速信息。只要输入合法的部分语句或函数名后,将在当前行的下面显示该语句或函数的语法提示,如图 1-13 所示。用黑体字显示第一个参数,当输入第一个参数后,第二个参数成为黑体字,以此类推。

(3) 自动语法检查。当输完一行代码并将光标移开,如:按回车键或用鼠标将光标离开该行后,Visual Basic 将自动进行语法检查,如图 1-14 所示。如果该行代码存在语法错误,系统将显示出错对话框,并将该语句变成红色显示。

(4) 自动缩进:当对第一行代码使用 Tab 键或空格键进行左缩进后,只要按回车键,所

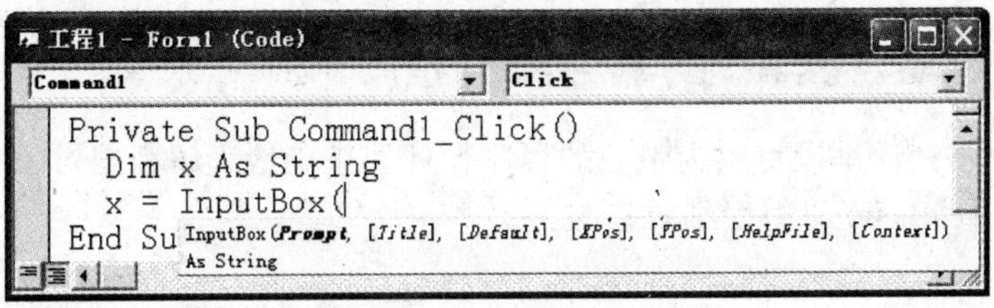

工程1 - Form1 (Code)
Command1
Click
Private Sub Command1_Click()
Dim x As String
x = InputBox(
End Su
InputBox(Prompt, [Title], [Default], [XPos], [YPos], [HelpFile], [Context])
As String

图 1-13　自动显示快速信息

工程1 - Form1 (Code)
Command1
Click
Private Sub Command1_Click()
x = 10: y = 20
z = x+
End Sub
Microsoft Visual Basic
编译错误:
缺少: 表达式
确定
帮助

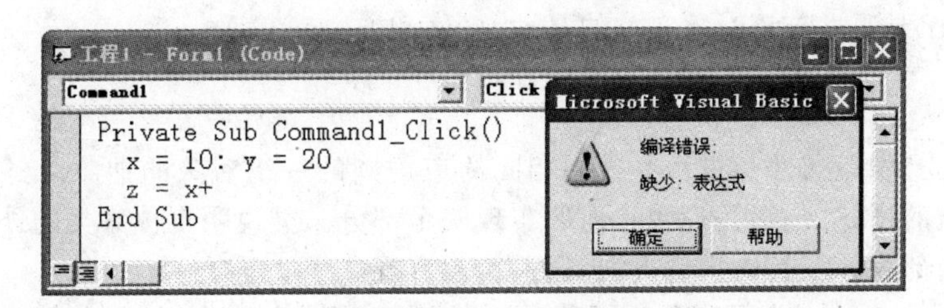

图 1-14　自动语法检查

有后续行将以该缩进位置自动左缩进。

注意：

(1) 编写 Visual Basic 程序时，只要某行语句是红色显示，一定存在语法错误，必须将该行的语法错误排除，否则，无法执行该程序。

(2) 编写 Visual Basic 程序时，不区分大小写字母，即大小写字母的含义是相同的。

(3) 编写 Visual Basic 程序时，只有输入中文时，才能将输入法切换到中文状态，输入其他任何字符都必须在英文状态，否则，容易出错。如：中文状态下的圆括号、逗号、双引号等容易与英文状态下的相应符号混淆，特别是初学者容易出错。

代码窗口的通用声明段指的是代码窗口中的开始位置区域，该区域占多少行没有限制，这个区域不包含在任何一个过程或函数中，即代码模块的最开始位置，当光标处在代码窗口的通用声明段中时，代码窗口左上角的对象列表框中显示“(通用)”，而代码窗口右上角的事件列表框中显示“(声明)”。代码窗口的通用声明段一般用于定义全局级或模块级的变量、符号常量、数组、用户自定义数据类型等，如图 1-15 所示。

工程1 - Module1 (Code)
(通用)
(声明)
代码窗口的
通用声明段
Public cn As ADODB.Connection
Public rs As ADODB.Recordset
Sub main()
Set cn = New ADODB.Connection
cn.ConnectionString = "Provider=Micros
& "Data Source=D:\职工管理.mdb;Persist
cn.Open
Set rs = New ADODB.Recordset
Set rs.ActiveConnection = cn

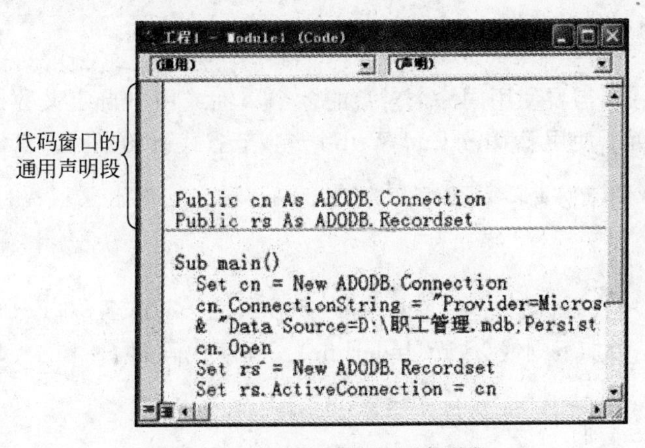

图 1-15　代码窗口的通用声明段

1.2.2 对象及其属性、事件和方法

面向对象程序设计是以对象为中心的程序设计。正确地理解面向对象程序设计的基本概念是设计 Visual Basic 应用程序的基础。

1. 对象

对象是系统的基本运行实体，是代码和数据的集合，具有属性、事件和方法。建立一个对象后，其操作要通过与该对象有关的属性、事件和方法来实现。

2. 类

类是指具有相似属性和操作并遵循相同约束规则的一组对象的抽象。具体地说，类是关于对象性质的描述，包括类说明和内部实现两个部分。类说明也称为类的外部接口，内部实现是类的内部表示及具体实现方法，通过编程实现。

在 Visual Basic 中，类可以分为两种：一种是系统预先设计好的，可直接使用的类，如窗体、控件等，称为系统预定义类；另一种是用户自定义的类。

类是能够产生对象的模板，是抽象的对象。在面向对象程序设计中，一般是先设计类，再通过类产生多个类的实例。

在 Visual Basic 应用程序设计中，窗体、命令按钮、文本框、标签等都是系统预定义类，每一个具体的对象，如：具体的窗体 Form1、Form2，具体的控件 Command1、Command2、Text1、Label1 等，都是通过相应的系统预定义类产生的，这些具体的对象称为相应类的实例。

有了类这种抽象对象模板，在面向对象程序设计中，可以快速生成所需要的多个类的实例对象，大大提高了程序设计的效率。

3. 对象的属性

属性是对象的特征，不同的对象具有不同的属性，属性有属性值。在设计阶段，对象的属性值可以通过属性窗口设置，但必须先选定对象，也可以在程序代码中，用赋值语句设置对象的属性值，其语法格式如下：

```
<对象名>.<属性名>=<属性值>
```

例如：

```
Label1.Caption="标签的标题"
```

在程序代码中，当需要使用同一个对象的多个属性或用户自定义数据类型变量的多个字段（或成员）时，可以使用 With…End With 语句，节省代码的书写。其语法格式如下：

```
With <对象名>或<用户自定义数据类型变量名>
    <语句组>
End With
```

例如：要用程序代码设置标签 Label1 的字形属性：字体名称（FontName）、字体大小（FontSize）、字体是否加下划线（FontUnderline）。程序代码如下：

```
Label1.FontName = "黑体"
Label1.FontSize = 30
Label1.FontUnderline = True
```

使用 With…End With 语句也可以实现相同的功能。程序代码如下：

```
With Label1
   .FontName = "黑体"
   .FontSize = 30
   .FontUnderline = True
End With
```

4. 对象的事件

事件是对象所得到的动作。在 Visual Basic 中，为每个对象预先定义了一些事件，如：单击(Click)事件、双击(DblClick)事件、载入(Load)事件、卸载(Unload)事件等，这些事件可以分为两类：系统事件和用户事件。系统事件由计算机系统产生，如：计时事件(Timer)等，用户事件是由用户触发的，如：单击事件(Click)。

5. 对象的方法

方法是指对象本身具有的、实现对象功能的特殊过程或函数，每一种对象都有其特定的方法。方法的具体实现代码是不可见的，用户可以在编写程序时，通过对象的方法名调用对应方法的程序代码。对象方法的调用格式如下：

```
[<对象名>.]方法名 [<实参表>]
```

其中，<对象名>如果是当前窗体可以省略。

例如：Form2.Show 方法可以将窗体 Form2 显示出来。

对于对象的属性、事件和方法，需要强调的是：对象的属性、事件和方法必须与对象紧密相关，离开对象谈属性、事件和方法没有意义，而且 Visual Basic 对象的预定义属性名、事件名和方法名只能使用，不能更改。

1.2.3 窗体与控件

1. 窗体

窗体(Form)就是通常所说的窗口，是设计用户界面的基础，各种控件都必须放置在窗体上；窗体是所有控件的容器对象。

容器对象指的是能够容纳或包含其他对象的对象，如：在窗体中能够容纳其他控件，因此，窗体是容器对象。另外，在 Visual Basic 的标准控件中，框架(Frame)和图片框(PictureBox)也是容器对象，称为容器控件，在其中可以容纳其他控件。

容器对象的一些属性，如：Enabled、Visible，会影响被它们所容纳的控件；当移动容器对象时，被容纳或被包含的对象也会随之移动；当删除容器对象时，被容纳的对象也会随之被删除。

将控件放入容器控件的方法：单击选中容器控件，在“工具箱”中单击需要放入的控件(不能使用双击的方式)，然后，在容器控件中拖动鼠标画出这个控件。

例如：在窗体上有一个图片框 Picture1，要将命令按钮 Command1 放入 Picture1 中，需要先单击选中 Picture1，再单击“工具箱”中的命令按钮，然后，在 Picture1 中拖动鼠标画出

Command1,这样,Picture1 和 Command1 才具有容纳与被容纳的关系。

1) 窗体的结构

窗体的结构与 Windows 下的窗口一样,具有控制菜单、标题栏、"最小化"按钮、"最大化/还原"按钮、"关闭"按钮及边框。

窗体也可以和窗口一样对其进行操作,在程序运行时,可以通过拖动标题栏移动窗体,也可以用鼠标拖动边框改变窗体大小等。

2) 窗体的常用属性

窗体的属性决定了窗体的外观和操作,窗体的常用属性见表 1-1 所示。

表 1-1 窗体的常用属性

属性名	含义	说明
AutoRedraw(自动重画)	窗体被覆盖后,重新显示时是否自动重画窗体上的图形或文本	
Caption(标题)	窗体标题栏显示的文本	
BorderStyle(边框类型)	窗体的边框类型,有 6 种类型	
ControlBox(控制菜单)	窗体是否具有控制菜单	窗体独有
MinButton(最小化按钮)	窗体是否具有最小化按钮	窗体独有
MaxButton(最大化按钮)	窗体是否具有最大化按钮	窗体独有
Moveable(可移动)	窗体是否可移动	
ForeColor(前景色)	窗体的前景颜色,即在窗体上输出文本和图形的颜色	
BackColor(背景色)	窗体的背景颜色	
Icon(图标)	显示在窗体左上角的图标及窗体最小化时所显示的图标	窗体独有
Picture(图片)	在窗体上显示的图片	
WindowState(窗体状态)	窗体状态(正常、最小化或最大化窗体)	窗体独有

约定:在本书中描述对象属性的含义时,只要是某个属性的含义为"是否……",则表示对象该属性的值只可能是布尔值或逻辑值 True 或 False。

例如:窗体的 Moveable 属性的含义为:窗体是否可移动,则表示 Moveable 属性的值只可能是布尔值或逻辑值 True 或 False,为 True 则表示窗体可移动,为 False 则表示窗体不可移动。

3) 窗体的常用事件

与窗体有关的事件较多,既有系统事件又有用户事件。窗体的常用事件见表 1-2 所示。

表 1-2 窗体的常用事件

事件名	说明
Click(单击)	单击鼠标左键时触发该事件
DblClick(双击)	双击鼠标左键时触发该事件
Load(载入)	启动程序,将窗体载入内存时触发该事件
Unload(卸载)	结束程序,将窗体从内存中卸载时触发该事件
Activate(活动)	当窗体成为活动窗体时触发该事件
Deactivate(非活动)	当活动窗体成为非活动窗体时触发该事件
Resize(改变大小)	当窗体大小发生变化时触发该事件
Paint(绘制)	当窗体被显示、移动、放大、缩小或需要重新绘制时触发该事件

4）窗体的常用方法

充分利用窗体的常用方法，可以提高程序的开发能力，增加应用程序的整体效果，如：绘图效果、字形效果、动画效果等。窗体的常用方法见表1-3所示。

表1-3 窗体的常用方法

方法名	说 明
PSet	在窗体或图片框中画点
Line	在窗体或图片框中绘制直线或矩形
Circle	在窗体或图片框中绘制圆、椭圆、圆弧或扇形
Point	用于获取对象上某点的颜色，其返回值为代表颜色的长整型值
Move	用于移动窗体或控件
Refresh	刷新，用于全部重画一个窗体

注意：图片框控件与窗体类似，因此，具有很多与窗体相似的属性、事件和方法。

在Visual Basic中编写程序时，在程序代码中引用当前窗体的属性值和方法时，可以采用如下3种方法：

(1) 用“窗体名.属性名”的格式引用当前窗体的属性值；用“窗体名.方法名”的格式引用当前窗体的方法。

(2) 用“Me.属性名”的格式引用当前窗体的属性值；用“Me.方法名”的格式引用当前窗体的方法，关键字Me表示当前窗体。

(3) 用“属性名”的格式引用当前窗体的属性值；用“方法名”的格式引用当前窗体的方法，省略了窗体名和点。

例如：设当前窗体的名称为Form1，下面3种方法都可以给当前窗体的Caption属性赋值为字符串“当前窗体的标题”。

① Form1.Caption = "当前窗体的标题"

② Me.Caption = "当前窗体的标题"

③ Caption = "当前窗体的标题"

例如：设当前窗体的名称为Form1，下面3种方法都可以引用当前窗体的Print方法在当前窗体上输出字符串“全国计算机等级考试”。

① Form1.Print "全国计算机等级考试"

② Me.Print "全国计算机等级考试"

③ Print "全国计算机等级考试"

2. 控件

控件是组成用户界面的基本元素。在Visual Basic中，控件可以分成以下3类：

(1) 标准控件。也称内部控件，启动Visual Basic后，内部控件就出现在工具箱中，既不能添加，也不能删除。

(2) ActiveX控件。是扩展名为.ocx的独立文件，包括各种版本Visual Basic提供的控件以及第三方提供的控件，需要时可添加到工具箱中。

(3) 可插入对象。指将其他应用程序，如：Word、Excel、公式等通过对象的链接与嵌入

OLE 作为一个对象插入到窗体中使用。

通过工具箱中的"OLE 容器"控件，将其他应用程序，如：Word、Excel、公式等对象插入到 Visual Basic 窗体中。

1）标准控件

除了工具箱中的指针(Pointer)仅用于选择窗体上的控件外，Visual Basic 工具箱中的每一个控件都是一个类，通过这些类可以快速地产生相应的对象实例。标准控件的含义见表 1-4 所示。

表 1-4 标准控件

图形	名 称	说 明
	PictureBox(图片框)	用于显示文本或图形，包括位图(. bmp)、图标(. ico)、Windows 元文件(. wmf)、增强的元文件(. emf)、JPEG(. jpg)、GIF(. gif)文件，也可以作为其他控件的容器
	Label(标签)	用于显示只读的文本
	TextBox(文本框)	既可以输入文本，也可以输出文本
	Frame(框架)	对单选按钮进行分组，增加用户界面的视觉效果，也可以作为其他控件的容器
	CommandButton(命令按钮)	用于执行命令
	CheckBox(复选框)	使用户能在所有复选框中，实现 0 项(不选中任何一个复选框)至所有项(选中全部复选框)之间任意选择
	OptionButton(单选按钮)	在一组单选按钮中，任意时刻最多只能选择一项(一个单选按钮)而且必须选择一项
	ComboBox(组合框)	既可以输入项也可以选择项，但选择项时最多只能选择一个项
	ListBox(列表框)	只能选择项不能输入项，但可以选择多个项
	HScrollBar(水平滚动条)	用于表示一定范围内的数值选择，提供水平定位
	VScrollBar(垂直滚动条)	用于表示一定范围内的数值选择，提供垂直定位
	Timer(计时器)	每隔一个计时间隔自动产生一个 Timer 事件，用于实现动态时钟或动画，运行时不可见
	DriveListBox(驱动器列表框)	列出当前计算机中所有可用的驱动器供用户选择
	DirListBox(目录列表框)	列出指定驱动器中的目录(文件夹)供用户选择
	FileListBox(文件列表框)	列出指定目录(文件夹)中的文件供用户选择
	Shape(形状)	可以产生矩形、圆角矩形、正方形、圆角正方形、圆或椭圆
	Line(直线)	可以产生直线
	Image(图像)	显示图形，包括位图(. bmp)、图标(. ico)、Windows 元文件(. wmf)、增强的元文件(. emf)、JPEG(. jpg)、GIF(. gif)文件
	Data(数据)	用于实现本地数据库的连接
	OLE(OLE 容器)	创建 OLE 容器对象，用于将其他应用程序，如 Word 对象，插入到 Visual Basic 窗体中

2）控件值

在 Visual Basic 中，一般情况下，用“控件名.属性名”的格式引用控件的属性值，用“控件名.方法名”的格式引用控件的方法。

例如：Command1.Caption 表示命令按钮 Command1 的 Caption 属性；Text1.SetFocus 表示文本框 Text1 的 SetFocus 方法。

为了方便使用，Visual Basic 为一些常用控件规定了一个默认属性，在程序代码中使用控件的默认属性时，不必给出点和属性名，仅给出控件名即可，通常将控件的默认属性称为控件值。常用控件的控件值见表 1-5 所示。

表 1-5 常用控件的控件值

控件名称	控件值	控件名称	控件值
PictureBox(图片框)	Picture	VScrollBar(垂直滚动条)	Value
Label(标签)	Caption	Timer(计时器)	Enabled
TextBox(文本框)	Text	DriveListBox(驱动器列表框)	Drive
Frame(框架)	Caption	DirListBox(目录列表框)	Path
CommandButton(命令按钮)	Value	FileListBox(文件列表框)	FileName
CheckBox(复选框)	Valuc	Shape(形状)	Shape
OptionButton(单选按钮)	Value	Line(直线)	Visible
ComboBox(组合框)	Text	Image(图像)	Picture
ListBox(列表框)	Text	Data(数据)	Caption
HScrollBar(水平滚动条)	Value	CommonDialog(通用对话框)	Action

例如：标签的控件值为 Caption，下面的两条语句实现相同的功能。

```
Label1.Caption = "全国计算机等级考试"
Label1 = "全国计算机等级考试"
```

3. 窗体与控件的命名

窗体与控件的名称(Name)属性的值用于在程序中标识窗体与控件，只能在设计状态修改，程序运行时不能修改。

默认情况下，系统自动为窗体和控件命名，如：应用程序中的第一个窗体自动命名为 Form1，第二个窗体自动命名为 Form2，……；第一个标签自动命名为 Label1，第二个标签自动命名为 Label2，……；第一个文本框自动命名为 Text1，第二个文本框自动命名为 Text2，……；第一个命令按钮自动命名为 Command1，第二个命令按钮自动命名为 Command2，……；等等。

也可以采用 Microsoft 建议的对象命名规则：前缀＋标识。其中，前缀由对象类型简称的 3 个小写字母组成，窗体与常用控件的前缀见表 1-6 所示。

例如，“打开”命令按钮的名称为：cmdOpen。

本书采用窗体与控件的默认命名法。

表 1-6 窗体与常用控件的前缀

控件名称	前缀	控件名称	前缀
Form(窗体)	frm	VScrollBar(垂直滚动条)	vsb
PictureBox(图片框)	pic	Timer(计时器)	tmr
Label(标签)	lbl	DriveListBox(驱动器列表框)	drv
TextBox(文本框)	txt	DirListBox(目录列表框)	dir
Frame(框架)	fra	FileListBox(文件列表框)	fil
CommandButton(命令按钮)	cmd	Shape(形状)	shp
CheckBox(复选框)	chk	Line(直线)	lin
OptionButton(单选按钮)	opt	Image(图像)	img
ComboBox(组合框)	cbo	Data(数据)	dat
ListBox(列表框)	lst	OLE(OLE 容器)	ole
HScrollBar(水平滚动条)	hsb	CommonDialog(通用对话框)	dlg

4. 控件的画法与布局

1) 在窗体上画控件

在窗体上画控件有如下两种方法：

(1) 用鼠标单击工具箱中的控件,鼠标指针变为"＋",在窗体上拖动鼠标即可得到所需大小的控件。

(2) 双击工具箱中的控件,在窗体的中央将画出一个固定大小的控件。

2) 控件的基本操作

(1) 控件的选择。选择一个控件,可以直接用鼠标单击；选择多个控件,可以按住 Shift 键或 Ctrl 键再分别单击每一个控件,也可以在窗体上拖出一个虚线框,框住的控件即被选中。

(2) 控件的移动。直接用鼠标拖动控件,也可以选择控件后,按 Ctrl＋方向箭头键移动控件。

(3) 控件的复制。使用剪贴板复制控件。先选择控件,然后单击"复制"→"粘贴"命令,比如:系统提示"已经有一个控件为'Command1'。创建一个控件数组吗?",如图 1-16 所示,单击"否"按钮。

图 1-16 用剪贴板复制控件

(4) 控件的删除。选择控件,然后按键盘上的 Delete 键。

(5) 控件的缩放。选择控件,然后用鼠标拖动控件周围的控点,也可以选择控件后,按 Shift＋方向箭头键缩放控件。

3) 控件的布局

在 Visual Basic 窗口的"格式"菜单中,提供了实现多个选定控件的"对齐"、"统一尺寸"、"水平间距"、"垂直间距"等布局功能,但必须选择多个控件后才有效。

1.2.4 对象的常用属性、事件和方法

Visual Basic 中的对象包括窗体、控件等具有一些常用的属性、事件和方法,熟悉对象的

常用属性、事件和方法，对设计程序有很大的帮助。

1. 常用属性

1) Caption 属性

该属性用于返回或设置窗体、标签、命令按钮、框架等对象所显示的标题文本信息。

2) Enabled 属性

该属性表示对象是否可用。默认情况下，Enabled 属性值为 True，表示对象可用；当 Enabled 属性值为 False 时，程序运行后，对象不响应用户操作，对象上的文字变为灰色。

如果容器对象（如：窗体、图片框、框架）的 Enabled 属性值为 False 时，容器对象及其所包含的所有控件都不可用。

3) Visible 属性

该属性表示对象是否可见。默认情况下，Visible 属性值为 True，表示对象可见；当 Visible 属性值为 False 时，程序运行后，对象不可见。

如果容器对象（如：窗体、图片框、框架）的 Visible 属性值为 False 时，容器对象及其所包含的所有控件都不可见。

4) 颜色属性

颜色属性 ForeColor 可以设置对象的前景色，BackColor 可以设置对象的背景色。可以将颜色函数的返回值赋给对象的颜色属性，以改变对象的前景色或背景色。

常用的颜色函数有以下两个：

(1) QBColor(color)函数只能产生 16 种颜色，返回一个长整型值，用于表示所对应的颜色值。其参数 color 是 0～15 之间的整数，color 参数值对应的颜色见表 1-7 所示。

表 1-7 color 参数值对应的颜色

color	颜色	color	颜色	color	颜色	color	颜色
0	黑色	4	红色	8	灰色	12	亮红色
1	蓝色	5	洋红色	9	亮蓝色	13	亮洋红色
2	绿色	6	黄色	10	亮绿色	14	亮黄色
3	青色	7	白色	11	亮青色	15	亮白色

(2) RGB(red, green, blue)函数返回一个长整型值，用于表示所对应的颜色值。该函数有 3 个参数 red、green、blue 分别表示红色、绿色、蓝色值，每一个参数都是 0～255 之间的整数，一个 RGB 颜色值是用指定的红、绿、蓝三原色的相对亮度，生成一个用于显示的特定颜色。RGB 函数生成的常见标准颜色，以及这些颜色的红、绿、蓝三原色的值见表 1-8 所示。

表 1-8 RGB 函数生成的常见标准颜色

颜色	red	green	blue	颜色	red	green	blue
红色	255	0	0	白色	255	255	255
绿色	0	255	0	黄色	255	255	0
蓝色	0	0	255	青色	0	255	255
黑色	0	0	0	洋红色	255	0	255

5）字形属性

字形属性可以设置输出文本的字形。常用的字形属性有：FontName（字体名称）、FontSize（字体大小）、FontBold（字体是否加粗）、FontItalic（字体是否倾斜）、FontUnderline（字体是否加下划线）、FontStrikethru（字体是否加删除线）。

注意：所有这些字形属性在属性窗口中，都是在通过Font属性所打开的“字体”对话框中进行设置的，也可以在程序代码中设置。

FontTransparent属性表示字体是否透明，仅适用于窗体和图片框，其具体含义是：如果窗体和图片框中已有图形或文字作为背景，当在窗体和图片框中显示新的图形或文字时，FontTransparent属性值为True（默认值），则前景和背景的图形或文字重叠显示（透明显示）；FontTransparent属性值为False，则背景将被前景的图形或文字所覆盖（不透明显示）。

6）位置和大小属性

对象的Left和Top属性决定了对象在坐标系中的位置（横坐标和纵坐标）。当对象是窗体时，其所在的坐标系为屏幕（Screen）；当对象是控件时，其所在的坐标系为该控件的容器对象。

对象的Width和Height属性决定了对象的大小。

在Visual Basic中，既可以采用默认坐标系，也可以采用用户自定义坐标系，容器对象都有一套二维坐标系，默认情况下，其坐标原点在容器对象内部的左上角（不包含容器对象的边框），水平方向向右为x轴正方向，垂直方向向下为y轴正方向。任何对象的坐标位置，都是由它所在的容器的坐标系来决定的，窗体的容器是屏幕（Screen）。

例如：在窗体上有一个图片框Picture1，在Picture1中有一个命令按钮Command1，它们相互之间是容纳与被容纳的关系，即窗体容纳图片框Picture1，Picture1容纳命令按钮Command1，Picture1所在的坐标系为窗体，Command1所在的坐标系为Picture1，它们的位置和大小属性如图1-17所示。

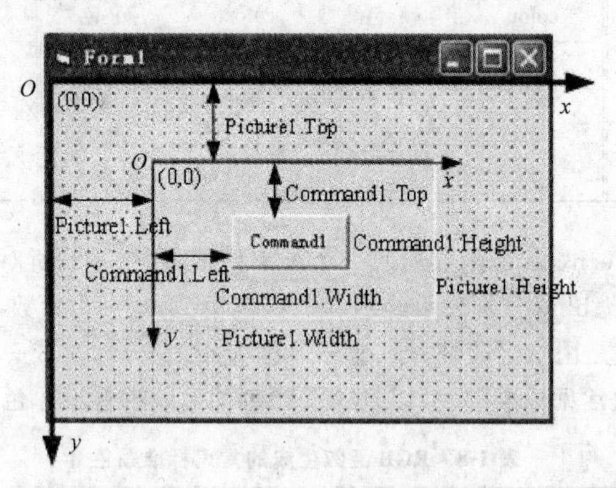

图1-17 Visual Basic默认坐标系

2. 常用事件

在Visual Basic中，常用的事件有：Click（单击）、DblClick（双击）、KeyPress（按键）、Change（改变）、GotFocus（获得焦点）、LostFocus（失去焦点）等。

3. 常用方法

Move 方法可以用于移动窗体或控件，并可同时改变大小。Move 方法的语法格式如下：

```
[<对象名>.]Move left[,top[,width[,height]]]
```

其中，＜对象名＞可以是窗体名或控件名，如果省略＜对象名＞，则表示要移动的是当前窗体，参数 left、top、width、height 分别表示对象移动后的左边距离、上边距离、宽度、高度。

1.2.5 Visual Basic 帮助系统

Visual Basic 提供了强大的联机帮助系统，这些帮助信息都存放在 MSDN(Microsoft Developer Network)光盘中，需要单独购买并安装 MSDN Library 才能在 Visual Basic 中使用帮助。

可以单独打开 MSDN Library，也可以在 Visual Basic 中打开，键盘快捷键为 F1，如图 1-18 所示。在 MSDN Library 查阅器中，可以通过“目录”、“索引”、“搜索”、“书签”选项卡获取所需要的帮助，也可以从 Microsoft 的主页上了解更新、更全面的信息或下载补丁程序。

图 1-18 MSDN Library 查阅器

1.3 Visual Basic 应用程序设计

1.3.1 Visual Basic 应用程序的组成与工作方式

1. Visual Basic 应用程序的组成

Visual Basic 应用程序通常由 3 种模块组成：窗体模块、标准模块和类模块。一般情况下，一个 Visual Basic 应用程序可以由 0 个或多个这 3 种模块组成，但是至少要有一个窗体模块，才能实现用户与计算机的交互，所有这些模块都由工程文件(.vbp)进行统一管理。

1) 窗体模块

在 Visual Basic 中，一个应用程序可以包含一个或多个窗体模块(.frm)，每个窗体模块分为两部分：一部分是作为用户界面的窗体；另一部分是执行具体操作的代码。

2）标准模块

标准模块(.bas)完全由代码组成，这些代码不与具体的窗体或控件相关联。在标准模块中，声明的全局级变量、符号常量、过程等，可以被工程中的其他模块引用或调用。

3）类模块

每个类模块(.cls)定义了一个类，可以在窗体模块中生成类的实例，调用类模块中的过程。

标准模块只包含代码，而类模块既包含代码又包含数据。

2. Visual Basic 应用程序的工作方式

Visual Basic 应用程序采用的是事件驱动的工作方式。

Visual Basic 采用面向对象的程序设计模式，程序设计是以对象为中心的，用户需要哪个对象响应什么事件(动作)，就在这个对象的相应事件过程中编写程序代码。

注意：

(1) 一个对象能够响应多个事件，但是不需要对象响应的事件可以不用理会，因此，在应用程序中，只有用户希望对象响应的事件过程才编写相应的程序代码。

(2) 事件过程不是按预定的顺序执行，而是在响应不同的事件时执行不同的事件过程，即事件过程在代码模块中的位置与执行的先后顺序无关。

1.3.2 Visual Basic 可视化编程的基本步骤

Visual Basic 的对象已被抽象为窗体和控件，因而大大简化了程序设计。一般来说，在用 Visual Basic 开发应用程序时，需要如下 3 个基本步骤：

(1) 设计用户界面。

(2) 设置选定对象的属性。

(3) 编写程序代码。

上面介绍的步骤是开发 Visual Basic 应用程序的基本步骤。下面以一个简单的例子介绍具体的开发步骤。

【例 1-1】 在窗体上画 1 个标签、2 个命令按钮，单击“显示”命令按钮，用标签显示“欢迎使用 Visual Basic”，单击“清除”命令按钮，清除标签中的显示内容。

1. 新建一个工程

打开 Visual Basic，在“新建工程”对话框中选择“标准 EXE”图标，单击“打开”按钮，或者直接双击“标准 EXE”图标新建一个工程，并新建一个窗体 Form1。

2. 设计用户界面

设计用户界面主要是对窗体和控件进行设计，在窗体 Form1 上画 1 个标签 Label1，2 个命令按钮 Command1、Command2，窗体和控件的大小可以根据用户的需要适当调整，如图 1-19 所示。

3. 设置对象的属性

设置对象的属性必须首先选定对象，可以通过属性窗口，也可以通过程序代码来设置对象的属性值，需要设置的对象属性见表1-9所示。属性设置后的窗体如图1-20所示。

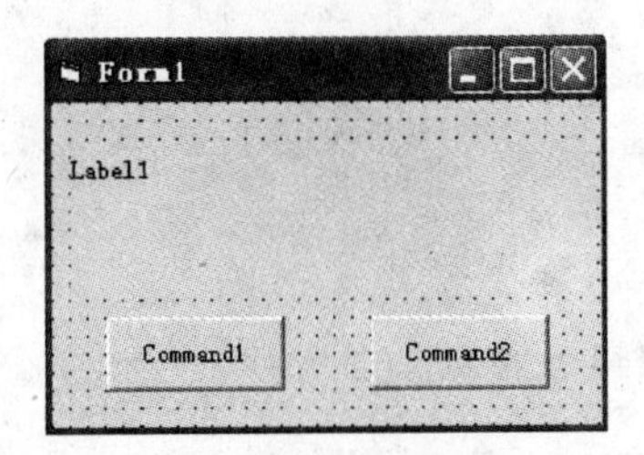

图1-19 设计窗体

图1-20 设置属性后的窗体

表1-9 对象的属性设置

对象名称	属性名称	属性值	说　明
Form1	Caption	第一个例子	窗体标题
Label1	FontBold	True	标签字体加粗
	FontSize	三号	标签字体大小
Command1	Caption	显示	命令按钮标题
Command2	Caption	清除	命令按钮标题

4. 编写程序代码

在窗体设计器窗口中，双击命令按钮Command1打开代码窗口，并生成Command1的Click事件过程模板的开始和结束语句，然后在事件过程模板中间编写程序代码。

```
Private Sub Command1_Click()
  Label1.Caption = "欢迎使用 Visual Basic"
End Sub
```

用同样的方法生成Command2的Click事件过程模板的开始和结束语句，然后在事件过程模板中间编写程序代码。

```
Private Sub Command2_Click()
  Label1.Caption = ""
End Sub
```

5. 运行工程

单击Visual Basic“标准”工具栏上的“启动”按钮或按快捷键F5或单击“运行”菜单中的“启动”命令，即可运行工程，程序运行后，单击Command1，标签Label1将显示“欢迎使用Visual Basic”；单击Command2，标签Label1所显示的内容被清除，程序运行结果如图1-21所示。

要结束程序，可以单击窗体右上角的“关闭”按钮，也可以单击Visual Basic“标准”工具

图 1-21 显示和清除文本

栏上的“结束”按钮，返回窗体设计器窗口。

Visual Basic 应用程序的执行方式有两种：解释方式和编译方式。

1）解释方式

解释方式的特点是边解释边执行，当运行程序时，解释一句执行一句。在 Visual Basic 中，解释方式运行可以通过工具栏上的“启动”按钮或快捷键 F5 或单击“运行”菜单中的“启动”命令来实现。

2）编译方式

编译方式的特点是先编译再执行。当一个应用程序编写、运行、调试完毕并且运行正确后，将应用程序的源代码“翻译”成二进制的机器代码，并保存为在操作系统下可直接执行的二进制文件(文件扩展名为.EXE)，有了可执行文件后，就可以脱离系统开发环境和应用程序的源代码，开发人员只需将可执行文件及其相关文件给最终的用户，这样，一方面可以大大提高执行应用程序的速度；另一方面可以保护开发人员的知识产权。

6. 保存工程

应用程序运行完成后，需要将工程及其模块以文件的形式永久保存到外存储器中，以便今后对应用程序做进一步的修改、完善、补充。

在 Visual Basic 中，单击“标准”工具栏上的“保存工程”按钮或单击“文件”菜单中的“保存工程”命令，即可将所有的模块文件和工程文件都保存到外存储器中，也可以在“文件”菜单中对工程文件和所有的模块文件另存为其他的文件名，但要将模块文件另存为其他的文件名时，一定要在工程资源管理器窗口中先选择相应的模块文件，在“文件”菜单中才能另存为其他的文件名。例 1-1 中只有一个窗体，保存窗体文件和工程文件的对话框分别如图 1-22、图 1-23 所示。

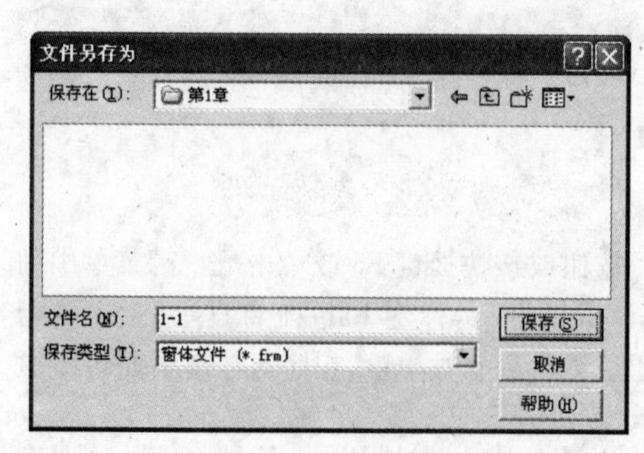

图 1-22 保存窗体文件

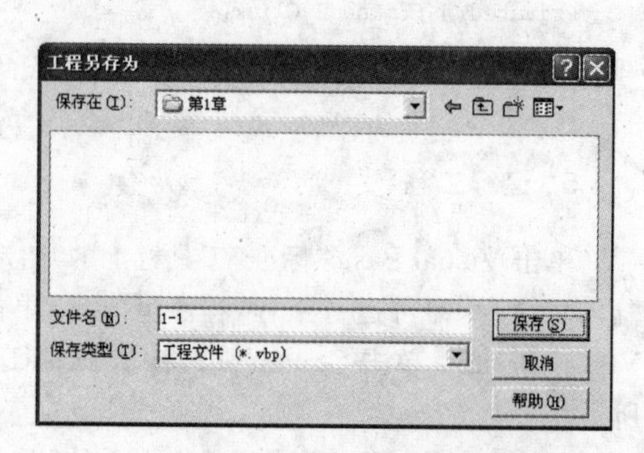

图 1-23 保存工程文件

当一个工程中只有一个窗体时，可以只保存窗体文件，而不保存工程文件，双击打开窗体文件时，Visual Basic 将自动创建一个工程，然后即可执行该窗体；但当一个工程中包含多个模块文件时，就必须既保存工程文件又保存相应的每一个模块文件，打开时不能分别打开这些文件，必须通过打开工程文件来打开这些文件，因为这些文件是整个应用程序的完整组成部分，是一个统一体，而工程就是这个统一体的"总管"。

当一个工程中有多个文件时，建议将工程文件和其所包含的所有其他类型的文件保存到一个单独的文件夹中，以便修改和管理。

注意：

(1) 工程中的各类相关文件在工程文件中仅包含了这些文件的引用，而不是这些文件本身，因此，同一个文件可以被不同的工程所引用。

(2) 新建一个 Visual Basic 应用程序总是从新建工程开始。

7. 修改工程

修改工程包括对象的修改和程序代码的修改，也可以进行对象的添加、删除等操作，但必须打开工程文件及其所包含的所有模块文件。

打开例 1-1 的工程文件，对窗体做如下两个方面的修改：

(1) 将命令按钮 Command1 和 Command2 的 Caption 属性的值分别修改为："显示(&D)"、"清除(&C)"，Command1 和 Command2 的标题分别显示为："显示(D)"、"清除(C)"，这就实现了命令按钮的访问键，访问键的使用是按组合键：Alt＋下划线字母键。当程序运行后，按组合键：Alt＋D，相当于用鼠标单击(Click)Command1，按组合键 Alt＋C，相当于用鼠标单击(Click)Command2。

(2) 为命令按钮 Command1 和 Command2 添加图标(文件扩展名为.ico)，要为命令按钮添加图标，首先要将命令按钮的 Style 属性值设为 1-Graphical，然后，将命令按钮的图片属性 Picture 设为相应的图标文件。

添加到 Command1 上的图标文件的完整路径为：

C:\Program Files\Microsoft Visual Studio\Common\Graphics\Icons\Computer\PC01.ICO

添加到 Command2 上的图标文件的完整路径为：

C:\Program Files\Microsoft Visual Studio\Common\Graphics\Icons\Computer\TRASH01.ICO

修改了命令按钮 Command1 和 Command2 的有关属性后，用户界面如图 1-24 所示。

运行程序后，当用户单击 Command1 或按组合键 Alt＋D，将执行 Command1 的 Click 事件过程，程序运行结果如图 1-25 所示，当用户单击 Command2 或按组合键 Alt＋C，将执行 Command2 的 Click 事件过程。

图 1-24 修改后的窗体

图 1-25 程序运行结果

8. 工程的编译

当完成了工程的所有模块的设计后,运行正确即可将整个应用程序编译成可执行的二进制文件——工程的编译。

在 Visual Basic 中,要编译应用程序,可单击“文件”菜单中的“生成 XXX. exe”命令,其中,“XXX”为编译后可执行文件的文件名,如图 1-26 所示。默认情况下,编译后生成的可执行文件的文件名就是工程文件名,可执行文件所在的路径就是工程文件所在的路径,用户可以根据需要选择不同的路径和文件名。

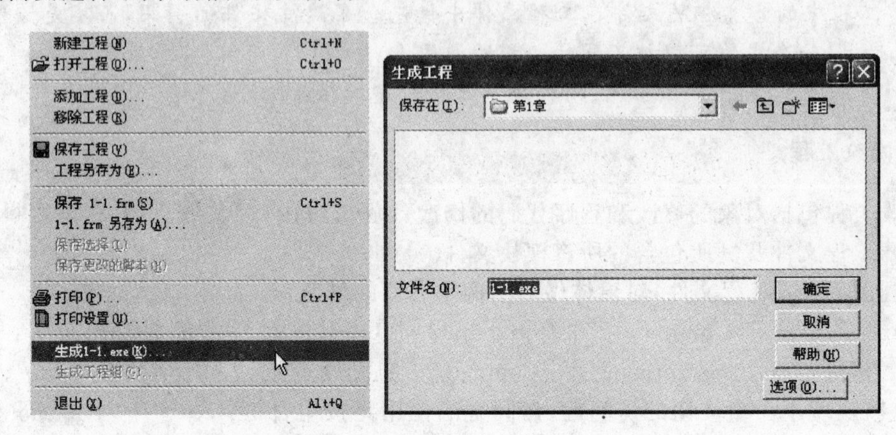

图 1-26 编译 Visual Basic 应用程序

编译生成可执行文件后,在“我的电脑”或“Windows 资源管理器”窗口中,双击可执行文件即可执行,也可为其在桌面上建立快捷方式图标来执行。

1.3.3 程序调试

程序调试是程序设计的一个非常重要的组成部分,程序调试的主要任务是诊断和改正程序中的错误。

程序调试活动由两个部分组成:一是根据错误的迹象确定程序中错误的确切性质、原因和位置;二是对程序进行修改,排除错误。

Visual Basic 为用户提供了功能强大的程序调试工具,调试程序时首先要确定可能出错的开始位置,并在相应的语句上设置中断点,简称断点,当程序执行到设有断点的代码行时,将中断程序的执行,进入调试状态,这时可以对已运行的代码及其变量、表达式的值进行检查,然后一行一行地执行代码并检查变量、表达式的值,经过分析找出错误,并改正错误,直到整个程序运行正确为止。

【例 1-2】 在窗体上画 1 个标签 Label1、1 个命令按钮 Command1,在 Command1 的 Click 事件过程中,编写程序计算两个整数的和。

```
Private Sub Command1_Click()
  Dim x As String, y As String, z As Integer
  x = 10
  y = 20
```

```
  z = x + y
  Label1.Caption = "z = " & z
End Sub
```

这段程序是求两个整数 10、20 的和，程序运行后单击 Command1，在标签 Label1 中显示的结果为“z=1020”，而不是正确地计算结果“z=30”，程序运行结果错误，对其进行调试，经过分析给语句“x=10”设置断点。

1. 断点设置及调试

在代码窗口中对程序进行分析，确定可能出错的代码行，并在该行的左侧边框内单击鼠标，左侧边框出现一个红色的圆点，并且该语句被加上红色背景，这样就在该行代码上设置了断点，如图 1-27 所示。

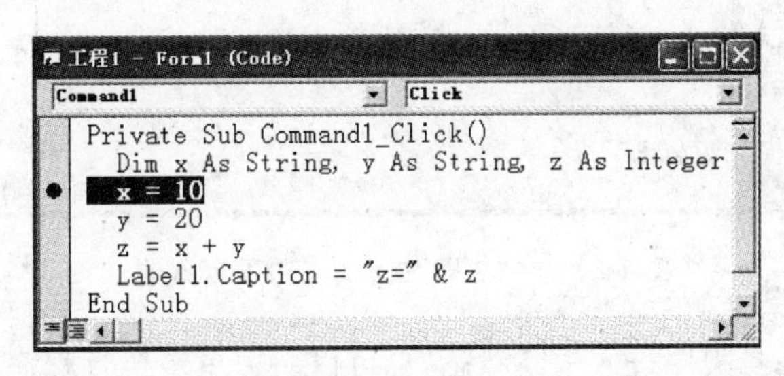

图 1-27 设置断点

当程序执行到设有断点的语句行时被中断，进入调试状态，使用“调试”菜单中的“逐语句”命令或快捷键 F8，逐条语句单步执行程序，并分析找出可能出错的语句，改正错误。

运行程序后，单击 Command1，程序执行到断点语句中断，然后按快捷键 F8 单步执行一条语句后，将鼠标指针指向变量 x 查看 x 的值(要查看表达式的值必须先选中表达式，再将鼠标指针指向该表达式，才能查看表达式的值)，如图 1-28 所示，发现 x 的值为字符串 "10"，而不是整数 10，原因是变量 x 的数据类型被定义成了字符型(String)，应将 x 的数据类型改为整型(Integer)，同理，按快捷键 F8 单步执行下一条语句后，将鼠标指针指向变量 y 查看变量 y 的值为字符串"20"，并将 y 的数据类型改为整型(Integer)。改正后去掉语句“x=10”上设置的断点，执行程序后，单击 Command1，程序得出了正确的结果“z=30”。

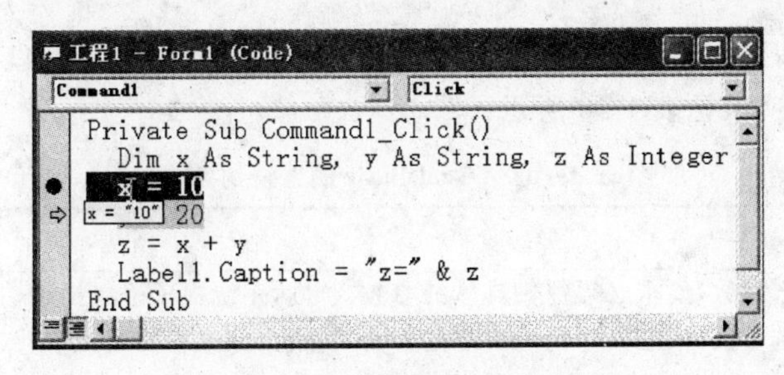

图 1-28 用鼠标指针查看变量的值

一般情况下，推荐使用“断点、快捷键 F8 和鼠标指针查看变量或表达式的值”这种模式来调试 Visual Basic 应用程序比较简单、方便。

2. 使用立即窗口调试

使用“视图”菜单下的“立即窗口”命令可以打开“立即”窗口，在“立即”窗口中直接输入一行代码，按回车键即可执行，然后，用“?”或 Print 方法在“立即”窗口中显示变量或表达式的值。

如果仅仅是为了查看某个函数的返回值或少量代码执行后变量或表达式的值时，用“立即”窗口更简单、快捷，如图 1-29 所示。

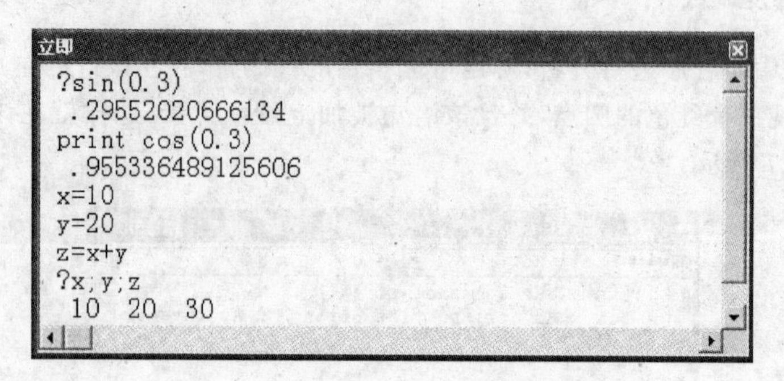

图 1-29 在“立即”窗口中直接显示结果

在调试程序时，一旦程序进入中断状态，也可以一边单步执行程序，一边在“立即”窗口中用“?”或 Print 方法显示变量或表达式的值，以便分析、确定出错的原因和出错的位置。

前面介绍了一段求两个整数 10、20 的和的程序，给语句“x=10”设置断点，执行程序后，单击 Command1，程序执行到断点语句中断，然后按快捷键 F8 单步执行一条语句后，在“立即”窗口中用“?”或 Print 方法可以显示变量或表达式的值。也可以通过对象 Debug 的 Print 方法在程序执行过程中，将变量或表达式的值输出到“立即”窗口，即在程序代码中直接加入如下语句：

```
Debug.Print <变量名或表达式>
```

但程序调试完成后，要将这些语句删除，一般不推荐使用。

1.3.4 Visual Basic 语法格式中的符号约定

为了便于解释 Visual Basic 的各种语法成分(语句、函数、方法、过程调用等)的语法，采用统一的语法约定符号，见表 1-10 所示。

表 1-10 Visual Basic 的语法约定

约定符号	含 义
＜＞	必选参数，要求必须提供具体的参数，否则，系统提示语法出错
[ ]	可选参数，根据具体情况决定是否需要参数，如果不使用该参数，则为默认值
|	多选一，竖线分隔的多个选项中必须选择其中一项
{ }	多选一，花括号中包含了多个竖线“|”分隔的所有选择项，必须选择其中一项
,…	同类项目重复出现
…	省略了在叙述中不涉及的部分

注意：这些约定符号只是为了阅读的方便，在输入具体的代码时，这些约定符号均不能作为代码的组成部分输入。

习题 1

一、简答题

1. 简述 Visual Basic 的特点和版本。

2. Visual Basic 的工作模式有哪些？

3. Visual Basic 中常见的文件类型有哪些？工程的作用是什么？

4. 什么是对象？什么是类？什么是对象的属性、事件和方法？

5. Visual Basic 应用程序的组成与工作方式分别是什么？

6. Visual Basic 可视化编程的基本步骤和具体步骤分别有哪些？

7. 程序调试的含义是什么？程序调试活动由哪两个部分组成？

8. Visual Basic 中决定对象位置的属性有哪些？决定对象大小的属性有哪些？

9. 分别简述对窗体和控件的属性、方法的引用格式。

10. 什么是控件值？

二、编程题

1. 在窗体上画 1 个标签 Label1，设置其 Caption 属性值为"全国计算机等级考试"，FontName 属性值为隶书，FontSize 属性值为二号；再画 2 个命令按钮，将第 1 个命令按钮的名称(Name)属性值设为 C1，Caption 属性值设为"隐藏标签"，第 2 个命令按钮的名称(Name)属性值设为 C2，Caption 属性值设为"显示标签"。程序运行后，单击 C1 使标签隐藏，单击 C2 使标签显示，设计窗体和程序运行结果如图 1-30 所示。

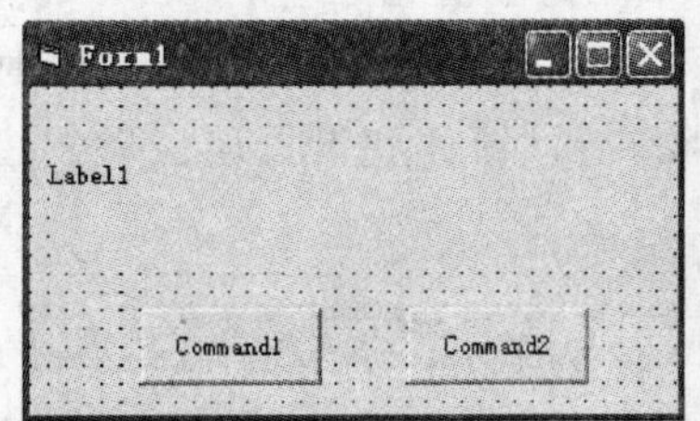

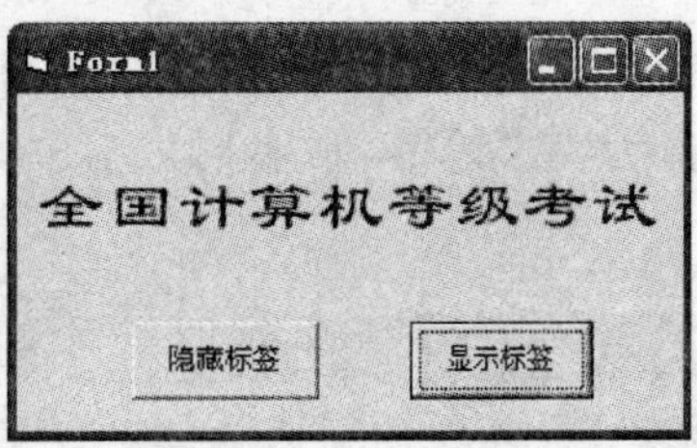

图 1-30 Visible 属性的应用

2. 在窗体上画 2 个文本框 Text1 和 Text2，将第 1 个文本框的名称(Name)属性值设为 T1，第 2 个文本框的名称(Name)属性值设为 T2，将这两个文本框的 Text 属性值清空，然后再画 3 个命令按钮 Command1～Command3，将 Command1 的 Caption 属性值设为"T1 不可用"，Command2 的 Caption 属性值设为"T2 不可用"，Command3 的 Caption 属性值设为"T1、T2 均可用"。程序运行后，单击 Command1，查看 T1 是否可以输入文本；单击 Command2，查看 T2 是否可以输入文本；单击 Command3，查看 T1、T2 是否可以输入文本，设计窗体和程序运行结果如图 1-31 所示。

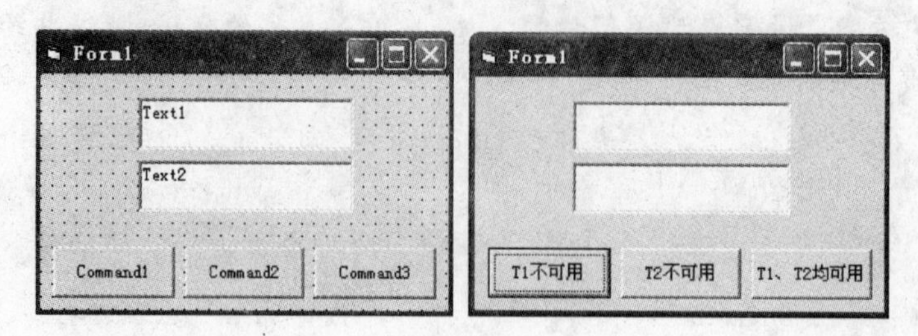

图 1-31 Enabled 属性的应用

3. 在窗体上画 3 个命令按钮 Command1～Command3，将第 1 个命令按钮的名称(Name)属性值设为 C1，Caption 属性值设为"红色背景"，第 2 个命令按钮的名称(Name)属性值设为 C2，Caption 属性值设为"绿色背景"，第 3 个命令按钮的名称(Name)属性值设为 C3，Caption 属性值设为"蓝色背景"。程序运行后，单击 C1 使窗体背景颜色为红色，单击 C2 使窗体背景颜色为绿色，单击 C3 使窗体背景颜色为蓝色，设计窗体和程序运行结果如图 1-32 所示。

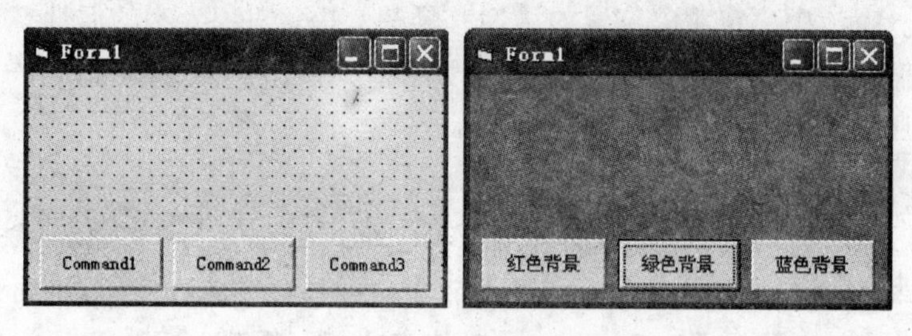

图 1-32 BackColor 属性的应用

4. 在窗体上画 2 个标签 Label1 和 Label2，将 Label1 的 Caption 属性值设为"城市，让生活更美好"，FontName 属性值为隶书，FontSize 属性值为二号，Visible 属性值为 False；Label2 的 Caption 属性值设为"理解、沟通、欢聚、合作"，FontName 属性值为隶书，FontSize 属性值为小二，Visible 属性值为 False，设计窗体和设置属性后的窗体如图 1-33 所示。

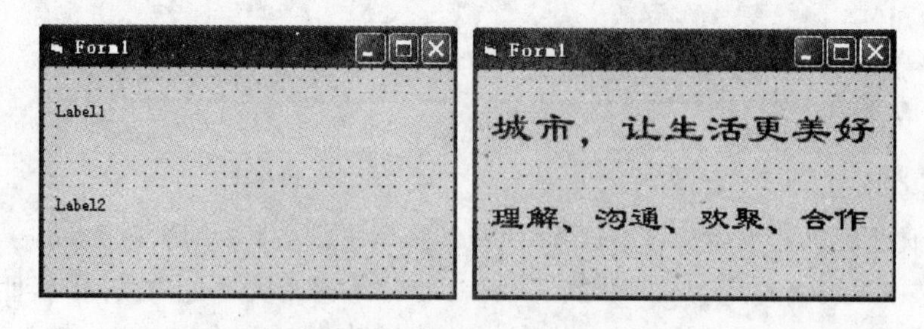

图 1-33 Click 和 DblClick 事件的应用

程序运行后，当单击窗体时显示标签 Label1，并将 Label1 的前景色设为红色，背景色设为黄色，如图 1-34 所示；双击窗体时显示标签 Label2，并将 Label2 的前景色设为蓝色，背景色设为黄色，如图 1-35 所示。

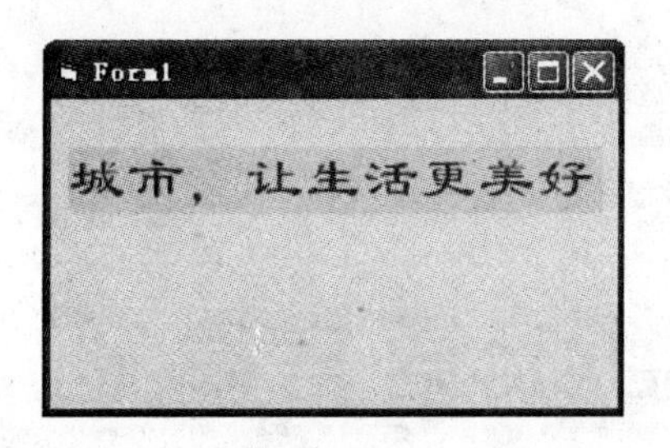

图 1-34 单击窗体显示 Label1

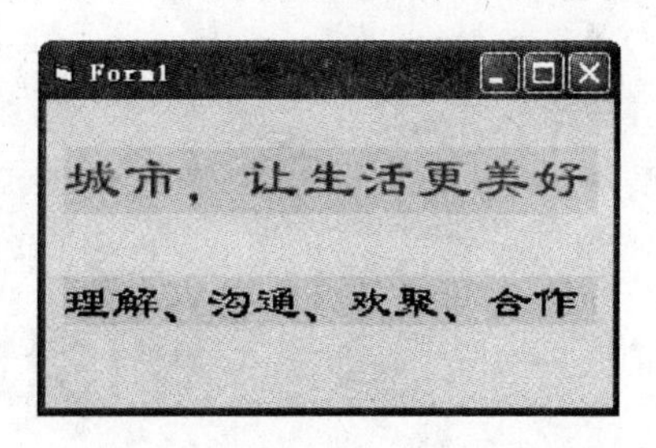

图 1-35 双击窗体显示 Label2

5. 在窗体上画 1 个图片框 Picture1，在 Picture1 中画 1 个文本框 Text1，Picture1 和 Text1 之间有容纳与被容纳的关系；在窗体上画 2 个命令按钮 Command1 和 Command2，分别设置它们的 Caption 属性值为“移动 Picture1”和“移动 Text1”，每单击一次 Command1，Picture1 的 Left 和 Top 属性值分别加 20，每单击一次 Command2，Text1 的 Left 和 Top 属性值分别加 20，设计窗体和程序运行结果如图 1-36 所示。

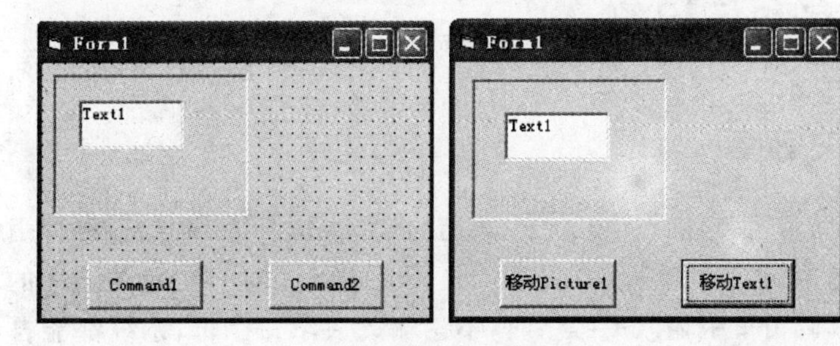

图 1-36 移动控件

Visual Basic语言基础

要设计一个 Visual Basic 的应用程序,可以通过窗体实现用户界面,通过程序代码完成用户所需要的功能,即执行相应的计算。编写程序首先要掌握 Visual Basic 的语言基础,包括关键字、标识符、数据类型、变量、常量、运算符、表达式、函数、语句等。

2.1 关键字和标识符

2.1.1 关键字

关键字又称保留字,它们在语法上有固定的含义,是语言的组成部分,用于表示系统提供的标准过程、函数、运算符、符号常量等。在 Visual Basic 中,约定关键字的首字母为大写字母,当用户在代码窗口中输入关键字时,不论输入大小写字母,系统都能自动识别并转换为系统的标准形式。

2.1.2 标识符

标识符用于标识用户自定义的数据类型、符号常量、变量、过程或函数、数组、控件、窗体、模块、文件等的名字。在 Visual Basic 中,标识符的命名规则如下:

(1) 第一个字符必须是字母。

(2) 长度不超过 255 个字符;控件、窗体、模块的名字不超过 40 个字符。

(3) 标识符不能包含小数点。

(4) 不能使用关键字作为标识符。

2.2 数据类型

数据是程序处理的对象,数据类型的不同决定了数据在计算机中的存储和处理方式不同。Visual Basic 不但提供了系统定义的基本数据类型,称为标准数据类型,而且还允许用户定义自己的数据类型,称为用户自定义数据类型。

Visual Basic 提供的基本数据类型主要有:数值型、字符型、布尔型或逻辑型、日期型、对象型、可变类型等。

2.2.1 数值型

1. 整型

整型数据用关键字 Integer 表示，每个整型数据占 2 个字节的存储空间。

十进制整型数的取值范围为−32 768～32 767。在 Visual Basic 中常使用十进制整型数来作为循环变量。整型数还有八进制和十六进制。

八进制整型数以 & 或 &O(或 &o)开头，如：&175、&O10 都是八进制整型数。

十六进制整型数以 &H(或 &h)开头，如：&HF5、&H1DA 都是十六进制整型数。

2. 长整型

长整型数据用关键字 Long 表示，每个长整型数据占 4 个字节的存储空间。

十进制长整型数的取值范围为−2 147 483 648～2 147 483 647。长整型数还有八进制和十六进制。

八进制长整型数以 & 或 &O(或 &o)开头，以 & 结束，如：&175&、&O10& 都是八进制长整型数。

十六进制长整型数以 &H(或 &h)开头，以 & 结束，如：&HF5&、&H1DA& 都是十六进制长整型数。在 Visual Basic 中使用十六进制长整型数来表示颜色值。

3. 单精度型

单精度型数据用关键字 Single 表示，每个单精度型数据占 4 个字节的存储空间，最多可以表示 7 位有效数字，其负数的取值范围为：$-3.402\,823\times10^{38}\sim-1.401\,298\times10^{-45}$，正数的取值范围为：$1.401\,298\times10^{-45}\sim3.402\,823\times10^{38}$。

单精度数有定点形式和浮点形式两种。

单精度数的定点形式指的是直接用带小数点的形式来表示的单精度数。如：123.54、−3.5 等是单精度数的定点形式。

单精度数的浮点形式指的是用科学计数法来表示的单精度数，即以 10 的整数次幂表示的单精度数，用字母 E(或 e)表示以 10 为底的指数。如：1.2354E5 表示 1.2354×10^{5}、−3.5e−8 表示 -3.5×10^{-8} 等是单精度数的浮点形式。

4. 双精度型

双精度型数据用关键字 Double 表示，每个双精度型数据占 8 个字节的存储空间，最多可以表示 15 位有效数字，其负数的取值范围为：$-1.797\,693\,134\,862\,32\times10^{308}\sim-4.940\,656\,458\,412\,47\times10^{-324}$，正数的取值范围为：$4.940\,656\,458\,412\,47\times10^{-324}\sim1.797\,693\,134\,862\,32\times10^{308}$。

双精度数有定点形式和浮点形式两种。

双精度数的定点形式指的是直接用带小数点的形式来表示的双精度数。如：123.54、−3.5 等是双精度数的定点形式。

双精度数的浮点形式指的是用科学计数法表示的双精度数，即以 10 的整数次幂表示的双精度数,用字母D(或d)表示以10为底的指数。如:1.2354D5表示1.2354×10^5、-3.5d-8表示-3.5×10^{-8}等是双精度数的浮点形式。

5. 货币型

货币型数据用关键字Currency表示,每个货币型数据占8个字节的存储空间,用定点形式表示,小数点左边有15位数字,右边有4位数字,是一个精确的定点数据类型,适合于货币数据计算,其取值范围为-922 337 203 685 477.580 8~922 337 203 685 477.580 7。

6. 字节型

字节型数据用关键字Byte表示,每个字节型数据占1个字节的存储空间,其取值范围为0~255。字节型数据适合于表示二进制数据。

使用数值型数据时,需要注意以下几点:

(1) 任何一种数据类型都有明确的上限和下限,用户只能在指定的上、下限范围内使用,不能超界,否则,系统将提示"溢出"错误。如果使用较小范围的数据类型时,系统提示"溢出"错误,则应换成更大范围的数据类型,如:一个变量最初声明的数据类型是Integer,其取值范围为-32 768~32 767,一旦超出这个范围,系统将提示"溢出"错误,此时,可以考虑用Long,如果仍然提示"溢出"错误,可以考虑用Double或Currency。

(2) 如果数据可能包含小数,一般应使用Single、Double或Currency数据类型,除非能够准确地断定该数据一定是整数,才能使用Integer或Long数据类型。

(3) 将存储空间较大的数据类型的数据赋给存储空间较小的数据类型的变量时,一方面会丢失数据,影响数据精度;另一方面系统将提示"溢出"错误,因此要特别小心。如:将一个值非常大的Double类型数据赋给一个Integer类型变量时就会出现这样的问题。

2.2.2 字符型

字符型数据用关键字String表示,字符型数据是用双引号括起来的0~多个字符和汉字组成的字符序列,称为字符串,由0个字符组成的字符序列(仅有两个双引号""),称为空字符串,简称空串。

Visual Basic中的字符串有两种:变长字符串和定长字符串。变长字符串的长度是不固定的,可以有0~2^{31}(约21亿)个字符;而定长字符串含有确定个数的字符,最大长度不超过2^{16}(65 535)个字符。

定长字符串的表示形式如下:

```
String * 常数
```

常数表示定长字符串中字符的最大个数,不能超过这个常数,否则,超过部分将被切掉或丢弃,而定长字符串中不足部分用空格填充。

例如:下面的语句

```
Dim x As String * 10
x = "abc"
```

定义了定长字符串变量 x,其最大长度为 10,然后给 x 赋值为一个有 3 个字符的字符串"abc",不足部分用空格填充。

需要注意的是:双引号仅仅是字符串的定界符,当在应用程序中输出或显示一个字符串时,双引号不会随着字符一起输出或显示;当在应用程序中需要输入一个字符串时,也不需要输入双引号。

2.2.3 布尔型

布尔型或逻辑型数据用关键字 Boolean 表示,每个布尔型数据占 2 个字节的存储空间。布尔型或逻辑型数据只有 True 和 False 两个值,用于表示条件成立与否或真与假。

注意:

(1) 在 Visual Basic 中,布尔型数据与数值型数据相互之间可以自动转换,当将布尔型数据转换成数值型数据时,False 转换成 0,True 转换成 -1;当将数值型数据转换成布尔型数据时,0 转换成 False,非 0 转换成 True。

(2) 由于数值型数据可以转换成布尔型数据,因此,数值或数值表达式也可以用于表示条件成立与否或真与假,即数值或数值表达式的值为 0 时表示条件不成立或条件为假,数值或数值表达式的值为非 0 时表示条件成立或条件为真。

2.2.4 日期型

日期型数据用关键字 Date 表示,每个日期型数据按 8 个字节的浮点形式存储。日期型数据用于表示日期和时间,日期和时间之间用空格分隔。日期表示范围从 100 年 1 月 1 日～9999 年 12 月 31 日,时间表示范围从 00:00:00～23:59:59。

日期型常量数据用两个“#”括起来,如:#2010-1-1#、#11:12:45#、#2010-1-1 11:12:45#。

2.2.5 对象型

对象型数据用关键字 Object 表示,每个对象型数据占 4 个字节的存储空间。对象型数据用于表示应用程序中的对象,对象变量的赋值要加 Set 语句。

2.2.6 可变类型

可变类型数据用关键字 Variant 表示,可变类型数据可以表示任何一种数据类型,如:数值、字符串、日期、时间等。

Visual Basic 允许变量未定义就使用,当一个变量未定义数据类型就使用时,默认的数据类型为 Variant。但可变类型数据占用的内存空间较大,所以尽量少用可变类型。

另外,在 Visual Basic 中,对于常用的基本数据类型:Integer、Long、Single、Double、Currency、String,分别定义它们的数据类型说明符为:%、&、!、#、@、$,这些数据类型说明符可以放在变量名、符号常量名、数组名、数值常量后指出它们的数据类型。

例如:语句 Dim x%,y$ 相当于语句 Dim x As Integer,y As String,定义了两个变量 x 和 y,x 的数据类型为 Integer,y 的数据类型为 String;语句 Const pi# =3.14 定义了符号

常量 pi 的数据类型为 Double，值为 3.14，在存储空间中按照双精度型数据存储；而 100& 表示数值 100 的数据类型为 Long，在存储空间中按照长整型数据存储。

2.2.7 用户自定义数据类型

在实际应用中，有些数据可能由多个不同基本数据类型的数据组成，当需要创建单个变量来记录多个相关的基本数据类型数据时，用户只能自己定义所需要的数据类型，称为用户自定义数据类型。

例如：设学生的基本信息包括：学号、姓名、性别、出生年月、入学成绩，需要自定义数据类型来记录每个学生的 5 个数据域，当需要记录多个学生的基本信息时，就构成了一个多行 5 列的表格，见表 2-1 所示，每一个数据域(表格中的一个列)称为字段或成员，如："学号"字段；表格中的一行表示一个学生的 5 个基本信息，称为记录，多个学生的基本信息就是由这样的多条记录组成，因此，将用户自定义数据类型称为记录类型。

表 2-1 学生基本信息

学号	姓名	性别	出生年月	入学成绩
20090001	李明	男	1990-10-25	610
20090002	王海	男	1991-4-6	647
20090003	郑涛	男	1990-12-8	590
20090004	马岚	女	1992-1-12	650

用户自定义数据类型的语法格式如下：

```
[Public|Private] Type <用户自定义数据类型名>
    <字段名 1 > As <数据类型>
    <字段名 2 > As <数据类型>
        …
End Type
```

说明：

(1) 用户自定义数据类型必须在窗体模块或标准模块的通用声明段进行定义，在窗体模块的通用声明段只能用 Private 关键字定义窗体模块级的用户自定义数据类型，其作用域或有效范围仅仅是其所在的窗体模块；要定义全局级的用户自定义数据类型必须在标准模块的通用声明段用 Public 关键字或省略关键字定义，其作用域或有效范围是整个应用程序的所有模块。

(2) 用户自定义数据类型名、字段名要符合标识符的命名规则。

(3) 用户自定义数据类型可以包含其他的用户自定义数据类型。

(4) 使用用户自定义数据类型前，必须先定义用户自定义数据类型的变量。

(5) 引用用户自定义数据类型变量中的字段时，使用如下格式：

```
<用户自定义数据类型变量名>.<字段名>
```

【例 2-1】 用户自定义数据类型应用。

运行 Visual Basic 后，双击"标准 EXE"图标新建一个工程，在窗体上画 1 个标签

Label1,1 个命令按钮 Command1,设置 Command1 的 Caption 属性值为“显示”。在窗体模块的通用声明段定义学生基本信息的记录类型(用户自定义数据类型)student,并在 Command1 的 Click 事件过程中定义用户自定义数据类型的变量 stu,然后给变量赋值并显示,设计窗体以及程序运行结果如图 2-1 所示。

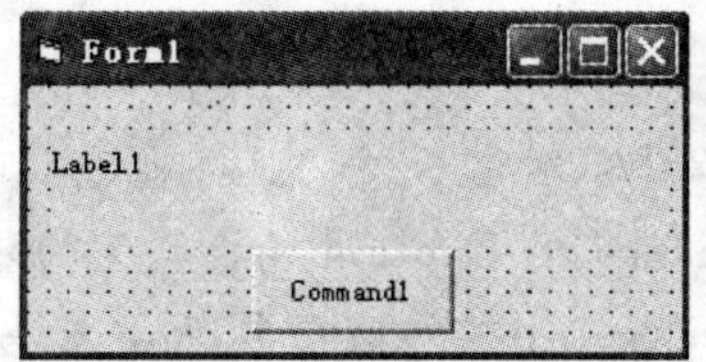

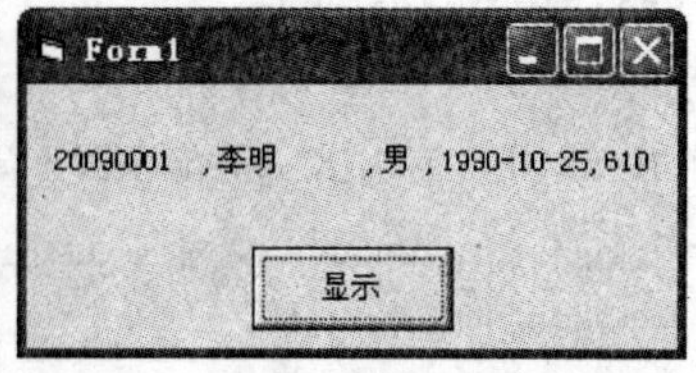

图 2-1 用户自定义数据类型应用的设计窗体及程序运行结果

窗体模块 Form1 的程序代码如下:

```
Private Type student                        '在窗体模块的通用声明段定义学生基本信息的记录类型
   sno As String * 10
   sname As String * 8
   ssex As String * 2
   sbirthday As Date
   sscore As Integer
End Type
Private Sub Command1_Click()
   Dim stu As student
   stu.sno = "20090001"
   stu.sname = "李明"
   stu.ssex = "男"
   stu.sbirthday = #10/25/1990#
   stu.sscore = 610
   Label1.Caption = stu.sno & "," & stu.sname & "," & stu.ssex & "," & _
                  stu.sbirthday & "," & stu.sscore
End Sub
```

2.2.8 枚举类型

枚举类型是为了将数值与名称相关联,在程序设计中,用不同的名称表示不同的状态,有利于提高程序的可读性。

枚举类型可以在窗体模块、标准模块或类模块的通用声明段用 Enum 语句定义。其语法格式如下:

```
[Public|Private] Enum <枚举类型名>
    <成员名 1>[ = 常量表达式 1]
    <成员名 2>[ = 常量表达式 2]
        …
End Enum
```

说明:

(1) 用 Public 定义的枚举类型为全局级类型,其作用域或有效范围是整个应用程序的所有模块;用 Private 定义的枚举类型为模块级类型,其作用域或有效范围仅仅是其所在的模块；如果这两个关键字都省略，默认为 Public。

(2) 默认情况下，第一个枚举成员对应的数值为 0，第二个枚举成员对应的数值为 1，以此类推。也可以给枚举成员赋一个数值，甚至可以赋一个负数，但不能赋一个浮点数。

(3) 如果使用赋值语句显式地给某个枚举成员赋一个长整型值，则其后的枚举成员的值依次比其前面的枚举成员值加 1。

【例 2-2】 枚举类型应用。

运行 Visual Basic 后，双击“标准 EXE”图标新建一个工程，在窗体上画 1 个标签 Label1，1 个命令按钮 Command1，设置 Command1 的 Caption 属性值为“显示”。在窗体模块的通用声明段定义表示星期的枚举类型 week，并用枚举成员判断今天是星期几，然后显示，设计窗体以及程序运行结果如图 2-2 所示。

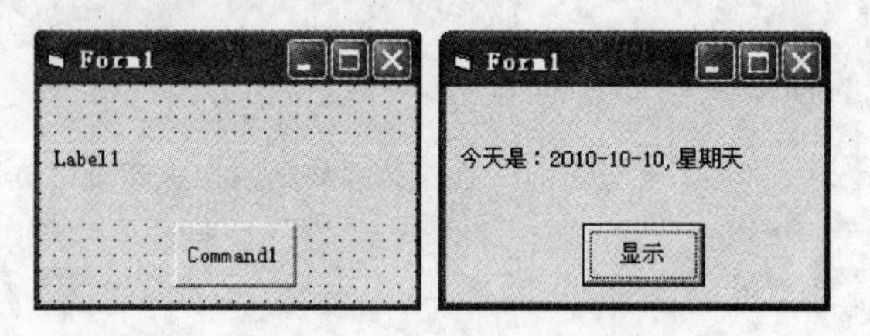

图 2-2　枚举类型应用的设计窗体及程序运行结果

窗体模块 Form1 的程序代码如下：

```
Enum week                          '在窗体模块的通用声明段定义表示星期的枚举类型 week
  Sunday = 1
  Monday
  Tuesday
  Wednesday
  Thursday
  Friday
  Saturday
End Enum
Private Sub Command1_Click()
  If Weekday(Date) = Sunday Then Label1.Caption = "今天是: " & Date & ",星期天"
  If Weekday(Date) = Monday Then Label1.Caption = "今天是: " & Date & ",星期一"
  If Weekday(Date) = Tuesday Then Label1.Caption = "今天是: " & Date & ",星期二"
  If Weekday(Date) = Wednesday Then Label1.Caption = "今天是: " & Date & ",星期三"
  If Weekday(Date) = Thursday Then Label1.Caption = "今天是: " & Date & ",星期四"
  If Weekday(Date) = Friday Then Label1.Caption = "今天是: " & Date & ",星期五"
  If Weekday(Date) = Saturday Then Label1.Caption = "今天是: " & Date & ",星期六"
End Sub
```

2.3 变量

在计算机高级语言中，变量对应计算机的内存单元，一旦定义了某个变量，该变量表示的就是一个内存单元，直到释放该变量。

需要强调的是：一个变量在任意时刻只能存放一个值，如果给同一个变量赋另外一个值，则新的值将覆盖变量原来的值。

变量有3个要素：变量名、数据类型和变量的值。在程序中，通过变量名引用变量，变量的数据类型决定了该变量的存储方式以及能进行的操作，变量的值是内存中变量名对应的存储单元所存储的值，这个值随着程序的运行而改变。

在Visual Basic中，常见的变量主要有两种：内存变量、属性变量。内存变量是用户设计程序时定义的变量，而属性变量是用对象的属性名作为变量。其语法格式如下：

```
[<对象名>.]<属性名>
```

其中，<对象名>如果是当前窗体可以省略。

2.3.1 变量声明

变量声明又称变量定义。一般情况下，一个变量在使用之前要声明，声明变量的作用是通知系统在内存中开辟相应的存储空间来存放声明的变量。在Visual Basic中，变量在使用之前可以声明也可以不声明，没有声明的变量具有默认的数据类型Variant，但使用可变类型浪费存储空间，建议使用变量之前最好先声明。

声明变量的语法格式如下：

```
Dim|Private|Static|Public <变量名1> [As <数据类型>][,<变量名2> [As <数据类型>]]…
```

说明：

(1) 声明变量后，Visual Basic会根据变量的数据类型自动对其初始化，如果变量的数据类型为数值型，则自动初始化为0，如果变量的数据类型为字符型或可变类型，则自动初始化为空串，如果变量的数据类型为布尔型，则自动初始化为False。

(2) 在一行代码中定义多个变量时，要分别指出每一个变量的数据类型。

例如，定义3个变量x、y、z，它们的数据类型均为Integer，有如下语句：

```
Dim x, y, z As Integer
```

而该语句定义的3个变量中，x和y的数据类型为Variant，只有z的数据类型为Integer，应改为：

```
Dim x As Integer, y As Integer, z As Integer
```

2.3.2 变量的隐式声明和显式声明

如果一个变量未经定义就直接使用，则该变量的数据类型为可变类型，这种方式称为变量的隐式声明。如果每一个变量都满足"先定义后使用"的原则，这种方式称为变量的显式声明。

在Visual Basic中，为了使每一个变量都满足"先定义后使用"的原则，可以使用强制显式声明，实现强制显式声明的方法有以下两种：

(1) 在模块的通用声明段，加入语句：

```
Option Explicit
```

(2) 单击"工具"菜单中的"选项"命令，在"选项"对话框的"编辑器"选项卡中，选中"要求变量声明"复选框，此后新建的每一个模块的通用声明段将自动插入Option Explicit语句。

需要说明的是：Option Explicit语句的作用范围仅仅是它所在的模块，因此，对每个需要强制显式声明的窗体模块、标准模块和类模块，都必须将 Option Explicit 语句插入到它们各自的通用声明段。

2.3.3 用 DefType 语句定义变量

用 DefType 语句可以在标准模块、窗体模块的通用声明段定义变量，可以实现一次定义以某个字母开头的多个相同数据类型的变量。其语法格式如下：

```
DefType <字母范围>
```

说明：

(1) Def 是关键字，Type 是数据类型标志，可以是 Int、Lng、Sng、Dbl、Cur、Str、Byte、Bool、Date、Obj、Var，分别表示整型、长整型、单精度型、双精度型、货币型、字符型、字节型、布尔型、日期型、对象型、可变类型。

(2) ＜字母范围＞用“字母-字母”的形式表示一个范围，也可以仅给出一个字母，其中，“字母”可以是 A～Z 之间的任意一个字母(大小写均可)。

(3) 在 DefType 语句中定义的字母和以该字母开头的变量名都是相应数据类型的变量。

例如：语句 DefSng I 表示字母 I 和以字母 I 开头的变量都是单精度型变量；语句 DefDbl L-P 表示字母 L、M、N、O、P 都可以作为双精度型变量，而且以字母 L、M、N、O、P 开头的变量，也是双精度型变量，如：Limit、Number、Point 等都是双精度型变量。

注意：

(1) 在 Def 和数据类型标志之间不能有空格。

(2) DefType 语句只能在模块的通用声明段定义，但用 DefType 语句定义的变量是过程级变量，其作用域或有效范围仅仅是其所在的过程。

【例 2-3】 用 DefType 语句定义的变量的作用域。

运行 Visual Basic 后，双击“标准 EXE”图标新建一个工程，在窗体上画 2 个标签 Label1、Label2；2 个命令按钮 Command1、Command2，设置 Command1 和 Command2 的 Caption 属性值分别为“显示 1”和“显示 2”。在窗体模块的通用声明段定义以 I 字母开头的变量都是整型变量，在两个命令按钮的 Click 事件过程中比较同名变量的作用域，设计窗体以及程序运行结果如图 2-3 所示。

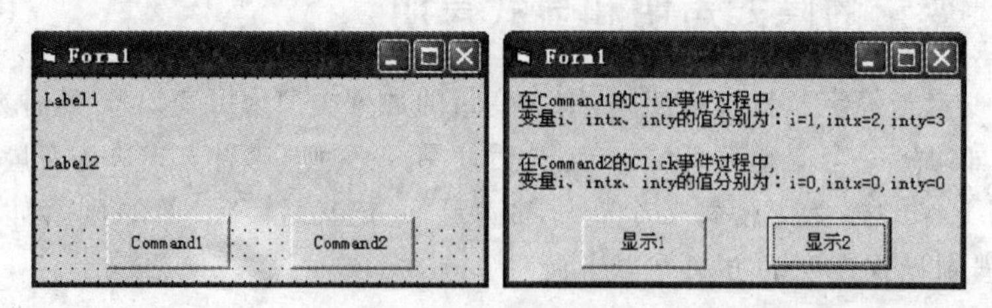

图 2-3 DefType 语句应用的设计窗体及程序运行结果

窗体模块 Form1 的程序代码如下：

```
DefInt i                                   '在窗体模块的通用声明段定义以 i 字母开头的整型变量
Private Sub Command1_Click()
  i = i + 1
```

```
  intx = intx + 2
  inty = inty + 3
  Label1.Caption = "在 Command1 的 Click 事件过程中," & vbCrLf & _
  "变量 i、intx、inty 的值分别为: " & "i = " & i & ", intx = " & intx & ", inty = " & inty
End Sub
Private Sub Command2_Click()
  Label2.Caption = "在 Command2 的 Click 事件过程中," & vbCrLf & _
  "变量 i、intx、inty 的值分别为: " & "i = " & i & ", intx = " & intx & ", inty = " & inty
End Sub
```

由于用 DefType 语句定义的变量 i、intx、inty 是过程级变量,其作用域或有效范围仅仅是它们所在的过程,因此,在两个命令按钮的 Click 事件过程中,虽然变量同名,但相互之间没有关系。

(3) 不管变量是否已经用 DefType 语句定义,都可以使用 Dim 语句显式定义变量及其数据类型。例如:

```
DefInt A - Z
Dim TaxRate As Double
```

2.4 常量

常量是指在程序运行期间其值不发生变化的量。在 Visual Basic 中,有两种形式的常量:直接常量和符号常量,符号常量又分为系统定义的符号常量和用户自定义的符号常量。

2.4.1 直接常量

直接常量就是在程序代码中直接给出数据值本身的常量,根据数据类型不同,直接常量分为:数值常量、字符串常量、布尔常量、日期常量。

例如:100、12.35、1.32E－5 等是数值型直接常量;"欢迎使用 Visual Basic"是字符型直接常量;True 或 False 是布尔型直接常量;＃2010-2-14＃是日期型直接常量。

2.4.2 系统定义的符号常量

Visual Basic 提供了一系列预先定义的符号常量,供用户直接使用,这些符号常量称为系统定义的符号常量。如:“回车换行”的符号常量为 vbCrLf,“蓝色值”的符号常量为 vbBlue 等,这些符号常量的定义,可以通过单击“视图”菜单中的“对象浏览器”命令或单击“标准”工具栏中的“对象浏览器”按钮进行查看,“对象浏览器”窗口如图 2-4 所示。

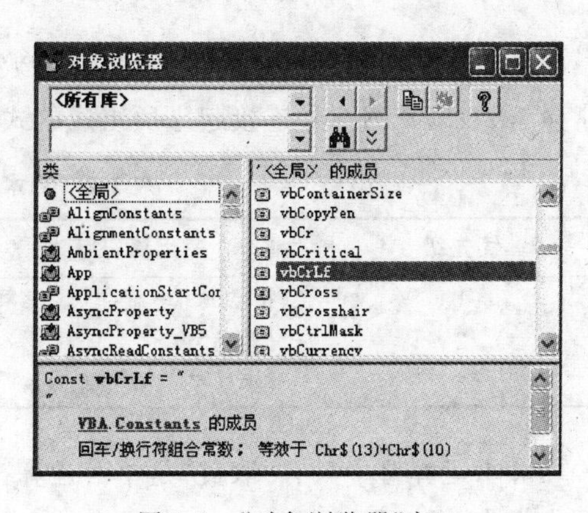

图 2-4 “对象浏览器”窗口

系统定义的符号常量大多以字符“vb”开头,可以和应用程序中的对象、属性和方法一起使用。

例如：语句 Label1. BackColor = vbBlue 是将标签的背景颜色设为蓝色。

2.4.3 用户自定义的符号常量

在 Visual Basic 中，除了系统定义的符号常量用户可以直接使用外，用户也可以自定义符号常量来代替经常出现但不需要修改的常量，将这些经常出现但又不需要修改的常量定义为符号常量，一方面可以提高程序代码的可读性，另一方面当需要修改这些常量时，只需要改变对应的符号常量的值，整个程序代码中所有该符号常量的值便都可得到修改，这样可以大大提高代码的可维护性。

用户自定义符号常量的语法格式如下：

```
[Public|Private] Const <常量名> [As <数据类型>] = <表达式>…
```

其中，＜表达式＞由数值常量、字符串常量、布尔值、运算符及圆括号组成。

注意：尽管符号常量有点像变量，但在程序运行过程中，不能像变量那样修改符号常量的值或者给符号常量赋新值。

2.5 运算符与表达式

运算符是表示各种不同运算的符号，运算是对数据进行加工的过程。表达式是用运算符将变量、常量、函数（这些被称为操作数）以及圆括号连接起来所组成的式子。如：x+y/(m−n)是表达式。

圆括号的优先级是最高的，如果表达式中含有圆括号，则优先计算圆括号内表达式的值；如果有多层嵌套的圆括号，则从最内层圆括号开始往外层圆括号计算；相同优先级的运算符按从左到右的顺序计算。

Visual Basic 提供了 4 类运算符：算术运算符、字符串运算符、关系运算符、布尔运算符。

2.5.1 算术运算符与算术表达式

算术运算符及其运算的优先级见表 2-2 所示。算术表达式就是用算术运算符将变量、常量、函数以及圆括号连接起来所组成的式子。

表 2-2 算术运算符及其优先级

优先级	运算符	优先级	运算符
1	^（指数）	4	\（整数除法，简称整除）
2	−（取负）	5	Mod（取模或求余）
3	*（乘法）、/（浮点除法）	6	+（加法）、−（减法）

算术运算符中只有“取负”是单目运算符（只有一个操作数），其余都是双目运算符（需要两个操作数）。

说明：

(1) \(整除)。要求两个操作数都必须是整数，如果不是整数先四舍五入为整数，其次，整除的结果也要求必须是整数，如果不是整数则取整。

(2) Mod(求余)。求两个数整除以后的余数，要求两个操作数都必须是整数，如果不是整数先四舍五入为整数。

注意：求两个数整除以后的余数时，如果被除数小于除数，则求余的结果为被除数。如：5 Mod 10 的结果为 5。

一般情况下，当需要取一个正整数的高位(左边位)上的数时，使用\(整除)运算符；当需要取一个正整数的低位(右边位)上的数时，使用 Mod(求余)运算符。

例如：有一个正整数 x=158，取得 x 的百位数字 1 的表达式为 x\100，取得 x 的个位数字 8 的表达式为 x Mod 10。

2.5.2 字符串运算符与字符串表达式

字符串运算符有两个：& 和+，可以将多个字符串直接连接起来形成更大的字符串。字符串表达式就是用字符串运算符将变量、常量、函数以及圆括号连接起来所组成的式子。

使用"+"实现字符串的连接时，要求其前后的两个操作数都必须是字符串；而使用"&"实现字符串的连接时，没有这样的要求，因为，系统能自动将其左右的操作数都转换成对应的字符串。

建议用"&"运算符实现字符串的连接，但在输入时，如果系统不会自动在"&"运算符的左右加上空格，则需分别加上空格，否则，系统会提示出错。

例如，有下列语句：

```
Label1.Caption = x&","&y&"的最大值为:"&x
```

如果系统不会自动在"&"运算符的左右加上空格，则需分别加上空格，语句改为：

```
Label1.Caption = x & "," & y & "的最大值为:" & x
```

2.5.3 日期运算符与日期表达式

Visual Basic 没有专门的日期运算符，它借助于算术运算符"+"和"-"实现日期运算，日期表达式就是用算术运算符"+"和"-"将变量、常量、函数以及圆括号连接起来所组成的式子。

常见的日期运算有如下 3 种：

(1) 两个日期相减，结果为两个日期之间相差的天数。

例如：#2010-1-1#-#2009-1-1#的结果为这两个日期之间相差的天数。

(2) 一个日期加上一个整数值，结果为以该日期为基准往后推多少天是什么日期。

例如：#2010-1-1#+100 的结果为以该日期为基准往后推 100 天是什么日期。

(3) 一个日期减去一个整数值，结果为以该日期为基准往前推多少天是什么日期。

例如：#2010-1-1#-100 的结果为以该日期为基准往前推 100 天是什么日期。

2.5.4 关系运算符与关系表达式

关系运算符也称比较运算符,用于对两个表达式的值进行比较,关系表达式运算的结果只可能是一个布尔值,即 True 或 False。

Visual Basic 提供了 8 个常用的关系运算符：＞(大于)、＜(小于)、＞＝(大于或等于)、＜＝(小于或等于)、＝(等于)、＜＞(不等于)、Like(字符串比较)、Is(对象比较)。

关系表达式就是用关系运算符将数值表达式、字符串表达式、日期表达式以及圆括号连接起来的式子。

需要强调的是：关系运算符两边被比较的数据的数据类型必须完全一致,否则,无法进行比较。

说明：

(1) 关系运算符的优先级相同。

(2) 两个数值比较是比较两个数值的大小。

(3) 两个字符串比较是从两个字符串的第一个字符开始顺序做对应字符的 ASCII 值的比较,只要找到某个对应字符的 ASCII 值满足比较运算符,结果即为 True,否则为 False。

例如：关系表达式"abcde"＜＝"abCDE"的运算结果,只需要比较到第 3 个字符就可以得出结果为 False。

常见字符的 ASCII 值的大小如下：

空格＜"0"＜…＜"9"＜"A"＜…＜"Z"＜"a"＜…＜"z"＜…＜中文字符

(4) 两个日期比较是将这两个日期分别转换成“yyyymmdd”的 8 位整数,然后比较两个数值的大小。

(5) 数学不等式 a≤x≤b,必须写成 x＞＝a and x＜＝b,不能直接写成 a＜＝x＜＝b,因为后面的写法其含义将不能准确地表示 x 是否在区间[a,b]内。

例如：设 a＝10,b＝20,x＝30,从变量的值可以看出 x 的值不在区间[a,b]中,即关系表达式 a≤x≤b 的结果为 False,但如果写成 a＜＝x＜＝b,计算关系表达式 a＜＝x＜＝b 时,先计算 a＜＝x,结果为 True,再计算 True＜＝b,由于变量 b 是数值,True 自动转换为数值－1,因此,计算 True＜＝b,结果为 True。

(6) 单精度或双精度数一般不做“＝”的比较。

(7) Like 用于比较两个字符串,在 Visual Basic 中支持通配符 *(表示任意多个任意的字符)和?(表示一个任意的字符)；而在关系数据库的 SQL 语句中支持通配符%(表示任意多个任意的字符)和_(表示一个任意的字符),主要用于数据库表数据的查询。

(8) Is 用于比较两个对象的引用变量,主要用于对象操作,还可以在 Select Case 语句中使用。

2.5.5 布尔运算符与布尔表达式

布尔运算符及其优先级见表 2-3 所示,其中,Not 为单目运算符,其余为双目运算符。

布尔表达式是用布尔运算符将布尔值或关系表达式以及圆括号连接起来组成的式子。布尔表达式运算的结果也只可能是一个布尔值,即 True 或 False。

布尔运算符的真值表见表 2-4 所示,其中,X 和 Y 为布尔值或关系表达式。

表 2-3 布尔运算符及其优先级

优先级	布尔运算符	运算	说明
1	Not	非	对操作数取反
2	And	与	当两个操作数均为真时结果为真,其余均为假
3	Or	或	当两个操作数均为假时结果为假,其余均为真
4	Xor	异或	当两个操作数相同时结果为假,不同为真
5	Eqv	等价	当两个操作数相同时结果为真,不同为假
6	Imp	蕴含	当第一个操作数为真,第二个操作数为假时结果为假,其余均为真

表 2-4 布尔运算符的真值表

X	Y	Not X	X And Y	X Or Y	X Xor Y	X Eqv Y	X Imp Y
True	True	False	True	True	False	True	True
True	False	False	False	True	True	False	False
False	True	True	False	True	True	False	True
False	False	True	False	False	False	True	True

两个数值型数据也可以进行布尔运算,但要求两个操作数必须在[－214 748 364 8,＋214 748 364 8]区间内,运算时操作数要转换为16位或32位二进制数,实现两个操作数对应二进制位的布尔运算。

例如:计算布尔表达式"100 Or 15"的值,将十进制数100和15分别转换为16位二进制数,然后对这两个二进制数进行按位Or运算。

```
   00000000 01100100
Or 00000000 00001111
--------------------
   00000000 01101111
```

运算结果为二进制数00000000 01101111,转换为十进制数是111。

2.5.6 Visual Basic运算符的优先级

在一个表达式中含有多个运算符时,Visual Basic会根据不同运算符的优先级进行计算,Visual Basic中4类运算符的优先级分别为:算术运算符、字符串运算符、关系运算符、布尔运算符。其中,每一类运算符的优先级前面已经做了介绍。

【例 2-4】 设a＝2,b＝3,c＝4,计算下列表达式的值。

```
Not a <= c Or 4 * c = b^2 And b <> a + c
```

表达式的计算步骤如下:

① 计算算术表达式: Not 2＜＝4 Or 16＝9 And 3＜＞6

② 计算关系表达式: Not True Or False And True

③ 计算Not: False Or False And True

④ 计算And: False Or False

⑤ 计算Or: False

2.5.7 表达式的书写规则

书写表达式时,应注意以下规则:

(1) 在数学表达式中省略的乘号必须写成 *，如：3xy 应写成 3 * x * y。

(2) 数学表达式中的上标应写成指数形式，如：x^2 应写成 x^2。

(3) 数学表达式中的下标应单独占一个字符，如：x_1 应写成 x1。

(4) 数学表达式中的某些符号必须写成 Visual Basic 可以表示的符号，如：2π，应先定义符号常量 Const pi=3.14，然后再写成 2 * pi。

(5) 括号可以改变运算顺序，但在表达式中只能使用圆括号，不能使用方括号或花括号，而且圆括号必须左右配对。

2.6 常用内部函数

Visual Basic 中的函数可以分为两大类：系统预定义的内部函数和用户自定义的函数。这里主要介绍系统预定义的内部函数，用户自定义的函数将在后面章节介绍。

计算机语言中的函数与数学中的函数功能非常相似，数学中的函数包括自变量、函数名和因变量，如：函数 $y=\sin x$，x 是自变量，sin 是函数名，y 是因变量，给定自变量的值可以计算出相应的函数值赋给因变量；计算机语言中的函数，将自变量称为参数，并且需要将参数用圆括号括起来，也可以将函数的返回值赋给变量，表示为：y=sin(x)。

函数调用的一般格式为：

<函数名>[(<实际参数表>)]

其中，实际参数表可以是一个或多个参数，参数可以是常量、变量或表达式，如有多个参数，参数之间用逗号分隔；如果函数没有参数，调用时可以省略圆括号，如：日期函数 Date 没有参数，圆括号省略。

函数在程序代码中的具体调用形式主要有如下 4 种：

(1) 将函数的返回值赋给变量，如：y=sin(x)。

(2) 直接输出函数的返回值，如：Label1.Caption = Sin(x)。

(3) 将函数的返回值参与表达式的运算，如：3 * sin(x)+5。

(4) 将函数的返回值作为另一个函数的参数，如：month(date)。

2.6.1 数学函数

数学函数用于实现各种数学运算。常用数学运算函数见表 2-5 所示。

表 2-5 常用数学运算函数

函数	功能	示例	结果
Sin(x)	返回 x 的正弦值，x 的单位为弧度	Sin(30 * 3.14/180)	0.499770102643102
Cos(x)	返回 x 的余弦值，x 的单位为弧度	Cos(30 * 3.14/180)	0.866158094405463
Tan(x)	返回 x 的正切值，x 的单位为弧度	Tan(30 * 3.14/180)	0.576996400392873
Atn(x)	返回 x 的反正切值，x 的单位为弧度	Atn(30 * 3.14/180)	0.482139556407762
Abs(x)	返回 x 的绝对值	Abs(-12.3)	12.3
Sqr(x)	返回 x 的平方根，x≥0	Sqr(10)	3.16227766016838

续表

函 数	功 能	示 例	结 果
Exp(x)	返回以 e 为底的 x 的指数,即 e^x	Exp(3.2)	24.5325301971094
Log(x)	返回以 e 为底 x 的自然对数,即 lnx	Log(3.2)	1.16315080980568
Sgn(x)	当 x>0 时返回 1;x=0 时返回 0;x<0 时返回-1	Sgn(3.2)	1
Int(x)	返回不大于 x 的最大整数(下取整)	Int(2.64),Int(-2.64)	2,-3
Fix(x)	返回 x 的整数部分(取整)	Fix(2.64),Fix(-2.64)	2,-2
Round(x,n)	四舍五入,n 为小数点右边应保留的位数,如果省略 n,则返回整数	Round(12.6456789) Round(12.6456789,3)	13 12.646

2.6.2 字符串函数

Visual Basic 提供了大量的字符串操作函数,字符串函数以类型说明符"$"作为函数名的结尾,表示函数的返回值为字符串,函数名尾部的"$"可以省略,其含义相同。如:Space$(n)与 Space(n) 含义相同。

常用字符串函数见表 2-6 所示,其中,s1、s2 表示字符串,m、n 表示数值。

表 2-6 常用字符串函数

函 数	功 能	示 例	结 果
Ltrim(s1)	去掉字符串左边的所有空格	Ltrim(" abc")	"abc"
Rtrim(s1)	去掉字符串右边的所有空格	Rtrim("abc ")	"abc"
Trim(s1)	去掉字符串左、右两边的所有空格	Trim(" abc ")	"abc"
Left(s1,n)	从字符串左边取 n 个字符	Left("abcde",2)	"ab"
Right(s1,n)	从字符串右边取 n 个字符	Right("abcde",2)	"de"
Mid(s1,n,m)	从字符串第 n 个字符开始取 m 个字符	Mid("abcde",2,3)	"bcd"
Len(s1)	返回字符串的长度(字符的个数)	Len("abcde")	5
Instr(n,s1,s2)	在 s1 中从第 n 个字符开始查找 s2 首次出现的位置。如果 n 省略,则从第 1 个字符开始查找	Instr(3,"abcabca","ab") Instr("abcabca","ab")	4 1
Space(n)	返回 n 个空格	Space(5)	" "
String(n,s1)	返回 s1 中第 1 个字符重复 n 次的字符串	String(5,"abcabc")	"aaaaa"
LCase(s1)	返回 s1 中所有字母转换成小写的字符串	LCase("aBcDeF")	"abcdef"
UCase(s1)	返回 s1 中所有字母转换成大写的字符串	UCase("aBcDeF")	"ABCDEF"

说明:Visual Basic 6.0 支持双字节字符,当计算字符串长度时,一个汉字作为一个字符计算。

例如:Len("计算机 abc")的返回值为 6。

2.6.3 日期和时间函数

常用日期和时间函数见表 2-7 所示,其中,d 表示日期、t 表示时间。

表 2-7　常用日期和时间函数

函　数	功　能
Now	返回系统当前的日期和时间(yyyy-mm-dd hh:mm:ss)
Date	返回系统当前的日期(yyyy-mm-dd)
Day(d)	返回日期 d 中的日的值(1～31)
Month(d)	返回日期 d 中的月份值(1～12)
Year(d)	返回日期 d 中的年份值(4 位)
Weekday(d)	返回日期 d 对应的星期数(1～7),星期日返回 1,星期一返回 2,…
Time	返回系统当前的时间(hh:mm:ss)
Hour(t)	返回时间 t 中的小时数(0～23)
Minute(t)	返回时间 t 中的分钟数(0～59)
Second(t)	返回时间 t 中的秒数(0～59)
Timer	返回从午夜零点开始到现在所经过的秒数

2.6.4　格式输出函数

格式输出函数可以使数值、字符串或日期按指定的格式输出。其语法格式如下：

```
Format(<表达式>,<格式字符串>)
```

其中,格式字符串有 3 类：数值格式、字符串格式、日期格式,分别见表 2-8、表 2-9、表 2-10 所示。

表 2-8　常用数值格式字符

字符	含　义	示　例	结　果
0	有数字与 0 对应则显示对应的数字,没有数字与 0 对应则显示 0	Format(－246.79, "00000.000")	－00246.790
,	千分位	Format(13246.79, "00,000.000")	13 246.790
%	百分比,表达式乘以 100 并加上%	Format(0.79146, "00.00%")	79.15%

表 2-9　常用字符串格式字符

字符	含　义	示　例	结　果
@	有字符与@对应则显示对应的字符,没有字符与@对应则显示空格	Format("aBcDe", "@@@@@@@")	"　aBcDe"(左边有两个空格)
＜	将所有字母以小写字母格式显示	Format("aBcDe", "＜")	"abcde"
＞	将所有字母以大写字母格式显示	Format("aBcDe", "＞")	"ABCDE"
!	强制从左向右填充字符,默认值是从右向左填充字符	Format("aBcDe", "!@@@@@@@")	"aBcDe　"(右边有两个空格)

表 2-10　常用日期格式字符

字符	含　义	示　例	结　果
dddddd	以年、月、日格式显示日期	Format(date, "dddddd")	2010 年 6 月 14 日
yyyy-mm-dd	以 yyyy-mm-dd 格式显示日期	Format(date, "yyyy-mm-dd")	2010-06-14
ttttt	以 hh:mm:ss 格式显示时间	Format(Time, "ttttt")	10:21:03
hh:mm:ss	以 hh:mm:ss 格式显示时间	Format(Time, "hh:mm:ss")	10:22:07
AM/PM	在 12 小时制中自动判断加入 AM 或 PM	Format(Time, "tttttAM/PM")	10:28:32AM
mmmm	显示英文月份的全称(January～December)	Format(date, "mmmm")	June

2.6.5 随机函数

1. 随机函数

随机函数 Rnd[(x)]返回大于或等于 0 但小于 1 的单精度随机数。一般省略随机函数的参数和圆括号。

为了生成某个区间[lowerbound,upperbound]范围内的随机整数,可使用如下公式:

```
Int((upperbound - lowerbound + 1) * Rnd + lowerbound)
```

其中,upperbound 是随机数范围的上界,而 lowerbound 则是随机数范围的下界。

2. 随机函数初始化语句

随机函数初始化语句 Randomize [n]用于初始化随机数生成器,一般省略参数 n。随机函数初始化语句 Randomize 可以使随机函数 Rnd 产生的随机数不重复,一般在使用随机函数 Rnd 之前,都要先执行随机函数初始化语句 Randomize。

2.6.6 转换函数

转换函数用于数据类型及其形式之间的转换。常用转换函数见表 2-11 所示,其中,s 表示字符串,n 表示数值,e 表示表达式。

表 2-11　常用转换函数

函　数	返 回 类 型	示　例	结　果
Str(n)	将数值 n 转换成对应的数字字符串	Str(－123.45)	"－123.45"
Val(s)	将数字字符串 s 转换成对应的数值	Val("－123.45")	－123.45
Asc(s)	返回字符串 s 中第一个字符的 ASCII 值	Asc("AbCde")	65
Chr(n)	将数值 n 转换成对应 ASCII 值的字符	Chr(66)	B
Hex(n)	将十进制正整数 n 转换成十六进制数	Hex(100)	$(64)_{16}$
Oct(n)	将十进制正整数 n 转换成八进制数	Oct(100)	$(144)_8$
CInt(e)	将表达式 e 转换成整型数,小数四舍五入	CInt(435.887)	436
CLng(e)	将表达式 e 转换成长整型数,小数四舍五入	CLng(496435.887)	496436
CSng(e)	将表达式 e 转换成单精度型数	CSng(1.23456789)	1.234568
CDbl(e)	将表达式 e 转换成双精度型数	CDbl(1.23456789 * 1.000025)	1.23459875419725
CCur(e)	将表达式 e 转换成货币型数	CCur(1.23456789 * 1.000025)	1.2346
CBool(e)	将表达式 e 转换成布尔型数	CBool(－120.61)	True
CDate(e)	将表达式 e 转换成日期型数	CDate("2010-3-25")	2010-3-25

2.6.7 Shell 函数

在 Visual Basic 中，可以通过 Shell()函数调用 DOS 或 Windows 下的应用程序。Shell()函数的语法格式如下：

```
变量名 = Shell(<文件名>[,<窗口类型>])
```

其中，＜文件名＞为要执行的应用程序的完整路径，包含驱动器或磁盘、文件夹、子文件夹、文件名、扩展名，如："C:\Program Files\Microsoft Office\OFFICE11\WINWORD.EXE"，＜文件名＞要用双引号引起来，应用程序必须是可执行文件，即文件扩展名为.com、.bat 和.exe 的文件，＜窗口类型＞为应用程序执行后的窗口形式，如表 2-12 所示，＜窗口类型＞值为 1 表示正常窗口，默认值为 2，在任务栏上显示为一个具有焦点的图标。

表 2-12 窗口类型值

符号常量	值	描述
vbHide	0	窗口被隐藏，且焦点会移到隐式窗口
vbNormalFocus	1	窗口具有焦点，且会还原到它原来的大小和位置
vbMinimizedFocus	2	窗口会以一个具有焦点的图标来显示
vbMaximizedFocus	3	窗口是一个具有焦点的最大化窗口
vbNormalNoFocus	4	窗口会被还原到最近使用的大小和位置，而当前活动的窗口仍然保持活动
vbMinimizedNoFocus	6	窗口会以一个图标来显示，而当前活动的窗口仍然保持活动

Shell()函数返回一个 Variant 变量，如果成功，代表程序的进程 ID；若不成功，返回 0。

例如，要在 Visual Basic 程序代码中，调用 Microsoft Office Word 应用程序，通过如下代码实现：

```
i = Shell("C:\Program Files\Microsoft Office\OFFICE11\WINWORD.EXE ",1)
```

如果不需要返回值，仅仅是执行应用程序，也可以使用 Shell 语句。其语法格式如下：

```
Shell <文件名>[,<窗口类型>]
```

注意：Shell 语句后没有圆括号，有一个空格，其余参数的含义与 Shell()函数完全一致。

例如：

```
Shell "C:\Program Files\Microsoft Office\OFFICE11\WINWORD.EXE ",1
```

2.6.8 判断函数

判断函数又称为测试函数，主要对给定的数据进行测试。常用的判断函数见表 2-13 所示，其中，e 表示表达式，v 表示变量，a 表示参数。

说明：

(1) IsEmpty()函数仅对可变类型变量进行测试，当可变类型变量未被显式初始化时返回值为 True，否则，返回值为 False。

表 2-13 常用判断函数

函 数	返回类型	示 例	结果
IsArray(v)	判断变量 v 是否是数组名	设 arr1 为数组名,则 IsArray(arr1)	True
IsDate(e)	判断表达式 e 是否是日期或日期字符串	IsDate("2010-6-20")	True
IsMissing(a)	判断形式参数 a 是否传递了实际参数值	如果形参对应的实参省略	True
IsNumeric(e)	判断表达式 e 是否是数值或数字字符串	IsNumeric("201.6")	True
IsEmpty(v)	判断可变类型变量 v 是否被显式初始化	可变类型变量 v 未被显式初始化时	True
IsObject(v)	判断变量 v 是否是对象	IsObject(Form1)	True
TypeName(e)	返回表达式 e 的数据类型名,返回字符串	TypeName(12)	Integer

例如：有语句 Dim var,则函数 IsEmpty(var)的返回值为 True；若 var = 100,则函数 IsEmpty(var)的返回值为 False。

(2) 对含有小数点的数值常量,TypeName()函数的返回值均为 Double。

例如：TypeName(0.0000014)和 TypeName(123456.14)的返回值均为 Double。

2.7 程序语句

2.7.1 语句与函数的区别

语句是执行具体操作的命令,在 Visual Basic 程序代码中,每条语句占一行,一个语句行的长度最多不能超过 1023 个字符。

函数是指给定具体的实际参数值,将从函数返回一个函数值。

语句与函数的区别：语句一般是执行具体的功能,没有返回值,而函数一般有一个返回值。Visual Basic 的语句可以包含关键字、变量、常量、过程或函数、表达式以及对象的属性、方法等。最简单的语句可以只有一个关键字,如：Beep(产生一次响声)。

2.7.2 Visual Basic 语句的书写规则

Visual Basic 语句的书写规则主要有以下几点：

(1) 书写语句时,应严格按照 Visual Basic 的语法格式书写,否则,会产生语法错误。

例如：赋值语句

```
Label1.Caption = "标签的标题"
```

错写成

```
"标签的标题" = Label1.Caption
```

(2) 一般情况下,一条语句占一行。

(3) 如果希望在一行中书写多条语句,则语句之间要用冒号“:”分隔。

例如：

```
x = 10 : y = 20
```

(4) 如果希望将一条语句书写成多行,则在断开的语句行末尾加续行符(一个空格加一个短下划线“_”)。

例如：

```
Label1.Caption = Label2.Caption & Label3.Caption & _
                 Label4.Caption
```

(5) 对于由一行或多行紧密相关的语句组成的语句组，建议采用左缩进(如：左缩进两个字符)来体现语句组的层次结构，以便于程序阅读和维护。

例如：

```
Private Sub Command1_Click()
  Dim x As Integer, y As Integer
  x = 8
  y = 3 * x + 5
  Label1.Caption = y
End Sub
```

2.7.3 Visual Basic 基本语句

1. 赋值语句

赋值语句是程序设计中最基本的语句，它可以把指定的值赋给某个内存变量或某个对象的属性。其语法格式如下：

```
<变量名> = <表达式>
```

或

```
[<对象名>.]<属性名> = <表达式>
```

其中，<对象名>如果是当前窗体可以省略。

需要强调的是："="是赋值运算符，它的含义是将右边的表达式的值赋给左边的变量(内存变量或属性变量)，执行顺序是：先计算赋值运算符"="右边表达式的值，再赋给左边的变量，赋值运算符左边一定是变量名。

例如：语句 x=x+1 的含义是将变量 x 的值加 1 后的结果，再赋给变量 x，"="为赋值运算符。

【例 2-5】 交换两个内存变量的值。设有两个内存变量 x 和 y，x 赋值为 10，y 赋值为 20，编写程序将内存变量 x 和 y 的值互换。

分析：由于变量与内存单元相对应，因此，变量 x 和 y 分别对应不同的内存单元，要实现两个变量的值的交换，借助于第三个变量(即中间变量)t，需要下列 3 个步骤才能实现 x 和 y 的值的交换，如图 2-5 所示。

① 将 x 的值赋给 t。

② 将 y 的值赋给 x。

③ 将 t 的值赋给 y。

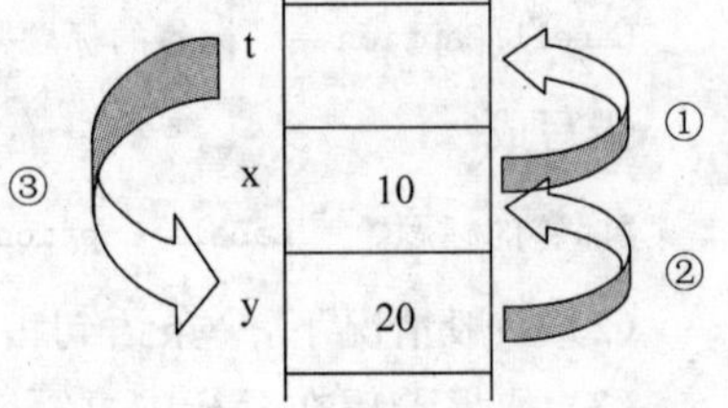

图 2-5　两个变量的值的交换

运行 Visual Basic 后，双击"标准 EXE"图标新建一个工程，在窗体上画 2 个标签 Label1、Label2，1 个命令按钮 Command1，然后设置对象的属性，见表 2-14 所示。设计窗体、设置属性后的窗体以及程序运行结果如图 2-6 所示。

表 2-14 对象的属性设置

对象名称	属性名称	属性值	说 明
Label1	FontSize	五号	标签字体大小
Label2	FontSize	五号	标签字体大小
Command1	Caption	交换	命令按钮标题

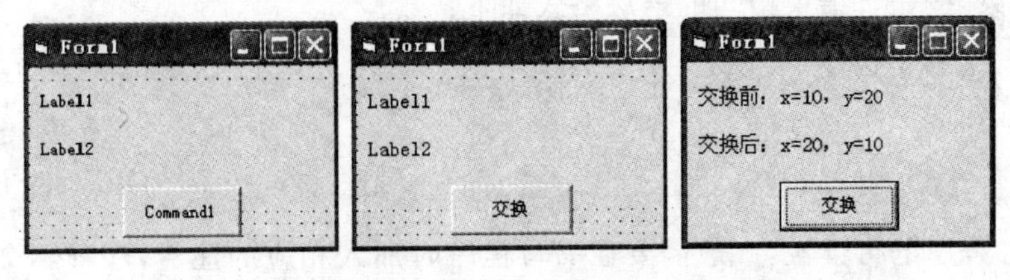

图 2-6 设计窗体、设置属性后的窗体及程序运行结果

命令按钮 Command1 的 Click 事件过程代码如下：

```
Private Sub Command1_Click()
  Dim x As Integer, y As Integer, t As Integer
  x = 10
  y = 20
  Label1.Caption = "交换前: x = " & x & ", y = " & y
  t = x
  x = y
  y = t
  Label2.Caption = "交换后: x = " & x & ", y = " & y
End Sub
```

2. 对象卸载语句

对象卸载语句实现将对象(窗体或控件)从内存中卸载的功能。一般结束应用程序都要将窗体从内存中卸载,对象卸载语句的语法格式如下:

```
Unload <对象名>
```

由于当前窗体可以使用窗体名或 Me,因此,卸载当前窗体时,可以使用:

```
Unload 窗体名
```

或

```
Unload Me
```

比较常用的是 Unload Me。

3. 暂停语句

暂停语句相当于单击“运行”菜单中的“中断”命令或单击“标准”工具栏中的“中断”按钮或程序代码中的“断点”,都可以将程序暂停执行,然后,查看变量、表达式的值来判断程序的问题所在。暂停语句的语法格式如下:

```
Stop
```

虽然 Stop 语句可以使程序暂停，但由于程序调试完成后，要将 Stop 语句删除，比较麻烦，一般不推荐使用。

4. 结束语句

结束语句可以强制结束应用程序，相当于单击“运行”菜单中的“结束”命令或“标准”工具栏中的“结束”按钮。结束语句的语法格式如下：

```
End
```

5. 注释语句

为了增加程序的可读性，一般需要在书写程序时加入相应的注释，注释不会被执行，可以是中文或英文。Visual Basic 注释语句有如下两种格式：

(1) Rem 注释内容。这种格式一般用于独立行的注释，用 Rem 语句开头，但 Rem 语句与注释内容之间要用空格分隔。

(2) '注释内容。这种格式一般用于语句行尾的注释。

2.8 符号常量的作用域

在 Visual Basic 应用程序中，符号常量、变量、过程或函数都有各自的作用域或有效范围，符号常量、变量的作用域与定义的位置和使用的关键字有关，而过程或函数的作用域仅与使用的关键字有关，与定义的位置无关。另外，过程级变量还有生存期。

符号常量的作用域指的是用户自定义的符号常量，在哪些范围内有效，具体地说就是在哪些代码模块、哪些过程或函数中有效。系统定义的符号常量在程序代码中随时都可以使用，没有作用域的限制；而用户自定义的符号常量，根据定义的位置和使用的关键字不同，有不同的作用域，用户自定义的符号常量的作用域从小到大可以分为以下 3 类：

(1) 过程级符号常量。一般在过程的开始位置定义符号常量，定义时省略 Const 前的关键字，这类符号常量的作用域仅仅是其所在的过程，在其他过程中无效。

(2) 模块级符号常量。在模块的通用声明段定义符号常量，定义时在 Const 前用关键字 Private 或省略，这类符号常量的作用域仅仅是其所在的模块，在其他模块中无效。

(3) 全局级符号常量。在标准模块(不能在窗体模块或类模块)的通用声明段定义符号常量，定义时在 Const 前加关键字 Public 或 Global，这类符号常量在整个应用程序的所有模块中都有效。

2.9 变量的作用域与生存期

2.9.1 变量的作用域

变量的作用域指的是变量在哪些范围内有效，具体地说就是在哪些代码模块、哪些过程或函数中有效。变量根据定义的位置和使用的关键字不同，有不同的作用域，变量的作用域从小到大可以分为以下 3 类：

(1) 过程级变量。一般在过程的开始位置用关键字 Dim 或 Static 定义(两个关键字的含义不同,决定了变量的生存期),过程级变量的作用域仅仅是其所在的过程,在其他过程中无效。

(2) 模块级变量。在模块的通用声明段用关键字 Dim 或 Private 定义(两个关键字的含义完全相同),为了与关键字 Public 相对应,建议使用关键字 Private 定义,模块级变量的作用域仅仅是其所在的模块,在其他模块中无效。

(3) 全局级变量。在模块的通用声明段用关键字 Public 或 Global(Global 只能用在标准模块的通用声明段)定义,全局级变量在整个应用程序的所有模块中都有效。

当全局级变量是在窗体模块的通用声明段定义时,在其他模块中引用,要指出窗体模块的名字,即“窗体模块名.全局级变量名”; 当全局级变量是在标准模块的通用声明段定义时,如果变量名唯一,在其他模块中可以直接引用,即“全局级变量名”,否则,也要指出标准模块的名字,即“标准模块名.全局级变量名”。

【例 2-6】 计算圆的面积; 过程级变量和过程级符号常量示例。

运行 Visual Basic 后,双击“标准 EXE”图标新建一个工程,在窗体上画 3 个标签 Label1～Label3,设置 Label1 的 Caption 属性值为“过程级变量和过程级符号常量示例”; 再画 2 个命令按钮 Command1、Command2,它们的 Caption 属性值分别设为“计算 1”、“计算 2”; 设计窗体以及程序运行结果如图 2-7 所示。

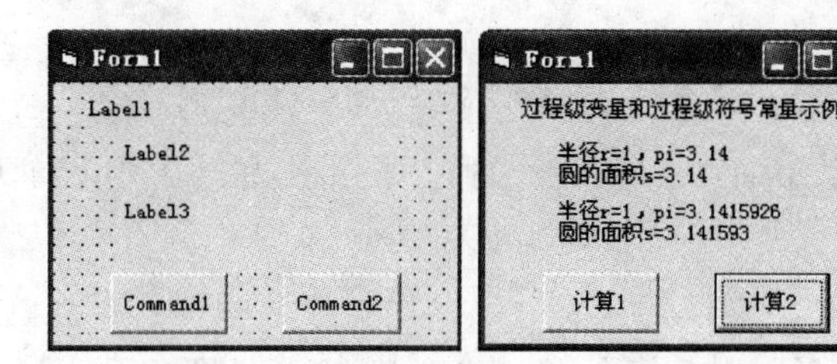

图 2-7 过程级变量和符号常量设计窗体及程序运行结果

命令按钮 Command1 的 Click 事件过程代码如下：

```
Private Sub Command1_Click()
  Dim r As Single, s As Single
  Const pi = 3.14
  r = r + 1
  s = pi * r ^ 2
  Label2.Caption = "半径 r = " & r & ",pi = " & pi & vbCrLf & "圆的面积 s = " & s
End Sub
```

命令按钮 Command2 的 Click 事件过程代码如下：

```
Private Sub Command2_Click()
  Dim r As Single, s As Single
  Const pi = 3.1415926
  r = r + 1
  s = pi * r ^ 2
  Label3.Caption = "半径 r = " & r & ",pi = " & pi & vbCrLf & "圆的面积 s = " & s
End Sub
```

在两个事件过程 Command1_Click 和 Command2_Click 中,分别定义了两个过程级变量 r、s 和一个过程级符号常量 pi,虽然它们的名称相同,但由于它们的作用域仅仅是各自所在的过程,因此,相互之间没有任何关系。

【例 2-7】 计算圆的面积;模块级变量和模块级符号常量示例。

将例 2-6 中 Command1 的 Click 事件过程中变量 r 的定义和符号常量 pi 的定义移到窗体模块的通用声明段,将 Command2 的 Click 事件过程中变量 r 的定义和符号常量 pi 的定义删除,则变量 r 变成了模块级变量,符号常量 pi 变成了模块级符号常量;修改 Label1 的 Caption 属性值为"模块级变量和模块级符号常量示例"。

程序运行后,单击一次 Command1、单击一次 Command2,然后,再单击一次 Command1、单击一次 Command2 的结果如图 2-8 所示。

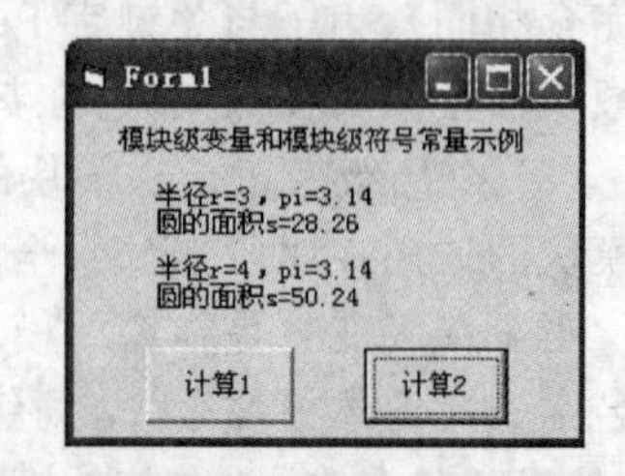

图 2-8 模块级变量和符号常量

窗体模块 Form1 的程序代码如下:

```
Rem 在窗体模块 Form1 的通用声明段定义模块级变量和模块级符号常量
Dim r As Single                              '也可写成 Private r As Single
Const pi = 3.14                              '也可写成 Private Const pi = 3.14
Private Sub Command1_Click()
  Dim s As Single
  r = r + 1
  s = pi * r ^ 2
  Label2.Caption = "半径 r = " & r & ",pi = " & pi & vbCrLf & "圆的面积 s = " & s
End Sub
Private Sub Command2_Click()
  Dim s As Single
  r = r + 1
  s = pi * r ^ 2
  Label3.Caption = "半径 r = " & r & ",pi = " & pi & vbCrLf & "圆的面积 s = " & s
End Sub
```

由于模块级变量 r 和模块级符号常量 pi 在它们所在的窗体模块的所有过程中都有效,即整个窗体模块都是变量 r 和符号常量 pi 的作用域,因此,两个事件过程中的变量 r 和符号常量 pi 都是相同的,只要在任何一个过程中改变了变量 r 的值,也会影响到另一个过程;而符号常量 pi 的值在两个过程中都相同。

【例 2-8】 计算圆的面积;在窗体模块中定义全局级变量和模块级符号常量示例。

将例 2-7 中窗体模块 Form1 通用声明段中的语句:

```
Dim r As Single
```

改成

```
Public r As Single
```

变量 r 变成了在窗体模块 Form1 通用声明段定义的全局级变量,其作用域为整个应用程序的所有模块;而符号常量 pi 仍然是模块级符号常量,因为全局级符号常量只能在标准模块的通用声明段定义;修改 Label1 的 Caption 属性值为"全局级变量和模块级符号常量示例"。

单击"工程"菜单中的"添加窗体"命令,在"添加窗体"对话框中,双击"窗体"图标,添加一个新窗体 Form2,将 Form1 上的所有控件选中复制到 Form2 上;将窗体模块 Form1 中模块级符号常量 pi 的定义以及 Command1 的 Click 事件过程和 Command2 的 Click 事件过程选中复制到 Form2 的代码窗口中,并将 Form2 代码窗口中模块级符号常量 pi 的值改为 3.141 592 6,Form2 代码窗口中所有的全局级变量 r 改写成"Form1.r",这样就可以在 Form2 中,引用 Form1 通用声明段定义的全局级变量 r;最后,在 Form1 上画 1 个命令按钮 Command3,设置其 Caption 属性值为"显示 Form2"。

程序运行后,显示 Form1,分别单击 Form1 中的命令按钮 Command1 和 Command2,然后,单击 Form1 中的命令按钮 Command3,显示 Form2,再分别单击 Form2 中的命令按钮 Command1 和 Command2,程序运行结果如图 2-9 所示。

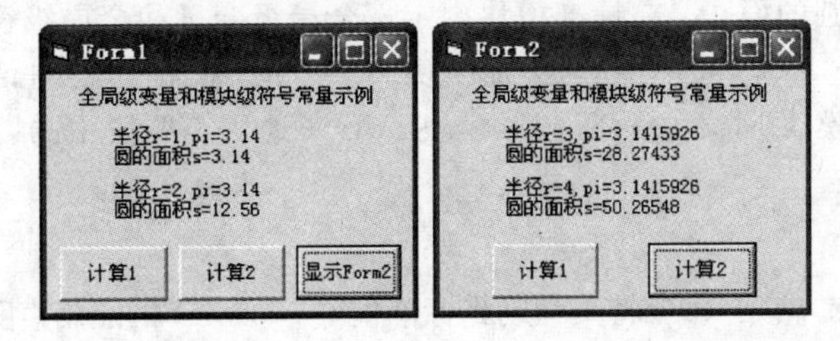

图 2-9 在窗体模块中定义的全局级变量和模块级符号常量

窗体模块 Form1 的程序代码如下:

```
Rem 在窗体模块 Form1 的通用声明段定义全局级变量和模块级符号常量
Public r As Single
Const pi = 3.14                         '也可写成 Private Const pi = 3.14
Private Sub Command1_Click()
  Dim s As Single
  r = r + 1
  s = pi * r ^ 2
  Label2.Caption = "半径 r = " & r & ",pi = " & pi & vbCrLf & "圆的面积 s = " & s
End Sub
Private Sub Command2_Click()
  Dim s As Single
  r = r + 1
  s = pi * r ^ 2
  Label3.Caption = "半径 r = " & r & ",pi = " & pi & vbCrLf & "圆的面积 s = " & s
End Sub
Private Sub Command3_Click()
  Form2.Visible = True
End Sub
```

窗体模块 Form2 的程序代码如下:

```
Rem 在窗体模块 Form2 的通用声明段定义模块级符号常量
Const pi = 3.1415926                    '也可写成 Private Const pi = 3.1415926
Private Sub Command1_Click()
  Dim s As Single
  Form1.r = Form1.r + 1
  s = pi * Form1.r ^ 2
  Label2.Caption = "半径 r = " & Form1.r & ",pi = " & pi & vbCrLf & "圆的面积 s = " & s
End Sub
```

```
Private Sub Command2_Click()
   Dim s As Single
   Form1.r = Form1.r + 1
   s = pi * Form1.r ^ 2
   Label3.Caption = "半径 r = " & Form1.r & ",pi = " & pi & vbCrLf & "圆的面积 s = " & s
End Sub
```

由于变量 r 是在窗体模块 Form1 通用声明段定义的全局级变量，其作用域为整个应用程序的所有模块；而符号常量 pi 是在窗体模块 Form1 和 Form2 通用声明段分别定义的模块级符号常量，作用域仅仅是其所在的模块，因此，变量 r 的值在任何一个窗体中被改变，也将影响到另一个窗体；而两个窗体中的模块级符号常量 pi 相互之间没有任何关系。

【例 2-9】 计算圆的面积；在标准模块中定义全局级变量和全局级符号常量示例。

在例 2-8 中单击“工程”菜单中的“添加模块”命令，在“添加模块”对话框中，双击“模块”图标，添加一个标准模块 Module1，将窗体模块 Form1 通用声明段中的以下两条语句：

```
Public r As Single
Const pi = 3.14
```

选中，分别用“剪切”和“粘贴”命令将其移动到标准模块 Module1 的通用声明段，并将它们改成：

```
Public r As Single
Public Const pi = 3.14
```

在标准模块的通用声明段定义了全局级变量 r 和全局级符号常量 pi，它们的作用域为整个应用程序的所有模块；删除窗体模块 Form2 中的所有程序代码；选中窗体模块 Form1 中 Command1 的 Click 事件过程和 Command2 的 Click 事件过程将其复制到窗体模块 Form2 的代码窗口中；分别修改 Form1 和 Form2 上标签 Label1 的 Caption 属性值为“全局级变量和全局级符号常量示例”。

程序运行后，显示 Form1，分别单击 Form1 中的命令按钮 Command1 和 Command2，然后，单击 Form1 中的命令按钮 Command3，显示 Form2，再分别单击 Form2 中的命令按钮 Command1 和 Command2，程序运行结果如图 2-10 所示。

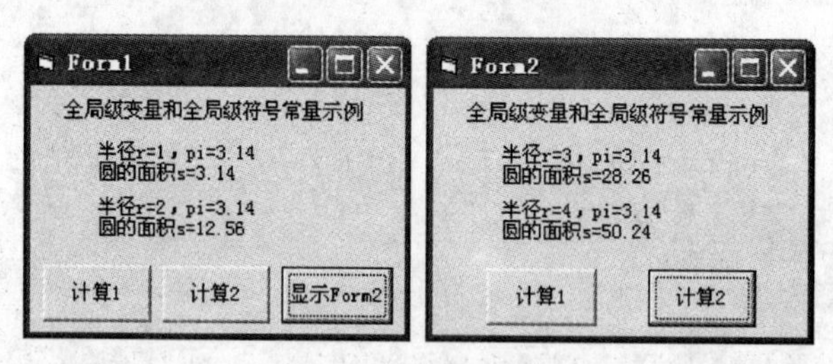

图 2-10 在标准模块中定义的全局级变量和符号常量

标准模块 Module1 的程序代码如下：

```
Rem 在标准模块 Module1 的通用声明段定义全局级变量和全局级符号常量
Public r As Single                          '也可将 Public 换成 Global
Public Const pi = 3.14                      '也可将 Public 换成 Global
```

由于变量 r 和符号常量 pi 都是在标准模块 Module1 通用声明段定义的全局级变量和全局级符号常量，它们的作用域是整个应用程序的所有模块，因此，变量 r 的值在任何一个窗体中被改变，也将影响到另一个窗体；而符号常量 pi 的值在两个窗体中都相同。

注意：在标准模块中定义全局级变量和全局级符号常量时，可以将关键字 Public 换成 Global，但在其他模块中不可以。

2.9.2 过程级变量的生存期

变量的生存期指的是变量能够存在的时间。过程级变量一般在过程的开始位置用关键字 Dim 或 Static 定义，这两个关键字就决定了过程级变量的生存期。

在过程的开始位置，用关键字 Dim 定义的变量称为动态变量，动态变量随着它所在的过程被执行或被调用而定义，随着它所在的过程执行或调用结束而自动消失，下一次执行或调用该过程时，又重新定义动态变量，过程执行或调用完毕，动态变量自动消失。

在过程的开始位置，用关键字 Static 定义的变量称为静态变量，静态变量随着它所在的过程第一次被执行或被调用而定义，但不会随着它所在的过程执行或调用结束而自动消失，静态变量一直存在，下一次执行或调用该过程时，不再需要重新定义静态变量，可以接着使用静态变量的值，静态变量一直存在，直到整个应用程序结束才消失。

注意：

(1) 如果在过程的关键字 Sub 或 Function 前加关键字 Static，则该过程中所有的过程级变量均为静态变量。

(2) 不管是动态变量，还是静态变量，都是过程级变量，它们的作用域仅仅是其所在的过程，在其他过程中无效。

【例 2-10】 动态变量示例。

运行 Visual Basic 后，双击“标准 EXE”图标新建一个工程，在窗体上画 1 个文本框 Text1，2 个命令按钮 Command1、Command2，然后设置对象的属性，如表 2-15 所示。设计窗体及设置属性后的窗体如图 2-11 所示。程序运行结果如图 2-12 所示。

表 2-15 对象的属性设置

对象名称	属性名称	属性值	说　明
Text1	Text		清空文本框 Text 属性值
	MultiLine	True	文本框显示多行
	ScrollBars	3-Both	文本框带水平、垂直滚动条
Command1	Caption	显示	命令按钮标题
Command2	Caption	关闭	命令按钮标题

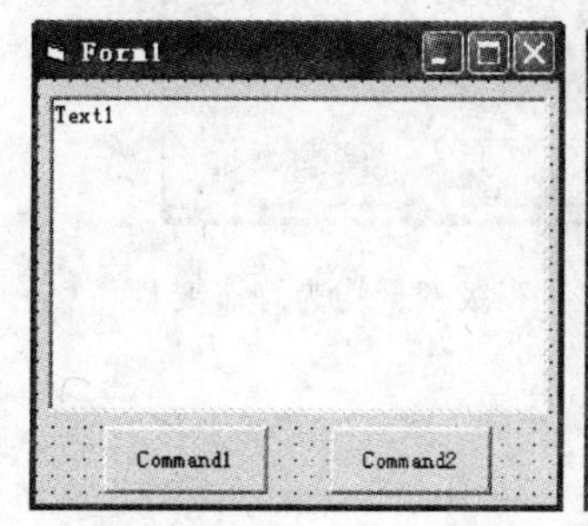

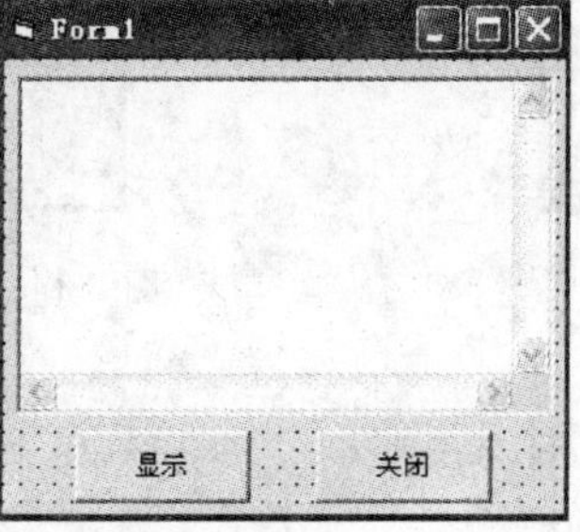

图 2-11 设计窗体及设置属性后的窗体

图 2-12 动态变量

程序运行后，当不断单击命令按钮 Command1 后，4 个变量 a、x、b、y 的值都不变，原因在于这 4 个变量都是动态变量。

命令按钮 Command1 的 Click 事件过程代码如下：

```
Private Sub Command1_Click()
  Dim a As Integer, x As String
  Dim b As Integer, y As String
  a = a + 1
  b = b + 1
  x = x & "★"
  y = y & "★"
  Text1.Text = Text1.Text & "a = " & a & ",x = " & x & ",b = " & b & ",y = " & y & vbCrLf
End Sub
```

命令按钮 Command2 的 Click 事件过程代码如下：

```
Private Sub Command2_Click()
  Unload Me
End Sub
```

【例 2-11】 静态变量示例。

将例 2-10 中命令按钮 Command1 的 Click 事件过程中，整型变量 b 和字符型变量 y 前面的关键字 Dim 改为 Static，这两个变量将成为静态变量，而整型变量 a 和字符型变量 x 仍然是动态变量；其他所有的程序代码不变。

程序运行后，不断单击命令按钮 Command1，变量 a 和 x 的值不变，原因在于这两个变量是动态变量；而变量 b 和 y 的值不断地在原来的基础上增加，原因在于这两个变量是静态变量，程序运行结果如图 2-13 所示。

【例 2-12】 过程中所有的过程级变量均为静态变量示例。

将例 2-11 中命令按钮 Command1 的 Click 事件过程的关键字 Sub 前的 Private 改成 Static，其他所有的程序代码不变，则 Command1 的 Click 事件过程中的所有过程级变量，不管是静态变量还是动态变量，都变成静态变量。

程序运行后，当不断单击命令按钮 Command1 后，变量 a、x、b、y 的值都不断地在原来的基础上增加，原因在于这 4 个变量都是静态变量，程序运行结果如图 2-14 所示。

图 2-13 静态变量

图 2-14 过程级变量均为静态变量

2.9.3 同名变量的应用

如果在一个应用程序中有多个变量的变量名相同，但它们的作用域不同，则作用域小的变量在其有效的作用域内,将屏蔽作用域大的同名变量。在这种情况下,如果在程序中必须要使用作用域大的同名变量时,则只能在变量名前加上模块名,即"模块名.变量名"。

【例 2-13】 同名的过程级变量和全局级变量。

运行 Visual Basic 后,双击"标准 EXE"图标新建一个工程,在窗体上画 2 个标签 Label1、Label2;2 个命令按钮 Command1、Command2,设置 Command1 的 Caption 属性值为"过程级变量 x、y",Command2 的 Caption 属性值为"全局级变量 x、y";添加一个标准模块 Module1,用于定义全局级变量和全局级过程,设计窗体以及程序运行结果如图 2-15 所示。

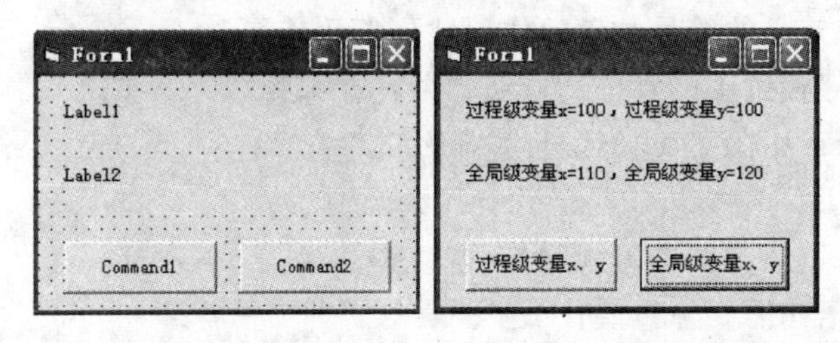

图 2-15 同名的过程级和全局级变量的设计窗体及程序运行结果

标准模块 Module1 的程序代码如下:

```
Public x As Integer, y As Integer          '全局级变量 x、y
Public Sub pub_proc ()                     '全局级过程,其作用域为整个应用程序的所有模块
  x = 10
  y = 20
End Sub
```

窗体模块 Form1 的程序代码如下:

```
Private Sub Command1_Click()
  Dim x As Integer, y As Integer           '过程级变量 x、y 屏蔽了全局级变量 x、y
  pub_proc                                 '调用全局级过程
  x = x + 100
  y = y + 100
  Label1.Caption = "过程级变量 x = " & x & ",过程级变量 y = " & y
End Sub
Private Sub Command2_Click()
  pub_proc                                 '调用全局级过程
  x = x + 100
  y = y + 100
  Label2.Caption = "全局级变量 x = " & x & ",全局级变量 y = " & y
End Sub
```

符号常量的作用域以及变量的作用域和生存期对编写程序的影响很大,充分理解符号常量的作用域以及变量的作用域和生存期,对编写应用程序,特别是大型应用程序将带来很大的帮助。

习题 2

一、简答题

1. 什么是关键字?

2. 简述标识符的命名规则。

3. 使用数值类型数据时，系统为什么会提示“溢出”错误？

4. 可变类型数据的特点是什么？

5. 什么是变量的隐式声明和显式声明？

6. 声明变量后，Visual Basic 是如何自动初始化变量的？

7. 变量的 3 个要素是什么？Visual Basic 常见的变量主要有哪些？

8. 用 DefType 语句定义变量有什么好处？

9. 简述用户自定义的符号常量的作用域分类及其特点。

10. 函数在程序代码中的具体调用形式主要有哪些？

11. Visual Basic 中的 Shell()函数有什么作用？

12. 在 Visual Basic 中，语句与函数有什么区别？

13. Visual Basic 语句的书写规则有哪些？

14. 使用赋值语句需要注意些什么？

15. 变量的作用域指的是什么？简述变量的作用域分类及其特点。

16. 过程级变量有哪两种类型？它们的特点分别是什么？

二、编程题

1. 在文本框 Text1 和 Text2 中，分别输入两个正数，比较算术运算符\(整除)和 Mod(求余)的运算结果，设计窗体和程序运行结果如图 2-16 所示。

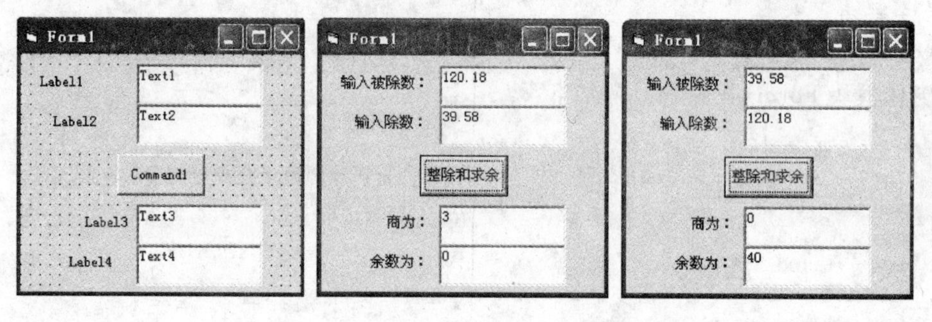

图 2-16 \(整除)和 Mod(求余)运算的比较

提示：文本框的输入、输出内容(文本)都在其 Text 属性中。

2. 产生某个区间范围内的随机整数。在文本框 Text1 和 Text2 中，分别输入区间的下界和上界，不断单击命令按钮，将产生区间范围内的随机整数，设计窗体和程序运行结果如图 2-17 所示。

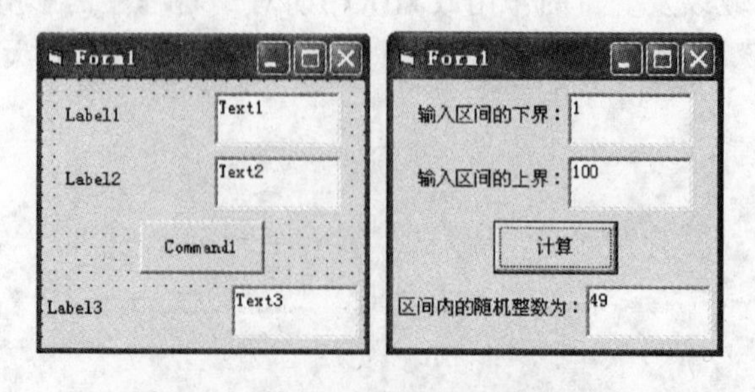

图 2-17 产生区间范围内的随机整数

3. 交换两个属性变量的值。在两个文本框中分别输入不同的内容(文本),单击命令按钮可以实现两个文本框中内容的交换,设计窗体和程序运行结果如图 2-18 所示。

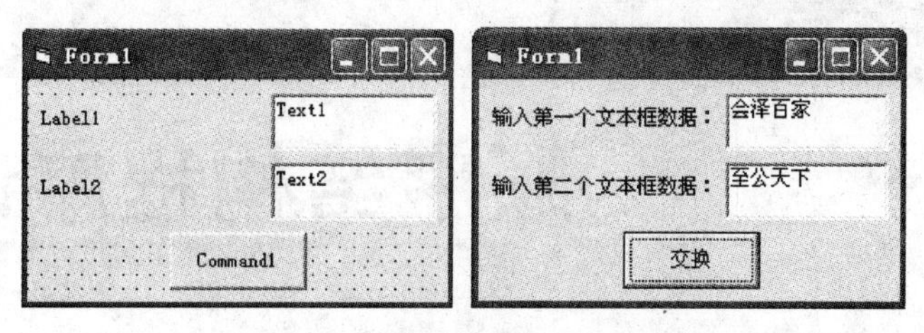

图 2-18 交换两个属性变量的值

4. 在文本框 Text1 中输入一个四位的正整数,编写程序将这个四位的正整数倒序输出,即个位数在最左边,然后,是十位数、百位数、千位数,如:输入一个四位的正整数 5678,倒序输出的结果为 8765,设计窗体和程序运行结果如图 2-19 所示。

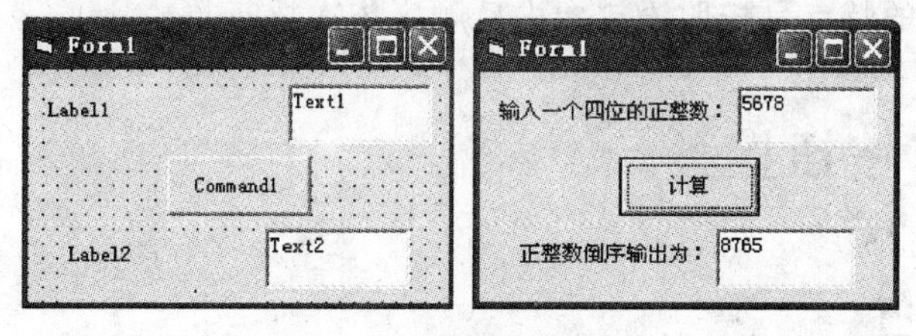

图 2-19 正整数倒序输出

5. 在 3 个文本框中分别输入小时数、分钟数、秒数,将它们转化成总的秒数并输出,设计窗体和程序运行结果如图 2-20 所示。

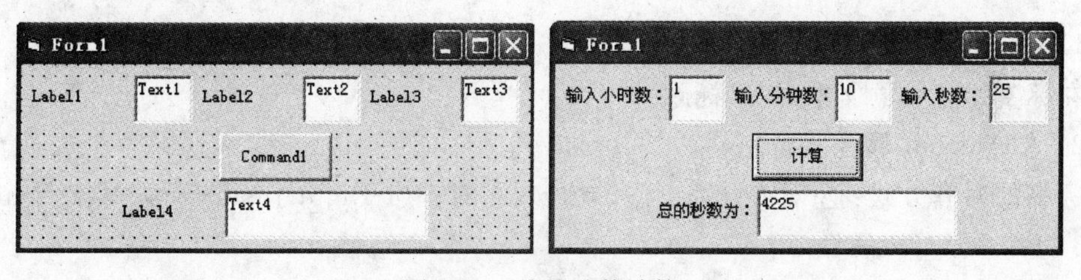

图 2-20 总的秒数计算

6. 设计一个简易计算器,可以实现加、减、乘、除算术运算。在文本框 Text1 和 Text2 中,任意输入两个数,单击"加"按钮,显示这两个数相加的结果;单击"减"按钮,显示这两个数相减的结果;……;设计窗体和程序运行结果如图 2-21 所示。

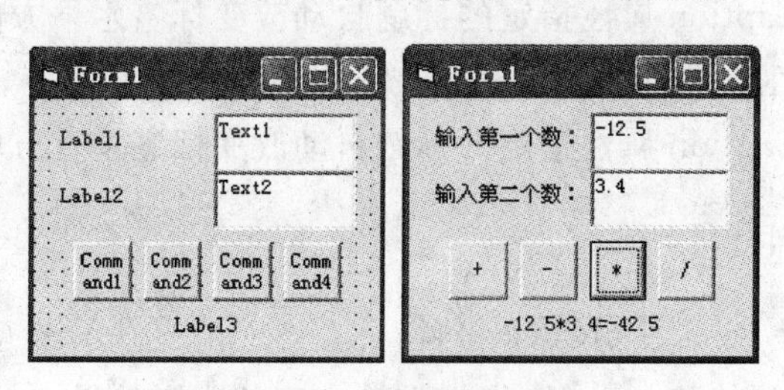

图 2-21 简易计算器

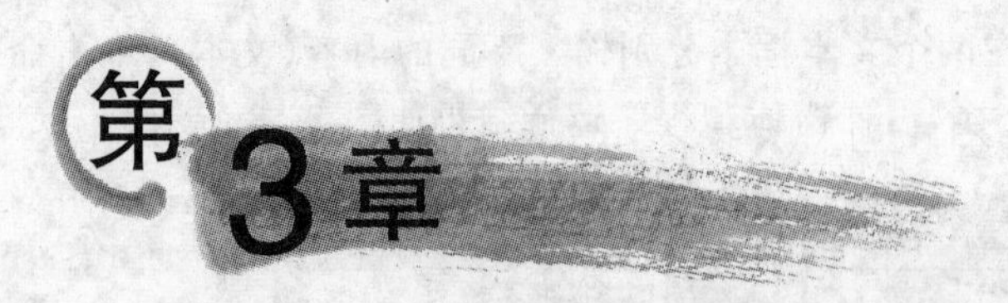

第3章 顺序结构程序设计

Visual Basic 采用面向对象的程序设计模式,程序设计是以对象为中心的事件驱动的工作方式。一个 Visual Basic 应用程序由多个过程组成,在过程中程序的控制结构仍然采用结构化程序设计的 3 种基本结构：顺序结构、选择结构、循环结构。

顺序结构程序的特点是按照语句的先后顺序依次执行。

3.1 文本与按钮控件

3.1.1 标签

标签主要用于显示只读的文本信息,即标签只能显示文本,不能对显示的文本进行编辑。

1. 标签的常用属性

1) Caption 属性

在标签中显示的文本内容(标题)。

2) Alignment 属性

标签的对齐方式：左对齐(0-Left Justify)、右对齐(1-Right Justify)、居中(2-Center)。

3) BorderStyle 属性

标签的边框样式,默认为无边框。

4) BackStyle 属性

标签透明或不透明,默认为不透明,会挡住它后面的控件。

5) AutoSize 属性

标签是否会根据 Caption 属性指定的标题自动改变标签水平方向的大小。

6) WordWrap 属性

标签是否会根据 Caption 属性指定的标题自动改变标签垂直方向的大小。

2. 标签的常用事件

标签的常用事件是 Click、DblClick 事件。

【例 3-1】 利用标签的 BackStyle 属性设计文字的阴影效果。

设计步骤：

(1) 运行 Visual Basic 后,双击"标准 EXE"图标新建一个工程,在窗体上画 1 个标签 Label1,1 个命令按钮 Command1,然后设置对象的属性,如表 3-1 所示。设计窗体以及设置属性后的窗体如图 3-1 所示。

表 3-1 对象的属性设置

对象名称	属性名称	属性值	说明
Label1	Caption	全国计算机等级考试	标签标题
	FontName	华文行楷	标签字体名称
	FontSize	初号	标签字体大小
	Alignment	2-Center	标签标题居中对齐
Command1	Caption	移动标签	命令按钮标题

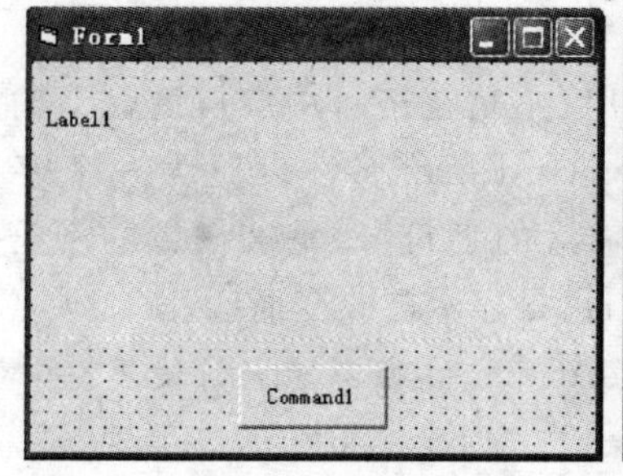

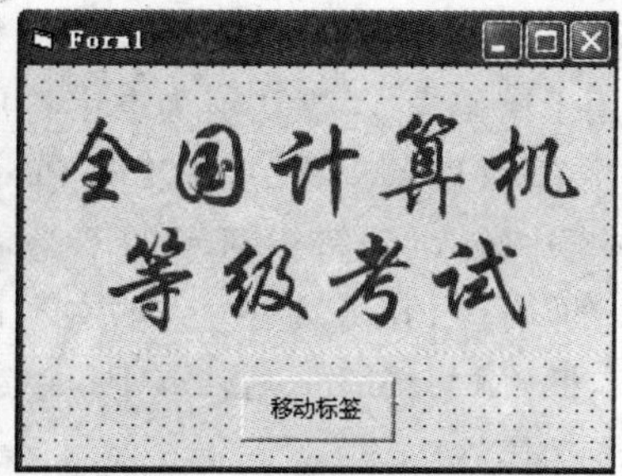

图 3-1 文字阴影效果的设计窗体及设置属性后的窗体

(2) 选中标签 Label1,执行复制和粘贴操作,系统提示"已经有一个控件为 'Label1 '。创建一个控件数组吗?",单击"否"按钮,在窗体上将添加 1 个标签 Label2,调整 Label2 的位置,使 Label2 与 Label1 完全重合。

(3) 设置 Label2 的 BackStyle 属性值为 2-Transparent(透明),ForeColor 属性值为红色。

(4) 编写 Command1 的 Click 事件过程代码。

命令按钮 Command1 的 Click 事件过程代码如下:

```
Private Sub Command1_Click()
  Label2.Move Label2.Left - 10, Label2.Top - 10
End Sub
```

也可以写成:

```
Private Sub Command1_Click()
  Label2.Left = Label2.Left - 10
  Label2.Top = Label2.Top - 10
End Sub
```

程序运行后,不断单击 Command1,将产生文字的阴影效果,程序运行结果如图 3-2 所示。

图 3-2 文字阴影效果

3.1.2 文本框

文本框是一个文本编辑区域,在程序运行期间可以在这个区域中输入、编辑和显示文本。

1. 文本框的常用属性

1) Text 属性

该属性用于设置或返回文本框中输入或显示的内容。

2) MaxLength 属性

用于设置允许在文本框中输入的最大字符数。一般用文本框作为密码输入框时,限制输入文本的长度。

3) MultiLine 属性

文本框是否可以输入或输出多行文本,该属性默认值为 False,则在文本框中只能输入单行文本。

4) PasswordChar 属性

该属性可用于密码输入,默认值为空字符串(不是空格),用户从键盘上输入时,每个字符都可以在文本框中显示出来。如果把 PasswordChar 属性设置为一个字符,如:星号"*",则在文本框中输入字符时,显示的不是输入的字符,而是被设置的字符(如:星号)。当然,文本框中的实际内容仍然是输入的文本,只是显示被改变而已。

注意:文本框的 MultiLine 属性和 PasswordChar 属性不能同时使用。

5) ScrollBars 属性

该属性用于确定文本框是否有滚动条,默认为文本框没有滚动条,可以给文本框设置水平滚动条、垂直滚动条或者同时具有水平和垂直滚动条。

注意:只有当 MultiLine 属性值被设置为 True 时,才能用 ScrollBars 属性为文本框设置滚动条。

6) SelStart 属性

文本框中选中文本的开始位置。

7) SelLength 属性

文本框中选中文本的长度(字符数)。

8) SelText 属性

文本框中选中的文本。

9) Locked 属性

该属性用于指定文本框是否可编辑(锁定)。当 Locked 属性值为 False(默认值)时,可以编辑文本框中的文本;当 Locked 属性值为 True 时,不能编辑文本框中的文本。类似地,当 Enabled 属性值为 True(默认值)时,可以编辑文本框中的文本;当 Enabled 属性值为 False 时,不能编辑文本框中的文本。

2. 文本框的常用事件

1) Change 事件

当改变文本框中的内容时触发其 Change 事件。

2) KeyPress 事件

当焦点在文本框中时,按大小写字母键、数字键、标点符号键、空格键、Esc 键、Back Space

键、Enter 键、Tab 键时触发其 KeyPress 事件。

3) GotFocus 事件

当文本框得到焦点时触发其 GotFocus 事件。

4) LostFocus 事件

当文本框失去焦点时触发其 LostFocus 事件。

3. 文本框的常用方法

文本框的常用方法是 SetFocus,该方法使文本框获得焦点。

3.1.3 命令按钮

命令按钮常用于执行用户的命令。

1. 命令按钮的常用属性

1) Caption 属性

在命令按钮上显示的文本内容(标题)。

2) Default 属性

是否为默认命令按钮。若一个命令按钮的 Default 属性值设为 True,当焦点不在任何一个命令按钮上时,按回车键,相当于单击该命令按钮。在一个窗体中,最多只能有一个命令按钮的 Default 属性值被设置为 True。

3) Cancel 属性

是否为取消命令按钮。当一个命令按钮的 Cancel 属性值设置为 True 时,任意时刻按 Esc 键,相当于单击该命令按钮。在一个窗体中,最多只能有一个命令按钮的 Cancel 属性值被设置为 True。

4) Style 属性

Style 属性设置文本框的样式。Style 属性可用于多种控件,包括复选框、组合框、列表框、单选按钮和命令按钮等。当用于命令按钮、复选框和单选按钮时,可以实现两种样式:0-Standard(标准样式,默认)、1-Graphical(图形样式)。

5) Picture 属性

用该属性可以给命令按钮指定一个图形。为了使用这个属性,必须把 Style 属性设置为图形样式。

6) DownPicture 属性

该属性用于设置当控件被单击并处于按下状态时在控件中显示的图形,可用于图形样式的复选框、单选按钮和命令按钮。为了使用这个属性,必须把 Style 属性设置为 1-Graphical,否则 DownPicture 属性将被忽略。

7) DisabledPicture 属性

该属性用于设置当命令按钮被禁止使用,即 Enabled 属性值为 False 时,在命令按钮上显示的图形。和前两个属性一样,必须把 Style 属性设置为 l-Graphical 才能使 DisabledPicture 属性生效。

8）Value 属性

该属性仅在程序运行时有效，当 Value 属性值为 True 时，相当于 Click 命令按钮。该属性一般用于模拟产生用户的 Click 事件，可用于编写演示程序。

2. 命令按钮的常用事件

命令按钮最常用的事件是 Click 事件，命令按钮不支持 DblClick 事件。

3. 命令按钮的常用方法

命令按钮的 SetFocus 方法可以使该命令按钮获得焦点。

【例 3-2】 输入球的半径，计算并输出球的体积和表面积。

分析：设球的半径为 r，球的体积 $v=\frac{4}{3}\pi r^3$，球的表面积 $s=4\pi r^2$。

运行 Visual Basic 后，双击"标准 EXE"图标新建一个工程，在窗体上画 2 个标签 Label1、Label2，1 个文本框 Text1，2 个命令按钮 Command1、Command2，然后设置对象的属性，如表 3-2 所示。设计窗体、设置属性后的窗体以及程序运行结果如图 3-3 所示。

表 3-2 对象的属性设置

对象名称	属性名称	属性值	说明
Label1	Caption	输入球的半径：	标签标题
Text1	Text		清空文本框 Text 属性值
Command1	Caption	计算	命令按钮标题
	Default	True	默认命令按钮
Command2	Caption	关闭	命令按钮标题
	Cancel	True	取消命令按钮

程序运行后，在文本框 Text1 中输入球的半径，按回车键（相当于 Click 命令按钮 Command1），窗体显示计算结果，按 Esc 键（相当于 Click 命令按钮 Command2），结束应用程序。

图 3-3 设计窗体、设置属性后的窗体及程序运行结果

命令按钮 Command1 的 Click 事件过程代码如下：

```
Private Sub Command1_Click()
  Dim r As Single, v As Single, s As Single
  Const pi = 3.14
```

```
  r = Val(Text1.Text)
  v = 4 / 3 * pi * r ^ 3
  s = 4 * pi * r * r
  Label2.Caption = "球的体积为: " & v & vbCrLf & "球的表面积为: " & s
End Sub
```

命令按钮 Command2 的 Click 事件过程代码如下：

```
Private Sub Command2_Click()
  Unload Me
End Sub
```

3.2 焦点与 Tab 键顺序

3.2.1 焦点

焦点的作用是使窗体中的某个控件成为“当前”控件或“活动”控件，这样，该控件将可以接收用户的输入。

1. 与焦点有关的常用事件

当对象得到焦点时，将触发其 GotFocus 事件；而当对象失去焦点时，将触发其 LostFocus 事件。

2. 与焦点有关的常用方法

在程序代码中使用对象的 SetFocus 方法，可以使对象获得焦点。

下面的操作可以使对象获得焦点：

(1) 程序运行时单击该对象。

(2) 程序运行时按访问键选择该对象。

(3) 程序运行时按 Tab 键。

注意：

(1) 只有当控件的 Enabled 属性和 Visible 属性值均为 True 时，控件才能接收焦点。

(2) 并不是所有对象都可以接收焦点，某些控件，如：框架、标签、菜单控件、直线、形状、图像控件和计时器控件都不能接收焦点。

(3) 焦点在不同控件上的表现形式不同，如：文本框的焦点是一个闪烁的光标，命令按钮、复选框、单选按钮的焦点是一个虚线框。

3.2.2 Tab 键顺序

Tab 键顺序就是按 Tab 键时焦点在控件之间移动的顺序，一般情况下，Tab 键顺序由控件建立时的先后顺序确定。

与控件的 Tab 键顺序有关的属性如下：

(1) TabIndex 属性。控件的 TabIndex 属性决定了按 Tab 键时控件获得焦点的先后顺序。默认情况下，第一个添加的控件其 TabIndex 属性值为 0，第二个添加的控件其 TabIndex 属性值为 1，以此类推。当改变某个控件的 TabIndex 属性值时，Visual Basic 会自动调整其他控件的 TabIndex 属性值。

(2) TabStop 属性。控件的 TabStop 属性决定了焦点是否会停在该控件上，当控件的 TabStop 属性值为 False 时，按 Tab 键，焦点将跳过该控件。

3.3 InputBox 函数

用 InputBox 函数(输入框函数)产生一个输入框，可以输入一个数据(文本)，用户输入数据后，按回车键或单击“确定”按钮，将输入数据赋给赋值符号前的变量。其语法格式如下：

```
变量名 = InputBox(<提示信息>[,<对话框标题>][,<默认值>])
```

其中，<提示信息>是必选参数，是字符串，在其中可以含有回车符 Chr(13)、换行符 Chr(10)，或系统定义的符号常量 vbCrLf，实现多行文本的显示；后两个参数是可选参数，可以省略，但如果仅仅只是省略第二个参数，则第二个参数前的逗号不能省略。

InputBox 函数的 3 种简化形式如下：

(1) 变量名 = InputBox(<提示信息>)

(2) 变量名 = InputBox(<提示信息>,<对话框标题>)

(3) 变量名 = InputBox(<提示信息>,,<默认值>)

【例 3-3】 用 InputBox 函数输入长方形的长和宽，计算并输出长方形的面积。

运行 Visual Basic 后，双击“标准 EXE”图标新建一个工程，在窗体上画 1 个标签 Label1，1 个命令按钮 Command1，设置 Command1 的 Caption 属性值为“计算”。设计窗体以及程序运行结果如图 3-4 所示。

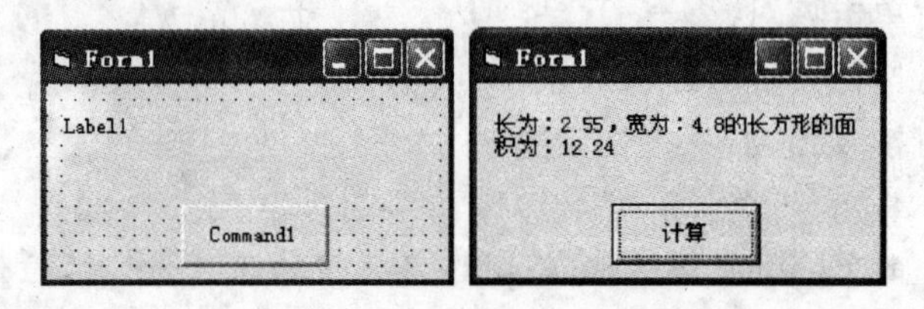

图 3-4 计算并输出长方形的面积

命令按钮 Command1 的 Click 事件过程代码如下：

```
Private Sub Command1_Click()
  Dim l As Single, w As Single, s As Single
  l = InputBox("请输入长方形的长", "数据输入", 0)
  w = InputBox("请输入长方形的宽", "数据输入", 0)
  s = l * w
  Label1.Caption = "长为: " & l & ",宽为: " & w & "的长方形的面积为: " & s
End Sub
```

3.4 数据输出

3.4.1 与输出有关的属性和方法

1. 与输出有关的属性

CurrentX、CurrentY 属性用于设置或返回在窗体、图片框或打印机上当前输出位置的横坐标、纵坐标。

2. 与输出有关的方法

TextWidth、TextHeight 方法分别返回文本或字符串的宽度和高度，这两个返回值的大小与窗体、图片框或打印机的字形属性有关。TextWidth、TextHeight 方法的语法格式如下：

```
<变量名> = [<对象名>.]TextWidth(字符串)
<变量名> = [<对象名>.]TextHeight(字符串)
```

其中，<对象名>可以是窗体、图片框或打印机，如果是当前窗体可省略<对象名>。

3.4.2 用 Print 方法输出数据

1. Print 方法

Print 方法的语法格式如下：

```
[<对象名>.]Print [{Spc(n)|Tab(n)};][<表达式表>][{;|,}]
```

说明：

(1) <对象名>可以是窗体、图片框或打印机，如果是当前窗体可省略<对象名>。

(2) <表达式表>中的表达式可以是算术表达式、字符串表达式、关系表达式或布尔表达式。如果是字符串，则原样输出(将双引号去掉后直接输出)；如果是正数，在数值前有一个空格。

(3) 当输出多个表达式时，如果表达式之间用逗号“,”分隔，则以标准格式(14 个字符的宽度)输出；如果表达式之间用分号“;”分隔，则以紧凑格式(连续)输出。

(4) 如果 Print 方法的行尾有逗号，则下一个 Print 方法的输出内容接在当前输出内容的后面，以标准格式输出；如果 Print 方法的行尾有分号，则下一个 Print 方法的输出内容接在当前输出内容的后面，以紧凑格式输出；如果 Print 方法的行尾既没有逗号也没有分号，则自动换行。

(5) 如果省略表达式，则输出一个空行。

(6) Print 方法后的表达式是输出表达式的计算结果。

注意：

(1) 输入关键字 Print 时，可以只输入一个“?”，Visual Basic 会自动将其转换为 Print。

(2) 若要在 Form_Load 事件过程中,在窗体或图片框中使用 Print 方法输出数据,则必须将窗体或图片框的 AutoRedraw 属性值设为 True(默认值为 False),否则,在窗体或图片框中使用 Print 方法输出的数据将消失。

【例 3-4】 窗体输出。在窗体的中央位置输出"计算机等级考试",如图 3-5 所示。

窗体模块 Form1 的 Load 事件过程代码如下:

```
Private Sub Form_Load()
  Dim str $
  str = "计算机等级考试"
  AutoRedraw = True
  Me.FontName = "黑体"
  Me.FontSize = 30
  Form1.ForeColor = RGB(255, 0, 0)
  Form1.BackColor = RGB(255, 255, 255)
  CurrentX = ScaleWidth / 2 - TextWidth(str) / 2
  CurrentY = ScaleHeight / 2 - TextHeight(str) / 2
  Print str
End Sub
```

【例 3-5】 图片框输出。在窗体上画 1 个图片框 Picture1,在图片框的中央位置输出"计算机等级考试",如图 3-6 所示。

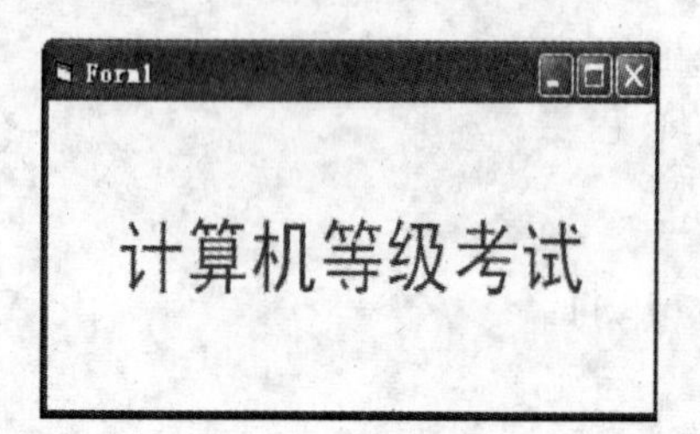

图 3-5 窗体输出

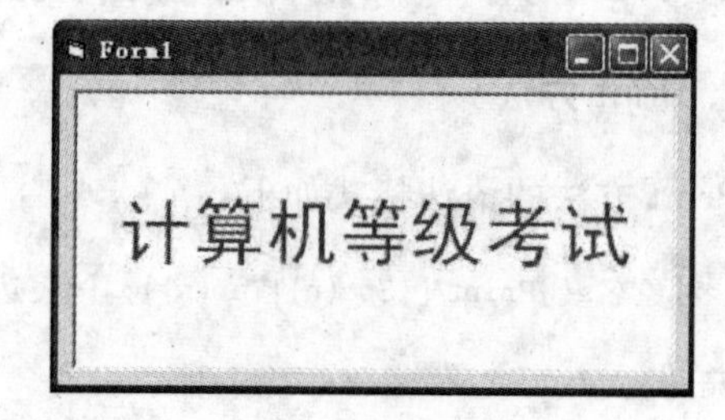

图 3-6 图片框输出

窗体模块 Form1 的 Load 事件过程代码如下:

```
Private Sub Form_Load()
  Dim str $
  str = "计算机等级考试"
  Picture1.AutoRedraw = True
  Picture1.FontName = "黑体"
  Picture1.FontSize = 30
  Picture1.ForeColor = RGB(255, 0, 0)
  Picture1.BackColor = RGB(255, 255, 255)
  Picture1.CurrentX = Picture1.ScaleWidth / 2 - Picture1.TextWidth(str) / 2
  Picture1.CurrentY = Picture1.ScaleHeight / 2 - Picture1.TextHeight(str) / 2
  Picture1.Print str
End Sub
```

2. 与 Print 方法有关的函数

(1) Tab(n)函数。从输出对象左边的第 n 列或第 n 个字符的位置开始输出。

(2) Spc(n)函数。输出 n 个空格。

注意：在 Print 方法中，使用这两个函数时，输出表达式之间要用分号作为分隔符。

3. 窗体或图片框的清除方法

Cls 方法可以清除窗体或图片框中用 Print 方法和图形方法在程序运行时所产生的文本或图形，清除后的区域以背景色填充。Cls 方法的语法格式如下：

```
[<对象名>.]Cls
```

其中，＜对象名＞可以是窗体或图片框，如果省略，则清除当前窗体上用 Print 方法和图形方法在程序运行时所产生的文本或图形。

【例 3-6】 用 Print 方法在窗体上输出，如图 3-7 所示。

窗体模块 Form1 的 Click 事件过程代码如下：

```
Private Sub Form_Click()
  Print
  Print Tab(20); "欢迎"
  Print Tab(10); "使用"
  Print "Visual"; Spc(1);
  Print "Basic"; Spc(5);
  Print "程序设计教程"
  Print
  Print Tab(20); "3 * 5 + 10 = "; 3 * 5 + 10
End Sub
```

图 3-7　Print 方法在窗体上输出

命令按钮 Command1 的 Click 事件过程代码如下：

```
Private Sub Command1_Click()
  Cls
End Sub
```

3.4.3 MsgBox 函数

MsgBox 函数(消息框函数)用于实现信息提示以及与用户的信息交互功能。MsgBox 函数的语法格式如下：

```
变量名 = MsgBox(<提示信息>[,<消息框类型>][,<对话框标题>])
```

其中，＜提示信息＞是必选参数，是字符串，在其中可以含有回车符 Chr(13)、换行符 Chr(10)，或系统定义的符号常量 vbCrLf，实现多行文本的显示；后两个参数是可选参数，可以省略，如果仅仅只是省略第二个参数，则第二个参数前的逗号不能省略。＜消息框类型＞由 3 个整数值组成：按钮类型、图标类型、默认按钮，各个类型的说明及含义如表 3-3 所示，这 3 个数值可以用“+”号连接成一个参数。

表 3-3　消息框类型设置值及其含义

分类	设置值	系统定义的符号常量	含　义
按钮类型	0	vbOkOnly	只显示“确定”按钮
	1	vbOkCancel	显示“确定”、“取消”按钮
	2	vbAbortRetryIgnor	显示“终止”、“重试”、“忽略”按钮
	3	vbYesNoCancel	显示“是”、“否”、“取消”按钮
	4	vbYesNo	显示“是”、“否”按钮
	5	vbRetryCancel	显示“重试”、“取消”按钮
图标类型	16	vbCritical	显示“停止”图标×
	32	vbQuestion	显示“询问”图标?
	48	vbExclamation	显示“警告”图标!
	64	vbInformation	显示“信息”图标 i
默认按钮	0	vbDefaultButton1	第一个按钮是默认按钮
	256	vbDefaultButton2	第二个按钮是默认按钮
	512	vbDefaultButton3	第三个按钮是默认按钮

MsgBox 函数的 3 种简化形式如下：

(1) 变量名 = MsgBox (<提示信息>)

(2) 变量名 = MsgBox (<提示信息>,<消息框类型>)

(3) 变量名 = MsgBox (<提示信息>,<对话框标题>)

当需要通过 MsgBox 函数实现用户与计算机之间的交互功能时，需要将用户的选择返回给计算机，才能进行下一步的操作，MsgBox 函数的返回值如表 3-4 所示。

表 3-4　MsgBox 函数的返回值

返回值	系统定义的符号常量	对应的消息框按钮
1	vbOk	“确定”按钮
2	vbCancel	“取消”按钮
3	vbAbort	“终止”按钮
4	vbRetry	“重试”按钮
5	vbIgnor	“忽略”按钮
6	vbYes	“是”按钮
7	vbNo	“否”按钮

3.4.4 MsgBox 语句

如果不需要返回值，则可以使用 MsgBox 语句。其语法格式如下：

MsgBox <提示信息>[,<消息框类型>][,<对话框标题>]

注意：

(1) MsgBox 语句后没有圆括号，有一个空格，其余参数的含义以及 MsgBox 语句的简化形式与 MsgBox 函数完全一致。

(2) MsgBox 语句仅仅用于实现信息提示功能。

例如：下面语句执行后，显示如图 3-8 所示的对话框。

图 3-8　MsgBox 语句

```
MsgBox "密码错误,请重新输入!", vbExclamation + vbOkOnly, "密码提示"
```

3.5 打印机输出

在 Visual Basic 应用程序中的打印机输出有两种方式：直接输出和窗体输出。

3.5.1 直接输出

所谓直接输出，就是把信息直接送往打印机打印，使用的方法仍然是 Print 方法，只是把 Print 方法的对象改为 Printer。其语法格式如下：

```
Printer.Print [{Spc(n)|Tab(n)};][<表达式表>][{;|,}]
```

这里的 Print 方法及其 Tab(n)函数、Spc(n)函数、表达式表、分号、逗号的含义与前面介绍的 Print 方法相同；执行上述语句后，"表达式表"的值将在打印机上打印出来。

在打印机对象中，常用的属性和方法如下：

1. Page 属性

Page 属性返回当前正在打印的页码。其语法格式如下：

```
Printer.Page
```

每当一个应用程序开始执行时，Page 属性就被设置为 1，打印完一页后，Page 属性值自动加 1，在应用程序中，通常用 Page 属性打印当前页码。

2. NewPage 方法

NewPage 方法用于实现换页操作。其语法格式如下：

```
Printer.NewPage
```

一般情况下，打印机打印完一页后自动换页，如果使用 NewPage 方法，则可强制打印机跳到下一页打印。当执行 NewPage 方法时，打印机退出当前正在打印的页，把退出指令保存在打印机管理程序中，并在适当的时候发送到打印机，执行 NewPage 方法后，Page 属性的值自动加 1。

3. EndDoc 方法

EndDoc 方法用于结束文档打印。其语法格式如下：

```
Printer.EndDoc
```

执行 EndDoc 方法表明应用程序内部文档已经结束，并向打印机管理程序发送最后一页的退出指令，Page 属性重置为 1。

EndDoc 方法可以将所有尚未打印的信息都送出去。如果在执行打印的程序代码最后没有加上 EndDoc 方法，则只有应用程序从运行状态返回到设计状态，即单击"标准"工具栏上的“结束”按钮后，Visual Basic 才能把尚未打印的信息送到打印机，在此期间，如果出现其他故障，则有可能使打印信息不完整。

【例 3-7】 直接打印输出。单击窗体时，在打印机的中央位置输出“计算机等级考试”。

窗体模块 Form1 的 Click 事件过程代码如下：

```
Private Sub Form_Click()
  Dim str $
  str = "计算机等级考试"
  Printer.FontName = "黑体"
  Printer.FontSize = 30
  Printer.CurrentX = Printer.ScaleWidth / 2 - Printer.TextWidth(str) / 2
  Printer.CurrentY = Printer.ScaleHeight / 2 - Printer.TextHeight(str) / 2
  Printer.Print str
  Printer.EndDoc
End Sub
```

3.5.2 窗体输出

直接输出是把要打印的每行信息直接在打印机上打印出来，而窗体输出则是先把要输出的信息输出到窗体上，然后再用窗体的 PrintForm 方法把窗体上的内容打印出来。其语法格式如下：

```
[<窗体名>.]PrintForm
```

其中，<窗体名>是要打印的窗体的名称，如果打印当前窗体，则<窗体名>可以省略，打印结束后，PrintForm 方法自动调用 EndDoc 方法清空打印机。

说明：

(1) 为了使用窗体输出，必须将要打印窗体的 AutoRedraw 属性值设置为 True，该属性的默认值为 False。

(2) 用 PrintForm 方法不仅可以打印窗体上的文本，而且可以打印出窗体上的任何可见的控件及图形。

【例 3-8】 窗体打印输出。单击窗体时，在窗体的中央位置输出“飘扬的旗帜”，如图 3-9 所示；双击窗体时，将窗体和窗体上的内容打印出来。

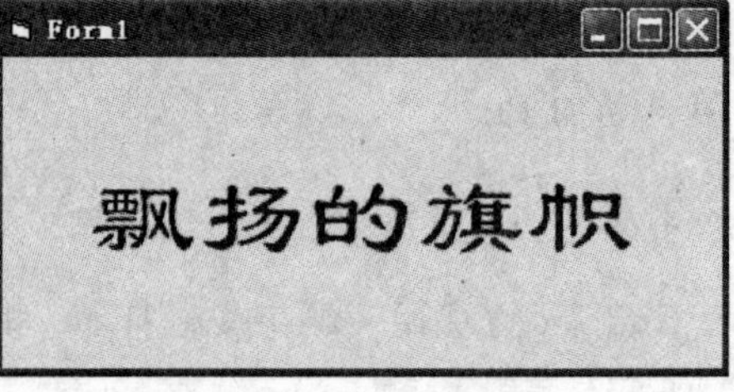

图 3-9 窗体打印输出

窗体模块 Form1 的程序代码如下：

```
Private Sub Form_Click()
  Dim str $
  str = "飘扬的旗帜"
  Me.AutoRedraw = True
  Me.FontName = "隶书"
  Me.FontSize = 40
  CurrentX = ScaleWidth / 2 - TextWidth(str) / 2
  CurrentY = ScaleHeight / 2 - TextHeight(str) / 2
  Print str
End Sub
```

```
Private Sub Form_DblClick()
  PrintForm
End Sub
```

3.6　计时器控件

计时器控件每隔一个计时间隔(Interval 属性的值)自动产生一个 Timer 事件,Timer 事件是由计算机系统产生的系统事件。计时器控件运行时不显示,计时器控件一般用于实现动态时钟和动画。

1. 计时器控件的常用属性

Enabled 属性可以控制计时器控件是否计时,默认值为 True。

Interval 属性是计时间隔,单位为毫秒,默认值为 0,不产生 Timer 事件。

2. 计时器控件的常用事件

计时器控件只有一个事件：Timer 事件。

【例 3-9】　动态数字时钟。

在窗体上画 1 个标签 Label1,设置其 FontSize 属性值为一号,Alignment 属性值为 2-Center,BackStyle 属性值为 2-Transparent；画 1 个计时器控件 Timer1,设置其 Interval 属性值为 1000,程序运行结果如图 3-10 所示。

图 3-10　动态数字时钟

计时器控件 Timer1 的 Timer 事件过程代码如下：

```
Private Sub Timer1_Timer()
  Label1.Caption = Time
End Sub
```

3.7　直线与形状控件

直线和形状是图形控件,利用直线和形状控件,可以使窗体上显示的内容丰富,效果更好,如：在窗体上增加简单的线条和图形等。

3.7.1　直线

用直线控件 Line 可以画简单的直线,通过属性的变化可以改变直线的宽度、颜色及线型。直线控件的常用属性如下：

(1) BorderStyle 属性。通过改变 Line 控件的 BorderStyle 属性可以画出不同线形的直线。

(2) BorderColor 属性。用 BorderColor 属性可以设置直线的颜色。

(3) X1、Y1、X2、Y2 属性。可以设置或返回 Line 控件的起点和终点坐标。

(4) BorderWidth 属性。BorderWidth 属性可以指定直线的宽度。

3.7.2 形状

使用形状控件 Shape 可以在窗体上绘制矩形、圆角矩形、正方形、圆角正方形、圆和椭圆 6 种形状。形状控件的常用属性如下：

(1) Shape 属性。设置形状控件的形状，有 6 种形状。

(2) FillStyle 属性。设置形状控件内部的填充样式，有 8 种填充样式。

(3) BackStyle 属性。BackStyle 属性值为 0-Transparent 或 1-Opaque，用于设置形状控件透明或不透明。

(4) FillColor 属性。设置形状控件的填充颜色。

【例 3-10】 动态指针式秒表。

分析：在 Visual Basic 的默认坐标系下，以 (x_0, y_0) 为圆心，r 为半径的圆上的点的坐标为

$$\begin{cases} x = x_0 + r\cos\theta \\ y = y_0 - r\sin\theta \end{cases}$$

如图 3-11 所示。其中，θ 为圆上的点 (x, y) 与圆心 (x_0, y_0) 的连线和 x 轴正方向之间的夹角(以弧度为单位)。

秒表指针在钟面上旋转，每 1 秒钟，秒针旋转的角度为 π/30。设 sec 为秒针走过的秒数，由于秒针从 π/2 的位置开始，而且是顺时针方向旋转，因此，θ=π/2－sec×π/30。

在窗体上画 1 个图片框 Picture1，设置其 BackColor 属性值为白色；在 Picture1 中画 1 个形状控件 Shape1，设置其 Shape 属性值为 3-Circle；再画 12 个标签作为刻度数字，设置它们的 BackStyle 属性值均为 2-Transparent，Caption 属性值分别为 0、5、10、15、20、25、30、35、40、45、50、55；在秒表中心位置和"0"数字刻度之间画 1 个直线控件 Line1 作为秒针(从秒表中心开始自下而上向"0"数字刻度画一条垂直线)；画 1 个计时器，设置其 Enabled 属性值为 False，Interval 属性值为 1000；画 2 个命令按钮 Command1、Command2，设置它们的 Caption 属性值分别为"开始"、"暂停"；设置属性后的窗体以及程序运行结果如图 3-12 所示。

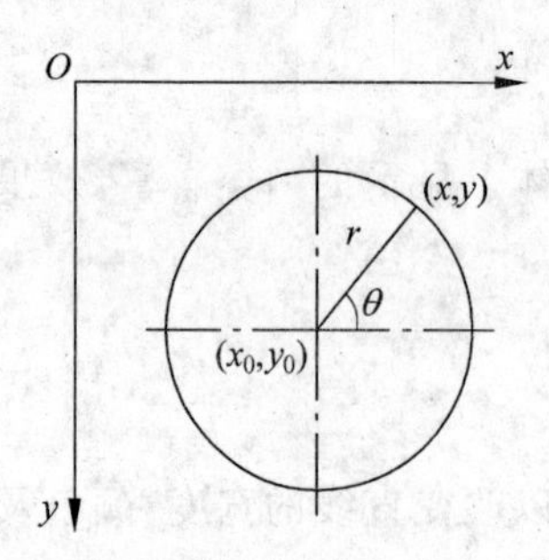

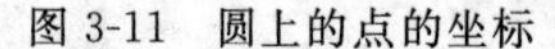

图 3-11 圆上的点的坐标

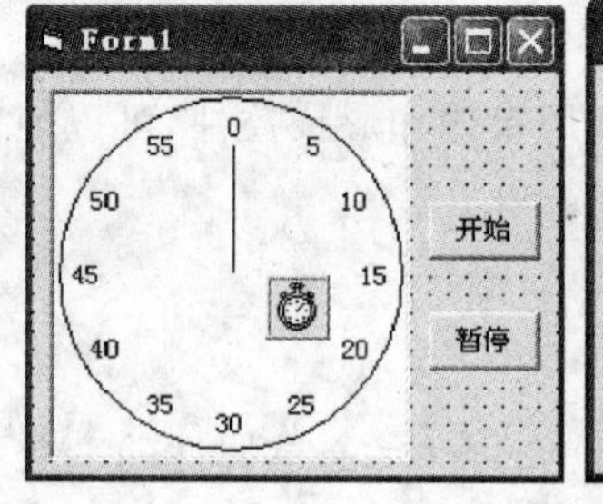

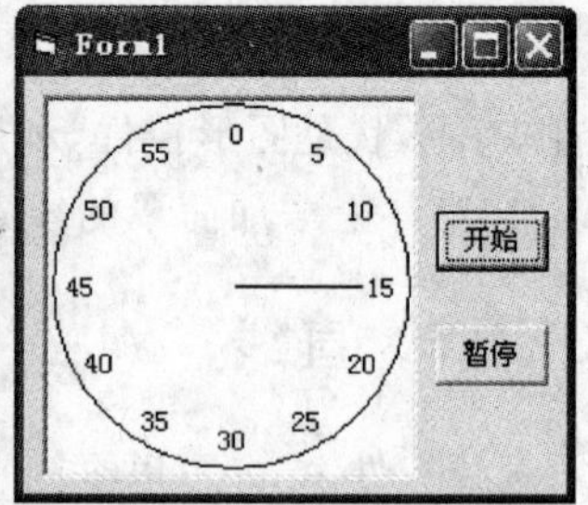

图 3-12 设置属性后的窗体及程序运行结果

窗体模块 Form1 的程序代码如下：

```
Dim r As Single                          '模块级变量 r 存放秒针的长度(圆的半径)
Const pi = 3.1415926
```

```
Private Sub Form_Load()
  r = Line1.Y1 - Line1.Y2
End Sub
Private Sub Command1_Click()            '开始
  Timer1.Enabled = True
End Sub
Private Sub Command2_Click()            '暂停
  Timer1.Enabled = False
End Sub
Private Sub Timer1_Timer()
  Static sec As Integer
  Dim sita As Single
  sec = sec + 1                         'sec 为秒针走过的秒数
  sec = sec Mod 60
  sita = pi / 2 - sec * pi / 30         '秒针角度
  Rem 圆心为(Line1.X1,Line1.Y1)
  Line1.X2 = Line1.X1 + r * Cos(sita)
  Line1.Y2 = Line1.Y1 - r * Sin(sita)
End Sub
```

【例 3-11】 动态变换 Shape 控件的形状和填充样式。

在窗体上画 1 个形状控件 Shape1；画 1 个计时器 Timer1，设置其 Enabled 属性值为 False，Interval 属性值为 1000；画 1 个命令按钮 Command1，设置其 Caption 属性值为“开始”；设置属性后的窗体以及程序运行结果如图 3-13 所示。

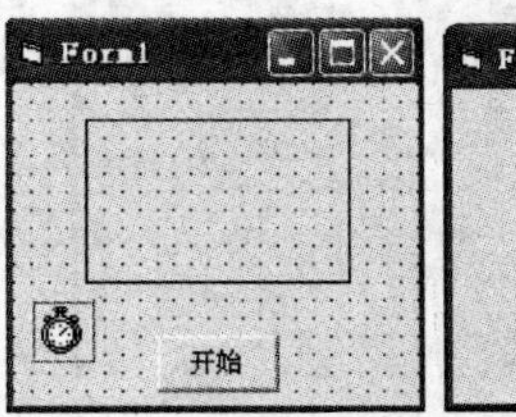

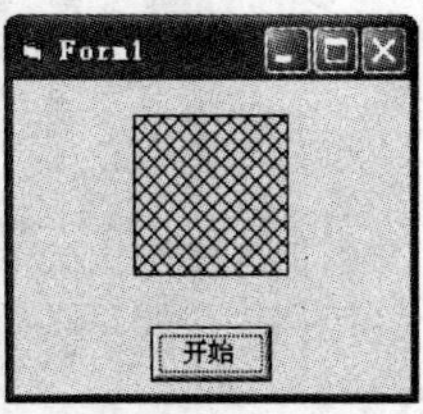

图 3-13　设置属性后的窗体及程序运行结果

窗体模块 Form1 的程序代码如下：

```
Private Sub Command1_Click()
  Timer1.Enabled = True
End Sub
Private Sub Timer1_Timer()
  Static i As Integer , j As Integer
  i = i + 1
  j = j + 1
  i = i Mod 6                           'Shape 控件有 6 种形状
  j = j Mod 8                           'Shape 控件有 8 种填充样式
  Shape1.Shape = i
  Shape1.FillStyle = j
End Sub
```

习题 3

一、简答题

1. 标签、文本框、命令按钮的作用分别是什么？
2. 焦点的作用是什么？
3. 默认命令按钮和取消命令按钮各有什么特点？

4. InputBox 函数的作用是什么？它可以输入什么类型的数据？

5. CurrentX、CurrentY 属性的作用是什么？

6. TextWidth、TextHeight 方法的返回值的大小与什么有关？

7. MsgBox 函数和 MsgBox 语句有什么区别？

8. 打印机输出有哪两种方式？它们有什么区别？

9. 计时器控件的作用是什么？

二、编程题

1. 用 InputBox 函数输入一个学生 3 门课的成绩，计算并输出这个学生的平均分和总分，如图 3-14 所示。

2. 输入三角形的两边及夹角（以角度为单位），求三角形的第三边和面积，如图 3-15 所示。

设三角形的两边及夹角分别为 a、b、θ，三角形第三边 $c=\sqrt{a^2+b^2-2ab\cos\theta}$，三角形面积 $s=\frac{1}{2}ab\sin\theta$。

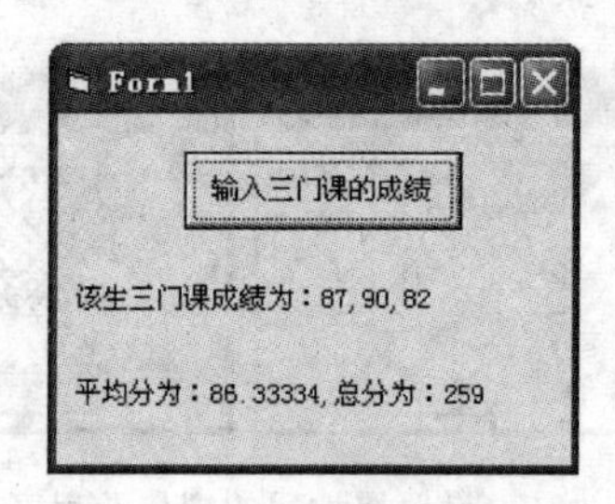

图 3-14　计算平均分和总分

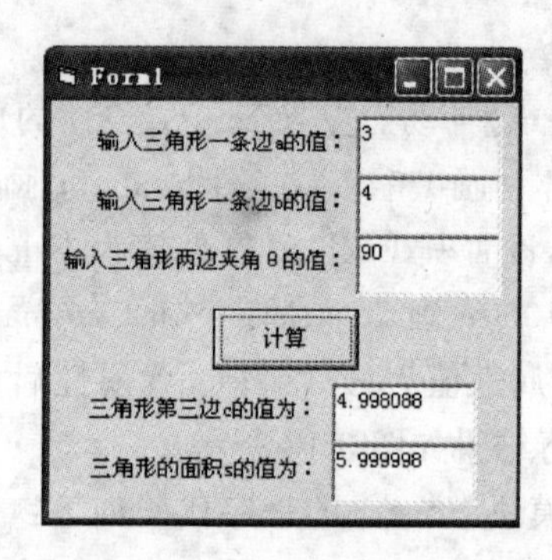

图 3-15　求第三边和面积

3. 输入三角形的三条边 a、b、c 的值，计算并输出三角形的面积，如图 3-16 所示。

海伦公式 $s=\sqrt{p(p-a)(p-b)(p-c)}$，　其中，　$p=\frac{1}{2}(a+b+c)$

4. 用 InputBox 函数输入一个摄氏温度值，将它转换为相应的华氏温度值并输出；用 InputBox 函数输入一个华氏温度值，将它转换为相应的摄氏温度值并输出，如图 3-17 所示。

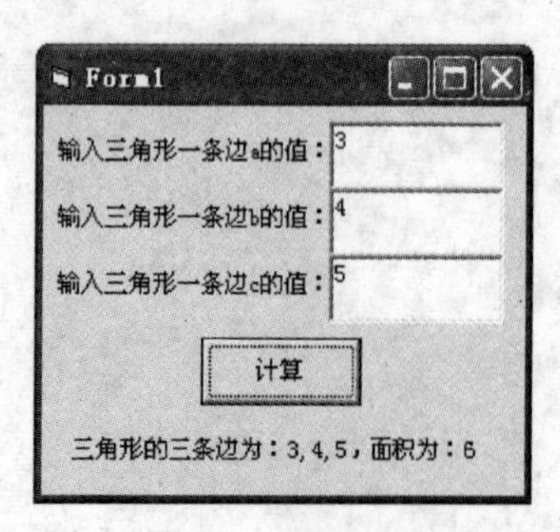

图 3-16　三角形面积

图 3-17　摄氏与华氏转换

设 c 表示摄氏温度值，f 表示华氏温度值，则 $f=\frac{9}{5}c+32$。

5. 在文本框中输入 3 种商品的单价、数量，计算并输出总金额，如图 3-18 所示。
6. 设计一个 12 小时制的指针式动态时钟，如图 3-19 所示。

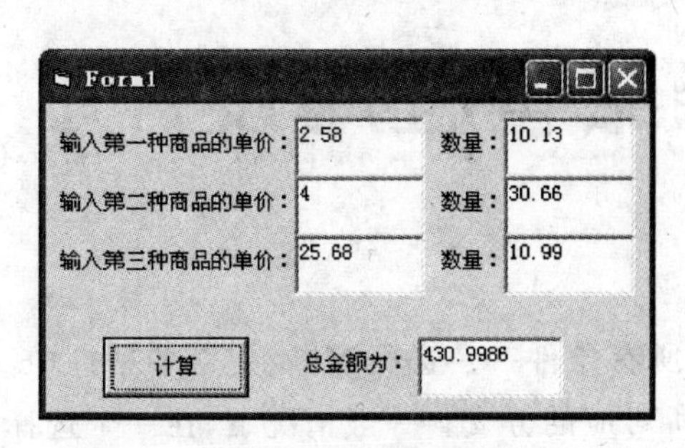

图 3-18　计算总金额

图 3-19　指针式动态时钟

要求：①既有动态指针，又有时、分、秒的数字显示；②单击“校时”命令按钮，用 InputBox 函数按照时间格式输入一个 12 小时制的两位的时、分、秒值，用这个时间去设置指针式动态时钟的时针、分针和秒针在钟面上的位置。

提示：用秒针的角度同时改变分针和时针的角度。

第4章 选择结构程序设计

选择结构又称为分支结构，需要先对给定的所有条件一一进行判断，在众多条件中，当某个条件成立(结果为 True)时，将执行该条件所对应的分支。一般情况下，在一个选择结构的程序中，任意时刻最多只能有一个分支被执行。

在 Visual Basic 中，条件表达式有 3 类：关系表达式、布尔表达式、算术表达式，这 3 类表达式作为条件表达式时，其结果都只可能是 True 或 False，如果是数值将自动转换成对应的布尔值，即 0 转换成 False，非 0 转换成 True。

实现选择结构的语句有两种：If 语句和 Select Case 语句。

4.1 If 语句

根据 If 语句所包含的分支数，可以分成：单分支 If 语句、双分支 If 语句和嵌套的 If 语句，即多分支 If 语句。

根据 If 语句的结构，可以分成：单行结构 If 语句和块结构 If 语句。单行结构 If 语句只能写成一行，而且行尾没有 End If 语句；块结构 If 语句必须写成多行，而且一定是以 If 语句开头并以 End If 语句结束。

4.1.1 单分支 If 语句

单分支 If 语句只有一个分支，其流程图如图 4-1 所示。单分支 If 语句有两种形式：单行结构和块结构。

格式 1：单行结构

```
If <条件表达式> Then <语句组>
```

格式 2：块结构

```
If <条件表达式> Then
   <语句组>
End If
```

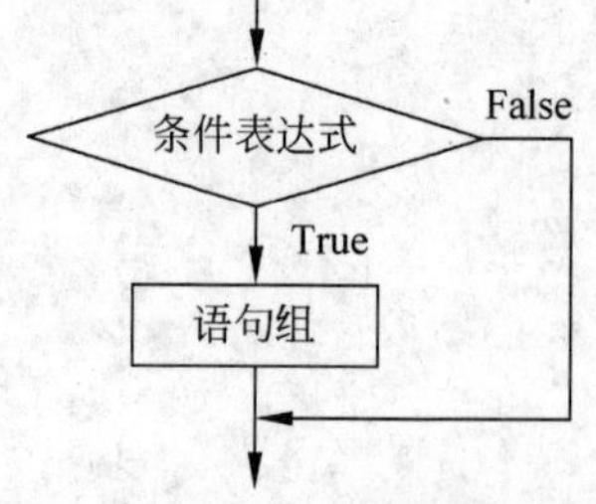

图 4-1 单分支 If 语句流程图

对于单行结构单分支 If 语句，当＜条件表达式＞的值为 True 时，执行 Then 后面的＜语句组＞，否则不执行。语句组又称语句序列，可以是一条或多条语句，在单行结构单分支 If 语句中,如果语句组包含多条语句,相互间用冒号“:”分隔。

对于块结构单分支 If 语句,当<条件表达式>的值为 True 时,执行 Then 和 End If 之间的<语句组>,否则不执行。如果语句组包含多条语句,一般写成多行,如果要写成一行,相互间用冒号“:”分隔。

注意:

(1) 在块结构单分支 If 语句中,Then 语句后必须换行。

(2) 在 If 语句中,赋值运算符“=”与关系运算符“=”的区别。

例如:语句 If x=1 Then y=1 中,“x=1”是条件表达式,表示 x 的值是否“等于”1,而“y=1”是赋值运算,表示将 1 赋给变量 y,使得变量 y 的值为 1。

【例 4-1】 随机产生窗体的背景颜色,用消息框函数实现交互设置,程序运行结果如图 4-2 所示。

```
Private Sub Command1_Click()
  Dim r As Integer, g As Integer, b As Integer
  Dim oldcolor As Long, msg As Integer
  Randomize
  r = Int(Rnd * 256)
  g = Int(Rnd * 256)
  b = Int(Rnd * 256)
  oldcolor = BackColor                        '窗体原来的背景颜色
  BackColor = RGB(r, g, b)                    '随机产生的新的背景颜色
  msg = MsgBox("您希望窗体的背景设置为当前颜色吗?", 4 + 32, "颜色选择")
  If msg = vbNo Then BackColor = oldcolor    '单击"否"按钮,保留原来的背景颜色
End Sub
```

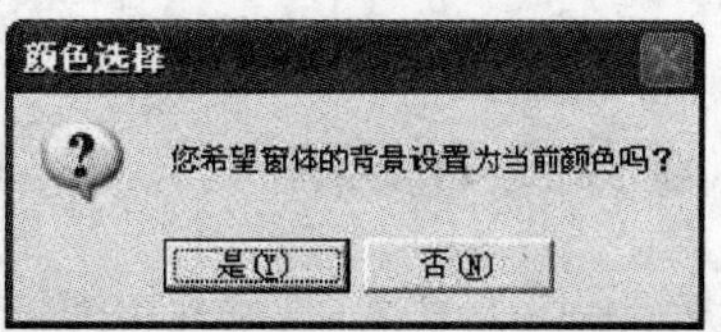

图 4-2 窗体背景颜色的交互设置

【例 4-2】 输入 3 个数,计算并输出这 3 个数中的最小值,程序运行结果如图 4-3 所示。

```
Private Sub Command1_Click()
  Dim num1!, num2!, num3!, min!
  num1 = Text1.Text
  num2 = Text2.Text
  num3 = Text3.Text
  min = num1                                  '假设 num1 为最小值
  If num2 < min Then min = num2
  If num3 < min Then min = num3
  Text4.Text = min
End Sub
```

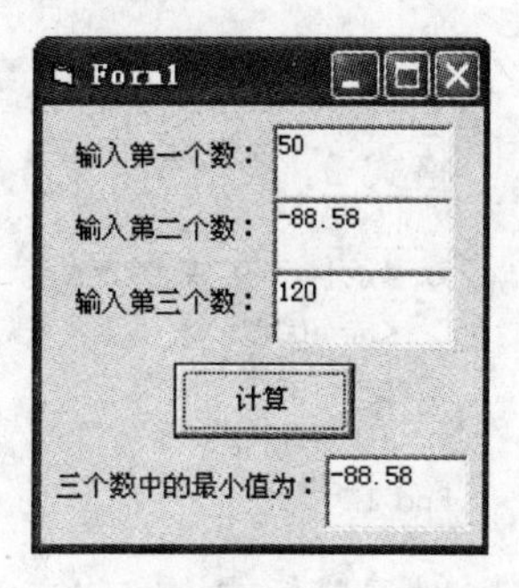

图 4-3 3 个数中的最小值

【**例 4-3**】 用 InputBox 函数输入 3 个数，对这 3 个数按从大到小的顺序排列并输出，程序运行结果如图 4-4 所示。

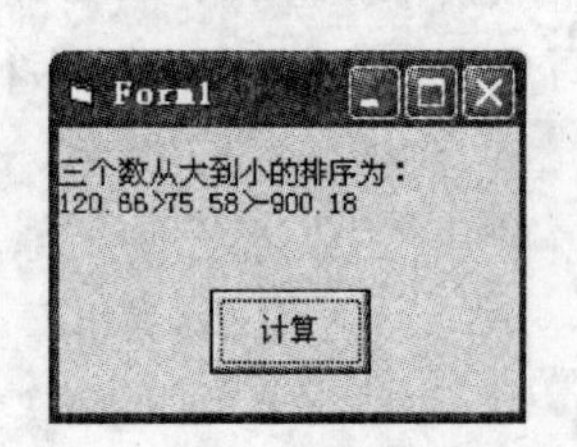

图 4-4　3 个数从大到小排序

分析：假设变量 a 存放最大数，b 存放第二大的数，c 存放最小数。

(1) 用 a 和 b 比较，a 和 b 中的大数放到 a 中。

(2) 用 a 和 c 比较，a 和 c 中的大数放到 a 中；经过两次比较后，a 就是 3 个数中最大的数。

(3) 用 b 和 c 比较，b 和 c 中的大数放到 b 中；这样 a、b、c 这 3 个数就按从大到小的顺序排列。

```
Private Sub Command1_Click()
  Dim a!, b!, c!, t!
  a = Val(InputBox("请输入第一个数"))
  b = Val(InputBox("请输入第二个数"))
  c = Val(InputBox("请输入第三个数"))
  If a < b Then
    t = a: a = b: b = t
  End If
  If a < c Then
    t = a: a = c: c = t
  End If
  If b < c Then
    t = b: b = c: c = t
  End If
  Print
  Print "三个数从大到小的排序为: " & Chr(13) & a & ">" & b & ">" & c
End Sub
```

4.1.2 双分支 If 语句

双分支 If 语句有两个分支，其流程图如图 4-5 所示。双分支 If 语句也有两种格式：单行结构和块结构。

格式 1：单行结构

```
If <条件表达式> Then <语句组 1> Else <语句组 2>
```

格式 2：块结构

```
If <条件表达式> Then
   <语句组 1>
Else
   <语句组 2>
End If
```

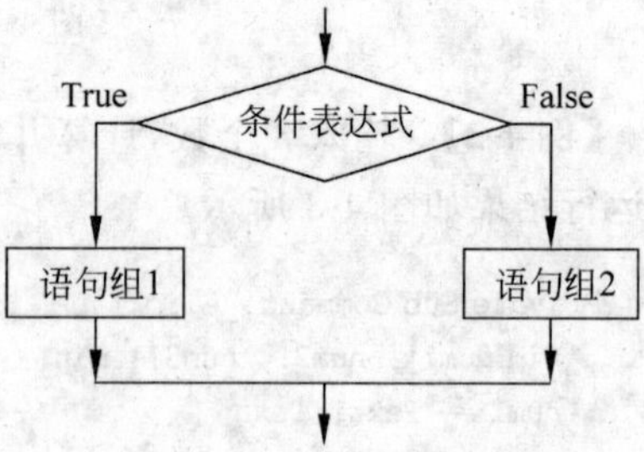

True　条件表达式　False

语句组1　语句组2

图 4-5　双分支 If 语句流程图

对于单行结构双分支 If 语句，当＜条件表达式＞的值为 True 时，执行 Then 和 Else 之间的＜语句组 1＞，否则，执行 Else 后面的＜语句组 2＞。在单行结构双分支 If 语句中，如果语句组包含多条语句，相互间用冒号“:”分隔。

对于块结构双分支 If 语句，当<条件表达式>的值为 True 时，执行 Then 和 Else 之间的<语句组 1>，否则，执行 Else 和 End If 之间的<语句组 2>。如果语句组包含多条语句，一般写成多行，如果要写成一行，相互间用冒号“:”分隔。

注意：在块结构双分支 If 语句中，Else 语句必须是其所在行的第一条语句，即 Else 语句不能接在其他语句的后面。

【例 4-4】 输入 x 的值，计算并输出函数 y 的值，程序运行结果如图 4-6 所示。

$$y=\begin{cases}x^2+3x+5 & x\geqslant 0\\ 2x^2-4x-6 & x<0\end{cases}$$

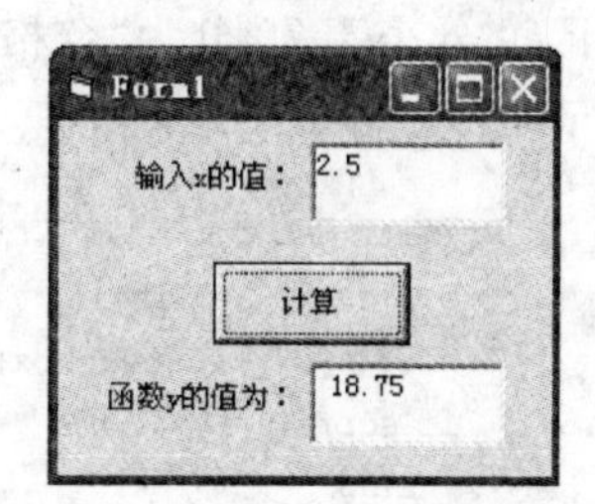

图 4-6　计算函数 y 的值

```
Private Sub Command1_Click()
  Dim x As Single, y As Single
  x = Val(Text1.Text)
  If x >= 0 Then
    y = x ^ 2 + 3 * x + 5
  Else
    y = 2 * x * x - 4 * x - 6
  End If
  Text2.Text = Str(y)
End Sub
```

4.1.3　IIf 函数

IIf 函数用于实现简单的条件判断，它是单行结构双分支 If 语句的简化形式。其语法格式如下：

```
IIf(<条件表达式>,<表达式 1>,<表达式 2>)
```

IIf 函数的功能是：先计算<条件表达式>的值，如果为 True，则整个 IIf 函数的返回值为<表达式 1>的值；如果为 False，则整个 IIf 函数的返回值为<表达式 2>的值。

注意：IIf 函数的 3 个参数都是必选参数，不能省略。

【例 4-5】 用 IIf 函数实现例 4-4 的函数计算。

```
Private Sub Command1_Click()
  Dim x As Single, y As Single
  x = Val(Text1.Text)
  y = IIf(x >= 0, x ^ 2 + 3 * x + 5, 2 * x * x - 4 * x - 6)
  Text2.Text = Str(y)
End Sub
```

4.1.4　If 语句的嵌套及 IIf 函数的嵌套

If 语句的嵌套指的是 Then 或 Else 后的<语句组 1>或<语句组 2>，本身也可以是一个 If 语句，即 If 语句的分支中又嵌套了 If 语句。使用 If 语句的嵌套可以实现多个分支的复杂选择。

IIf 函数的嵌套指的是 IIf 函数的第二个参数“<表达式 1>”或第三个参数“<表达式 2>”本身也可以是一个 IIf 函数。

【例 4-6】 用 InputBox 函数输入一名学生某门课的成绩，判断并输出该学生的成绩等级，假定成绩大于或等于 85 分为“优秀”，大于或等于 70 分小于 85 分为“良好”，大于或等于 60 分小于 70 分为“合格”，小于 60 分为“不合格”，程序运行结果如图 4-7 所示。

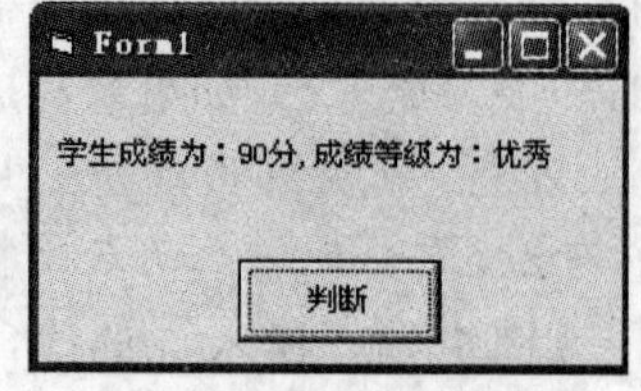

图 4-7 判断学生成绩等级

```
Private Sub Command1_Click()
  Dim score As Single, rank As String
  score = Val(InputBox("请输入学生成绩", "数据输入", 0))
  If score >= 85 Then
    rank = "优秀"
  Else
    If score >= 70 Then
      rank = "良好"
    Else
      If score >= 60 Then
        rank = "合格"
      Else
        rank = "不合格"
      End If
    End If
  End If
  Label1.Caption = "学生成绩为：" & score & "分，成绩等级为：" & rank
End Sub
```

【例 4-7】 用嵌套的 IIf 函数实现例 4-6 的成绩等级判断。

```
Private Sub Command1_Click()
  Dim score As Single, rank As String
  score = Val(InputBox("请输入学生成绩", "数据输入", 0))
  rank = IIf(score >= 85, "优秀", IIf(score >= 70, "良好", _
         IIf(score >= 60, "合格", "不合格")))
  Label1.Caption = "学生成绩为：" & score & "分，成绩等级为：" & rank
End Sub
```

4.1.5 If 语句的专用嵌套形式 ElseIf 语句

由于 If 语句的嵌套层次过多，将导致程序书写和阅读困难，因此，Visual Basic 提供了 If 语句的专用嵌套形式 ElseIf 语句，其流程图如图 4-8 所示。其语法格式如下：

```
If <条件表达式 1> Then
   <语句组 1>
ElseIf <条件表达式 2> Then
   <语句组 2>
     …
ElseIf <条件表达式 n> Then
   <语句组 n>
```

```
[Else
   <语句组 n + 1 >]
End If
```

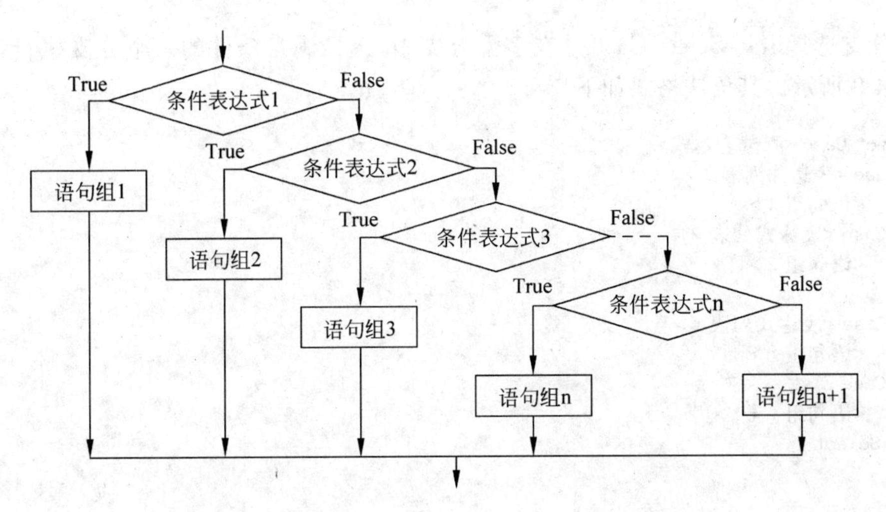

图 4-8 If 语句的专用嵌套形式 ElseIf 语句流程图

执行该语句时，首先判断<条件表达式 1>，如果为 True，则执行<语句组 1>；如果为 False，则判断<条件表达式 2>，如果为 True，则执行<语句组 2>；如果为 False，则判断<条件表达式 3>，以此类推，一旦找到为 True 的条件表达式，立即执行其后相应的语句组，如果所有的条件表达式都不为 True，则执行 Else 后的<语句组 n+1>，语句组执行完后，继续执行 End If 以后的语句。

注意：

(1) 在<语句组 1>～<语句组 n+1>中，有且仅有一个<语句组>被执行。

(2) 可以有多个 ElseIf 语句，但只能有一个 If 语句和一个 End If 语句，最多只能有一个 Else 语句(可以没有 Else 语句)。

【例 4-8】 用 If 语句的专用嵌套形式 ElseIf 语句实现例 4-6 的成绩等级判断。

```
Private Sub Command1_Click()
  Dim score As Single, rank As String
  score = Val(InputBox("请输入学生成绩", "数据输入", 0))
  If score >= 85 Then
    rank = "优秀"
  ElseIf score >= 70 Then
    rank = "良好"
  ElseIf score >= 60 Then
    rank = "合格"
  Else
    rank = "不合格"
  End If
  Label1.Caption = "学生成绩为：" & score & "分,成绩等级为：" & rank
End Sub
```

4.2 多分支选择语句 Select Case

多分支选择语句 Select Case 是在多个分支中，选择满足条件的一个分支执行，其流程图如图 4-9 所示。其语法格式如下：

```
Select Case <测试表达式>
  Case <表达式列表 1>
     <语句组 1>
  [Case <表达式列表 2>
     <语句组 2>]
     …
  [Case <表达式列表 n>
     <语句组 n>]
  [Case Else
     <语句组 n+1>]
End Select
```

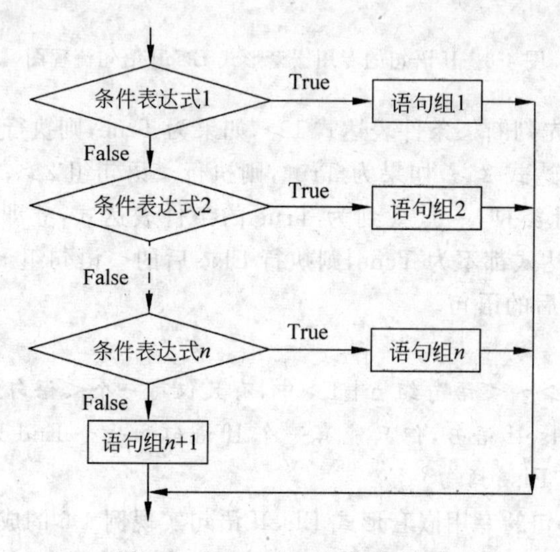

图 4-9 Select Case 语句流程图

说明：

(1) <测试表达式>为必选参数，可以是常量、变量或表达式，通常为变量。

(2) <表达式列表>有如下 4 种形式：

① 可以是数值、数值表达式、字符串或字符串表达式，相互之间用逗号分隔。

② 一个指定的值范围，用 To 连接，较小的值放在关键字 To 之前，而且 To 关键字的左右要分别加一个空格。

③ Is<关系运算符><表达式>；只要输入<关系运算符><表达式>，Is 关键字将自动插入，也可以输入。

④ 以上 3 种表达式表形式的混合；混合表达式表相互之间用逗号分隔。

注意：

(1) 当使用关键字 Is 表示条件时，只能使用简单条件，不能将多个 Is 条件组合在一起。

如：Case Is>=5 Or Is<=0 或者 Case Is>=5,Is<=0 都是错误的。

(2) 当测试表达式与某个表达式列表相匹配后，将执行对应的语句组，其余的表达式列表将不再测试，即仅执行条件相匹配的第一个分支。

【例 4-9】 用多分支选择语句 Select Case 实现例 4-6 的成绩等级判断。

```
Private Sub Command1_Click()
  Dim score As Single, rank As String
  score = Val(InputBox("请输入学生成绩", "数据输入", 0))
  Select Case score
    Case Is >= 85
      rank = "优秀"
    Case 70 To 84
      rank = "良好"
    Case Is >= 60
      rank = "合格"
    Case Else
      rank = "不合格"
  End Select
  Label1.Caption = "学生成绩为: " & score & "分,成绩等级为: " & rank
End Sub
```

一般情况下，编写选择结构程序时，应遵循"简单、清晰、可读性好"的原则，即能用单分支 If 语句或双分支 If 语句可以实现的功能，就尽可能不使用 If 语句的嵌套形式或多分支选择语句 Select Case。

【例 4-10】 输入变量 a 的值(以角度为单位)，按下列公式计算函数 b 的值并输出，程序运行结果如图 4-10 所示。

$$b=\begin{cases}\sin a\times\cos a & a>0\\ \sin a+\cos a & a=0\\ \sin a-\cos a & a<0\end{cases}$$

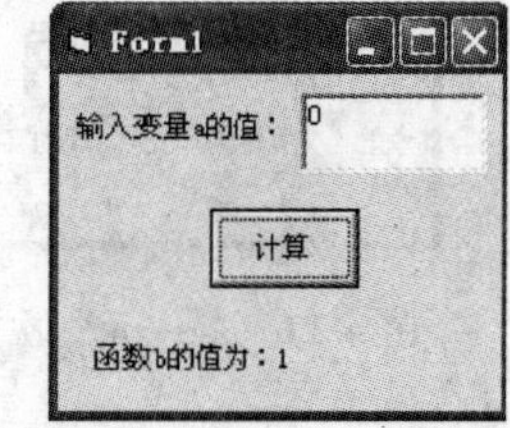

图 4-10　计算函数 b 的值

```
Private Sub Command1_Click()
  Dim a As Single, b As Single
  Const pi = 3.14
  a = Val(Text1.Text)
  a = a * pi / 180
  If a > 0 Then b = Sin(a) * Cos(a)
  If a = 0 Then b = Sin(a) + Cos(a)
  If a < 0 Then b = Sin(a) - Cos(a)
  Label2.Caption = "函数 b 的值为: " & b
End Sub
```

【例 4-11】 求一元二次方程 $ax^2+bx+c=0$ 的根，程序运行结果如图 4-11 所示。

分析：一元二次方程 $ax^2+bx+c=0$ 的求根公式为：

$$x_{1,2}=\frac{-b\pm\sqrt{b^2-4ac}}{2a}$$

方程的根有如下几种可能：

(1) 若 $a=0$ 且 $b=0$，则提示"数据输入错误，请重新输入！"。

(2) 若 $a=0$ 且 $b\neq0$,则方程有一个实根 $x=-c/b$。

(3) 若 $a\neq0$ 且 $b^2-4ac=0$,则方程有两个相等的实根 $x_1=x_2=-b/2a$。

(4) 若 $a\neq0$ 且 $b^2-4ac>0$,则方程有两个不相等的实根。

(5) 若 $a\neq0$ 且 $b^2-4ac<0$,则方程有两个共轭复根。

在窗体上画 7 个标签 Label1～Label7,分别设置 Label1～Label6 的 Caption 属性值为"a"、"b"、"c"、"+"、"x+"、"=0",FontSize 属性值均为三号,Label7 用于输出计算结果,设置其 FontSize 属性值为五号;画 3 个文本框 Text1～Text3,将它们的 Text 属性值清空,设置 FontSize 属性值均为小四;画 1 个命令按钮 Command1,设置其 Caption 属性值为"计算";画 1 个 OLE 容器控件 OLE1,用于插入"Microsoft Word 文档"。

窗体上的 x^2 是通过 OLE 容器控件实现的。在窗体上添加一个 OLE 容器控件 OLE1,在弹出的"插入对象"对话框中,选择"Microsoft Word 文档"选项,如图 4-12 所示,单击"确定"按钮,输入 x 和 2,并将 2 设为上标,然后,设置 OLE1 的常用属性。

OLE 容器控件的常用属性设置如下:

(1) BackStyle: 0-Transparent。

(2) BorderStyle: 0-None。

(3) SizeMode: 1-Stretch。

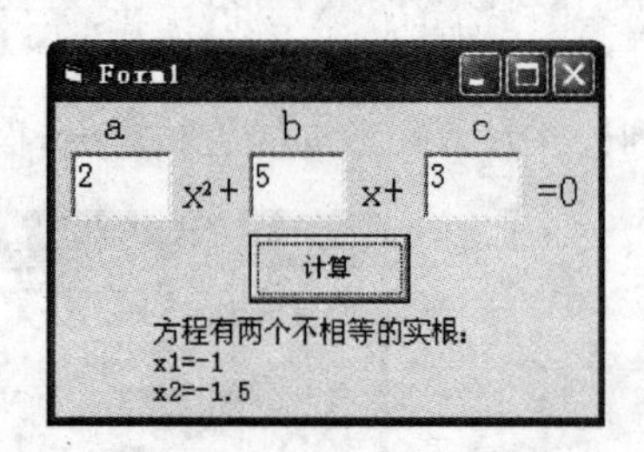

图 4-11　求一元二次方程的根

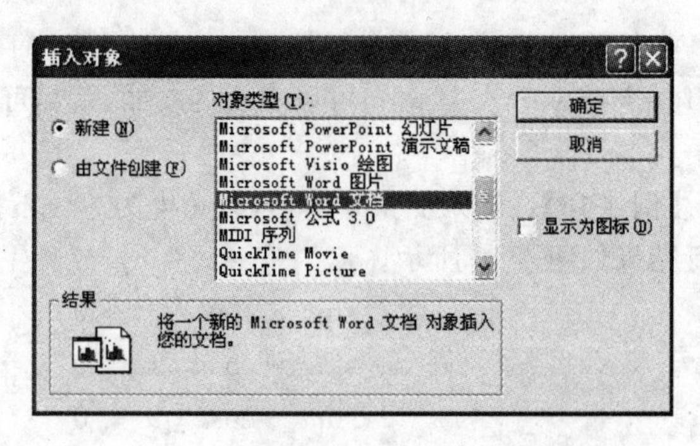

图 4-12　OLE 容器控件的"插入对象"对话框

```
Private Sub Command1_Click()
  Dim a!, b!, c!, delta!, x1!, x2!, rpart!, ipart!
  a = Text1.Text
  b = Text2.Text
  c = Text3.Text
  If a = 0 And b = 0 Then
    MsgBox "数据输入错误,请重新输入!"
    Exit Sub                                '退出 Sub 过程
  End If
  If a = 0 And b <> 0 Then
    Label7.Caption = "方程有一个实根: " & vbCrLf & "x = " & - c / b
    Exit Sub                                '退出 Sub 过程
  End If
  delta = b ^ 2 - 4 * a * c
  Select Case delta
    Case 0
```

```
        Label7.Caption = "方程有两个相等的实根：" & vbCrLf & _
                         "x1 = x2 = " & -b / (2 * a)
    Case Is > 0
        x1 = (-b + Sqr(delta)) / (2 * a)
        x2 = (-b - Sqr(delta)) / (2 * a)
        Label7.Caption = "方程有两个不相等的实根：" & vbCrLf & _
                         "x1 = " & x1 & vbCrLf & "x2 = " & x2
    Case Is < 0
        rpart = -b / (2 * a)
        ipart = Sqr(-delta) / (2 * a)
        Label7.Caption = "方程有两个共轭复根：" & vbCrLf & _
                         "x1 = " & rpart & " + " & ipart & "i" & vbCrLf & _
                         "x2 = " & rpart & " - " & ipart & "i"
  End Select
End Sub
```

【例 4-12】 设计一个倒计时器，按照时间格式输入两位的时、分、秒值，开始倒计时后，每隔 1 秒，时间值（总的秒数）减 1，并且刷新一次时间，直到时间值为 0，停止倒计时。

在窗体上画 1 个框架 Frame1，设置其 Caption 属性值为“倒计时器”；在 Frame1 中画 1 个文本框 Text1，设置其 Text 属性值为“00:00:00”，FontSize 属性值为二号，Alignment 属性值为 2-Center；画 1 个命令按钮 Command1，设置其 Caption 属性值为“开始”；画 1 个计时器 Timer1，设置其 Enabled 属性值为 False，Interval 属性值为 1000。

输入倒计时的初始时间后，单击“开始”按钮开始倒计时，正在倒计时的窗体和倒计时时间到的窗体如图 4-13 所示。

```
Dim t As Long                                  '在窗体模块的通用声明段定义模块级变量
Private Sub Command1_Click()
  Dim h&, m&, s&
  h = Left(Text1.Text, 2) * 3600
  m = Mid(Text1.Text, 4, 2) * 60
  s = Right(Text1.Text, 2)
  t = h + m + s                                '总的秒数
  If t = 0 Then
    MsgBox "请输入倒计时的初始时间!"
    Exit Sub                                   '退出 Sub 过程
  End If
  Timer1.Enabled = True
End Sub
Private Sub Timer1_Timer()
  Dim h&, m&, s&
  t = t - 1
  h = t \ 3600
  m = (t Mod 3600) \ 60
  s = t Mod 60
  Text1.Text = Format(h, "00:") & Format(m, "00:") & Format(s, "00")
  If t = 0 Then
    Timer1.Enabled = False
    MsgBox "倒计时时间到!"
  End If
End Sub
```

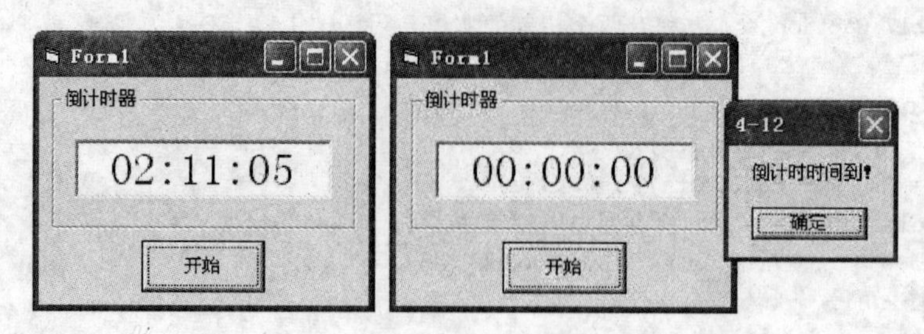

图 4-13 正在倒计时窗体和倒计时时间到窗体

4.3 单选按钮与复选框控件

单选按钮与复选框控件都是可以实现选择的控件。单选按钮控件一般成组出现，即几个单选按钮控件构成一组，另外几个单选按钮控件构成另一个组，通过框架控件(Frame)将单选按钮控件分成不同的组。

单选按钮与复选框控件的区别：单选按钮控件在其组内，任意时刻最多只能选择一项而且必须选择一项；复选框控件则可以在 0～所有项之间任意选择。

4.3.1 单选按钮

1. 单选按钮的常用属性

1) Value 属性

表示单选按钮的状态。Value 属性值为 True，表示选中了该单选按钮，显示一个黑点“•”，为 False 没有选中。

2) Style 属性

设置单选按钮的显示样式。Style 属性值有两个：0-Standard(标准样式，默认设置)、1-Graphical(图形样式)。

2. 单选按钮的常用事件

单选按钮的常用事件是 Click 事件。

【例 4-13】 西瓜按单个重量不同而售价不同，分别为：

单个重量 2 千克以下，每千克 2 元；

单个重量 2～3 千克，每千克 2.5 元；

单个重量 3～4 千克，每千克 3 元；

单个重量 4～5 千克，每千克 3.5 元；

单个重量 5 千克以上，每千克 4 元。

编写程序，输入西瓜的重量，计算并输出付款金额。

在窗体上画 2 个标签 Label1、Label2，分别设置它们的 Caption 属性值为“输入西瓜的重量：”、“付款金额为：”；画 2 个文本框 Text1、Text2，清空它们的 Text 属性值；画 1 个命令按钮 Command1，设置其 Caption 属性值为“计算”；画 1 个框架 Frame1，设置其 Caption

属性值为"单个西瓜的重量"；画 5 个单选按钮 Option1～Option5，分别设置它们的 Caption 属性值为"单个重量 2 千克以下"、"单个重量 2～3 千克"、"单个重量 3～4 千克"、"单个重量 4～5 千克"、"单个重量 5 千克以上"，设置 Option1 的 Value 属性值为 True。程序运行结果如图 4-14 所示。

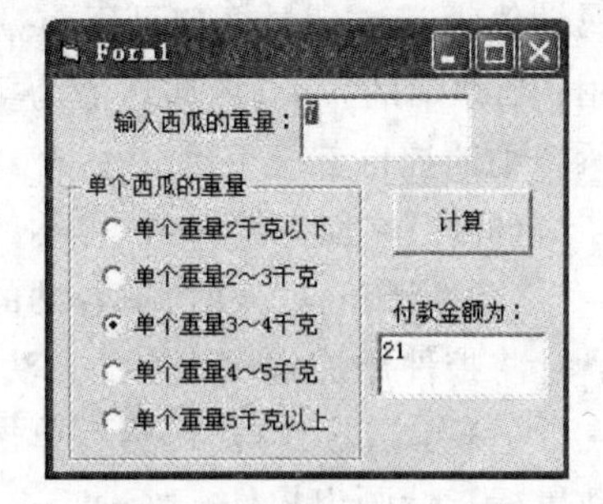

图 4-14 计算付款金额

```
Private Sub Command1_Click()
  Dim weight As Single, price As Single
  weight = Text1.Text
  Select Case True
    Case Option1.Value
      price = weight * 2
    Case Option2.Value
      price = weight * 2.5
    Case Option3.Value
      price = weight * 3
    Case Option4.Value
      price = weight * 3.5
    Case Option5.Value
      price = weight * 4
  End Select
  Text2.Text = price
  Text1.SetFocus
  Text1.SelStart = 0
  Text1.SelLength = Len(Text1.Text)
End Sub
```

4.3.2 复选框

1. 复选框的常用属性

1) Value 属性

表示复选框的状态。Value 属性值为 1-Checked，表示选中了该复选框，显示一个"√"，为 0-UnChecked，则没有选中，为 2-Grayed，则复选框为灰色，表示不可用。

2) Style 属性

设置复选框的显示样式。Style 属性值有两个：0-Standard(标准样式，默认设置)、1-Graphical(图形样式)。

2. 复选框的常用事件

复选框的常用事件是 Click 事件。

4.4 框架控件

框架控件是一个容器控件，其主要功能如下：

(1) 将其他控件分组，特别是对单选按钮进行分组。

(2) 框架的 Enabled 属性和 Visible 属性，会影响它所容纳的控件，当框架的 Enabled 属性值为 True 时，框架可用，它所容纳的控件也可用，反之，框架和它所容纳的控件都不可用；当框架的 Visible 属性值为 True 时，框架可见，它所容纳的控件也可见，反之，框架和它所容纳的控件都不可见。

(3) 当移动框架时，被容纳的控件也会随之移动。

(4) 当删除框架时，被容纳的控件也会随之被删除。

将控件添加到框架中的方法如下：

(1) 单击选择框架，然后单击工具箱中的相应控件(不能使用双击的方式)，在框架中拖动鼠标指针画出控件。

(2) 在窗体或其他容器控件中已经画好的控件，可以先选择这些控件，然后通过剪贴板剪切或复制，再选中框架后粘贴到框架中。

框架的常用属性：Caption 属性、Enabled 属性、Visible 属性。框架一般不响应事件。

【例 4-14】 用单选按钮和复选框控件设置标签的字体、字形、前景色。

在窗体上画 1 个标签 Label1，设置其 Caption 属性值为“全国计算机等级考试”，FontSize 属性值为三号，BackColor 属性值为白色，BorderStyle 属性值为 1-Fixed Single；画 3 个框架 Frame1～Frame3，分别设置它们的 Caption 属性值为“字体”、“字形”、“前景色”；在第一个框架 Frame1 中，画 4 个单选按钮 Option1～Option4 构成一个组，分别设置它们的 Caption 属性值为“宋体”、“隶书”、“楷体”、“黑体”，设置 Option1 的 Value 属性值为 True；在第二个框架 Frame2 中，画 4 个复选框 Check1～Check4，分别设置它们的 Caption 属性值为“加粗”、“倾斜”、“下划线”、“删除线”，设置 Check3、Check4 的 Style 属性值为 1-Graphical；在第三个框架 Frame3 中，画 4 个单选按钮 Option5～Option8 构成另一个组，分别设置它们的 Caption 属性值为“黑色”、“红色”、“绿色”、“蓝色”，Style 属性值均为 1-Graphical，设置 Option5 的 Value 属性值为 True。程序运行结果如图 4-15 所示。

图 4-15　选择控件和框架的应用

```
Private Sub Option1_Click()
  Label1.FontName = "宋体"
End Sub
Private Sub Option2_Click()
  Label1.FontName = "隶书"
End Sub
Private Sub Option3_Click()
  Label1.FontName = "楷体_GB2312"
End Sub
Private Sub Option4_Click()
  Label1.FontName = "黑体"
End Sub
Private Sub Check1_Click()
  Label1.FontBold = Check1.Value
End Sub
Private Sub Check2_Click()
  Label1.FontItalic = Check2.Value
```

```
End Sub
Private Sub Check3_Click()
  Label1.FontUnderline = Check3.Value
End Sub
Private Sub Check4_Click()
  Label1.FontStrikethru = Check4.Value
End Sub
Private Sub Option5_Click()
  Label1.ForeColor = RGB(0, 0, 0)
End Sub
Private Sub Option6_Click()
  Label1.ForeColor = RGB(255, 0, 0)
End Sub
Private Sub Option7_Click()
  Label1.ForeColor = RGB(0, 255, 0)
End Sub
Private Sub Option8_Click()
  Label1.ForeColor = RGB(0, 0, 255)
End Sub
```

习题 4

一、简答题

1. 在 Visual Basic 中，条件表达式有哪几种？
2. If 语句的结构形式有哪两种？在写法上各有什么特点？
3. Select Case 语句中的测试表达式和表达式列表各有什么要求？
4. 简述单选按钮与复选框控件的区别。
5. 单选按钮与复选框控件的 Value 属性值有什么区别？
6. 框架控件的主要功能有哪些？
7. 简述将控件添加到框架中的方法。

二、编程题

1. 用 InputBox 函数输入 x 的值，根据下面的公式计算并输出函数 y 的值，程序运行结果如图 4-16 所示。

$$y=\begin{cases}\lg x & x>0\\ 1.25 & x=0\\ e^{x}+e^{-x} & x<0\end{cases}$$

2. 输入一个正整数，判断它的奇偶性，如图 4-17 所示。

图 4-16　计算函数 y 的值

图 4-17　判断奇偶性

3. 根据下列公式，任意输入一个 m 的值，编写程序计算 n 的值，如图 4-18 所示。

$$n=\begin{cases}0.25\times m & m\leqslant 50\\ 0.25\times 50+0.35\times(m-50) & 50<m\leqslant 100\\ 0.25\times 50+0.35\times 50+0.45\times(m-100) & m>100\end{cases}$$

4. 输入一个星期数，0～6 分别对应输出星期日～星期六，输入其他数，则显示“数据输入错误，请重新输入!”，如图 4-19 所示。

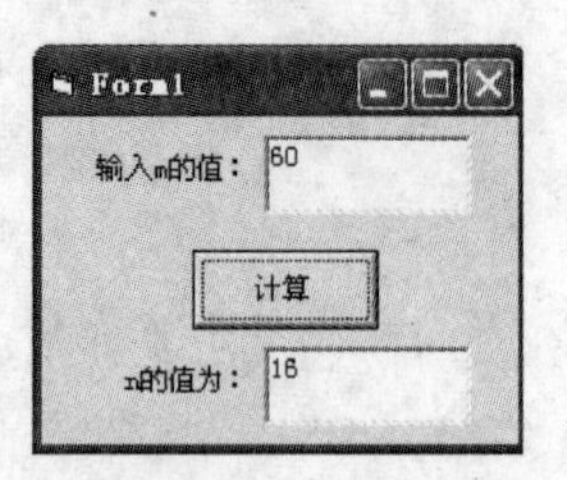

图 4-18　计算 n 的值

图 4-19　显示星期

5. 商场打折促销，促销信息如下：

购物不足 500 元，不优惠；

购物满 500 元但不足 1000 元，优惠 5%；

购物满 1000 元但不足 2000 元，优惠 10%；

购物满 2000 元但不足 3000 元，优惠 15%；

购物 3000 元以上，优惠 20%。

输入购物的总金额，计算并输出实际应付金额，如图 4-20 所示。

6. 输入一个年份数，判断它是否为闰年并输出，如图 4-21 所示。

判断闰年的条件是：年份数能被 4 整除但不能被 100 整除；或者能被 400 整除。

图 4-20　计算应付金额

图 4-21　判断闰年

7. 输入一个月份数，1～12 分别对应输出一月～十二月，输入其他数，则显示“数据输入错误，请重新输入!”。

8. 编写程序，输入一个点的坐标 (x,y)，按下列公式计算并输出 z 的值，如图 4-22 所示。

$$z=\begin{cases}\ln x+\ln y & \text{当}(x,y)\text{在第 I 象限}\\ \sin x+\cos y & \text{当}(x,y)\text{在第 II 象限}\\ e^{2x}+e^{3y} & \text{当}(x,y)\text{在第 III 象限}\\ \tan(x+y) & \text{当}(x,y)\text{在第 IV 象限}\end{cases}$$

9. 某旅游宾馆房间价格随旅游季节和团队规模浮动，规定：在旅游旺季 1、2、7～9 月份,20 个房间以上团队,优惠 20%,不足 20 个房间团队,优惠 10%；在旅游淡季,20 个房间以上团队,优惠 30%,不足 20 个房间团队,优惠 20%。编写程序,根据输入的月份数、订房间数,计算并输出优惠率,如图 4-23 所示。

图 4-22　计算 z 的值

图 4-23　计算优惠率

10. 用文本框实现用户输入密码的判断,如果输入密码与设定密码(假设为字符串"password")相同,则显示"欢迎使用!",否则,显示"密码错误,请重新输入!",要求密码的长度不超过 8 个字符,如图 4-24 所示。

11. 输入 4 个数,对这 4 个数按从小到大的顺序排列并输出,如图 4-25 所示。

12. 输入 4 个数,计算并输出其中最大的数,如图 4-26 所示。

图 4-24　密码判断

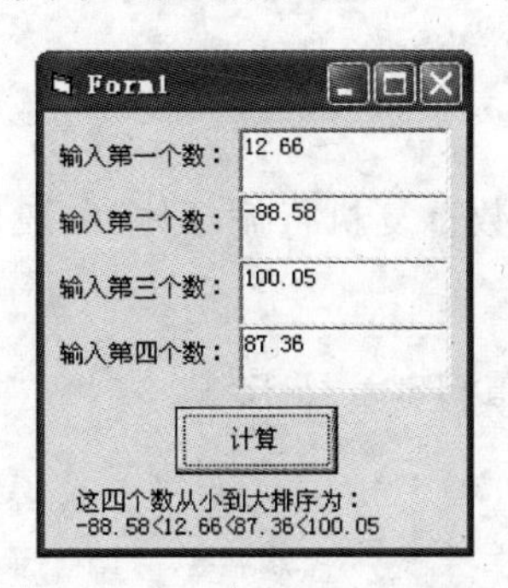

图 4-25　4 个数从小到大排列

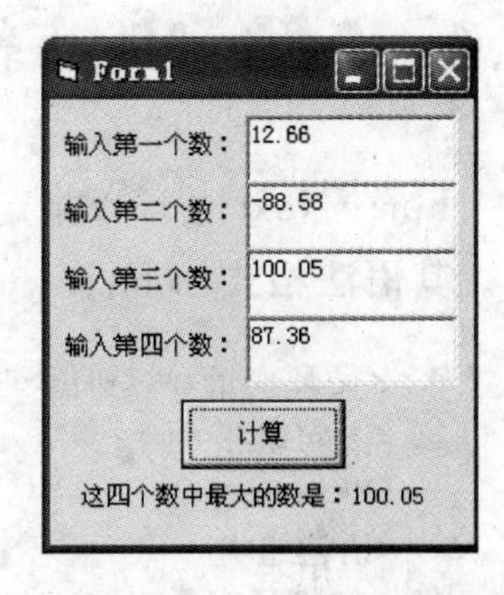

图 4-26　求 4 个数中的最大数

循环结构程序设计

循环结构是指满足循环条件时，反复执行某一段程序的结构。反复执行的这段程序称为循环体，利用循环结构设计程序，只需编写少量的程序使其重复执行，就能完成大量类似的计算要求，简化了程序，节约了内存，提高了效率。

设计循环结构程序时，需要考虑两个要素：①循环条件；②循环体。

在 Visual Basic 中，有两种类型的循环语句：①计数型循环语句 For…Next 循环；②条件型循环语句 While…Wend 循环、Do…Loop 循环。

5.1 For…Next 循环

For…Next 循环以指定的次数重复执行循环体，一般用于事先能计算出循环次数的情况。其语法格式如下：

```
For <循环变量> = <初值> To <终值> [Step <步长>]
    <语句组>
    [Exit For]
    <语句组>
Next [<循环变量>]
```

For…Next 循环执行的步骤：首先将初值赋给循环变量，然后开始循环，每循环一次，循环变量的值自动加一个步长，然后判断循环变量的值是否"超越"终值，如果"超越"，则结束循环，否则进行下一次循环，用如图 5-1 所示的流程图表示。

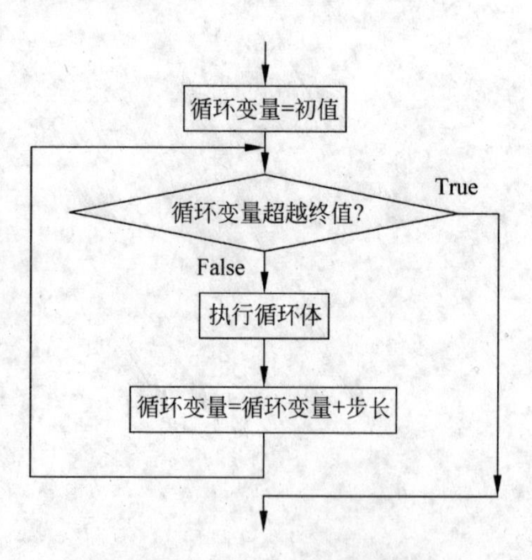

图 5-1　For…Next 循环流程图

说明：

(1) 循环变量、初值、终值、步长都是数值类型。

(2) 步长可正可负，但不能为 0，否则，循环将变成死循环或无限循环；步长为 1 时，[Step ＜步长＞]可以省略。

(3) 当初值小于终值时，步长为正；当初值大于终值时，步长为负。

通过初值、终值、步长可以计算循环体的循环次数，计算公式如下：

循环次数＝Int((终值－初值)/步长)＋1

注意：如果循环次数≤0，即当初值小于终值时，步长为负，或者当初值大于终值时，步长为正，则循环体一次都不执行。

(4) Exit For 可以退出其所在层的 For…Next 循环，这一点在多重循环中尤为重要。

【例 5-1】 求 $s=1+2+3+\cdots+1000$ 的和(不能使用等差数列求和公式计算)。

分析：设变量 s 存储和，一般情况下，将存储和的变量初始化为 0，存储乘积的变量初始化为 1，变量 i 表示一个项，初始项为 1，每循环一次给 s 加一个项，然后 i 的值加 1，一直循环到 i 的值大于 1000 为止。程序运行结果如图 5-2 所示。

```
Private Sub Command1_Click()
  Dim s As Long, i As Integer
  s = 0
  For i = 1 To 1000
    s = s + i
  Next
  Label1.Caption = "1 + 2 + 3 + ... + 1000 = " & s
End Sub
```

【例 5-2】 输入一个正整数 n，计算并输出 $n!$，如图 5-3 所示。

图 5-2　求 $1+2+\cdots+1000$ 的和

图 5-3　计算 $n!$

```
Private Sub Command1_Click()
  Dim n% , i% , f&
  n = Text1.Text
  f = 1
  For i = 1 To n
    f = f * i
  Next
  Label2.Caption = n & "! = " & f
End Sub
```

【例 5-3】 “水仙花数”是指一个三位的正整数，其各位数字的立方和等于该数，如：$153=1^3+5^3+3^3$，153 是水仙花数。

编写程序，在文本框中显示所有的“水仙花数”(将文本框的 MultiLine 属性值设为 True)，如图 5-4 所示。

图 5-4　求“水仙花数”

分析：假设某个三位的正整数为 n，要判断 n 是否是“水仙花数”，关键是要求出 n 的百位数字 a、十位数字 b 和个位数字 c，即：

百位数字 a = n\100。

十位数字 b = n\10 Mod 10。

个位数字 c = n Mod 10。

```
Private Sub Command1_Click()
  Dim n%, p$
  For n = 100 To 999
    a = n \ 100
    b = n \ 10 Mod 10
    c = n Mod 10
    If a ^ 3 + b ^ 3 + c ^ 3 = n Then p = p & n & vbCrLf
  Next
  Text1.Text = p
End Sub
```

5.2 While…Wend 循环

While…Wend 循环用于循环次数未知的循环，其语法格式如下：

```
While <条件表达式>
   [<语句组>]
Wend
```

当条件表达式的值为 True 时执行循环体，为 False 时结束循环，用如图 5-5 所示的流程图表示。

注意：*在 While…Wend 循环的循环体中，必须有明确的语句改变循环条件表达式的值，才能结束循环，否则，将会成为死循环。*

【例 5-4】 “同构数”是指这样的整数：它恰好出现在其平方数的右端，如：1 和 5 恰好出现在其平方数 1 和 25 的右端，1 和 5 是同构数。

编写程序，在文本框中显示 1～9999 之间的全部同构数(将文本框的 MultiLine 属性值设为 True，ScrollBars 属性值设为 2-Vertical)，如图 5-6 所示。

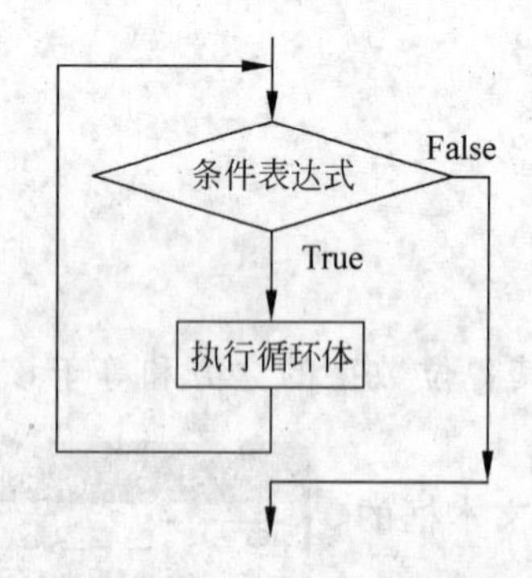

图 5-5 While…Wend 循环流程图

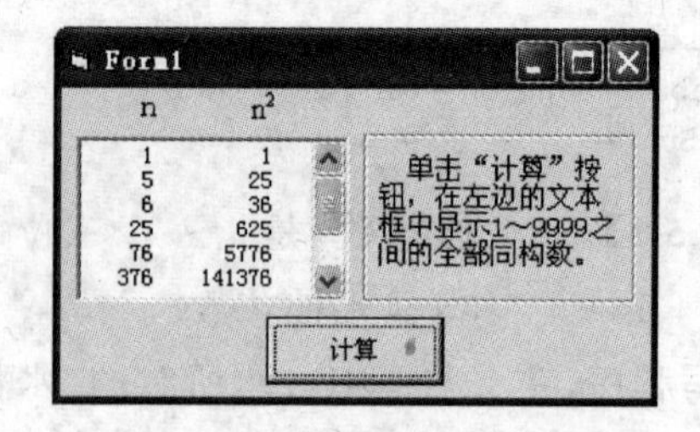

图 5-6 1～9999 之间的全部同构数

分析：设 n 为 1～9999 之间的同构数，则 n 有 1 位、2 位、3 位、4 位 4 种情况：

当 n 为 1 位的同构数时，需要从 n^2 中取其右边的 1 位整数：n^2 mod 10。

当 n 为 2 位的同构数时，需要从 n^2 中取其右边的 2 位整数：n^2 mod 100。

当 n 为 3 位的同构数时,需要从 n^2 中取其右边的 3 位整数：n^2 mod 1000。

当 n 为 4 位的同构数时,需要从 n^2 中取其右边的 4 位整数：n^2 mod 10000。

```
Private Sub Command1_Click()
  Dim n%, p$
  n = 1
  While n <= 9999
    Select Case n
      Case n ^ 2 Mod 10
        p = p & Format(n, "@@@@@@") & Format(n ^ 2, "@@@@@@@@@@") & vbCrLf
      Case n ^ 2 Mod 100
        p = p & Format(n, "@@@@@@") & Format(n ^ 2, "@@@@@@@@@@") & vbCrLf
      Case n ^ 2 Mod 1000
        p = p & Format(n, "@@@@@@") & Format(n ^ 2, "@@@@@@@@@@") & vbCrLf
      Case n ^ 2 Mod 10000
        p = p & Format(n, "@@@@@@") & Format(n ^ 2, "@@@@@@@@@@") & vbCrLf
    End Select
    n = n + 1                                     '改变循环条件表达式的值
  Wend
  Text1.Text = p
End Sub
```

说明：窗体上的 n^2 是通过 OLE 容器控件插入的“Microsoft Word 文档”。

【例 5-5】 计算 $s=1^2\times2^2\times3^2\times\cdots\times n^2$ 中,s 的值不大于 100000 时最大的 n 值,并将每一次循环的 n 值和 s 的值显示出来,如图 5-7 所示。

图 5-7　求最大的 n 值

```
Private Sub Command1_Click()
  Dim s&, n%, p$
  s = 1
  n = 0
  p = "n       s" & vbCrLf
  While s <= 100000
    n = n + 1
    s = s * n ^ 2                    '改变循环条件表达式的值
    p = p & n & "      " & s & vbCrLf
  Wend
  Label1.Caption = p
  Label2.Caption = "最大的 n 值为：" & n - 1
End Sub
```

5.3　Do…Loop 循环

Do…Loop 循环也是用于循环次数未知的循环,有两种形式：前测型 Do…Loop 循环和后测型 Do…Loop 循环。

Do…Loop 循环引导条件表达式的关键字有两个：While 和 Until。当用 While 引导条件表达式时,条件表达式的值为 True 循环,为 False 结束循环；当用 Until 引导条件表达式时,条件表达式的值为 False 循环,为 True 结束循环。

Exit Do 语句退出其所在层的 Do…Loop 循环。

注意：在 Do…Loop 循环的循环体中，也必须有明确的语句改变循环条件表达式的值，才能结束循环，否则，将会成为死循环。

5.3.1 前测型 Do…Loop 循环

前测型 Do…Loop 循环是条件表达式在前，先判断条件再循环，因此，循环体可能一次都不执行，While 引导的前测型 Do…Loop 循环用如图 5-8 所示的流程图表示，Until 引导的前测型 Do…Loop 循环用如图 5-9 所示的流程图表示。其语法格式如下：

```
Do [While|Until <条件表达式>]
   <语句组>
   [Exit Do]
   <语句组>
Loop
```

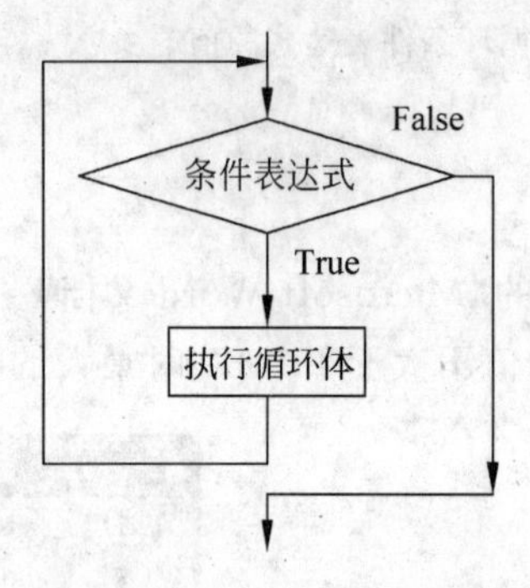

图 5-8　Do While…Loop 循环

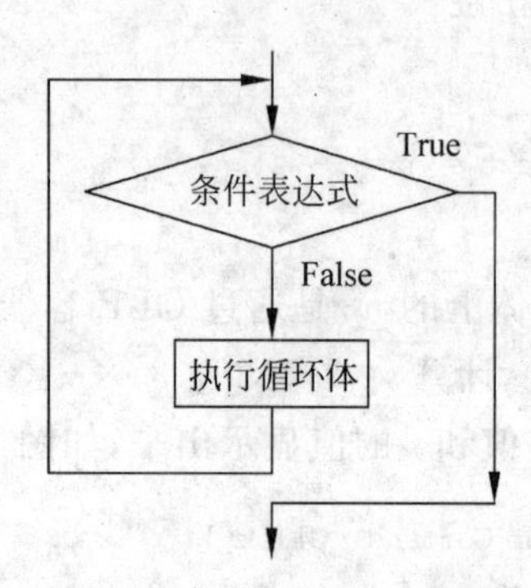

图 5-9　Do Until…Loop 循环

【例 5-6】 用辗转相除法求两个正整数的最大公约数和最小公倍数并输出，如图 5-10 所示。

分析：设两个正整数分别为 m、n，用辗转相除法求它们的最大公约数的方法如下：

(1) 求 m 除以 n 的余数赋给 r。

(2) 当 $r \neq 0$ 时，将 n 的值赋给 m，r 的值赋给 n，再求 m 除以 n 的余数赋给 r，直到 $r=0$。

(3) 当 $r=0$ 时，n 的值就是 m、n 的最大公约数。

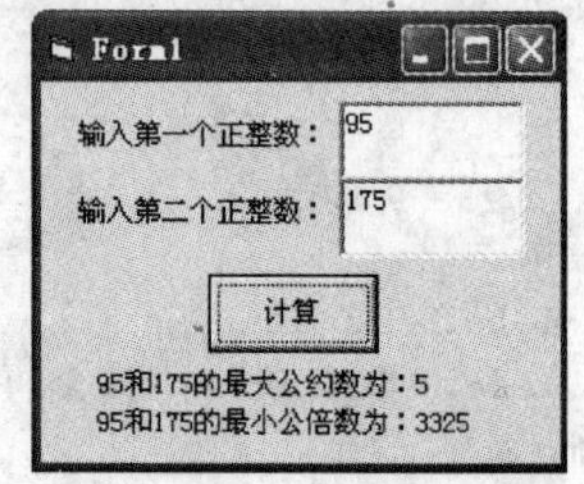

图 5-10　最大公约数和最小公倍数

另外，m、n 的最小公倍数 $=m \times n/(m$、n 的最大公约数)。

```
Private Sub Command1_Click()
  Dim m%, n%, r%
  m = Text1.Text
  n = Text2.Text
  If m <= 0 Or n <= 0 Then
    MsgBox "m、n必须是正整数!"
    Exit Sub                         '退出Sub过程
  End If
```

```
  r = m Mod n
  Do While r <> 0
    m = n
    n = r
    r = m Mod n                                   '改变循环条件表达式的值
  Loop
  Label3.Caption = Text1 & "和" & Text2 & "的最大公约数为：" & n
  Label4.Caption = Text1 & "和" & Text2 & "的最小公倍数为：" & Text1 * Text2 / n
End Sub
```

【例 5-7】 编写程序，将十进制正整数 n 转换成等值的 $r(r=2,8,16)$ 进制数，如图 5-11 所示。

分析：将一个十进制正整数 n 转换成 r 进制数的方法是，用 r 去除 n 取余数，商赋给 n，再用 r 不断地去除 n 取余数，直到商为 0，将余数反序，即最后一次得到的余数为最高位。

图 5-11　进制转换

```
Private Sub Command1_Click()
  Dim n%, r%, t%, p1$, p2$
  n = Text1.Text
  r = Text2.Text
  If n <= 0 Or r < 2 Then
    MsgBox "数据输入错误，请重新输入！"
    Exit Sub                                      '退出 Sub 过程
  End If
  p1 = "10 进制数" & n & "转换成" & r & "进制数为："
  Do While n > 0
    t = n Mod r
    If t > 9 Then
      p2 = Chr(t + 55) & p2                       '转换成字母
    Else
      p2 = t & p2
    End If
    n = n \ r                                     '改变循环条件表达式的值
  Loop
  Label3.Caption = p1 & vbCrLf & p2
End Sub
```

在 Visual Basic 中，提供了将十进制正整数 n 转换成八进制数和十六进制数的内部函数 Oct(n)和 Hex(n)，可以直接调用。这里主要是介绍进制转换的算法及其程序实现。

5.3.2　后测型 Do…Loop 循环

后测型 Do…Loop 循环是条件表达式在后，先循环再判断条件，因此，至少执行一次循环体，While 引导的后测型 Do…Loop 循环用如图 5-12 所示的流程图表示，Until 引导的后测型 Do…Loop 循环用如图 5-13 所示的流程图表示。其语法格式如下：

```
Do
   <语句组>
   [Exit Do]
```

```
    <语句组>
Loop [While|Until <条件表达式>]
```

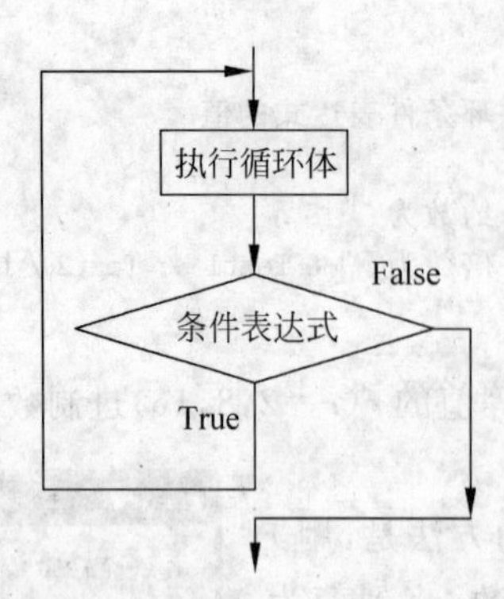

图 5-12 Do…Loop While 循环

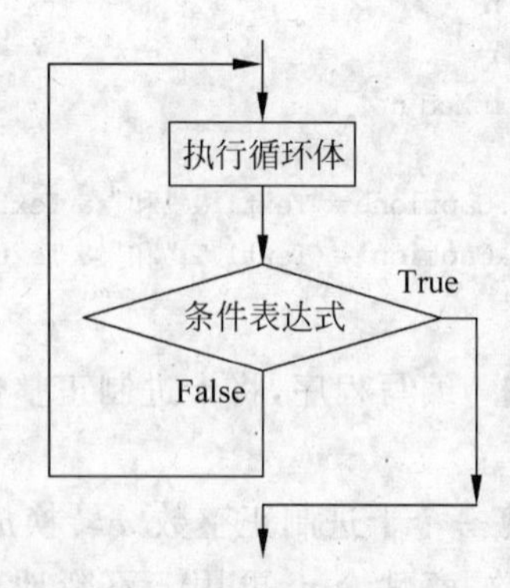

图 5-13 Do…Loop Until 循环

【例 5-8】 输入一个正整数 $n(n\geqslant3)$，判断 n 是否是素数，如图 5-14 所示。

分析：素数是只能被 1 和它本身整除的数。判断一个正整数 $n(n\geqslant3)$ 是否是素数的方法有如下 3 种：

(1) 用 $2\sim n-1$ 之间的所有整数去除 n，如果都不能整除 n，则 n 是素数，否则，n 不是素数。

(2) 用 $2\sim\sqrt{n}$ 之间的所有整数去除 n，如果都不能整除 n，则 n 是素数，否则，n 不是素数。

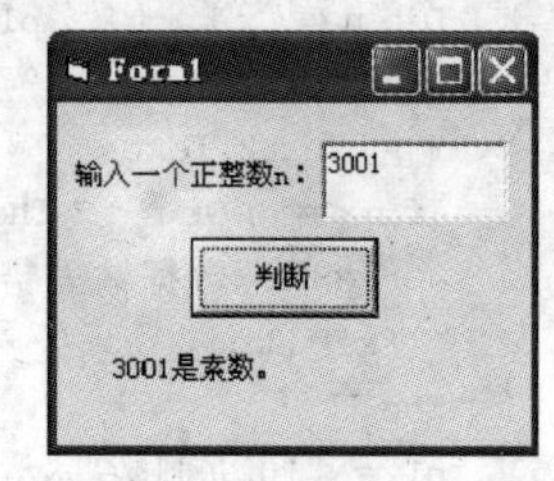

图 5-14 判断素数

(3) 假设 n 是素数，引入标志变量或开关变量(这种变量只有两种状态或两个值)，用 $2\sim\sqrt{n}$ 之间的所有整数去除 n，只要有一个整数能够整除 n，则 n 一定不是素数，改变标志变量的值，后面的整数不再需要判断是否能够整除 n，……，最后，查看标志变量的值，如果被改变，则 n 不是素数，否则，n 是素数。

以上 3 种方法中，第三种方法的运算次数最少，效率最高，今后，编写程序时，遇到类似的问题可以采用这样的方法解决。

```
Private Sub Command1_Click()
  Dim n&, flag%, i%
  n = Text1.Text
  If n < 3 Then
    MsgBox "n必须是大于等于 3 的正整数!"
    Exit Sub                                    '退出 Sub 过程
  End If
  flag = 0                                      '假设 n 是素数,标志变量置为 0
  i = 2
  Do
    If n Mod i = 0 Then
      flag = 1
      Exit Do
    Else
      i = i + 1                                 '改变循环条件表达式的值
    End If
  Loop Until i > Sqr(n)
```

```
    If flag = 0 Then
      Label2.Caption = n & "是素数。"
    Else
      Label2.Caption = n & "不是素数。"
    End If
End Sub
```

5.4　循环的嵌套

循环的嵌套指的是一个循环的循环体中又包含了另一个循环，根据嵌套层数不同，可分为二重循环、三重循环等。

注意：

(1) *内层循环和外层循环不能交叉，必须完整包含。*

(2) *内层循环和外层循环的循环变量不能同名。*

(3) *退出循环的语句 Exit For 或 Exit Do 只能退出其所在层的循环。*

循环的嵌套的执行过程是：外层循环每循环一次，内层循环就要循环所有次，即外层循环每循环一次，内层循环就要从头开始执行一轮。

例如：

```
For i = 1 To 5                              '外层循环
  For j = 1 To 8                            '内层循环
    Print i * j
  Next j
Next i
```

在上述嵌套的二重循环中，外循环共循环 5 次，内循环共循环 8 次，整个嵌套的二重循环的循环次数为 5×8=40 次。

【例 5-9】　编写程序，在窗体上输出九九乘法表，如图 5-15 所示。

```
Private Sub Form_Click()
  Dim i%, j%
  For i = 1 To 9                              'i为行
    For j = 1 To i                            'j为列
      Print Tab((j - 1) * 9); j & "×" & i & "=" & i * j;
    Next
    Print
  Next
End Sub
```

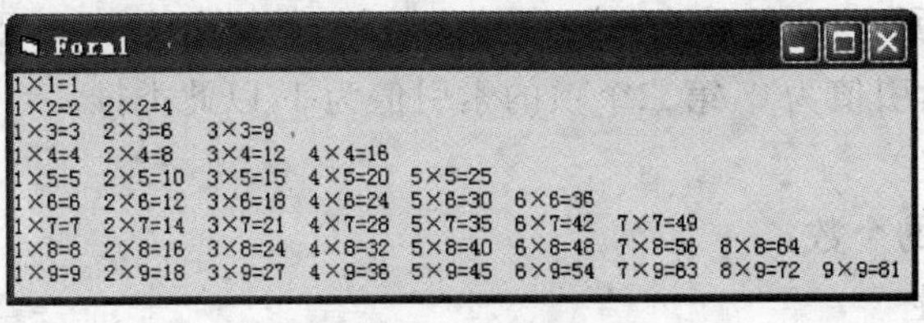

```
Form1
1×1=1
1×2=2  2×2=4
1×3=3  2×3=6   3×3=9
1×4=4  2×4=8   3×4=12  4×4=16
1×5=5  2×5=10  3×5=15  4×5=20  5×5=25
1×6=6  2×6=12  3×6=18  4×6=24  5×6=30  6×6=36
1×7=7  2×7=14  3×7=21  4×7=28  5×7=35  6×7=42  7×7=49
1×8=8  2×8=16  3×8=24  4×8=32  5×8=40  6×8=48  7×8=56  8×8=64
1×9=9  2×9=18  3×9=27  4×9=36  5×9=45  6×9=54  7×9=63  8×9=72  9×9=81
```

图 5-15　九九乘法表

【例 5-10】 求 1000~5000 之间的所有素数,并在文本框中显示(将文本框的 MultiLine 属性值设为 True,ScrollBars 属性值设为 2-Vertical),如图 5-16 所示。

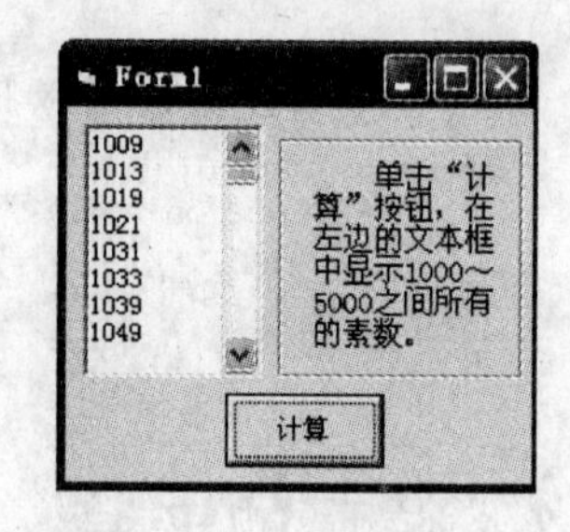

图 5-16 在文本框中显示素数

```
Private Sub Command1_Click()
  Dim n%, i%, flag%, p$
  For n = 1000 To 5000
    flag = 0              '假设 n 是素数,标志变量置为 0
    i = 2
    Do
      If n Mod i = 0 Then
        flag = 1
        Exit Do
      Else
        i = i + 1
      End If
    Loop Until i > Sqr(n)
    If flag = 0 Then
      p = p & n & Chr(13) & Chr(10)
    End If
  Next
  Text1.Text = p
End Sub
```

程序中的语句 For n = 1000 To 5000 也可以改为 For n = 1001 To 5000 Step 2,实现的功能相同,但循环的次数将减少。

5.5 列表框与组合框控件

列表框与组合框中的每一行称为一个项(Item)。用户可以从列表框中选择一个或多个项,但只能选择项,不能输入项;组合框是由文本框和列表框组合而成,因此,组合框具有文本框和列表框的功能,既可以输入项也可以选择项,但任意时刻最多只能选择一个项,选中的项将显示在组合框中。

5.5.1 列表框

1. 列表框的常用属性

1) List 属性

存放列表框中的所有项,是一个一维字符串数组,数组名为 List,下标为项的索引值,从上到下,第一个项的索引值为 0,第二个项的索引值为 1,以此类推。

2) ListCount 属性

返回列表框中项的个数。

3) ListIndex 属性

返回当前选中项的索引值。若有多个项被选中,则返回最后一个选中项的索引值;也可以给该属性赋一个整数值来选中对应索引值的项；如果没有选中任何项，ListIndex属性值为－1。

4）Selected 属性

判断列表框中的某个项是否被选中，选中为 True，否则为 False。该属性是一个一维布尔或逻辑型数组，数组名为 Selected，下标为项的索引值。

5）Text 属性

返回当前选中的项，若有多个项被选中，仅为最后一个选中的项。

6）MultiSelect 属性

决定在列表框中能不能选择多个项，有 3 种取值：0-None，默认设置，最多只能选择一个项；1-Simple，简单多项选择，按住 Ctrl 键或 Shift 键分别单击每一个项可以选中多个不连续的项；2-Extended，扩展的多项选择，按住 Shift 键单击第一项和最后一项可以选择连续的多个项，按住 Ctrl 键分别单击每一个项可以选中多个不连续的项（与简单多项选择相同）。

7）Columns 属性

设置列表框中项的显示方式是单列显示还是多列显示。默认值为 0（单列显示），如果列表项的高度超过列表框的高度，将自动显示垂直滚动条；当属性值为 1 或大于 1 时，列表框中的项呈多列显示，系统根据列表框的高度，将超过列表框高度的项自动调整到下一列或下几列，并自动出现水平滚动条。

8）Style 属性

设置列表框的外观，有两个值：0-Standard，默认设置，标准外观；1-CheckBox，复选框外观，可以在列表框中选择多个项，但 MultiSelect 属性的值必须为 0-None。

9）Sorted 属性

设置列表框中的项是否按字母顺序升序排列显示，默认值为 False，按添加顺序显示。

10）SelCount 属性

返回列表框中选中项的个数。

2. 列表框的常用事件

列表框的常用事件是 Click、DblClick 事件。

3. 列表框的常用方法

1）AddItem 方法

向列表框中添加项，被添加项为字符串，其语法格式如下：

```
<列表框名>.AddItem 被添加项[,<索引值>]
```

其中，＜索引值＞指出被添加项在列表框中的索引位置，如果省略＜索引值＞，被添加项将添加到列表框中所有项的末尾。

2）RemoveItem 方法

删除列表框中指定索引值的项，其语法格式如下：

```
<列表框名>.RemoveItem <被删除项的索引值>
```

3) Clear 方法

清除列表框中的所有项，其语法格式如下：

```
<列表框名>.Clear
```

【例 5-11】 百钱买百鸡问题。我国古代数学家张丘建在《算经》中提出一个百钱买百鸡的问题："鸡翁一，值钱五，鸡母一，值钱三，鸡雏三，值钱一，百钱买百鸡，问鸡翁、母、雏各几何？"编写程序，在列表框中输出所有满足条件的鸡翁、母、雏数，如图 5-17 所示。

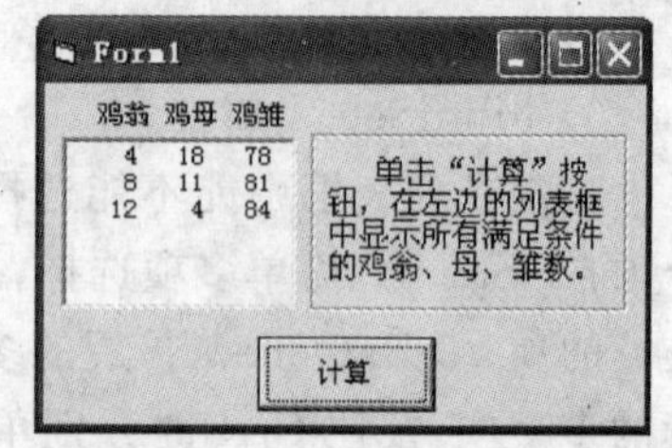

图 5-17　百钱买百鸡问题

分析：设鸡翁数、鸡母数、鸡雏数分别为 cock、hen、chick，根据题意列出如下方程组：

$$\begin{cases} cock + hen + chick = 100 \\ cock \times 5 + hen \times 3 + chick/3 = 100 \end{cases}$$

这个方程组有 3 个未知数但只有两个方程，是一个不定方程，可能有多组解，为了求出所有满足条件的鸡翁、母、雏数，采用"穷举法"，假设 cock、hen、chick 的值至少为 1，则 cock 的所有可能值为：1～19，hen 的所有可能值为：1～31，有了 cock 和 hen 的值后，chick 的值为：100-cock-hen，然后，判断它们是否满足条件：cock×5＋hen×3＋chick/3＝100，满足则为所求的根。

```
Private Sub Command1_Click()
  Dim cock%, hen%, chick%
  For cock = 1 To 19
    For hen = 1 To 31
      chick = 100 - cock - hen
      If cock * 5 + hen * 3 + chick / 3 = 100 Then
        List1.AddItem Format(cock, "@@@@@") & _
        Format(hen, "@@@@@") & Format(chick, "@@@@@")
      End If
    Next
  Next
End Sub
```

【例 5-12】 猴子吃桃问题。猴子摘了若干个桃，第 1 天吃了 1 半再加 1 个，第二天吃了剩下的 1 半再加 1 个，以后每天都吃剩下的 1 半再加 1 个，……，第 n 天时只剩下 1 个桃，输入猴子吃桃的天数 n，计算并输出猴子一共摘了多少个桃以及每一天桃的个数，如图 5-18 所示。

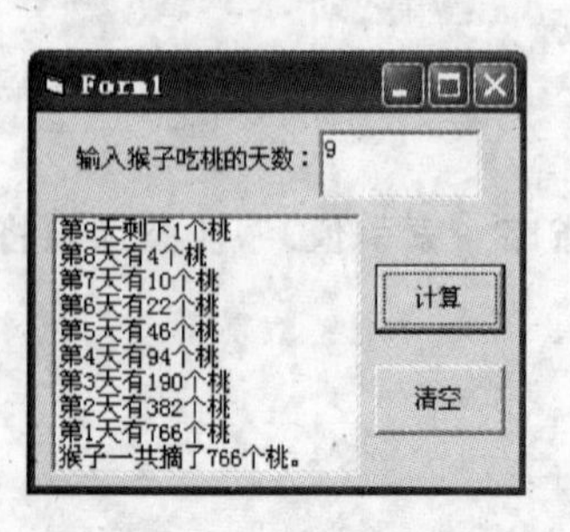

图 5-18　猴子吃桃问题

分析：该问题采用"递推法"进行计算。由最后 1 天即第 n 天剩下桃的个数 1 个，可以推出第 $n-1$ 天的桃的个数，……，直到推出第 1 天桃的个数，即猴子摘桃的总个数。

设第 i 天桃的个数为 p_i，第 $i-1$ 天桃的个数为 p_{i-1}，那么，猴子在第 i 天吃了 $p_{i-1}/2+1$ 个桃，则有：

$$p_i = p_{i-1} - (p_{i-1}/2 + 1) = p_{i-1}/2 - 1$$

由此可得：

$$p_{i-1} = 2(p_i + 1)$$

当 $i=n$ 时，只剩下 1 个桃，即 $p_n=1$，可以计算 $p_{n-1}=4$，以此类推。

```
Private Sub Command1_Click()
  Dim n%, i%, peach&
  If Not IsNumeric(Text1.Text) Or Val(Text1.Text) <= 0 Then
    MsgBox "数据输入错误,请重新输入!"
    Exit Sub
  End If
  n = Text1.Text
  peach = 1
  List1.AddItem "第" & n & "天剩下" & peach & "个桃"
  For i = n - 1 To 1 Step -1
    peach = 2 * (peach + 1)
    List1.AddItem "第" & i & "天有" & peach & "个桃"
  Next
  List1.AddItem "猴子一共摘了" & peach & "个桃。"
End Sub
Private Sub Command2_Click()
  Text1.Text = ""
  Text1.SetFocus
  List1.Clear
End Sub
```

5.5.2　组合框

1. 组合框的常用属性

1) List 属性

存放组合框中的所有项，是一个一维字符串数组，数组名为 List，下标为项的索引值，从上到下，第一个项的索引值为 0，第二个项的索引值为 1，以此类推。

2) ListCount 属性

返回组合框中项的个数。

3) ListIndex 属性

返回当前选中项的索引值。可以给该属性赋一个整数值来选中对应索引值的项；如果没有选中任何项，ListIndex 属性值为 −1。

4) Text 属性

返回用户在组合框中输入或选中的项。

5) Style 属性

设置组合框的外观，有 3 个值：0-DropDown Combo，默认值，下拉组合框，既可以输入也可以选择一个项；1-Simple Combo，简单组合框，是文本框和列表框的简单组合，没有向下箭头，需要将其拉大才能完全显示，既可以输入也可以选择一个项；2-DropDown List，下拉列表框，只能选择一个项，不能输入项。

6) Sorted 属性

设置组合框中的项是否按字母顺序升序排列显示，默认值为 False，按添加顺序显示。

2. 组合框的常用事件

组合框的常用事件与 Style 属性有关。

下拉组合框的常用事件是 Click、DropDown、Change 事件。

简单组合框的常用事件是 Click、DblClick、Change 事件。

下拉列表框的常用事件是 Click、DropDown 事件。

3. 组合框的常用方法

1) AddItem 方法

向组合框中添加项,被添加项为字符串,其语法格式如下:

```
<组合框名>.AddItem 被添加项[,<索引值>]
```

其中,＜索引值＞指出被添加项在组合框中的索引位置,如果省略＜索引值＞,被添加项将添加到组合框中所有项的末尾。

2) RemoveItem 方法

删除组合框中指定索引值的项,其语法格式如下:

```
<组合框名>.RemoveItem <被删除项的索引值>
```

3) Clear 方法

清除组合框中的所有项,其语法格式如下:

```
<组合框名>.Clear
```

【例 5-13】 列表框和组合框的应用。

编写程序,在简单组合框中列出体育项目,没有的体育项目可以输入,按回车键后,如果该体育项目在简单组合框中不存在,则将该项目添加到简单组合框中,重复项不添加;在简单组合框中选中一个体育项目,单击"添加"命令按钮,如果该体育项目在列表框中不存在,则将选中的项目添加到"喜爱的体育项目"列表框中,重复项不添加;在"喜爱的体育项目"列表框中选择不需要的项后,单击"删除"命令按钮,可以删除选中的项,如图 5-19 所示。

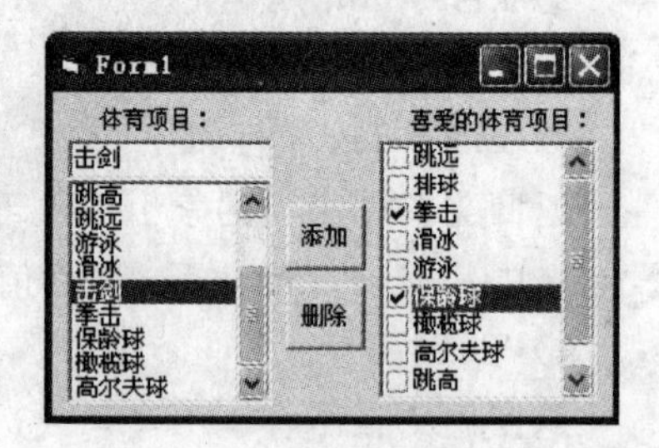

图 5-19 组合框与列表框应用

窗体左边的组合框 Combo1,设置其 Style 属性值为 1-Simple Combo;窗体右边的列表框 List1,设置其 Style 属性值为 1-CheckBox。

```
Private Sub Form_Load()
  Combo1.AddItem "篮球"
  Combo1.AddItem "足球"
  Combo1.AddItem "排球"
  Combo1.AddItem "乒乓球"
  Combo1.AddItem "跳高"
```

```
    Combo1.AddItem "跳远"
    Combo1.AddItem "游泳"
    Combo1.AddItem "滑冰"
    Combo1.AddItem "击剑"
    Combo1.AddItem "拳击"
End Sub
Private Sub Combo1_KeyPress(KeyAscii As Integer)
    Dim i%, flag As Integer
    If KeyAscii = 13 Then                          '按回车键
        flag = 0                                   '假设要添加的项不存在,标志变量置为0
        For i = 0 To Combo1.ListCount - 1
            If Combo1.Text = Combo1.List(i) Then
                flag = 1
                Exit For
            End If
        Next
        If flag = 1 Then
            MsgBox "该体育项目已经存在不能再添加!", vbOkOnly, "信息提示"
        Else
            Combo1.AddItem Combo1.Text
        End If
    End If
End Sub
Private Sub Command1_Click()                       '"添加"命令按钮
    Dim i As Integer, flag As Integer
    If Combo1.Text = "" Then Exit Sub
    flag = 0                                       '假设要添加的项不存在,标志变量置为0
    For i = 0 To List1.ListCount - 1
        If Combo1.Text = List1.List(i) Then
            flag = 1
            Exit For
        End If
    Next
    If flag = 1 Then
        MsgBox "该体育项目已经存在不能再添加!", vbOkOnly, "信息提示"
    Else
        List1.AddItem Combo1.Text
    End If
End Sub
Private Sub Command2_Click()                       '"删除"命令按钮
    Dim i%
    i = 0
    Do While i <= List1.ListCount - 1
        If List1.Selected(i) = True Then
            List1.RemoveItem i
        Else
            i = i + 1
```

```
    End If
  Loop
End Sub
```

5.6 数值算法

数值计算主要用计算机解决一些数学解析方法难以解决的问题，如：多项式求值、求定积分、求非线性方程的近似根等。

【例 5-14】 利用下列近似公式求 π 的值，精度 $\varepsilon=10^{-5}$，如图 5-20 所示。

$$\pi = 2\times\frac{2}{\sqrt{2}}\times\frac{2}{\sqrt{2+\sqrt{2}}}\times\frac{2}{\sqrt{2+\sqrt{2+\sqrt{2}}}}\times\cdots$$

分析：公式中除第一项 2 以外，其余任何一项的分子都是 2，任何一项的分母都是 2 加上其前一项的分母再开平方，设第 i 项的分母为 d，则第 $i+1$ 项的分母为 $\sqrt{2+d}$，每循环一次乘上一个项，并判断前后两次乘积的差值是否小于 ε，如果小于则表示达到计算精度要求，否则，不断地乘上新的项，直到达到精度要求为止。

图 5-20 近似公式求 π 的值

```
Private Sub Command1_Click()
  Dim s1#, s2#, d#
  s1 = 2
  d = Sqr(2)
  Do
    s2 = s1
    s1 = s1 * 2 / d
    d = Sqr(2 + d)
  Loop While Abs(s1 - s2) > 10 ^ -5
  Label1.Caption = "π≈" & s1
End Sub
```

【例 5-15】 用梯形法求函数 $f(x)=2x^3+5x^2+x+1$ 在$[a,b]$区间的定积分。

分析：函数 $f(x)$在$[a,b]$区间的定积分等于 x 轴、直线 $x=a$、直线 $x=b$、曲线 $y=f(x)$ 所围成的曲边梯形的面积，如图 5-21 所示。

将区间$[a,b]$分成 n 等份，即将曲边梯形围成的面积分成 n 个小的曲边梯形，每一个小曲边梯形的面积近似于相应梯形的面积，整个曲边梯形的面积近似于所有这些小梯形的面积之和。

将区间$[a,b]$分成 n 等份后，每个小梯形的高均为 $h=(b-a)/n$，则

$$x_0=a, x_1=a+h, x_2=a+2\times h, \cdots, x_i=a+i\times h, \cdots$$

第一个小梯形的面积为：$(f(x_0)+f(x_1))\times h/2$，…，第 i 个小梯形的面积为：$(f(x_{i-1})+f(x_i))\times h/2$。

所以
$$\int_a^b f(x)\mathrm{d}x \approx \sum_{i=1}^{n}(f(x_{i-1})+f(x_i))\times h/2$$

程序运行结果如图 5-22 所示。

```
Private Sub Command1_Click()
  Dim a!, b!, h!, n%, i%, s!, sum!, f1!, f2!
  a = Text1.Text
  b = Text2.Text
  n = Text3.Text
  h = (b - a) / n
  sum = 0
  For i = 1 To n
    f1 = 2 * a ^ 3 + 5 * a ^ 2 + a + 1
    a = a + h
    f2 = 2 * a ^ 3 + 5 * a ^ 2 + a + 1
    s = (f1 + f2) * h / 2
    sum = sum + s
  Next
  Text4.Text = sum
End Sub
```

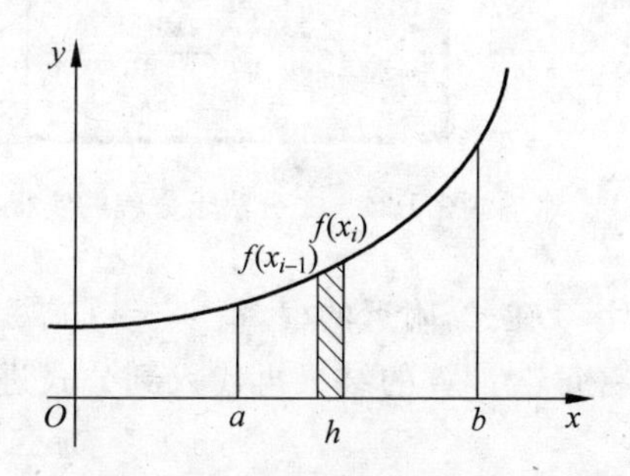

图 5-21 求定积分的几何意义

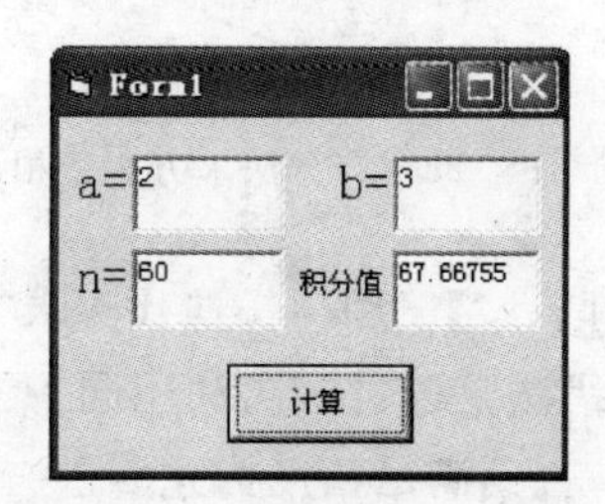

图 5-22 用梯形法求定积分

【例 5-16】 用二分法求方程 $x^3-x+1=0$ 在$[a,b]$区间内的一个实根，精度 $\varepsilon=10^{-7}$。

分析：设 $f(x)=x^3-x+1$，如果函数 $f(x)$在$[a,b]$区间内连续，且方程 $f(x)=0$ 在$[a,b]$区间内只有一个实根，则有 $f(a)\times f(b)<0$，如图 5-23 所示。

取 a、b 的中点 $m=(a+b)/2$，将求根区间分成两个子区间$[a,m]$和$[m,b]$，有以下 3 种可能：

(1) 如果 $f(m)=0$ 或 $b-a$ 的绝对值小于指定的精度 ε，则 m 为要求的实根。

(2) 如果 $f(a)\times f(m)<0$，则根在区间$[a,m]$中，令 $b=m$，重复上述步骤。

(3) 如果 $f(m)\times f(b)<0$，则根在区间$[m,b]$中，令 $a=m$，重复上述步骤。

程序运行结果如图 5-24 所示。

```
Private Sub Command1_Click()
  Dim a#, b#, m#, fa#, fm#
  a = Text1.Text
  b = Text2.Text
  If (a ^ 3 - a + 1) * (b ^ 3 - b + 1) > 0 Then
    MsgBox "此方程在给定区间内没有实根!", , "信息提示"
    Exit Sub
  End If
```

```
    Do Until Abs(b - a) < 10 ^ -7
      m = (a + b) / 2
      fa = a ^ 3 - a + 1
      fm = m ^ 3 - m + 1
      If fm = 0 Then Exit Do
      If fa * fm < 0 Then
        b = m
      Else
        a = m
      End If
    Loop
    Text3.Text = m
  End Sub
```

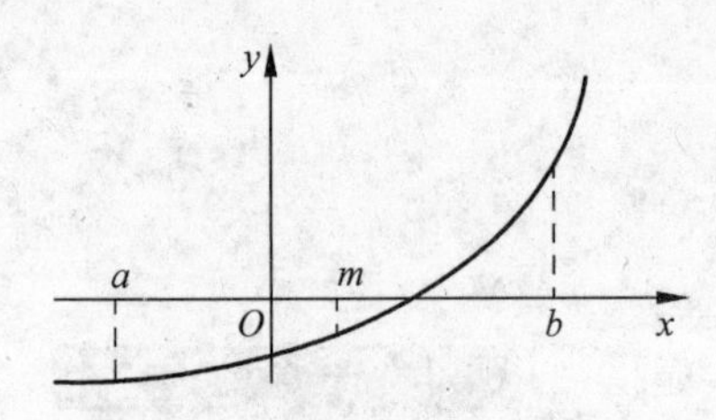

图 5-23　二分法求方程的根示意图

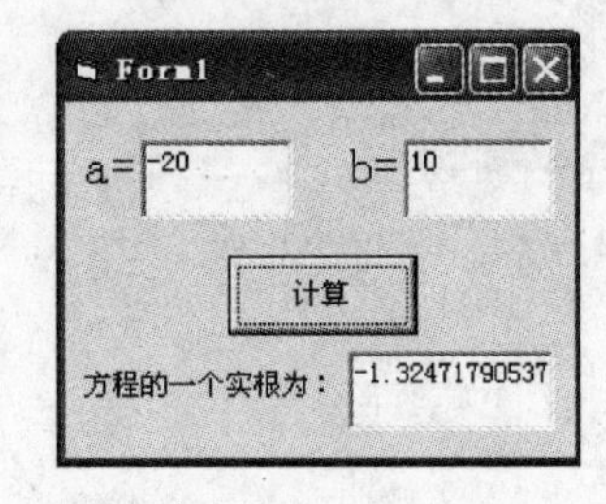

图 5-24　二分法求方程的实根

【例 5-17】 用牛顿迭代法求方程 $x^3+5x-1=0$ 在 x_0 附近的根，精度 $\varepsilon=10^{-6}$。

迭代法是通过多次利用同一公式进行计算，将每次计算的结果再代入到公式进行下一次计算，直到满足精度为止。

牛顿迭代法：设 $f(x)=x^3+5x-1$，给定初值 x_0，过点$(x_0,f(x_0))$作曲线 $y=f(x)$的切线，与 x 轴交于 x_1，过点$(x_1,f(x_1))$作曲线 $y=f(x)$的切线，与 x 轴交于 x_2，……，如图 5-25 所示。当 $x_{i+1}-x_i$ 的绝对值小于给定的精度 ε 时，x_{i+1} 就是方程的近似根。

牛顿迭代公式为：

$$x_{i+1}=x_i-\frac{f(x_i)}{f'(x_i)}$$

其中，$f'(x_i)$为 $f(x)$在 x_i 处的导数。程序运行结果如图 5-26 所示，其中，x_0 是通过 OLE 容器控件插入的“Microsoft 公式 3.0”。

```
Private Sub Command1_Click()
  Dim x0#, x1#, f#, fd#, eps#
  x0 = Text1.Text
  Do
    f = x0 ^ 3 + 5 * x0 - 1
    fd = 3 * x0 ^ 2 + 5
    x1 = x0 - f / fd
    eps = Abs(x1 - x0)
    x0 = x1
  Loop While eps > 10 ^ -6
  Label2.Caption = "方程的近似根为：" & x1
End Sub
```

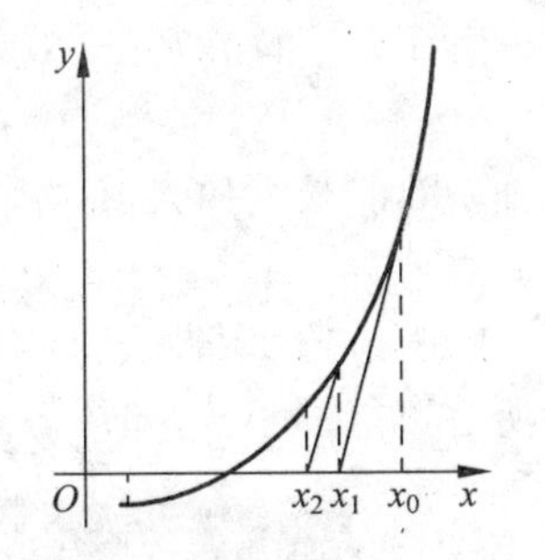

图 5-25　牛顿迭代法示意图

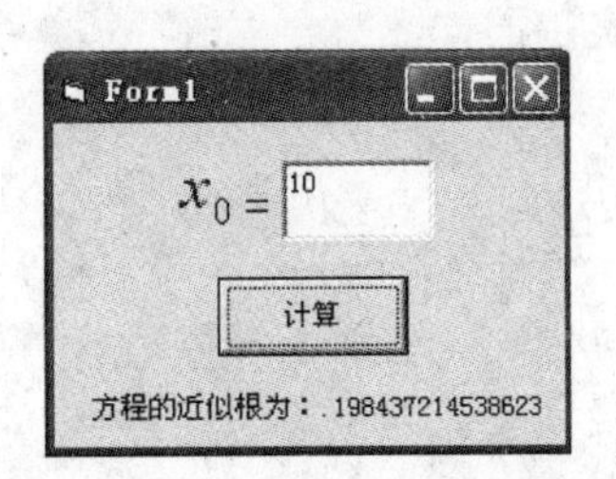

图 5-26　牛顿迭代法求方程的根

习题 5

一、简答题

1. 在 Visual Basic 中，有哪两种类型的循环语句？它们有什么区别？

2. 什么条件下 For…Next 循环一次也不循环？

3. While…Wend 循环在什么条件下会出现死循环？

4. 前测型 Do…Loop 循环和后测型 Do…Loop 循环的基本区别是什么？

5. Do…Loop 循环引导条件表达式的关键字 While 和 Until 有什么区别？

6. 循环的嵌套需要注意的问题有哪些？

7. 列表框与组合框的基本区别是什么？

二、编程题

1. 编写程序，计算并输出 1～100 之间的奇数和与偶数和，如图 5-27 所示。

2. 输入一个正整数 n，计算 $s=1\times(1+2)\times(1+2+3)\times\cdots\times(1+2+3+\cdots+n)$ 的值并输出，如图 5-28 所示。

3. 编写程序，用循环结构和 Print 方法在窗体上输出如图 5-29 所示的字符金字塔。

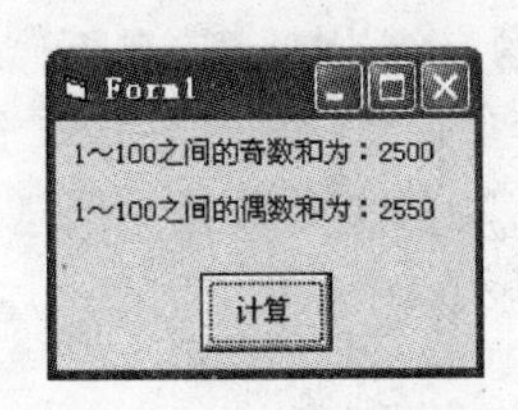

图 5-27　求奇数和偶数和

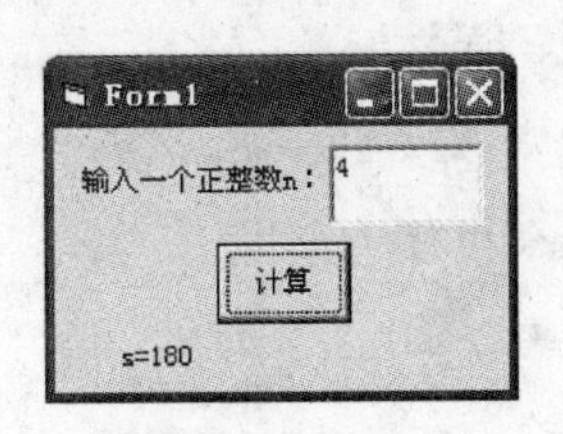

图 5-28　计算 s 的值

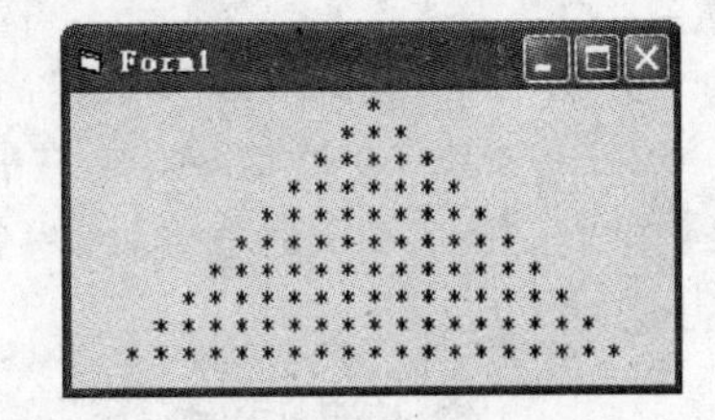

图 5-29　字符金字塔

4. 编写程序，计算 $s=\frac{1}{1\times2}+\frac{1}{2\times3}+\frac{1}{3\times4}+\cdots+\frac{1}{n(n+1)}$ 的值，直到 $n=100$ 为止。

5. 求 e 的近似值，要求其误差小于 0.000001（即求和公式最后一项的值小于 0.000001），近似公式为：

$$e=1+\frac{1}{1!}+\frac{1}{2!}+\frac{1}{3!}+\frac{1}{4!}+\cdots$$

6. 勾股定理为：$a^2+b^2=c^2$。编写程序，在窗体上输出 a、b、c 的值在 1～100 之间所有满足勾股定理的整数组合，如图 5-30 所示。

7. 计算 $s=1^1\times2^2\times3^3\times\cdots\times n^n$ 中，s 的值不大于 100000 时最大的 n 值，并将每一次循环的 n 值和 s 的值显示出来，如图 5-31 所示。

8. 有一袋球(100～1000 个之间)，如果每次数 4 个，则剩 2 个，如果每次数 5 个，则剩 3 个，如果每次数 6 个，则正好数完，计算并输出袋中球的所有可能的个数，如图 5-32 所示。

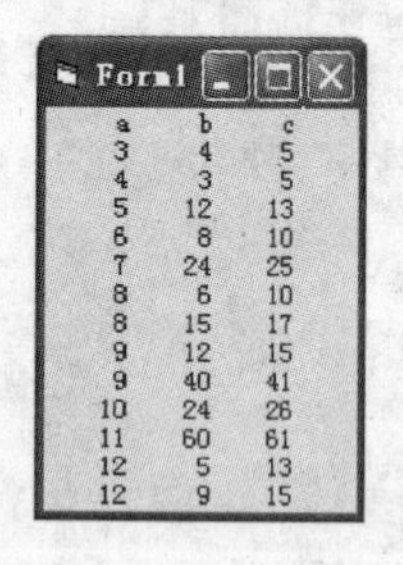

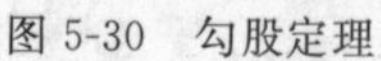
图 5-30 勾股定理

图 5-31 最大的 n 值

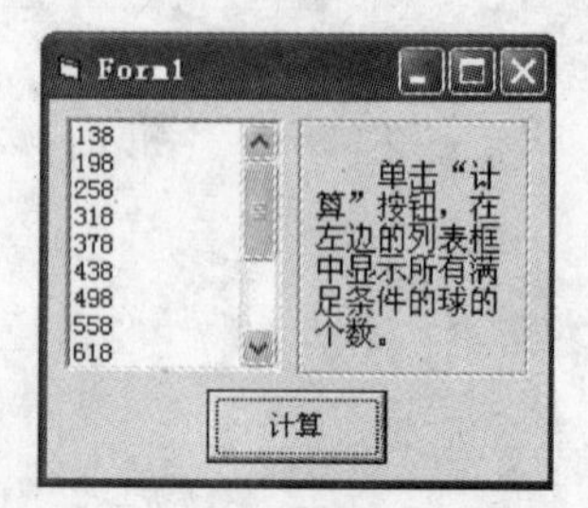

图 5-32 袋中球的所有可能个数

9. 有 30 个人在一家小餐馆里用餐，其中有男人、女人和小孩，每个男人花 3 先令，每个女人花 2 先令，每个小孩花 1 先令，一共花了 50 先令。编写程序，计算并输出男人、女人和小孩的所有可能的组合，如图 5-33 所示。

10. 编写程序，用循环结构和 Print 方法在窗体上输出如图 5-34 所示的数字金字塔。

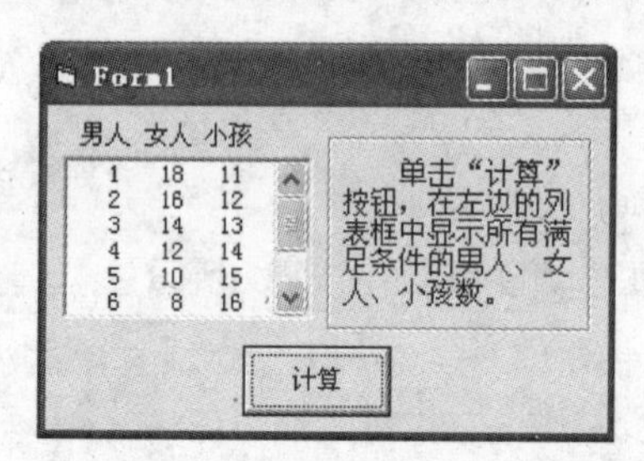

图 5-33 用餐人数的所有组合

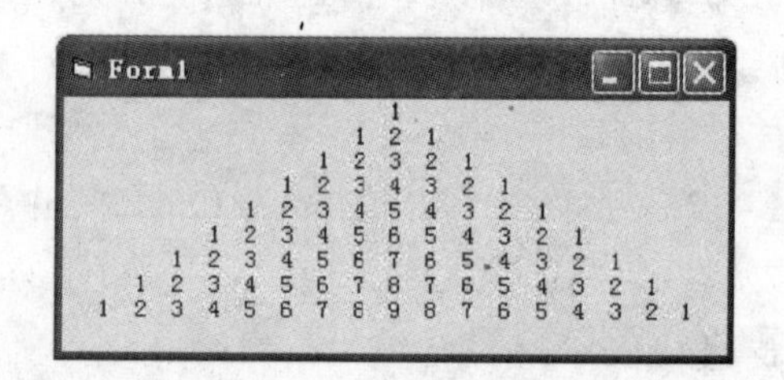

图 5-34 数字金字塔

11. 编写程序，在窗体上输出 ASCII 值的范围在 32～126 之间的字符，如图 5-35 所示。

12. 如果一个数恰好等于它的因子之和，这个数称为“完全数”。如：28=1+2+4+7+14，因此，28 是一个完全数，编写程序，在窗体上输出 1～1000 之间所有的完全数及其因子，如图 5-36 所示。

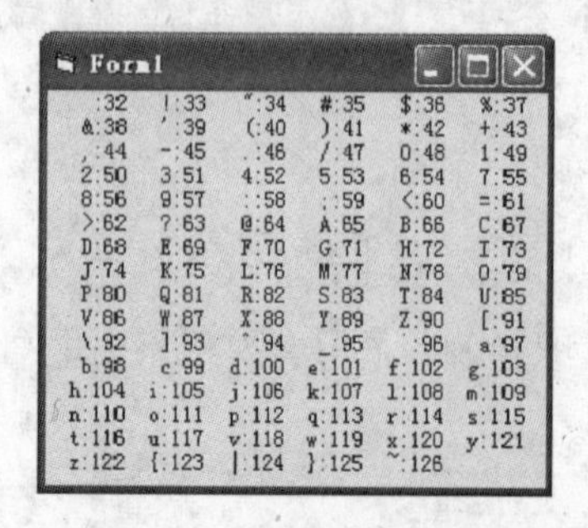

图 5-35 输出 ASCII 表

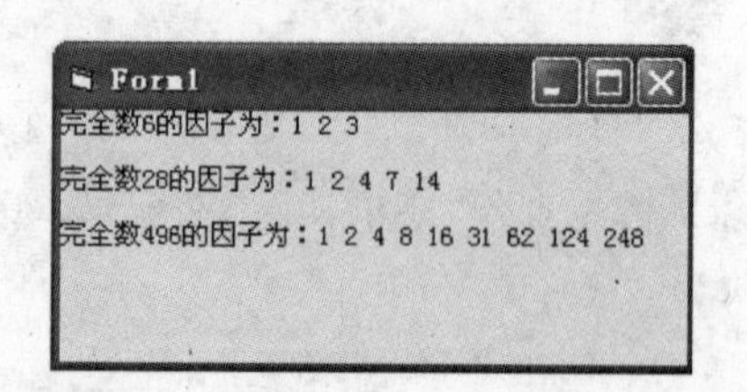

图 5-36 输出完全数及其因子

13. 编写程序，计算并输出1～100之间所有的自然数对，并在列表框中采用多列显示这些自然数对。自然数对是指两个自然数的和与差都是平方数，如：8与17的和8+17=25与差17−8=9都是平方数，则8与17是自然数对，如图5-37所示。

14. 编写程序，将$r(r=2,8,16)$进制正数转换成等值的十进制数，如图5-38所示。

设r进制数N_r表示为$N_r=a_{n-1}a_{n-2}\cdots a_1a_0.a_{-1}a_{-2}\cdots a_{-m}$，则转换成等值的十进制数为：

$$N_{10}=a_{n-1}\times r^{n-1}+a_{n-2}\times r^{n-2}+\cdots+a_1\times r^1+a_0\times r^0+a_{-1}\times r^{-1}+a_{-2}\times r^{-2}+\cdots+a_{-m}\times r^{-m}=\sum_{i=-m}^{n-1}a_i\times r^i$$

15. 用梯形法求函数$f(x)=x^2-3x+5$在$[a,b]$区间的定积分，如图5-39所示。

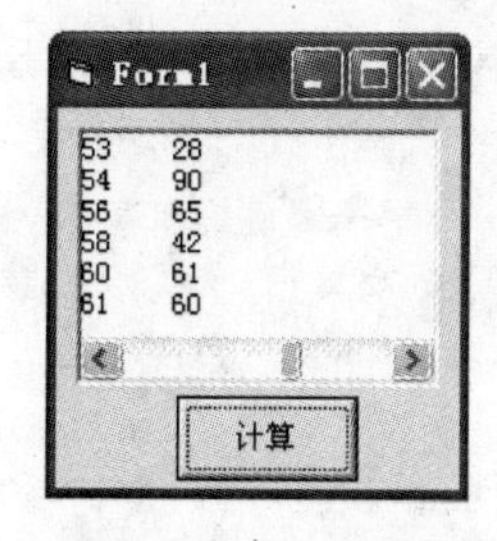

图5-37　自然数对

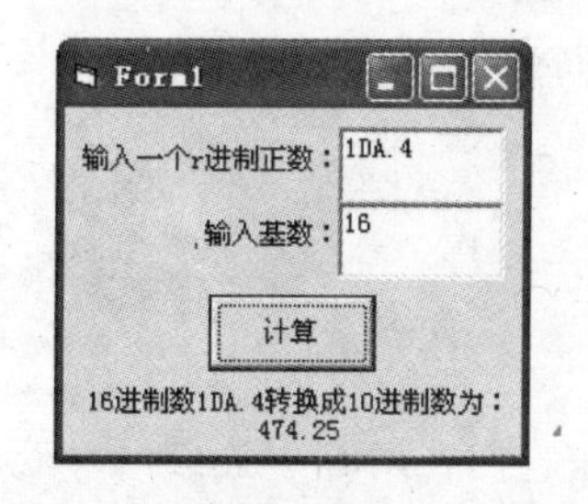

图5-38　r进制转换成十进制

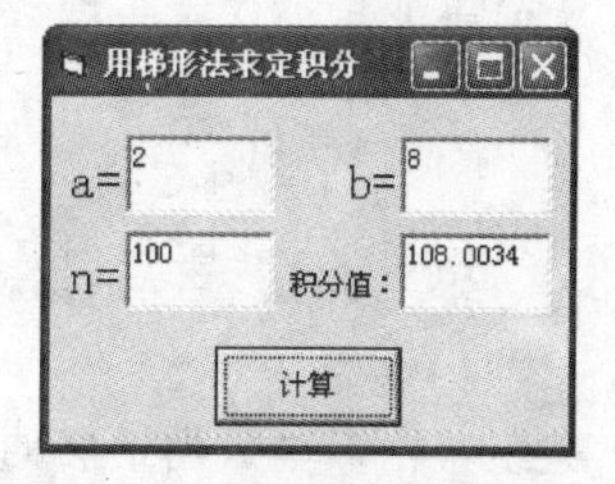

图5-39　用梯形法求定积分

16. 用矩形法求函数$f(x)=x^2-3x+5$在$[a,b]$区间的定积分，如图5-40所示。

17. 编写程序，用二分法求方程$x^3-5x^2+x-3=0$在$[a,b]$区间内的一个实根，精度$\varepsilon=10^{-6}$，如图5-41所示。

18. 编写程序，用牛顿迭代法求方程$x^3-5x^2+x-3=0$在x_0附近的近似根，精度$\varepsilon=10^{-6}$，如图5-42所示。

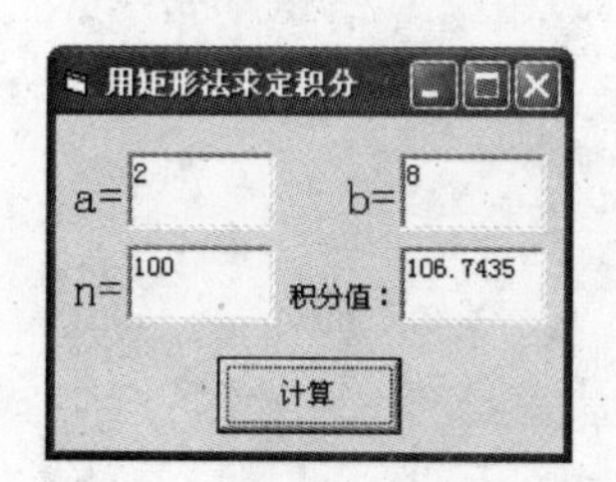

图5-40　用矩形法求定积分

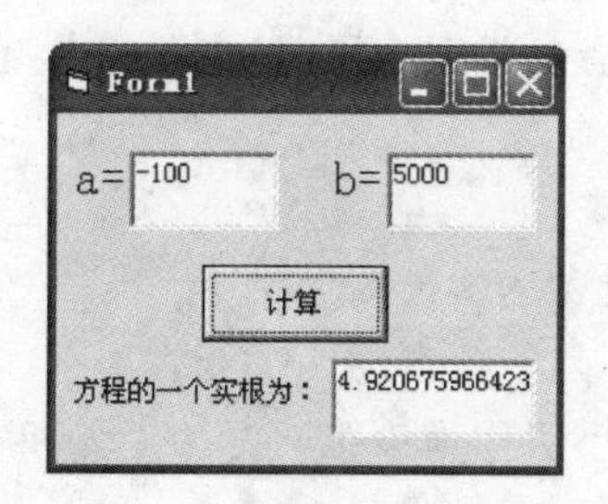

图5-41　二分法求方程的实根

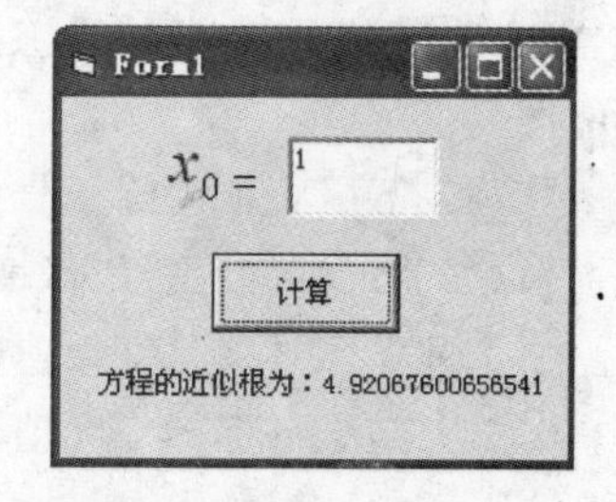

图5-42　牛顿迭代法求近似根

数组

前面介绍的基本类型数据，可以通过简单变量名来访问，但需要成批处理数据时，仅仅借助于简单变量不便于实现数据的批量存储与运算，数组就是实现数据的批量存储与运算的数据集合。

6.1 数组的基本概念

数组是由多个数据组成的集合，它们在内存中连续顺序存放，一般情况下，数组中各个数据的数据类型完全相同，但在Visual Basic中，当数组的数据类型为Variant时，可以包含数据类型不同的数据。

注意：数组必须先定义后使用，定义的目的是通知系统为其保留所需要的存储空间。

1. 数组与数组元素

数组中的每一个数据称为数组的元素，数组有一个统一的名字称为数组名，引用数组中的元素时，数组名相同，用下标区分不同的元素。使用数组和数组元素时需要注意以下几点：

(1) 数组的命名与标识符的命名规则相同，但在同一个过程中，数组名与简单变量名不能同名。

(2) 下标必须用圆括号括起来，如：a(1)。

(3) 下标可以是常量、变量或表达式。

(4) 下标必须是整数，如果不是整数自动四舍五入。

(5) 某维下标的最大值和最小值称为该维下标的上界和下界。

2. 数组的数据类型

数组的数据类型指的是数组元素的数据类型。

3. 数组的维数

数组的维数指的是数组所具有的下标个数，有1个下标的称为一维数组，有2个下标的称为二维数组，以此类推，在Visual Basic中，最多可以使用60维的数组。

4. 数组的形式

在Visual Basic中，数组的形式有两种：元素个数固定大小的数组和动态数组。

5. 数组元素的引用

对数组元素的引用与简单变量的引用类似，但引用数组元素时需要注意以下几点：

(1) 数组定义语句不仅可以定义数组，为数组分配存储空间，而且还能对数组中的所有元素初始化，当数组的数据类型为数值型时，数组中的所有元素自动初始化为 0；当数组的数据类型为字符型或可变类型时，数组中的所有元素自动初始化为空串；当数组的数据类型为布尔型时，数组中的所有元素自动初始化为 False。

(2) 引用数组元素的方法是在数组名后的圆括号中指定下标。

(3) 引用数组元素时，数组名、数组的数据类型和维数必须与定义时一致。

(4) 引用数组元素时，下标值必须在定义时所指定的下标的上、下界范围之内。

6. 数组元素的存放及其元素个数的计算

数组由多个数组元素组成，一个数组元素实际上就是一个内存变量，代表了相应数据的存储单元，一个数组的所有元素是按次序连续顺序地存放在内存中的。

在 Visual Basic 中，数组元素是按行的顺序连续顺序存放的，如果是一维数组，按照数组元素下标递增次序连续顺序存放；如果是二维及二维以上数组，按照行序方式，即先存放第一行的数组元素，再存放第二行的数组元素，……，对于每一行，则首先以最后一维下标的递增变化为序，然后以倒数第二维下标的递增变化为序，其他维以此类推。

例如，一维数组 a(1 to 5)的元素存放顺序如下：

a(1)、a(2)、a(3)、a(4)、a(5)

二维数组 a(1 to 2,1 to 3)的元素存放顺序如下：

a(1,1)、a(1,2)、a(1,3)、a(2,1)、a(2,2)、a(2,3)

三维数组 a(1 to 2,1 to 2,1 to 2)的元素存放顺序如下：

a(1,1,1)、a(1,1,2)、a(1,2,1)、a(1,2,2)、a(2,1,1)、a(2,1,2)、a(2,2,1)、a(2,2,2)

数组元素个数的计算公式如下：

(上界 1－下界 1＋1)×(上界 2－下界 2＋1)×…×(上界 n－下界 n＋1)

6.2 元素个数固定大小的数组

元素个数固定大小的数组指的是：定义数组时就确定了数组的维数以及每一维的上下界，从此，不得更改，只能在规定的维数和上下界内引用数组元素。

6.2.1 元素个数固定大小的数组的定义

根据数组的作用域不同，定义元素个数固定大小的数组的方法有以下 3 种：

(1) 过程级数组。在过程的开始位置用关键字 Dim 或 Static 定义(两个关键字的含义不同，决定了数组的生存期不同)，过程级数组的作用域仅仅是其所在的过程，在其他过程中无效。其语法格式如下：

```
Dim|Static <数组名>(<维数定义>) [As <数据类型>], …
```

(2) 模块级数组。在模块的通用声明段用关键字 Dim 或 Private 定义(两个关键字的含义完全相同),为了与关键字 Public 相对应,建议使用关键字 Private 定义,模块级数组的作用域仅仅是其所在的模块,在其他模块中无效。其语法格式如下:

```
Dim|Private <数组名>(<维数定义>) [As <数据类型>], …
```

(3) 全局级数组。只能在标准模块的通用声明段用关键字 Public 或 Global 定义(两个关键字的含义完全相同),全局级数组在整个应用程序的所有模块中都有效。其语法格式如下:

```
Global|Public <数组名>(<维数定义>) [As <数据类型>], …
```

说明:

(1) 定义数组维数的形式为:

```
[<下界 1 > To] <上界 1 >,[<下界 2 > To] <上界 2 >, …
```

(2) 如果省略下界,默认下界为 0,也可以在模块的通用声明段用语句 Option Base 1 设定数组每一维的下界为 1。

注意:定义元素个数固定大小的数组时,每一维的下界和上界都只能用常数,不能用变量或表达式。

6.2.2 数组元素的输入、输出、复制和计算

数组元素的输入指的是给数组的元素赋值,数组元素的输出指的是显示或打印数组元素的值,数组元素的复制指的是将一个数组的元素值赋给另一个数组的对应元素,数组元素的计算指的是对数组元素值进行处理。

需要强调以下几点:

(1) 一般情况下,对于数组元素的输入、输出、复制和计算都使用 For…Next 循环,因为数组的每一维都有确定的下界和上界,下界恰好作为循环变量的初值,上界恰好作为循环变量的终值。

(2) 一维数组用一个 For…Next 循环处理,二维数组用嵌套的二重 For…Next 循环处理,以此类推。

(3) 数组元素的输入、输出、复制和计算要分别使用 For…Next 循环各自独立处理。

【例 6-1】 Fibonacci 数列为:1,1,2,3,5,8,13,……,其中,第一项为 1,第二项为 1,其余任何一项都是其前两项的和,即:

$$f(n) = f(n-1) + f(n-2) \quad n \geqslant 3$$

编写程序,定义一个有 30 个元素的数组,将 Fibonacci 数列的 30 个数赋给数组元素,并在窗体上按 6 行 5 列输出这 30 个元素,如图 6-1 所示。

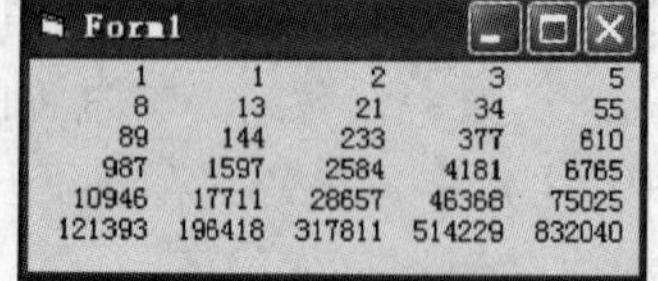

图 6-1 Fibonacci 数列

```
Private Sub Form_Click()
  Dim f(1 To 30) As Long, i %
  f(1) = 1
  f(2) = 1
  For i = 3 To 30
```

```
    f(i) = f(i - 1) + f(i - 2)
  Next
  For i = 1 To 30
    Print Format(f(i), "@@@@@@@@");
    If i Mod 5 = 0 Then Print
  Next
End Sub
```

6.2.3 数组有关的函数

1. Array()函数

Array()函数可以定义一个一维数组,并根据其参数的个数确定数组元素的个数,然后对数组中的元素初始化,其语法格式如下:

```
<数组名变量> = Array(<数组元素值>)
```

其中,<数组名变量>必须是 Variant 类型变量;<数组元素值>如果有多个数组元素,相互之间用逗号分隔。

【例 6-2】 用 Array()函数定义并初始化一个一维数组,然后输出。

```
Private Sub Form_Click()
  Dim a, i%
  a = Array(1, 2, 3, 4, 5, 6, 7, 8, 9, 10)
  For i = 0 To 9
    Print a(i)
  Next
End Sub
```

2. UBound()函数和 LBound()函数

UBound()函数和 LBound()函数返回数组某一维的上界和下界,其语法格式如下:

```
UBound(数组名[,维数])
LBound(数组名[,维数])
```

如果省略维数,则返回数组第一维的上界和下界。

6.2.4 For Each…Next 循环

For Each…Next 循环是专门为数组和对象集合(本书不涉及集合)所设计的,其语法格式如下:

```
For Each <成员变量> In <数组名>
    [<语句组>]
    Exit For
    [<语句组>]
Next [<成员变量>]
```

其中,<成员变量>是一个 Variant 变量,代表数组中的每一个元素。For Each…Next 循环每循环一次，将数组中的一个元素连续顺序地分别赋值给成员变量，数组中有多少个元素，将循环多少次，直到将最后一个元素赋值给成员变量后结束循环。

注意：用 For Each…Next 循环编写程序处理数组时，既不需要关心数组有多少维，也不需要关心数组每一维的上、下界是多少。

【例 6-3】 设有一个 10×10 的方阵(行值和列值相等的矩阵)，其中，元素值为－100～100 之间的随机整数，将这些值赋给数组元素，在窗体上按 10 行 10 列输出，求出这些数中的最大值、最小值和平均值并输出，如图 6-2 所示。

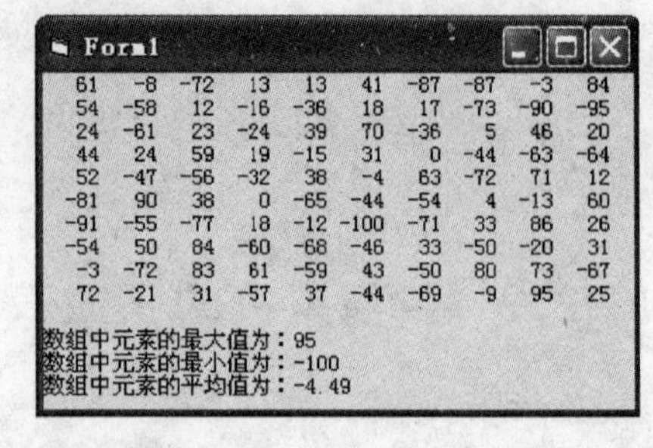

图 6-2　输出方阵及其最大值、最小值、平均值

```
Option Base 1                  '在窗体模块的通用声明段设定数组每一维的下界为 1
Private Sub Form_Click()
  Dim i%, j%, a(10, 10) As Integer, max%, min%, s!
  Randomize
  For i = 1 To 10
    For j = 1 To 10
      a(i, j) = Int(Rnd * 201 - 100)
    Next
  Next
  For i = 1 To 10
    For j = 1 To 10
      Print Format(a(i, j), "@@@@@");
    Next
    Print
  Next
  max = a(1, 1)
  min = a(1, 1)
  s = 0
  For Each x In a
    If x > max Then max = x
    If x < min Then min = x
    s = s + x
  Next
  Print
  Print "数组中元素的最大值为: " & max
  Print "数组中元素的最小值为: " & min
  Print "数组中元素的平均值为: " & s / 100
End Sub
```

【例 6-4】 随机产生 80 个互不相同(不重复)的两位正整数放入一个一维数组中，并在标签中按 8 行 10 列输出，如图 6-3 所示，任意输入一个整数，并用顺序查找法找出该数是数组中的第几个元素并输出，如果找不到，则显示“该数在数组中不存在!”，如图 6-4 所示。

分析：设数组为 a，要实现数组元素互不相同，每产生一个元素 a(i)，将 a(i)与它前面的每一个元素，即 a(1)～a(i－1)比较，如果不相同则保留该元素值，否则，重新产生一个随机的两位正整数赋给 a(i)，再将 a(i)与它前面的每一个元素比较，直到不重复为止，然后，再产生下一个数组元素，以此类推。

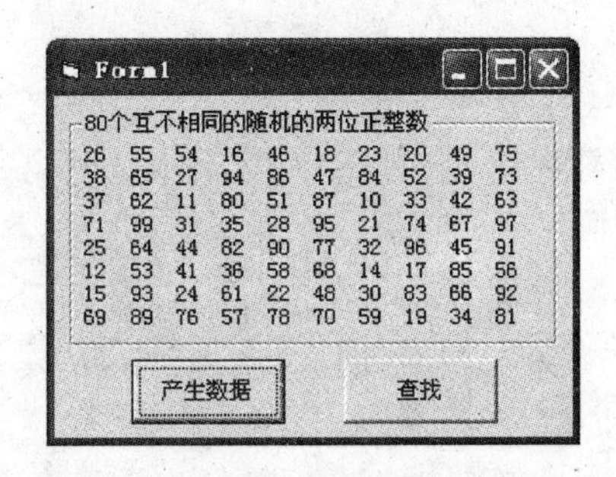

图 6-3 80 个不相同的两位随机正整数

图 6-4 显示数据的位置

顺序查找法的查找过程是：假设输入的数为 n，从数组的第一个元素开始，将数组元素依次与 n 比较，如果找到某个元素与 n 相等，则数组元素的下标即为 n 的位置，否则，该数在数组中不存在。

```
Private a%(1 To 80)                   '在窗体模块的通用声明段定义模块级数组
Private Sub Command1_Click()
  Dim i%, j%, flag%, p$
  Randomize
  For i = LBound(a) To UBound(a)
    Do
      a(i) = Int(Rnd * 90 + 10)
      flag = 0                        '假设 a(i)与前边的所有元素都不重复
      For j = 1 To i - 1              'a(i)与前边的某个元素 a(j)相同
        If a(i) = a(j) Then
          flag = 1
          Exit For
        End If
      Next
    Loop While flag = 1
    p = p & a(i) & "  "
    If i Mod 10 = 0 Then p = p & vbCrLf
  Next
  Label1.Caption = p
End Sub
Private Sub Command2_Click()
  Dim n%, i%, flag%
  n = InputBox("任意输入一个整数", "数据输入", 0)
  flag = 0                            '假设 n 在数组中不存在
  For i = LBound(a) To UBound(a)
    If a(i) = n Then
      flag = 1
      Exit For
    End If
  Next
  If flag = 1 Then
    MsgBox "数据" & n & "是数组的第" & i & "个元素。"
  Else
    MsgBox "该数在数组中不存在!"
```

```
  End If
End Sub
```

【例 6-5】 随机产生 20 个 1～100 之间的整数放入一个一维数组中，并将这 20 个元素用比较排序法按从大到小的顺序排列并输出，如图 6-5 所示。

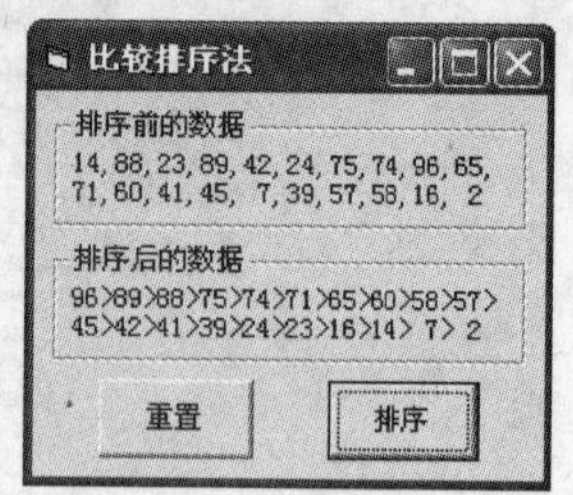

图 6-5 比较排序法

比较排序法：设数组为 a，数组 a 的 n 个元素分别为：a(1)～a(n)，将这 n 个元素用比较排序法按从大到小的顺序排列，假设 a(1)～a(n) 这 n 个元素的顺序就是从大到小的顺序，即 a(1)是 n 个元素中最大的元素，a(2)是第二大的元素，……，a(n)是最小的元素。

第一遍扫描，用 a(1)与 a(2)～a(n)之间的每一个元素比较，只要存在某个元素大于 a(1)，则将 a(1)与该元素交换，经过第一遍扫描，a(1)就是 n 个元素中最大的元素；第二遍扫描，用 a(2)与 a(3)～a(n)之间的每一个元素比较，只要存在某个元素大于 a(2)，则将 a(2)与该元素交换，经过第二遍扫描，a(2)就是第二大的元素；……。

n 个元素需要扫描 n－1 遍，每一遍扫描中需要比较不同的次数。

```
Dim a%(1 To 20)                    '在窗体模块的通用声明段定义模块级数组
Private Sub Form_Load()
  Dim i%, p$
  Randomize
  For i = 1 To 20
    a(i) = Int(Rnd * 100 + 1)
    p = p & Format(a(i), "@@") & ","
    If i = 10 Then
       p = p & vbCrLf
    End If
  Next
  Label1.Caption = Left(p, Len(p) - 1)
End Sub
Private Sub Command1_Click()      '重置
  Form_Load
End Sub
Private Sub Command2_Click()      '排序
  Dim i%, j%, t%, p$
  For i = 1 To 19                 '扫描的遍数
    For j = i + 1 To 20           '比较的次数
      If a(j) > a(i) Then
         t = a(i)
         a(i) = a(j)
         a(j) = t
      End If
    Next
  Next
  For i = 1 To 20
    p = p & Format(a(i), "@@") & ">"
    If i = 10 Then
```

```
        p = p & vbCrLf
      End If
    Next
    Label2.Caption = Left(p, Len(p) - 1)
End Sub
```

说明：如果要将一维数组中的这 20 个元素用比较排序法按从小到大的顺序排列，只需要将排序语句中进行比较的条件判断语句“If a(j)＞a(i) Then”改成“If a(j)＜a(i) Then”即可实现，以下排序算法相同。

因此，对于一维数组中的元素，只要写出从大到小排序的程序，要实现从小到大排序的程序，仅仅改变排序语句中进行比较的条件判断语句，将其中的关系运算符改为相反的关系运算符：“＞”改为“＜”或“＜”改为“＞”即可实现；同理，要将从小到大排序的程序改成从大到小排序的程序，也是如此。

图 6-6　记录类型数组

【例 6-6】 记录类型数组。在窗体模块的通用声明段定义一个记录类型(用户自定义数据类型)电话号码簿，其中包括姓名、电话号码两个字段或成员，定义这种记录类型的数组(包含 5 个数组元素)，输入 5 个人的姓名、电话号码并在窗体上显示，如图 6-6 所示。

```
Private Type PhoneBooks
    Name As String * 10
    TelNum As String * 20
End Type
Private Sub Command1_Click()
    Dim pb(1 To 5) As PhoneBooks, i%
    For i = 1 To 5
        pb(i).Name = InputBox("请输入第" & i & "个人的姓名", "数据输入")
        pb(i).TelNum = InputBox("请输入第" & i & "个人的电话号码", "数据输入")
    Next
    Print Tab(3); "姓  名"; Spc(9); "电话号码"
    For i = 1 To 5
        With pb(i)
            Print Tab(4); .Name; Spc(5); .TelNum
        End With
    Next
End Sub
```

6.3 动态数组

动态数组可以在程序执行过程中，根据实际需要设定数组的维数以及每一维的上、下界，即数组的元素个数不固定，可以根据实际需要设定数组元素的个数，因此，动态数组提供了非常灵活的批量数据处理方式。

6.3.1 动态数组的定义及使用

动态数组的定义与元素个数固定大小的数组的定义相同，唯一的区别是：动态数组定义时,在圆括号中没有数组的维数和每一维的上、下界,即只有关键字、数组名、空的圆括号和数据类型。定义动态数组的关键字、数组名、数据类型以及动态数组的作用域,都与元素个数固定大小的数组完全相同。

真正使用动态数组时,用 ReDim 语句为动态数组分配元素个数,其语法格式如下:

```
ReDim [Preserve] <数组名>(<维数定义>) [As <数据类型>], …
```

【例 6-7】 输入数组元素的个数 n,随机产生 n 个 1~100 之间的整数放入一个一维数组中,并将这 n 个元素用冒泡(起泡)排序法按从大到小的顺序排列并输出,如图 6-7 所示。

冒泡(起泡)排序法:设数组 a 的 n 个元素分别为:a(1)~a(n),将这 n 个元素用冒泡排序法按从大到小的顺序排列,需要经过 n−1 遍扫描,每一遍扫描都从第 1 个元素开始,对相邻元素比较。

图 6-7 冒泡(起泡)排序法

第一遍扫描,从 a(1)开始到 a(n),比较相邻元素,如果后面的元素大于前面的元素则交换,经过第一遍扫描,a(n)就是 n 个元素中最小的元素;第二遍扫描,从 a(1)开始到 a(n−1),比较相邻元素,如果后面的元素大于前面的元素则交换,经过第二遍扫描,a(n−1)就是 n 个元素中第二小的元素;……。

n 个元素需要扫描 n−1 遍,每一遍扫描中需要比较不同的次数。

```
Option Base 1                    '在窗体模块的通用声明段设定数组每一维的下界为 1
Dim a() As Integer, n%
Private Sub Form_Load()
  Dim i%, p$
  n = InputBox("请输入数组元素的个数", "数据输入", 1)
  If n <= 0 Then
    MsgBox "数组元素的个数必须是正整数,请重新输入!"
    Exit Sub
  End If
  ReDim a(n)
  Randomize
  For i = 1 To n
    a(i) = Int(Rnd * 100 + 1)
    p = p & a(i) & ","
  Next
  Text1.Text = Left(p, Len(p) - 1)
End Sub
Private Sub Command1_Click()      '重置
  Form_Load
End Sub
Private Sub Command2_Click()      '排序
  Dim i%, j%, t%, p$
  For i = 1 To n - 1             '扫描的遍数
    For j = 1 To n - i           '比较的次数
      If a(j) < a(j + 1) Then
        t = a(j + 1)
        a(j + 1) = a(j)
```

```
        a(j) = t
      End If
    Next
  Next
  For i = 1 To n
    p = p & a(i) & ">"
  Next
  Text2.Text = Left(p, Len(p) - 1)
End Sub
```

【例 6-8】 输入一个正整数 n，在文本框中输出具有 n 行 n 列的杨辉三角形，如图 6-8 所示。

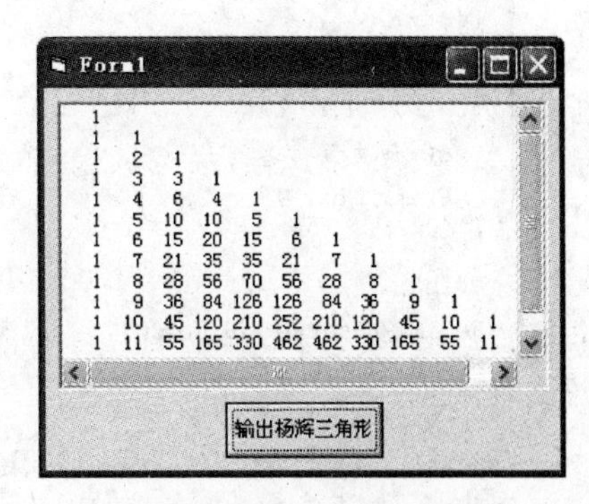

图 6-8　输出杨辉三角形

分析：杨辉三角形是一个方阵的下三角（由方阵中主对角线及其以下部分元素构成），其第一列的所有元素和斜边（方阵中主对角线）上的所有元素均为 1；其余各元素的值为其上一行同一列元素与上一行前一列元素之和，用公式表示如下：

$$a(i,j)=a(i-1,j)+a(i-1,j-1)\quad i=3,\cdots,n\quad j=2,\cdots,i-1$$

```
Option Base 1                    '在窗体模块的通用声明段设定数组每一维的下界为 1
Private Sub Command1_Click()
  Dim a&(), n%, p$, i%, j%
  n = InputBox("请输入杨辉三角形的行列值", "数据输入", 1)
  If n <= 0 Then
    MsgBox "杨辉三角形的行列值必须是正整数,请重新输入!"
    Exit Sub
  End If
  ReDim a(n, n)
  For i = 1 To n
    a(i, 1) = 1                  '第一列的所有元素
    a(i, i) = 1                  '斜边(方阵中主对角线)上的所有元素
  Next
  For i = 3 To n
    For j = 2 To i - 1
      a(i, j) = a(i - 1, j) + a(i - 1, j - 1)
    Next
  Next
  For i = 1 To n                 '输出杨辉三角形
    For j = 1 To i
      p = p & Format(a(i, j), "@@@@")
    Next
    p = p & vbCrLf
  Next
  Text1.Text = p
End Sub
```

6.3.2　保留动态数组的元素值

每执行一次新的 ReDim 语句，动态数组原来的元素值将丢失，为了保留动态数组上一

次的元素值,可以在 ReDim 语句后加上关键字 Preserve,但是,只能改变动态数组最后一维的上界,不能改变动态数组的维数和其他维的上、下界,否则,元素值也将丢失或出错。

【例 6-9】 用关键字 Preserve 保留动态数组上一次的元素值。

```
Private Sub Command1_Click()
  Dim a%(), i%
  ReDim a(1 To 10)
  For i = 1 To 10
    a(i) = i
    Print a(i) & "  ";
  Next
  Print
  ReDim Preserve a(1 To 20)
  For i = 1 To 20
    Print a(i) & "  ";
  Next
End Sub
```

6.4 数组元素的清除和数组的删除

数组元素的清除和数组的删除可以用 Erase 语句实现,其语法格式如下:

```
Erase 数组名
```

数组元素的清除指的是使用 Erase 语句可以将元素个数固定大小的数组中的所有元素初始化,即数值型数组中的所有元素初始化为 0;字符型或可变类型数组中的所有元素初始化为空串;布尔型数组中的所有元素初始化为 False。但是,Erase 语句不释放元素个数固定大小的数组所占用的存储空间。

对于动态数组,Erase 语句将释放动态数组所占用的存储空间,即删除该动态数组,下次要使用该动态数组,必须使用 ReDim 语句重新定义才能使用。

6.5 控件数组

6.5.1 控件数组的概念

控件数组是由多个同类的控件所组成的数组,它们具有相同的名称(Name 属性值),即控件数组名,用控件的 Index 属性值区分控件数组中不同的控件,控件数组中第一个控件的 Index 属性值为 0,第二个控件的 Index 属性值为 1,以此类推。

使用控件数组的好处在于:①控件数组比添加多个同类的控件所消耗的系统资源更少;②控件数组中的所有控件共享相同的事件过程,适合于控件数组中的所有控件执行大致相似的代码的情况;③控件数组中的元素既可以在设计时创建也可以在运行时创建,非常灵活。

一般情况下,用 Select Case 语句来处理控件数组事件过程中不同控件的代码。

6.5.2 设计时创建控件数组

设计时创建控件数组的方法有两种：①利用剪贴板的方法；②更改控件名称的方法。

(1) 利用剪贴板的方法创建控件数组的步骤：在窗体上先画一个控件，然后选择控件，进行复制和粘贴操作，比如：系统提示“已经有一个控件为'Option1'。创建一个控件数组吗？”，如图6-9所示，单击“是”按钮，根据需要不断粘贴，这样，就生成了一个控件数组。

(2) 用更改控件名称的方法创建控件数组的步骤：在窗体上先画多个同类的控件，然后，将这些控件的名称(Name属性值)改成相同的名称，在如图6-9所示的系统提示对话框中，单击“是”按钮，就生成了一个控件数组。

【例6-10】 控件数组的应用。

将例4-14中“字体”框架Frame1中的4个单选按钮Option1～Option4构成一个单选按钮控件数组，数组名为Option1；“字形”框架Frame2中的4个复选框Check1～Check4构成一个复选框控件数组，数组名为Check1；“前景色”框架Frame3中的4个单选按钮Option5～Option8构成另一个单选按钮控件数组，数组名为Option5，采用更改控件名称的方法创建控件数组，与例4-14完成同样的功能，但代码更清晰、更简洁，程序运行结果如图6-10所示。

图6-9 创建控件数组

图6-10 控件数组的应用

程序代码修改如下：

```
Private Sub Option1_Click(Index As Integer)
  Select Case Index
    Case 0
      Label1.FontName = "宋体"
    Case 1
      Label1.FontName = "隶书"
    Case 2
      Label1.FontName = "楷体_GB2312"
    Case 3
      Label1.FontName = "黑体"
  End Select
End Sub
Private Sub Check1_Click(Index As Integer)
  Select Case Index
    Case 0
```

```
            Label1.FontBold = Check1(Index).Value
        Case 1
            Label1.FontItalic = Check1(Index).Value
        Case 2
            Label1.FontUnderline = Check1(Index).Value
        Case 3
            Label1.FontStrikethru = Check1(Index).Value
    End Select
End Sub
Private Sub Option5_Click(Index As Integer)
    Select Case Index
        Case 0
            Label1.ForeColor = RGB(0, 0, 0)
        Case 1
            Label1.ForeColor = RGB(255, 0, 0)
        Case 2
            Label1.ForeColor = RGB(0, 255, 0)
        Case 3
            Label1.ForeColor = RGB(0, 0, 255)
    End Select
End Sub
```

6.5.3 运行时创建控件数组

运行时创建控件数组的步骤如下：

(1) 设计时在窗体上画第一个控件，并将其 Index 属性值设为 0，该控件的名称即为运行时创建控件数组的数组名。

(2) 在程序运行过程中，用 Load 语句创建控件数组中的其他控件。Load 语句的语法格式如下：

```
Load <控件数组名>(<索引>)
```

在程序运行过程中，也可以使用 UnLoad 语句删除所有由 Load 语句创建的控件，但不能删除设计时创建的控件。UnLoad 语句的语法格式如下：

```
UnLoad <控件数组名>(<索引>)
```

【例 6-11】 用“筛法”找出 101～200 之间所有的素数。

分析：用“筛法”求素数时，先将 101～200 之间所有的整数全部显示出来，再用 $2\sim\sqrt{n}$（这里 n＝200）之间所有的整数去除，只要能被整除的数，一定不是素数，将其“筛”去，最后剩下的数即为 101～200 之间所有的素数。

用运行时创建控件数组来实现。在窗体上画 1 个标签 Label1，改变大小使其能显示三位数，将其 Index 属性值设为 0，Visible 属性值设为 False，控件数组中的标签 Label1(0)不使用，可以放在窗体的任意位置，其余标签 Label1(1)～Label1(100)在程序运行时创建，将这些标签按 10×10 的形式排列显示在窗体上，如图 6-11 所示，“筛”去(隐藏)能被 2 整除的数后的结果如图 6-12 所示。

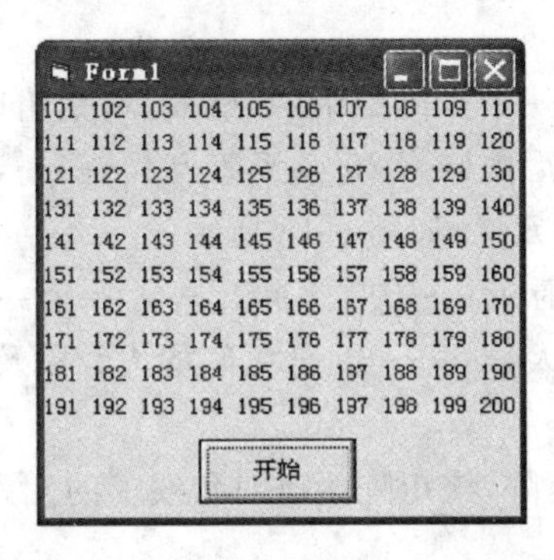

图 6-11　101～200 之间的整数

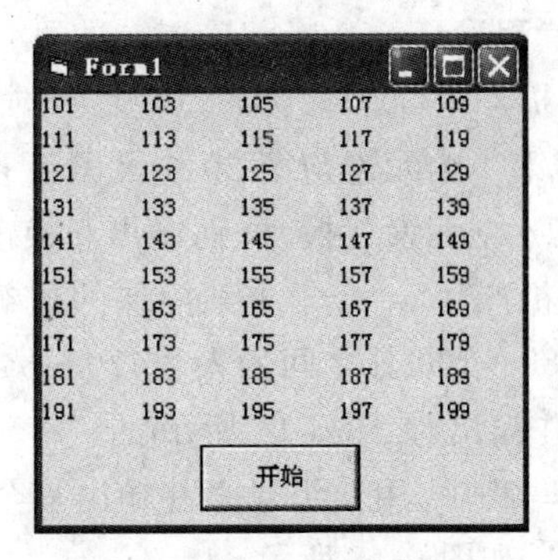

图 6-12　筛去被 2 整除的数

```
Private Sub Form_Load()
  Dim i%, x%, y%
  For i = 1 To 100
    Load Label1(i)
    Label1(i).Caption = 100 + i
    x = (i - 1) \ 10             '控件数组在窗体上排列的行
    y = (i - 1) Mod 10           '控件数组在窗体上排列的列
    Label1(i).Top = x * Label1(i).Height
    Label1(i).Left = y * Label1(i).Width
    Label1(i).Visible = True
  Next
End Sub
Private Sub Command1_Click()
  Dim i%, j%
  For i = 2 To Sqr(200)
    MsgBox "现在将能被" & i & "整除的数筛去!", , "信息提示"
    For j = 1 To 100
      If Label1(j).Visible = True And Label1(j).Caption Mod i = 0 Then
         Label1(j).Visible = False
      End If
    Next
  Next
End Sub
```

习题 6

一、简答题

1. 在 Visual Basic 中，数组元素在内存中是如何存放的？
2. 引用数组元素时，需要注意些什么？
3. 一般情况下，对于数组元素的输入、输出、复制和计算采用什么方法实现？
4. For Each…Next 循环有什么特点？
5. 使用控件数组有什么好处？

二、编程题

1. 随机产生 30 个 100～200 之间的整数，放入一个一维数组中，然后，将数组两端的元素互换，即第 1 个元素与第 30 个元素互换，第 2 个元素与第 29 个元素互换，……，第 15 个元素与第 16 个元素互换，分别输出互换前后的数组元素，如图 6-13 所示。

2. 随机产生 50 个学生某门课的成绩(值的范围在 0～100 之间)，放入一个一维数组，分别统计 85～100 分之间的人数，70～84 分之间的人数，60～69 分之间的人数以及 60 分以下的人数并输出，如图 6-14 所示。

3. 编写程序，用数组建立并输出一个 8×8 的矩阵，该矩阵两条对角线上的元素为 0，其余元素为 1，如图 6-15 所示。

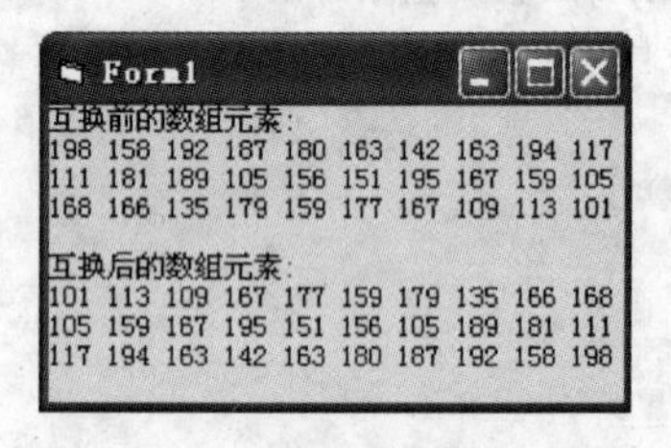

图 6-13　互换前后的数组元素

图 6-14　统计各分数段成绩人数

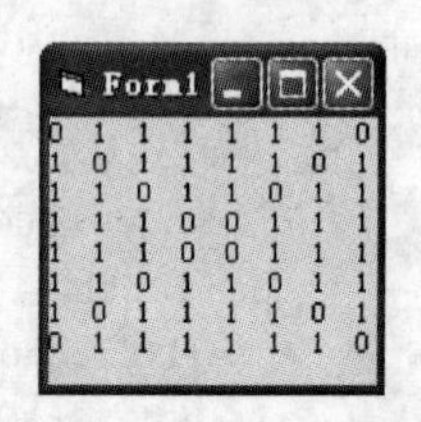

图 6-15　8×8 的矩阵

4. 输入两个正整数 m(矩阵行值)和 n(矩阵列值)，编写程序，建立一个 $m\times n$ 的矩阵，矩阵元素值为随机的两位正整数，单击窗体时，对矩阵进行转置，即矩阵的第 1 行作为第 1 列，第 2 行作为第 2 列，……，第 m 行作为第 m 列，输出转置前后的矩阵，如图 6-16 所示。

5. 输入一个正整数 n，编写程序，建立一个 $n\times n$ 的方阵，方阵的元素值分别为 $1\sim n^2$ 之间的连续整数，分别计算方阵两条对角线上的元素之和并输出，如图 6-17 所示。

6. 产生一个 5×6 的矩阵，矩阵元素值是 −50～50 之间的随机整数，求所有元素的平均值，并输出低于平均值的元素下标，如图 6-18 所示。

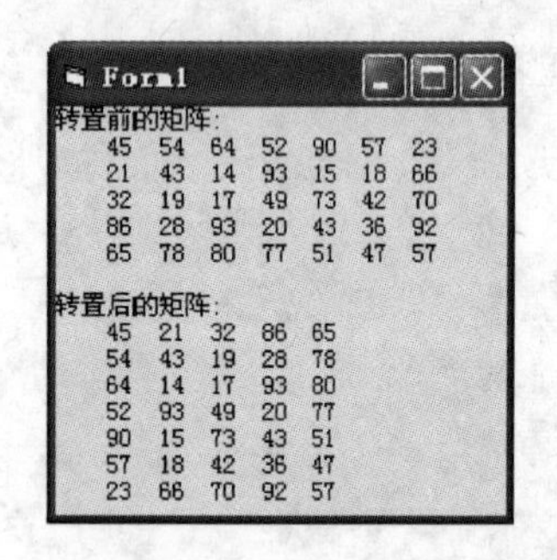

图 6-16　矩阵转置

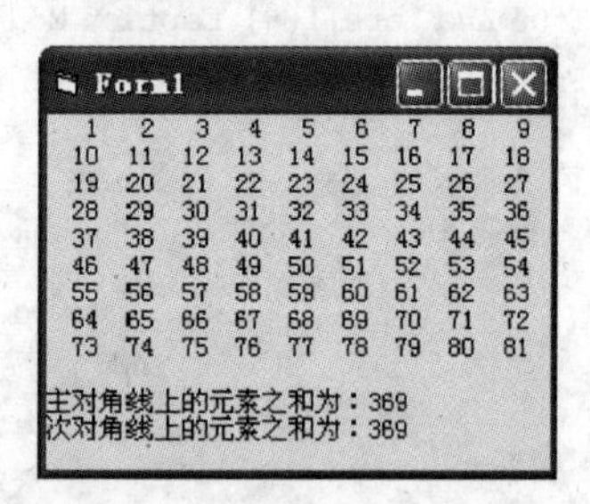

图 6-17　求对角线上元素之和

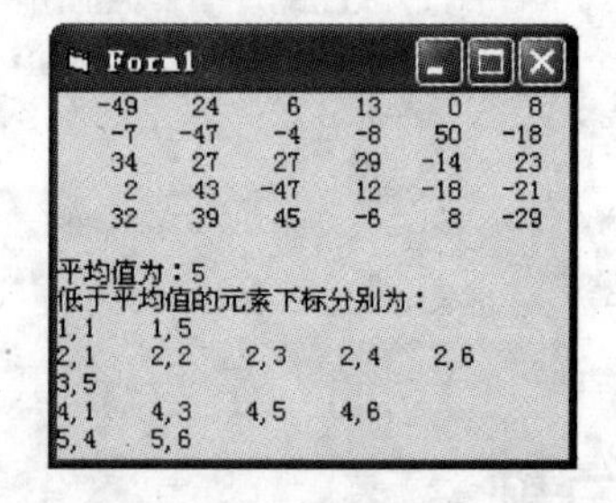

图 6-18　低于平均值的元素下标

7. 编写程序，建立一个 5×5 的矩阵，矩阵元素为随机的两位正整数，输出该矩阵的下三角(由主对角线及其以下元素组成)和上三角(由主对角线及其以上元素组成)，如图 6-19 所示。

8. 输入两个正整数 m 和 n，编写程序，建立两个 $m\times n$ 的矩阵，矩阵元素为 1～50 之间的随机整数，求两个矩阵的对应元素之和赋给第三个矩阵的对应元素并输出这 3 个矩阵，如图 6-20 所示。

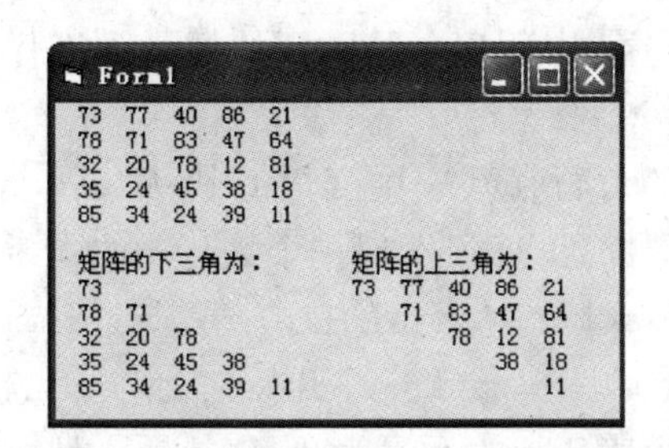

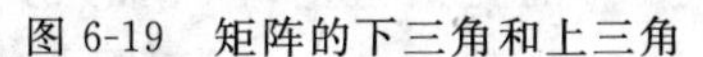

图 6-19 矩阵的下三角和上三角

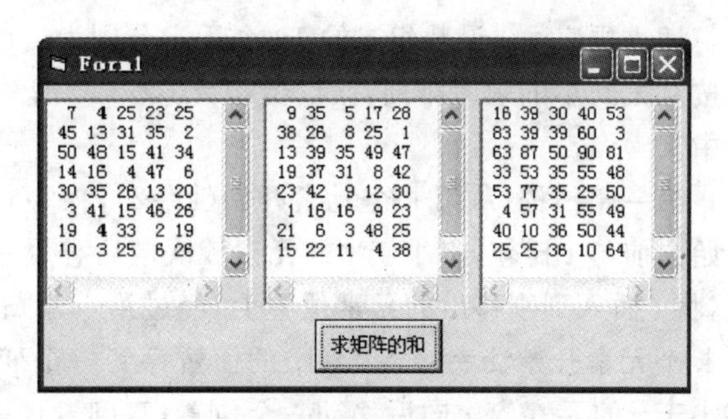

图 6-20 矩阵求和

9. 编写程序，用控件数组创建一个 8×8 的黑白相间棋格的国际象棋棋盘，如图 6-21 所示。

提示：先将窗体的背景颜色设为黑色，再用背景颜色为白色的标签控件数组填充。

10. 用动态数组和用户自定义数据类型实现如下功能：在文本框中输入学号、姓名，在下拉列表框中选择性别，单击“添加”按钮，将信息添加到动态数组和右边的列表框中，如图 6-22 所示。每添加一条记录，在动态数组中增加一个数组元素，用该元素的 3 个字段分别存放输入的学号、姓名和性别。

11. 产生 10 个随机的两位正整数赋给一个一维数组 a，用选择排序法将数组 a 中的 10 个元素按从大到小的顺序排列并输出，如图 6-23 所示。

图 6-21 国际象棋棋盘

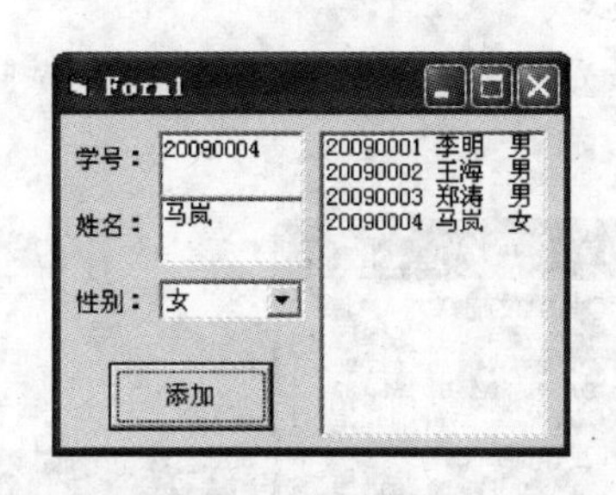

图 6-22 用户自定义类型动态数组

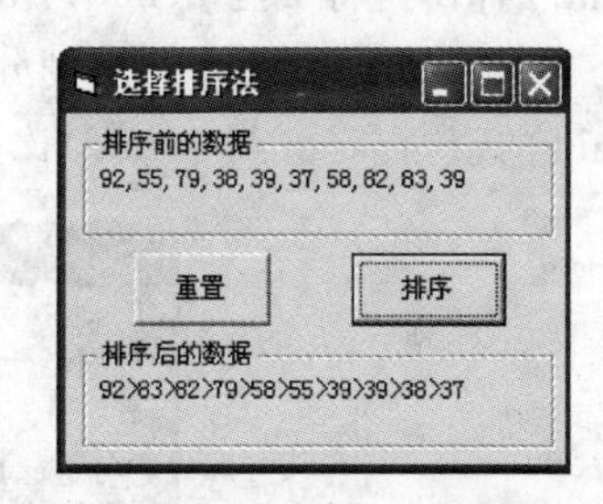

图 6-23 选择排序法

选择排序法：设数组 a 的 10 个元素分别为：a(1)～a(10)，将这 10 个元素用选择排序法按从大到小的顺序排列，假设 a(1)～a(10) 这 10 个元素的顺序就是从大到小的顺序，引入指针 k。

第一遍扫描，k=1，用 a(k)与 a(2)～a(10)之间的每一个元素比较，只要存在某个元素大于 a(k)，则将该元素的下标赋给 k，经过第一遍扫描，a(k)就是 10 个元素中最大的元素，将 a(k)与 a(1)交换；第二遍扫描，k=2，用 a(k)与 a(3)～a(10)之间的每一个元素比较，只要存在某个元素大于 a(k)，则将该元素的下标赋给 k，经过第二遍扫描，a(k)就是 10 个元素中第二大的元素，将 a(k)与 a(2)交换；……。10 个元素需要扫描 9 遍，每一遍扫描中需要比较不同的次数。

12. 产生 10 个随机的两位正整数赋给一个一维数组 a，用插入排序法将数组 a 中的 10 个元素按从大到小的顺序排列并输出，用户界面与图 6-23 类似。

插入排序法：设数组 a 的 10 个元素分别为：a(1)～a(10)，将这 10 个元素用插入排序法按从大到小的顺序排列，假设数组元素 a(1)已经有序，从第 2 个元素开始插入到有序序列中。

第一遍扫描，从第 k 个元素开始(k=2)，将 a(k)的值暂存到一个变量 t 中，从 a(k－1)开始向前与 t 比较，将小于 t 的元素依次向后移动一个位置，直到发现一个大于 t 的元素为止，将 t 插入到刚移出的元素位置上，经过第一遍扫描，a(1)、a(2)已经有序；第二遍扫描，从第 k 个元素开始(k=3)，将 a(k)的值暂存到一个变量 t 中，从 a(k－1)开始向前与 t 比较，将小于 t 的元素依次向后移动一个位置，直到发现一个大于 t 的元素为止，将 t 插入到刚移出的元素位置上，经过第二遍扫描，a(1)、a(2)、a(3)已经有序；……。10 个元素需要扫描 9 遍，每一遍扫描中需要比较不同的次数。

13. 产生 30 个互不相同(不重复)的随机的两位正整数放入一个一维数组 a 中，任意输入一个整数，并用二分(对分、折半)查找法找出该数是数组中的第几个元素并输出，如果找不到，则显示"该数在数组中不存在!"，如图 6-24 所示。

二分(对分、折半)查找法只能用于查找有序的线性表，设数组 a 的 30 个元素分别为 a(1)～a(30)，这 30 个元素首先必须已经排好序(假设从小到大排列)，才能查找。

设 low、high 和 mid 分别为数组 a 的第一个元素、最后一个元素和中间元素的下标，要查找的数为 n，首先设 low=1，high=30，则 mid=int((low+high)/2)，有以下 3 种可能：

(1) 如果 n=a(mid)，则 a(mid)就是要找的元素，mid 就是 n 在数组中的位置。

(2) 如果 n>a(mid)，则 n 一定在 a(mid+1)～a(high)中，修改 low=mid+1，重新计算 mid 的值，再将 n 与 a(mid)比较。

(3) 如果 n<a(mid)，则 n 一定在 a(low)～a(mid－1)中，修改 high=mid－1，重新计算 mid 的值，再将 n 与 a(mid)比较。

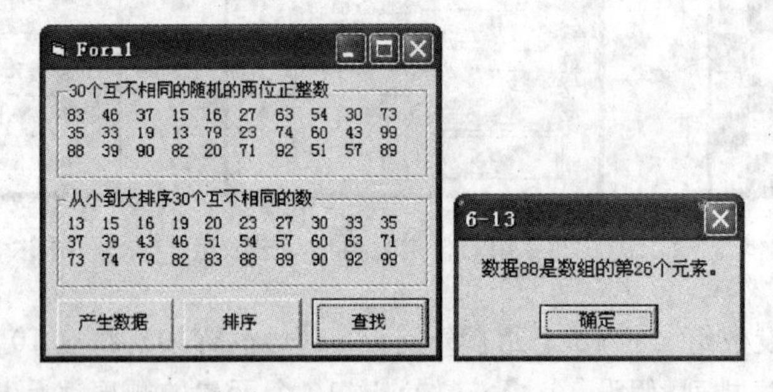

图 6-24 二分查找法

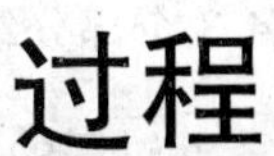

第7章 过程

7.1 过程的概念及其形式

过程是完成某一特定功能的一段程序，又称子程序。结构化程序设计的核心思想就是将一个复杂的问题不断细分成多个结构简单、功能单一的模块，每个模块只完成一个相对独立的功能，多个模块组合起来完成复杂的功能，在 Visual Basic 中，将这种程序模块称为过程，一个大的应用程序可以包含多个过程。过程的应用大大提高了代码的可重用性，简化了编程，使程序更具有可读性。

过程与过程之间有调用与被调用的关系，一个过程可以调用其他的过程，也可以被其他的过程调用，当一个过程调用其他的过程时，被调用过程执行完毕后，返回调用过程的下一条语句继续执行，如图 7-1 所示。

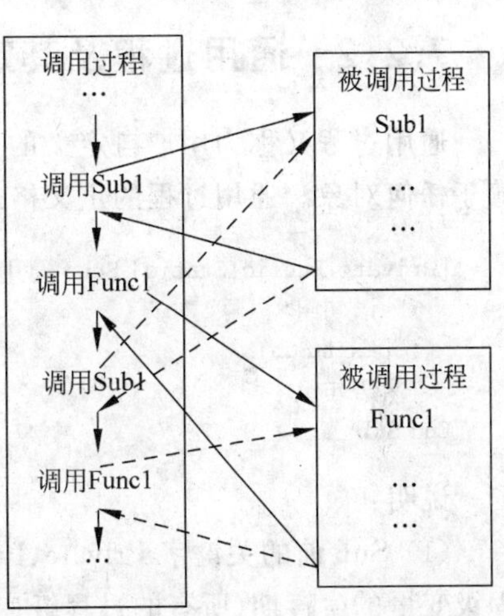

图 7-1　过程之间调用与被调用关系

在 Visual Basic 中，过程可以分为两大类：Sub 过程（子过程）和 Function 过程（函数过程）。Sub 过程和 Function 过程最基本的区别是：Sub 过程可以没有返回值，也可以有一个或多个返回值，即 Sub 过程可以有 0～多个返回值；Function 过程只有一个返回值。

7.2 Sub 过程

Sub 过程可以分为：事件过程和通用过程两类。

7.2.1 事件过程

事件过程指的是当对象的某个事件被触发时，去执行对应这个事件的一段程序，事件过程是 Visual Basic 应用程序的主体。

1. 事件过程名

事件过程依附于窗体或控件，依附于窗体的事件过程名由 Form、短下划线“_”和事件名 3 个部分组成；依附于控件的事件过程名由控件名(控件的 Name 属性值)、短下划线“_”和事件名 3 个部分组成。

2. 事件过程的格式

依附于窗体或控件的事件过程的一般格式如下：

```
Private Sub Form|控件名_事件名([<形参表>])
    <语句组>
End Sub
```

注意：

(1) 事件过程的开始和结束语句，最好由系统用事件过程模板自动生成。

(2) 由于控件的事件过程名与控件名紧密相关，因此，如果生成了事件过程以后，再改变控件名，则控件的事件过程名中的控件名不会自动更改。

7.2.2 通用过程及其定义

通用过程又称为用户自定义的 Sub 过程，一般用于完成一个通用功能，通用过程不依赖于任何对象。通用过程的定义格式如下：

```
[Private|Public|Static] Sub <通用过程名>([<形参表>])
    <语句组>
    [Exit Sub]
    <语句组>
End Sub
```

说明：

(1) Sub 前的关键字 Private、Public 决定了通用过程的作用域；Static 决定了过程中过程级变量的生存期(所有的过程级变量都是静态变量，前面章节已经介绍)。

(2) 通用过程名应满足标识符的命名规则，而且，在同一个模块中过程名要唯一。

(3) 当通用过程有多个形式参数时，相互之间用逗号分隔。

(4) 在通用过程中不能再定义过程，但可以调用其他的过程。

创建通用过程的方法有如下两种：

(1) 直接在代码窗口中输入，只要输入通用过程的开始，按回车键后，通用过程的结束语句 End Sub 会自动产生。

(2) 单击“工具”菜单下的“添加过程”命令，打开“添加过程”对话框，如图 7-2 所示，输入名称，选择“类型”和“范围”，单击“确定”按钮即可。

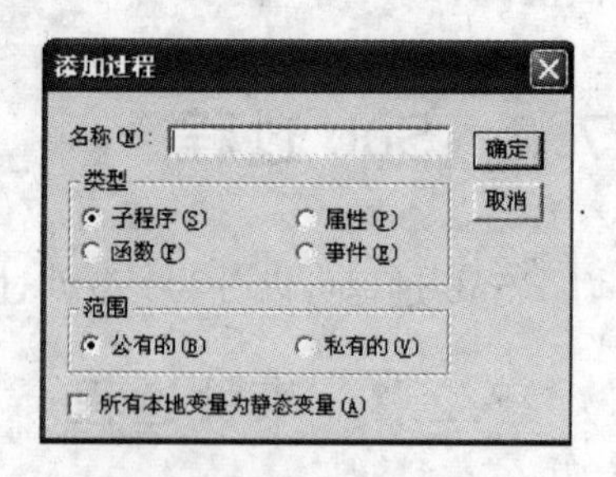

图 7-2 “添加过程”对话框

7.2.3 Sub过程的调用

调用Sub过程的方法有两种：

(1) Call <过程名>([实参表])

(2) <过程名> [实参表]

说明：

(1) 实参表是实际参数列表，当过程有多个实际参数时，相互之间用逗号分隔。

(2) 用第一种方法调用Sub过程时，实参表必须用圆括号括起来；用第二种方法调用Sub过程时，实参表不能用圆括号括起来，但过程名与实参表之间要加一个空格。

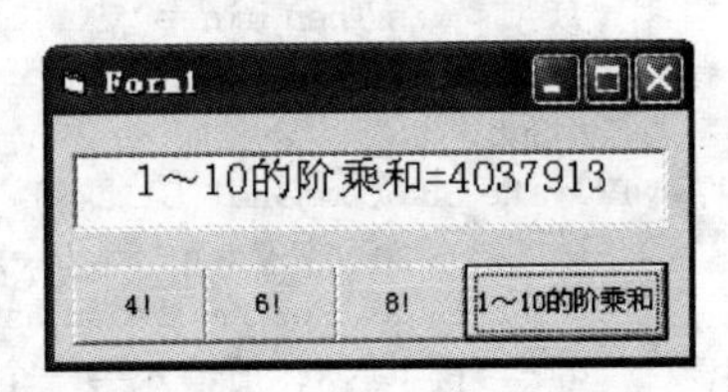

图7-3 求n!的通用过程

【例7-1】 编写一个求n!的通用过程，在由4个命令按钮组成的控件数组中分别计算4!、6!、8!以及1～10的阶乘和并输出，如图7-3所示。

```
Sub factorial(n As Integer, fact As Long)
  Dim i%
  fact = 1
  For i = 1 To n
    fact = fact * i
  Next
End Sub
Private Sub Command1_Click(Index As Integer)
  Dim m%, s&, sum&, i%
  Select Case Index
    Case 0
      m = 4
      Call factorial(m, s)
      Label1.Caption = m & "!= " & s
    Case 1
      m = 6
      factorial m, s
      Label1.Caption = m & "!= " & s
    Case 2
      m = 8
      Call factorial(m, s)
      Label1.Caption = m & "!= " & s
    Case 3
      For i = 1 To 10
        factorial i, s
        sum = sum + s
      Next
      Label1.Caption = "1～10 的阶乘和 = " & sum
  End Select
End Sub
```

【例 7-2】 编写一个求 3 个数的最大值和最小值的通用过程，在命令按钮的 Click 事件过程中，任意输入 3 个数调用该通用过程求它们的最大值和最小值并输出，如图 7-4 所示。

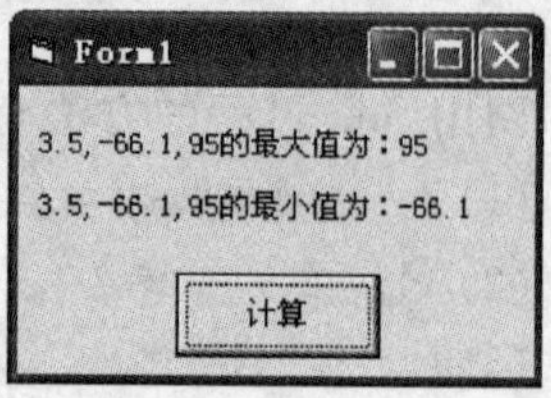

```
Sub maxmin(x!, y!, z!, max!, min!)
  max = x
  min = x
  If y > max Then max = y
  If z > max Then max = z
  If y < min Then min = y
  If z < min Then min = z
End Sub
Private Sub Command1_Click()
  Dim a As Single, b As Single, c As Single
  Dim most As Single, least As Single
  a = InputBox("请输入第一个数", "数据输入", 0)
  b = InputBox("请输入第二个数", "数据输入", 0)
  c = InputBox("请输入第三个数", "数据输入", 0)
  Call maxmin(a, b, c, most, least)
  Label1.Caption = a & "," & b & "," & c & "的最大值为: " & most
  Label2.Caption = a & "," & b & "," & c & "的最小值为: " & least
End Sub
```

Form1

3.5,-66.1,95的最大值为：95

3.5,-66.1,95的最小值为：-66.1

计算

图 7-4 求最大值、最小值通用过程

7.3 滚动条控件

滚动条通常用于附加在窗口上帮助观察数据或确定位置，也可以作为数据输入的工具或者数量、进度的指示器。

滚动条控件有两种：水平滚动条和垂直滚动条。两种滚动条的结构和操作完全一样。

1. 滚动条的常用属性

1）Value 属性

设置或返回滚动条滑块的当前位置值。

2）Max 属性

滚动条能表示的最大值，范围为－32 768～32 767。当滑块位于水平滚动条的最右端或垂直滚动条的最下端时，Value 属性所取的值。

3）Min 属性

滚动条能表示的最小值，范围为－32 768～32 767。当滑块位于水平滚动条的最左端或垂直滚动条的最上端时，Value 属性所取的值。

4）LargeValue 属性

当用鼠标单击滚动框的空白处，或滚动条获得焦点时按 PageUp 或 PageDown 键时，Value 属性值的改变量。

5）SmallValue 属性

当用鼠标单击滚动条两端的箭头，或滚动条获得焦点时按箭头键←、↑或→、↓键时，Value 属性值的改变量。

2. 滚动条的常用事件

1) Change 事件

当移动滑块或在代码中改变 Value 属性值时触发滚动条的 Change 事件。

2) Scroll 事件

当拖动滑块时触发滚动条的 Scroll 事件。

【例 7-3】 设计一个调色板。

在窗体上画 4 个文本框 Text1～Text4,将它们的 Text 属性值均清空,设置 Text1 的 MultiLine 属性值为 True,用于显示混合颜色及 3 种颜色值,Text2 仅显示红颜色,Text3 仅显示绿颜色,Text4 仅显示蓝颜色;画 3 个水平滚动条 HScroll1～HScroll3,它们的 Min 属性值均设为 0,Max 属性值均设为 255,LargeChange 属性值均设为 5;画 3 个标签 Label1～Label3,它们的 Caption 属性值分别设为"红色"、"绿色"、"蓝色",如图 7-5 所示。

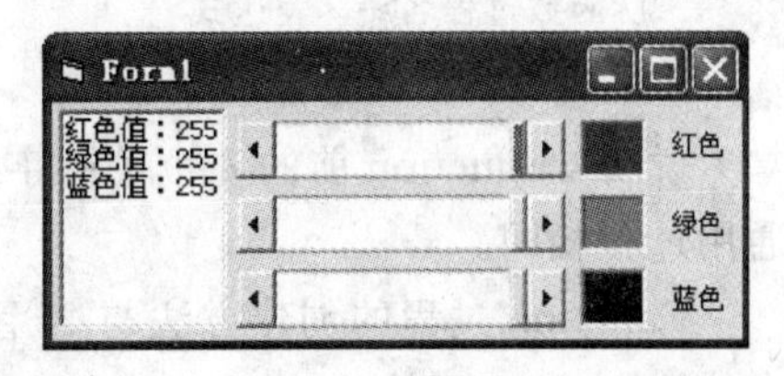

图 7-5 调色板

```
Dim r%, g%, b%                              '在窗体模块的通用声明段定义模块级变量
Private Sub Form_Load()                     'Text1 的初始背景设为白色
  HScroll1.Value = 255
  HScroll2.Value = 255
  HScroll3.Value = 255
End Sub
Sub setcolor()
  Text1.BackColor = RGB(r, g, b)
  Text1.Text = "红色值: " & r & vbCrLf & "绿色值: " & g & vbCrLf & "蓝色值: " & b
End Sub
Private Sub HScroll1_Change()
  r = HScroll1.Value
  Text2.BackColor = RGB(r, 0, 0)      '红色
  setcolor
End Sub
Private Sub HScroll2_Change()
  g = HScroll2.Value
  Text3.BackColor = RGB(0, g, 0)      '绿色
  setcolor
End Sub
Private Sub HScroll3_Change()
  b = HScroll3.Value
  Text4.BackColor = RGB(0, 0, b)      '蓝色
  setcolor
End Sub
```

7.4 Function 过程

在 Visual Basic 中,提供了大量的内部函数,用户编写程序时可以直接调用内部函数,为了完成特定的功能,用户也可以编写自己的函数,Function 过程就是用户自定义的函数

过程。Function 过程的调用与内部函数的调用完全相同。

7.4.1 Function 过程的定义

Function 过程的定义格式如下：

```
[Private|Public|Static] Function <函数过程名>([<形参表>]) [As <数据类型>]
  <语句组>
  [Exit Function]
  <语句组>
  [<函数过程名> = <表达式>]
End Function
```

说明：Function 前的 3 个关键字的含义以及对函数过程名、形参和函数过程的要求与通用过程相同。

Function 过程的创建方法与通用过程的创建方法一样也有两种方法。在代码窗口中直接输入时，只要输入 Function 过程的开始，按回车键后，Function 过程的结束语句 End Function 会自动产生。

需要强调的是：Function 过程的返回值在函数过程中一定要赋给函数过程名。

7.4.2 Function 过程的调用

Function 过程的一般调用格式为：

```
<函数名>[(<实参表>)]
```

其中，实参表可以是一个或多个参数，参数可以是常量、变量或表达式，如有多个参数，参数之间用逗号分隔，如果函数没有参数，调用时可以省略圆括号。

Function 过程在程序代码中的具体调用形式主要有 4 种（前面章节已经介绍）。

【例 7-4】 将例 7-1 中的求 $n!$ 的通用过程改成 Function 过程实现同样的功能。

```
Function factorial(n As Integer) As Long
  Dim i%, fact As Long
  fact = 1
  For i = 1 To n
    fact = fact * i
  Next
  factorial = fact
End Function
Private Sub Command1_Click(Index As Integer)
  Dim m%, sum&, i%
  Select Case Index
    Case 0
      m = 4
      Label1.Caption = m & "!= " & factorial(m)
    Case 1
      m = 6
      Label1.Caption = m & "!= " & factorial(m)
    Case 2
```

```
      m = 8
      Label1.Caption = m & "!= " & factorial(m)
    Case 3
      For i = 1 To 10
        sum = sum + factorial(i)
      Next
      Label1.Caption = "1～10 的阶乘和 = " & sum
  End Select
End Sub
```

注意：请对比 Sub 过程与 Function 过程在定义和调用上的区别。

【例 7-5】 输入一个正整数 n 的值，计算 $s=1\times(1+2)\times(1+2+3)\times\cdots\times(1+2+3+\cdots+n)$ 的值，要求先编写求 $1+2+3+\cdots+k$ 的 Function 过程，然后调用这个 Function 过程求前 n 项的乘积，如图 7-6 所示。

```
Function sum(k As Integer) As Long
  Dim i%, s&
  s = 0
  For i = 1 To k
    s = s + i
  Next
  sum = s
End Function
Private Sub Command1_Click()
  Dim n%, i%, product&
  n = Text1.Text
  product = 1
  For i = 1 To n
    product = product * sum(i)
  Next
  Label2.Caption = "前" & n & "项的乘积为: " & product
End Sub
```

【例 7-6】 编写一个判断正整数 n 是否是素数的 Function 过程，调用这个过程求 100～1000 之间所有的孪生素数并输出，如图 7-7 所示。

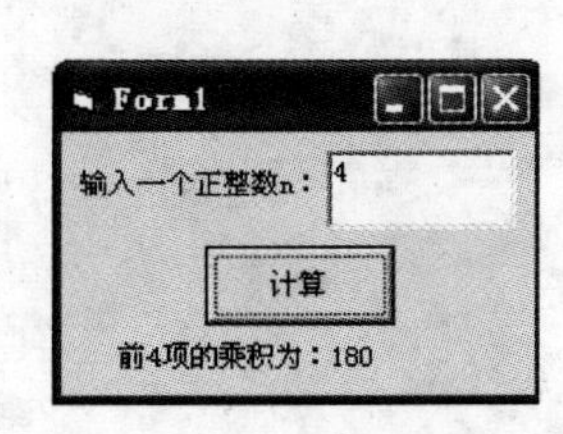

图 7-6 $1+\cdots+k$ 的函数过程

图 7-7 求孪生素数

孪生素数是指两个素数的差值为 2 的素数，如：101 和 103 就是孪生素数。

```
Function prime(n%) As Boolean
  Dim flag%, i%
```

```
    flag = 0
    i = 2
    Do
      If n Mod i = 0 Then
        flag = 1
        Exit Do
      Else
        i = i + 1
      End If
    Loop Until i > Sqr(n)
    If flag = 0 Then
      prime = True
    Else
      prime = False
    End If
  End Function
  Private Sub Command1_Click()
    Dim i%
    For i = 100 To 1000 - 2
      If prime(i) And prime(i + 2) Then
        List1.AddItem i & "          " & i + 2
      End If
    Next
  End Sub
```

【例 7-7】 编写用辗转相除法求两个正整数的最大公约数的 Function 过程，调用这个 Function 过程求 4 个正整数的最大公约数并输出，如图 7-8 所示。

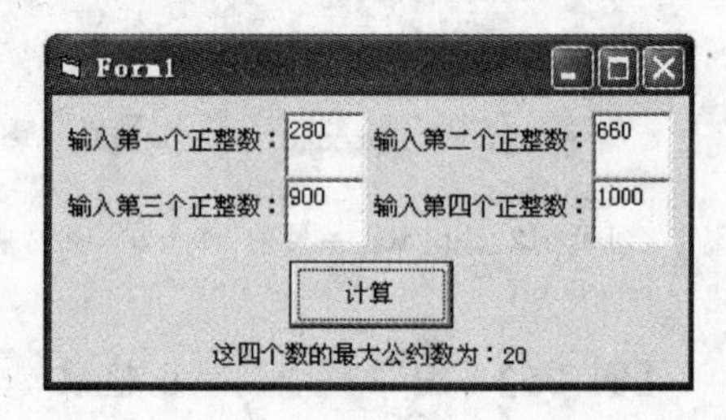

图 7-8 求最大公约数的 Function 过程

```
  Function gcd(m%, n%) As Integer
    Dim r%
    r = m Mod n
    Do While r <> 0
      m = n
      n = r
      r = m Mod n
    Loop
    gcd = n
  End Function
  Private Sub Command1_Click()
    Dim a%, b%, c%, d%
    a = Text1.Text
    b = Text2.Text
    c = Text3.Text
    d = Text4.Text
    If a <= 0 Or b <= 0 Or c <= 0 Or d <= 0 Then
      MsgBox "这四个数都必须是正整数!"
      Exit Sub
    End If
    Label5.Caption = "这四个数的最大公约数为：" & gcd(gcd(gcd(a, b), c), d)
  End Sub
```

7.5 过程参数

7.5.1 形式参数与实际参数

在 Visual Basic 中，调用过程时，使用参数传递的方式实现调用过程与被调用过程之间的数据传递，即将调用过程中的实际参数传给被调用过程对应的形式参数。

形式参数简称形参，是在定义 Sub 过程或 Function 过程时，出现在圆括号中的变量名或数组名，其作用是接收调用程序传来的数据；实际参数简称实参，是在调用 Sub 过程或 Function 过程时，传递给 Sub 过程或 Function 过程的常量、变量、表达式或数组。

需要强调以下几点：

(1) 在定义 Sub 过程或 Function 过程时，在圆括号中定义的形参表，即变量名或数组名()，只需要在过程的圆括号中写成：

```
变量名|数组名() As 数据类型
```

(2) 形参表与实参表中对应位置的形参名和实参名可以相同也可以不同，Visual Basic 都认为不同。

(3) 在传递参数时，一般情况下，要求形参表与实参表中参数的个数、数据类型和位置顺序都必须一一对应，除非在形参的前面加上关键字 Optional 或 ParamArray。

(4) 当数组作为过程的形参和实参时，必须写成数组名和空的圆括号“()”。

(5) 实参如果是变量也必须定义，而且数据类型与对应的形参要相同。

(6) 不能用定长字符串变量或定长字符串数组作为形参，但可以用定长字符串变量作为实参。

过程形参的格式如下：

```
[ByVal|ByRef|Optional|ParamArray] <变量名>|<数组名()> [As <数据类型>]
```

7.5.2 按地址传递与按值传递参数

在过程形参的前面加上关键字 ByRef 或省略关键字，表示按地址或者按引用传递参数，简称传地址，默认的过程参数传递方式是传地址；在过程形参的前面加上关键字 ByVal，表示按值传递参数，简称传值。

1. 传地址

传地址指的是用实参去代替或者替换对应的形参，由实参本身参与过程的计算，因此，在过程中如果改变了形参的值，实际上就改变了对应的实参的值。

【例 7-8】 传地址调用过程。输入两个正整数，调用例 7-7 中用辗转相除法求两个正整数的最大公约数的 Function 过程，求它们的最大公约数并输出，如图 7-9 所示。

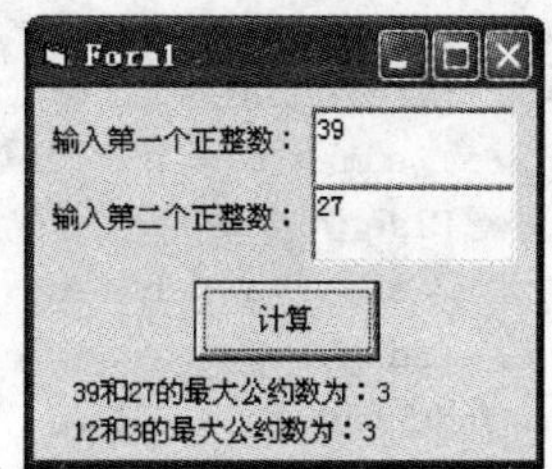

图 7-9 传地址调用过程

```
Private Sub Command1_Click()
  Dim a%, b%
  a = Text1.Text
```

```
    b = Text2.Text
    If a <= 0 Or b <= 0 Then
        MsgBox "输入的两个数都必须是正整数!"
        Exit Sub
    End If
    Label3.Caption = a & "和" & b & "的最大公约数为: " & gcd(a, b)
    Label4.Caption = a & "和" & b & "的最大公约数为: " & gcd(a, b)
End Sub
```

2. 传值

传值指的是将实参的值复制给对应的形参，实参本身不参与过程的计算，而由形参参与过程的计算，因此，在过程中即使改变了形参的值，实参的值不变。

如果定义过程时采用的是默认方式传地址，调用过程时只要将实参用圆括号括起来，也可以变成传值。

【例 7-9】 传值调用过程。将例 7-7 中用辗转相除法求两个正整数的最大公约数的 Function 过程的形参 m、n 前分别加上关键字 ByVal，或者调用这个 Function 过程时给实参 a、b 加上圆括号，输入两个正整数，求它们的最大公约数并输出，如图 7-10 所示。

命令按钮 Command1 的 Click 事件过程的程序代码与例 7-8 相似。

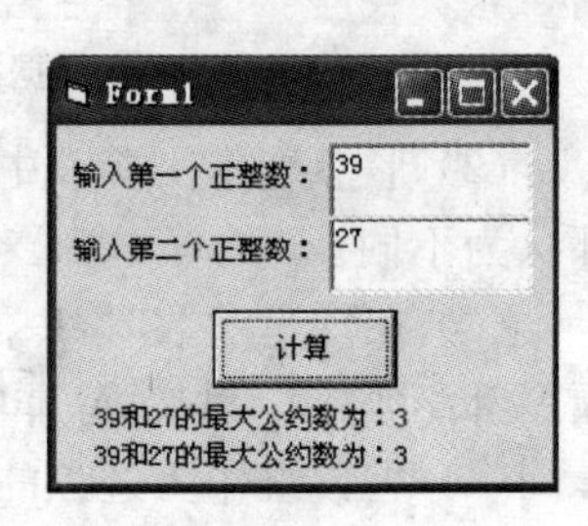

图 7-10 传值调用过程

7.5.3 可选参数及其默认值

在过程形参的前面加上关键字 Optional 表示可选的参数，调用该过程时，可以提供或不提供(省略)与此形参相对应的实参，但在过程中需要用函数 IsMissing(<形参名>)来处理。当在过程的某个形参前加上关键字 Optional 后，其后所有的形参都成为可选的参数，因此，可选的参数一般放在形参表的后面，而且数据类型为 Variant(默认数据类型)。

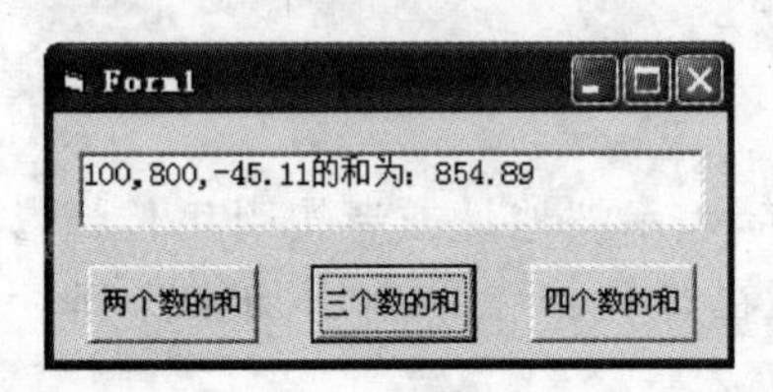

图 7-11 可选参数过程

【例 7-10】 编写一个 Function 过程，调用该过程计算两个数的和、3 个数的和、4 个数的和并输出，如图 7-11 所示。

```
Function sum(a!, b!, Optional c, Optional d) As Single
    If IsMissing(c) And IsMissing(d) Then
        sum = a + b
    ElseIf IsMissing(d) Then
        sum = a + b + c
    Else
        sum = a + b + c + d
    End If
End Function
Private Sub Command1_Click(Index As Integer)
    Dim x!, y!, z!, w!
```

```
  x = InputBox("请输入第一个数的值", "数据输入", 0)
  y = InputBox("请输入第二个数的值", "数据输入", 0)
  Select Case Index
    Case 0
      Label1.Caption = x & "," & y & "的和为: " & sum(x, y)
    Case 1
      z = InputBox("请输入第三个数的值", "数据输入", 0)
      Label1.Caption = x & "," & y & "," & z & "的和为: " & sum(x, y, z)
    Case 2
      z = InputBox("请输入第三个数的值", "数据输入", 0)
      w = InputBox("请输入第四个数的值", "数据输入", 0)
      Label1.Caption = x & "," & y & "," & z & "," & w & "的和为: " & sum(x, y, z, w)
  End Select
End Sub
```

加上关键字 Optional 的可选参数,还可以设置默认值,当一个可选的形参设置了默认值后,调用过程时如果为该形参传递实参则接收实参的值,否则,将使用默认值。

【例 7-11】 将例 7-10 中 Function 过程的形参 c、d 的默认值设为 0,调用该过程计算两个数、3 个数、4 个数的和并输出。

Function 过程修改如下:

```
Function sum(a!, b!, Optional c = 0, Optional d = 0) As Single
  sum = a + b + c + d
End Function
```

7.5.4 可变参数

在过程形参的前面加上关键字 ParamArray 可以传递任意个数的参数,但其后的形参必须是 Variant 类型(默认数据类型)的数组,而且只能用于形参表的最后一个参数,ParamArray 不能与 ByVal、ByRef 或 Optional 关键字一起使用。

【例 7-12】 将例 7-10 中 Function 过程的形参设为可变参数,调用该过程计算两个数、3 个数、4 个数的和并输出。

Function 过程修改如下:

```
Function sum(ParamArray arr()) As Single
  Dim s As Single
  s = 0
  For Each x In arr
    s = s + x
  Next
  sum = s
End Function
```

7.5.5 数组参数

在通用过程或函数过程中,可以将数组或数组元素作为参数进行传递,当传递整个数组,即将数组作为过程的形参和实参时,必须写成数组名和空的圆括号"()"的形式;数组参数只能按地址传递，不能按值传递，即不能在数组形参前加关键字 ByVal。

【例 7-13】 数组作为过程的参数。

分别定义有 10 个、15 个、20 个元素的 3 个一维数组，并给这 3 个数组的元素赋随机的两位正整数并输出，编写一个用比较排序法按从大到小的顺序排列数组元素的 Sub 过程，调用该过程分别对这 3 个数组排序并输出，如图 7-12 所示。

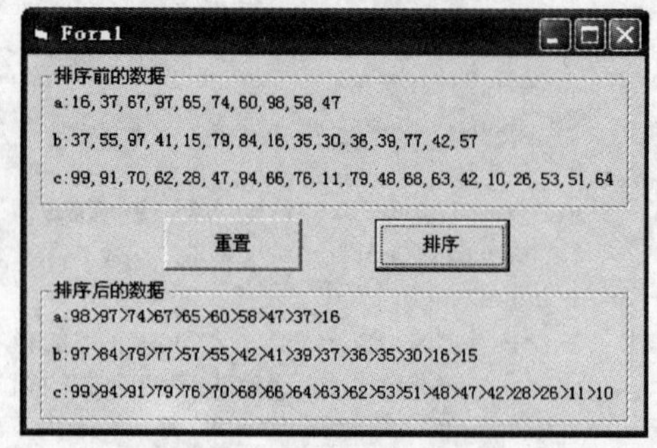

图 7-12 对 3 个数组从大到小排序

```
Option Base 1
Dim a%(10), b%(15), c%(20)
Private Sub Form_Load()
  Dim i%, p$
  Randomize
  For i = 1 To UBound(a)
    a(i) = Int(Rnd * 90 + 10)
    p = p & a(i) & ","
  Next
  Label1.Caption = "a:" & Left(p, Len(p) - 1)
  p = ""
  For i = 1 To UBound(b)
    b(i) = Int(Rnd * 90 + 10)
    p = p & b(i) & ","
  Next
  Label2.Caption = "b:" & Left(p, Len(p) - 1)
  p = ""
  For i = 1 To UBound(c)
    c(i) = Int(Rnd * 90 + 10)
    p = p & c(i) & ","
  Next
  Label3.Caption = "c:" & Left(p, Len(p) - 1)
End Sub
Private Sub Command1_Click()
  Form_Load
End Sub
Sub sortarray(x() As Integer)
  Dim i%, j%, t%
  For i = 1 To UBound(x) - 1
    For j = i + 1 To UBound(x)
      If x(j) > x(i) Then
        t = x(i)
        x(i) = x(j)
        x(j) = t
      End If
    Next
  Next
End Sub
Private Sub Command2_Click()
  Dim i%, p$
```

```
  sortarray a()
  sortarray b()
  Call sortarray(c())
  For i = 1 To UBound(a)
    p = p & a(i) & ">"
  Next
  Label4.Caption = "a:" & Left(p, Len(p) - 1)
  p = ""
  For i = 1 To UBound(b)
    p = p & b(i) & ">"
  Next
  Label5.Caption = "b:" & Left(p, Len(p) - 1)
  p = ""
  For i = 1 To UBound(c)
    p = p & c(i) & ">"
  Next
  Label6.Caption = "c:" & Left(p, Len(p) - 1)
End Sub
```

7.5.6 对象参数

在 Visual Basic 中，既可以用变量或数组作为过程的参数，也可以用对象，即窗体或控件作为过程的参数。对象参数只能按地址传递，不能按值传递，即不能在对象形参前加关键字 ByVal。

1. 使用窗体参数

使用窗体作为过程的参数时，形参的数据类型为 Form，实参为窗体名。

【例 7-14】 窗体作为过程的参数。

新建一个工程，再添加 2 个窗体 Form2、Form3；在 Form1 中画 1 个计时器控件 Timer1，设置其 Interval 属性值为 1000，在 Form1 中编写一个使用窗体作为参数的过程，该过程可以随机改变窗体在屏幕上的位置和背景颜色，编写程序，在 Timer1 的 Timer 事件过程中调用这个过程，每隔 1 秒变换一个窗体的位置和背景颜色。

窗体模块 Form1 中的程序代码如下：

```
Sub setform(frm As Form)
  Dim x%, y%
  Randomize
  x = Int(Rnd * (Screen.Width - frm.Width))
  y = Int(Rnd * (Screen.Height - frm.Height))
  frm.Left = x
  frm.Top = y
  frm.BackColor = QBColor(Int(Rnd * 16))
  frm.Show
End Sub
Private Sub Timer1_Timer()
  Static i As Integer
  i = (i + 1) Mod 3
```

```
    If i = 0 Then setform Form1
    If i = 1 Then setform Form2
    If i = 2 Then setform Form3
End Sub
```

2. 使用控件参数

使用控件作为过程的参数时，形参的数据类型为 Control，实参为控件名。

【例 7-15】 控件作为过程的参数。

在窗体上画 1 个图片框 Picture1、1 个图像控件 Image1、1 个命令按钮 Command1，设置 Command1 的 Style 属性值为 1-Graphical，分别设置这 3 个控件的 Picture 属性；再画 1 个计时器控件 Timer1，设置其 Interval 属性值为 500，编写一个使用控件作为参数的过程，该过程可以随机改变控件在窗体上的位置，编写程序，在 Timer1 的 Timer 事件过程中调用这个过程，每隔 500 毫秒改变一个控件的位置，如图 7-13 所示。

图 7-13 控件作为过程的参数

设置 Picture1、Image1、Command1 的图片的完整路径分别为：

```
C:\Program Files\Microsoft Visual Studio\Common\Graphics\Bitmaps\Assorted\INTL_NO.BMP
C:\Program Files\Microsoft Visual Studio\Common\Graphics\Bitmaps\Assorted\SMOKES.BMP
C:\Program Files\Microsoft Visual Studio\Common\Graphics\Bitmaps\Assorted\BEANY.BMP
Sub setcontrol(ctl As Control)
    Dim x%, y%
    Randomize
    x = Int(Rnd * (ScaleWidth - ctl.Width))
    y = Int(Rnd * (ScaleHeight - ctl.Height))
    ctl.Left = x
    ctl.Top = y
End Sub
Private Sub Timer1_Timer()
    Static i As Integer
    i = (i + 1) Mod 3
    If i = 0 Then setcontrol Picture1
    If i = 1 Then setcontrol Image1
    If i = 2 Then setcontrol Command1
End Sub
```

7.6 过程的递归调用

一个过程直接或间接地调用过程本身称为过程的递归调用。过程的递归可以设计出结构清晰的程序，但递归次数的增加会占用较多的内存空间，程序执行的效率不高。

设计递归过程时，需要考虑两个要素：①递归终止条件；②递归函数，即具有能趋向递

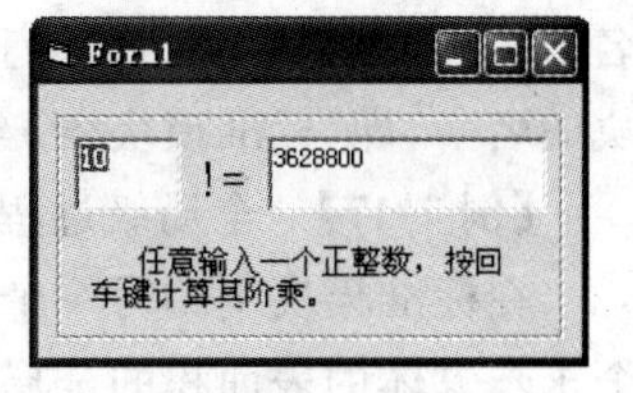

图 7-14 用递归调用求 $n!$

归终止条件的递归表示形式。一个递归过程只有具备了这两个要素，才能在有限次计算后得出结果。

【例 7-16】 将求 $n!$ 的 Function 过程写成递归形式，在文本框中输入一个正整数，按回车键调用这个 Function 过程计算其阶乘，如图 7-14 所示。

$n!$ 的递归形式及其递归函数表示如下：

$$n! = \begin{cases} 1 & n = 0 \\ n \times (n-1)! & n > 0 \end{cases} \Longrightarrow \text{factorial(n)} = \begin{cases} 1 & \text{n} = 0 \\ \text{n} * \text{factorial(n} - 1) & \text{n} > 0 \end{cases}$$

```
Function factorial(n As Integer) As Long
  If n = 0 Then                              '递归终止条件
    factorial = 1
  Else
    factorial = n * factorial(n - 1)
  End If
End Function
Private Sub Text1_KeyPress(KeyAscii As Integer)
  Dim m%
  If KeyAscii = 13 Then
     m = Text1.Text
     If m < 0 Then
        MsgBox "数据输入错误,请重新输入!"
        Exit Sub
     End If
     Text2.Text = factorial(m)
     Text1.SelStart = 0
     Text1.SelLength = Len(Text1.Text)
     Text1.SetFocus
  End If
End Sub
```

递归过程与非递归过程的区别：递归过程采用选择结构反复不断地调用过程本身而得出计算结果；非递归过程采用循环结构不断地循环而得出计算结果。

7.7 过程的作用域

过程的作用域指的是过程在哪些范围内有效，具体地说就是在哪些代码中有效。过程根据使用的关键字不同，有不同的作用域或有效范围，根据过程的作用域从小到大可以分为两类：

(1) 模块级过程。在过程的关键字 Sub 或 Function 前加关键字 Private，其作用域仅仅是其所在的模块，在其他模块中无效。

(2) 全局级过程。在过程的关键字 Sub 或 Function 前加关键字 Public 或省略关键字，其作用域是整个应用程序的所有模块。

当全局级过程是在窗体模块中定义时，在其他模块中调用要指出窗体模块的名字，即“窗体模块名.全局级过程名[(实参表)]”；当全局级过程是在标准模块中定义时，如果过程名唯一，在其他模块中可以直接调用，即“全局级过程名[(实参表)]”，否则，也要指出标准模块的名字，即“标准模块名.全局级过程名[(实参表)]”。

【例 7-17】 全局级过程的调用。

在标准模块中编写一个求长方体的体积的全局级 Function 过程，在窗体模块中编写一个求长方体的表面积的全局级 Function 过程，在两个窗体中分别调用这两个全局级过程求长方体的体积和表面积，如图 7-15 所示。

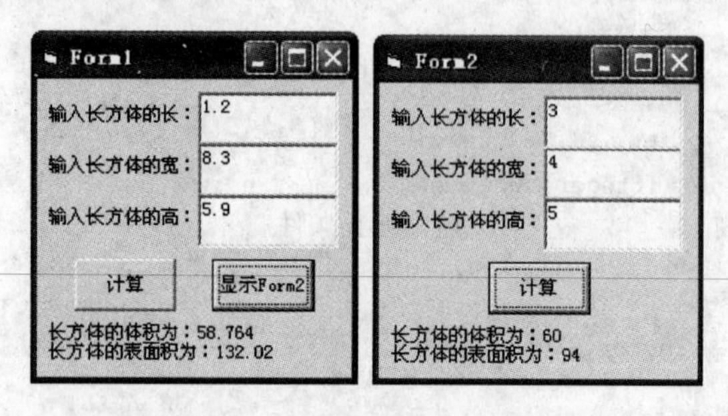

图 7-15 全局级过程的调用

标准模块 Module1 中的程序代码如下：

```
Function volume(l!, w!, h!) As Single
  volume = l * w * h
End Function
```

窗体模块 Form1 中的程序代码如下：

```
Public Function area(l!, w!, h!) As Single
  area = 2 * (l * w + l * h + h * w)
End Function
Private Sub Command1_Click()
  Dim a!, b!, c!
  a = Val(Text1.Text)
  b = Val(Text2.Text)
  c = Val(Text3.Text)
  Label4.Caption = "长方体的体积为: " & volume(a, b, c) & vbCrLf & _
                   "长方体的表面积为: " & area(a, b, c)
End Sub
Private Sub Command2_Click()
  Form2.Visible = True
End Sub
```

窗体模块 Form2 中的程序代码如下：

```
Private Sub Command1_Click()
  Dim a!, b!, c!
  a = Val(Text1.Text)
  b = Val(Text2.Text)
  c = Val(Text3.Text)
  Label4.Caption = "长方体的体积为: " & volume(a, b, c) & vbCrLf & _
                   "长方体的表面积为: " & Form1.area(a, b, c)
End Sub
```

习题 7

一、简答题

1. Sub 过程和 Function 过程最基本的区别是什么?
2. Sub 过程和 Function 过程的定义和调用有什么不同之处?
3. 过程的形参表与实参表中参数的对应关系有什么要求?
4. 按地址传递与按值传递参数有什么不同之处?
5. 什么是过程的递归调用? 实现递归的要素有哪些?
6. 模块级过程和全局级过程有什么区别?

二、编程题

1. 分别编写求两个数的最大值的 Function 过程和最小值的 Function 过程。调用这两个过程分别求 3 个数、5 个数、7 个数的最大值和最小值并输出,如图 7-16 所示。

2. 编写一个 Function 过程,形参为直角三角形的两个直角边,返回值为直角三角形的斜边。调用这个过程求直角三角形的斜边并输出,如图 7-17 所示。

3. 编写一个 Sub 过程,形参为球的半径,返回值为球的体积和表面积。调用这个过程求球的体积和表面积并输出,如图 7-18 所示。

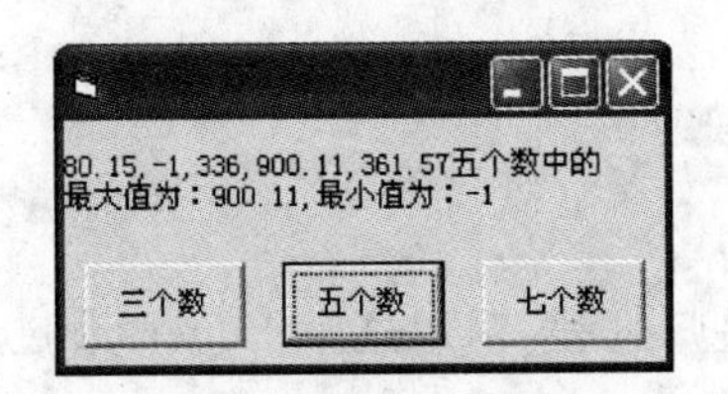

图 7-16 求最大值、最小值

图 7-17 求直角三角形斜边

图 7-18 求球的体积、表面积

4. 编写一个判断奇偶性的 Function 过程,以整型数为形参,当该参数为奇数时返回 False,为偶数时返回 True。调用这个过程判断并输出 1～60 之间所有的偶数与奇数,如图 7-19 所示。

5. 编写一个 Sub 过程,形参为长方形的长和宽,返回值为长方形的面积和周长。调用这个过程求长方形的面积和周长并输出,如图 7-20 所示。

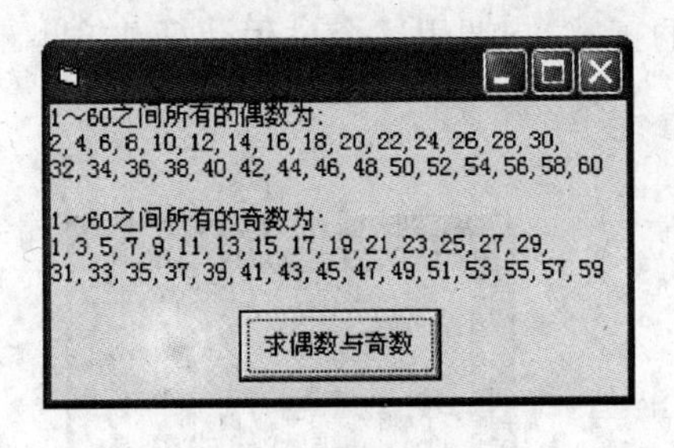

图 7-19 求偶数与奇数

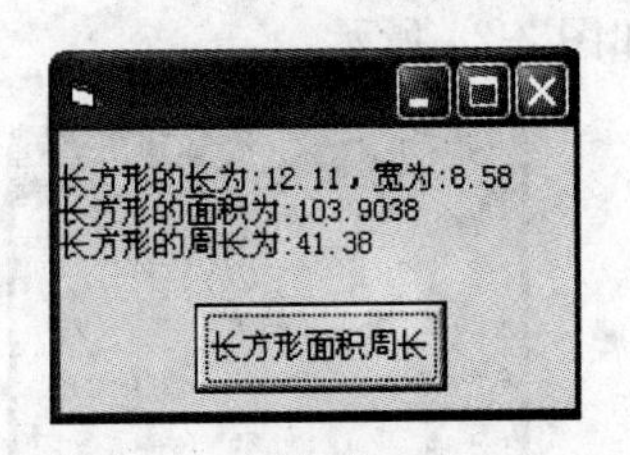

图 7-20 求长方形面积周长

6. 编写一个 Function 过程,形参为三角形的 3 条边,返回值为三角形的面积。调用这个过程分别求两个三角形的面积并输出,如图 7-21 所示。

7. 编写一个用数组作为参数的 Sub 过程，形参为一个数组，返回值为数组的最大值、最小值和平均值。调用这个过程分别求有 10 个、15 个、20 个元素的数组的最大值、最小值和平均值并输出，这 3 个数组元素值的范围为 1～100 之间的随机整数，如图 7-22 所示。

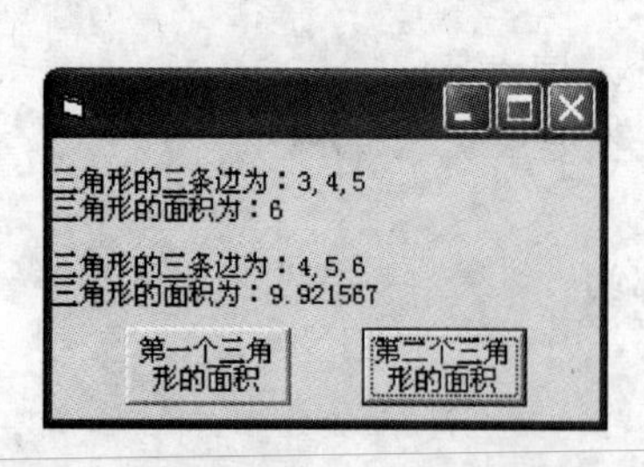

图 7-21　求两个三角形的面积

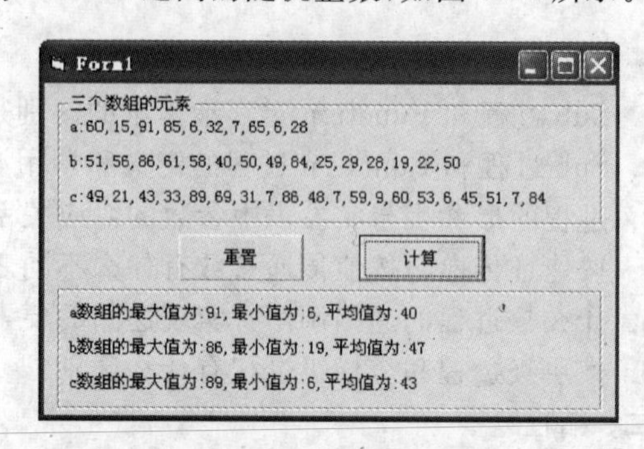

图 7-22　求数组元素的最大值、最小值、平均值

8. Fibonacci 数列为：1,1,2,3,5,8,13,…，其中，第一项为 1，第二项为 1，其余任何一项都是其前两项的和，即 $f(k)=f(k-1)+f(k-2), k\geqslant 3$。试用非递归算法和递归算法各编写一个求 Fibonacci 数列第 k 项的 Function 过程，分别调用这两个 Function 过程求 Fibonacci 数列前 n 项的值，如图 7-23 所示。

提示：Fibonacci 数列第 k 项的递归函数为：

$$\text{fibo}(k)=\begin{cases}1 & k=1\\ 1 & k=2\\ \text{fibo}(k-1)+\text{fibo}(k-2) & k\geqslant 3\end{cases}$$

9. 编写用辗转相除法求两个正整数的最大公约数的递归过程，调用这个 Function 过程求 4 个正整数的最大公约数并输出。

提示：设两个正整数为 m、n，r 为它们的余数，求 m、n 的最大公约数的递归函数为：

$$\text{gcd}\,(m,n)=\begin{cases}n & r=0\\ \text{gcd}\,(n,r) & r\neq 0\end{cases}$$

10. 有 n 个人围坐在一起，问第 n 个人有多少岁，他说比第 $n-1$ 个人大 2 岁，问第 $n-1$ 个人有多少岁，他说比第 $n-2$ 个人大 2 岁，……，问第二个人有多少岁，他说比第一个人大 2 岁，最后问第一个人有多少岁，他说 5 岁，编写一个递归过程，形参为人的个数 n，返回值为第 n 个人的岁数。输入人的个数为 50 以内的正整数，调用这个过程计算并输出最后一个人的岁数，如图 7-24 所示。

图 7-23　Fibonacci 数列

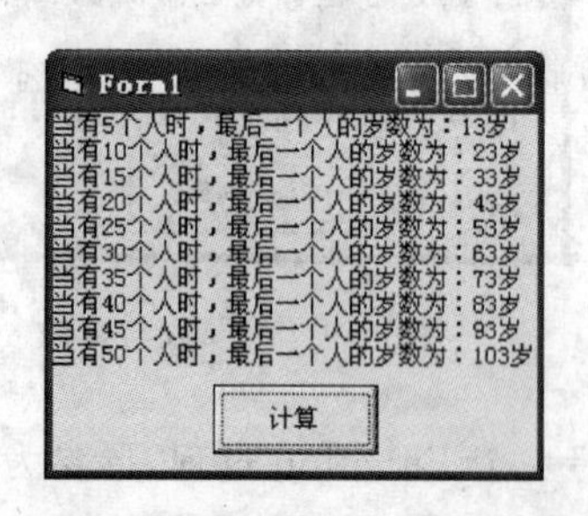

图 7-24　求最后一个人的岁数

提示，求第 n 个人的岁数的递归函数为：

$$age(n)=\begin{cases}5 & n=1\\ age(n-1)+2 & n>1\end{cases}$$

11. Hanoi(汉诺塔)问题。

古印度的主神梵天做了一个塔，塔上有A、B、C共3根针，其中，A针上有64个盘子，盘子大小不同，大盘在下，小盘在上，如图7-25所示。梵天要求僧侣们将盘子从A针移到C针上，规定每次只能移动一个盘子，而且移动过程中不允许大盘压小盘，移动过程中可以借助B针暂时存放盘子。

编写程序，输入盘子的个数，输出每一个盘子的移动过程以及盘子移动的总次数，程序运行结果如图7-26所示。

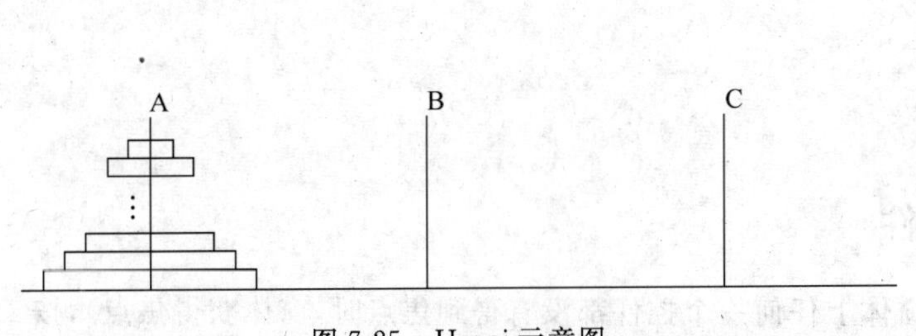

图7-25　Hanoi示意图

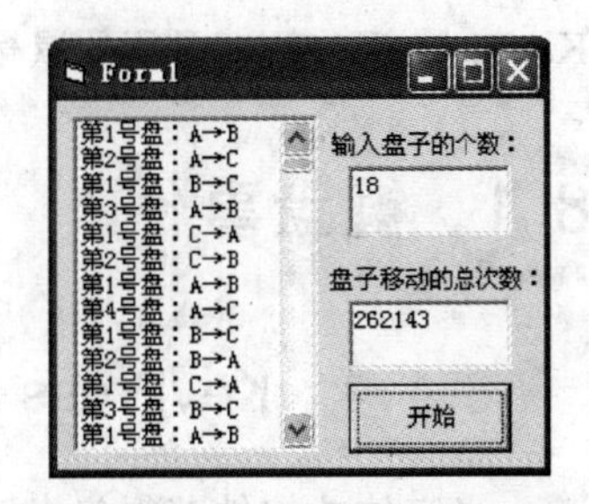

图7-26　盘子移动过程及总次数

提示：设A针上有 n 个盘子，对A针上的盘子从上往下编号，即最上面的盘子为1号，然后是2号，……，最下面的盘子为 n 号，为了将 n 个盘子从A针移到C针，采用过程的递归调用将问题分解如下：

(1) 将A针上的 $n-1$ 个盘子(编号从 $1\sim n-1$)移到B针上(可借助于C针)。

(2) 将A针上的第 n 个盘子从A针移到C针。

(3) 将 $n-1$ 个盘子从B针移到C针(可借助于A针)。

于是，问题变成将 $n-1$ 个盘子从B针移到C针(可借助于A针)，不断递归调用过程，直到 $n=1$ 为止。

第8章 键盘鼠标事件与图形多媒体设计

Visual Basic应用程序能够响应多种键盘与鼠标事件。常用的键盘事件有：KeyPress、KeyDown、KeyUp；常用的鼠标事件有：Click、DblClick、MouseDown、MouseUp、MouseMove。

8.1 键盘事件

8.1.1 KeyPress事件

当窗体或控件获得焦点时（窗体上任何一个控件都没有得到焦点时，窗体获得焦点），按键盘上的键即触发窗体或控件的KeyPress事件。可以触发KeyPress事件的键盘键有：大小写字母键、数字键、标点符号键、空格键、Esc键、Back Space键、Enter键、Tab键。

窗体和控件的KeyPress事件过程模板如下：

```
Private Sub Form|控件名_KeyPress(KeyAscii As Integer)
    <语句组>
End Sub
```

KeyPress事件过程中的参数KeyAscii可以返回按键的ASCII值。

注意：当在KeyPress事件过程中，给参数KeyAscii赋值为0时，按键所对应的字符将不会被输入。

【例8-1】 英文字母加密。

在文本框Text1的KeyPress事件过程中，要求只能输入大、小写英文字母和空格，并对大、小写英文字母加密，每个英文字母的ASCII值加3，即大写字母“A”→“D”、“B”→“E”、…、“Z”→“C”，小写字母“a”→“d”、“b”→“e”、…、“z”→“c”，空格不加密，并在文本框Text2中输出加密后的英文字母，如图8-1所示。

图8-1 英文字母加密

大写英文字母“A”～“Z”的ASCII值为：65～90；小写英文字母“a”～“z”的ASCII值为：97～122；空格的ASCII值为：32。

```
Private Sub Text1_KeyPress(KeyAscii As Integer)
  Dim p As String
  If Not (KeyAscii >= 65 And KeyAscii <= 90) And _
     Not (KeyAscii >= 97 And KeyAscii <= 122) And _
```

```
    KeyAscii <> 32 Then                          '只能输入大、小写字母和空格
        KeyAscii = 0
  End If
  p = Chr(KeyAscii)
  Select Case p
    Case "A" To "Z"
      If Chr(KeyAscii + 3) > "Z" Then           '加密后字母超过"Z"
        p = Chr(KeyAscii + 3 - 26)
      Else
        p = Chr(KeyAscii + 3)
      End If
    Case "a" To "z"
      If Chr(KeyAscii + 3) > "z" Then           '加密后字母超过"z"
        p = Chr(KeyAscii + 3 - 26)
      Else
        p = Chr(KeyAscii + 3)
      End If
  End Select
  Text2.Text = Text2.Text & p
End Sub
Private Sub Command1_Click()
  Text1.Text = ""
  Text2.Text = ""
End Sub
```

注意：KeyPress 事件过程中的参数 KeyAscii 对于大小写字母有不同的返回值。

8.1.2 KeyDown 和 KeyUp 事件

当窗体或控件得到焦点时，按键盘键时触发窗体或控件的 KeyDown 事件，释放键盘键时触发窗体或控件的 KeyUp 事件。

窗体和控件的 KeyDown、KeyUp 事件过程模板如下：

```
Private Sub Form|控件名_KeyDown(KeyCode As Integer, Shift As Integer)
    <语句组>
End Sub
Private Sub Form|控件名_KeyUp(KeyCode As Integer, Shift As Integer)
    <语句组>
End Sub
```

KeyDown、KeyUp 事件过程的参数 KeyCode 可以返回键盘上物理键位的 ASCII 值。物理键位的 ASCII 值，对于大小写字母键返回的是大写字母的 ASCII 值；对于有上下挡字符的键返回的是下挡字符的 ASCII 值。

KeyDown、KeyUp 事件过程的参数 Shift 可以判断是否按了 Shift 键、Ctrl 键、Alt 键，当参数 Shift 的值为 0 时，表示没有按这 3 个键，当参数 Shift 的值为 1、2、4 时，表示按了 Shift 键、Ctrl 键、Alt 键，如果是按了其中的两个键或 3 个键，则参数 Shift 的值为相应值的和。如：参数 Shift 的值为 7，表示同时按了这 3 个键。

注意：Tab 键的 KeyDown 和 KeyUp 事件不响应；当命令按钮的 Default 属性值为 True 时，Enter 键的 KeyDown 和 KeyUp 事件不响应；当命令按钮的 Cancel 属性值为 True 时，Esc 键的 KeyDown 和 KeyUp 事件不响应。

窗体或控件的 KeyDown 和 KeyUp 事件一般用于处理不能响应 KeyPress 事件的按键。

【例 8-2】 反复不断移动小球。

在窗体上画 1 个形状控件 Shape1，设置其 Shape 属性值为 3-Circle，FillStyle 属性值为 0-Solid，Height 属性值为 495，Width 属性值为 495；再画 1 个计时器控件 Timer1，设置其 Interval 属性值为 100。程序运行后，按左箭头键小球不断向左移动，超出窗体左边界后，从窗体的右边界出现再向左不断移动；同理，按上箭头键、右箭头键、下箭头键可以使小球向上、向右、向下反复不断移动，如图 8-2 所示。

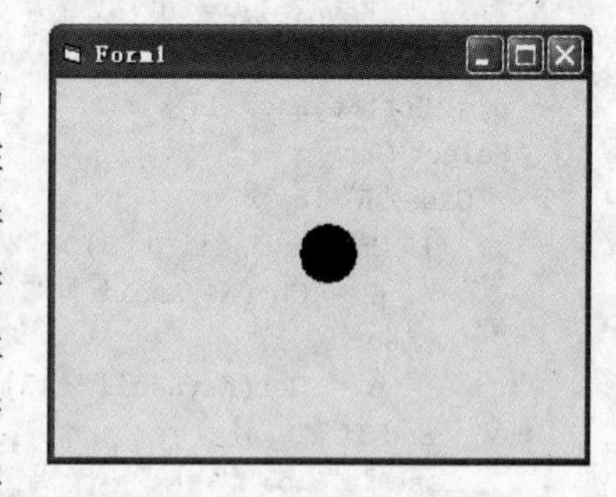

图 8-2　反复不断移动小球

```
Dim key %                                               '在窗体模块的通用声明段定义模块级变量
Private Sub Form_KeyDown(KeyCode As Integer, Shift As Integer)
  key = KeyCode
End Sub
Private Sub Timer1_Timer()
  Select Case key
    Case 37                                             '按左箭头键
      Shape1.Left = Shape1.Left - 50
      If Shape1.Left + Shape1.Width <= 0 Then Shape1.Left = ScaleWidth
    Case 38                                             '按上箭头键
      Shape1.Top = Shape1.Top - 50
      If Shape1.Top + Shape1.Height <= 0 Then Shape1.Top = ScaleHeight
    Case 39                                             '按右箭头键
      Shape1.Left = Shape1.Left + 50
      If Shape1.Left >= ScaleWidth Then Shape1.Left = 0
    Case 40                                             '按下箭头键
      Shape1.Top = Shape1.Top + 50
      If Shape1.Top >= ScaleHeight Then Shape1.Top = 0
  End Select
End Sub
```

8.1.3　窗体的 KeyPreview 属性

窗体的 KeyPreview 属性默认值为 False 时，窗体不响应键盘事件，仅响应有焦点的控件(活动控件)的键盘事件；当窗体的 KeyPreview 属性值为 True 时，既响应窗体的键盘事件又响应活动控件的键盘事件，而且先响应窗体的键盘事件，再响应活动控件的键盘事件。

【例 8-3】 在窗体上有一个文本框，在窗体模块中有两个 KeyPress 事件过程，试比较窗体的 KeyPreview 属性值为 False 或为 True 时，这两个事件过程的响应情况。

```
Private Sub Form_KeyPress(KeyAscii As Integer)
  MsgBox "现在响应的是窗体的键盘事件 Form_KeyPress"
End Sub
Private Sub Text1_KeyPress(KeyAscii As Integer)
  MsgBox "现在响应的是文本框的键盘事件 Text1_KeyPress"
End Sub
```

当窗体的 KeyPreview 属性值为 False 时，仅响应文本框的键盘事件；当窗体的 KeyPreview 属性值为 True 时，先响应窗体的键盘事件，再响应文本框的键盘事件。

8.2　鼠标事件与鼠标指针

对于鼠标事件，前面已经介绍了 Click 和 DblClick 事件，这里主要介绍 MouseDown、MouseUp、MouseMove 事件。

8.2.1　MouseDown、MouseUp 和 MouseMove 事件

当鼠标指针指向窗体或控件后，按鼠标键时触发窗体或控件的 MouseDown 事件，释放鼠标键时触发窗体或控件的 MouseUp 事件，当鼠标指针在窗体或控件上移动时触发窗体或控件的 MouseMove 事件。

窗体和控件的 MouseDown、MouseUp、MouseMove 事件过程模板如下：

```
Private Sub Form|控件名_MouseDown(Button As Integer, Shift As Integer, X As Single, Y As Single)
    <语句组>
End Sub
Private Sub Form|控件名_MouseUp(Button As Integer, Shift As Integer, X As Single, Y As Single)
    <语句组>
End Sub
Private Sub Form|控件名_MouseMove(Button As Integer, Shift As Integer, X As Single, Y As Single)
    <语句组>
End Sub
```

窗体和控件的 MouseDown、MouseUp、MouseMove 事件过程的参数 Button 表示被按的鼠标键，参数 Button 的值为 1 表示按了鼠标左键，为 2 表示按了鼠标右键，为 4 表示按了鼠标中键；参数 Shift 的含义与窗体或控件的 KeyDown、KeyUp 事件过程的参数 Shift 相同；参数 X、Y 返回鼠标指针所在的坐标位置。

【例 8-4】　自由书写程序。

设计一个简单的程序，在窗体上按住鼠标左键不放，用鼠标指针进行自由书写，如图 8-3 所示。

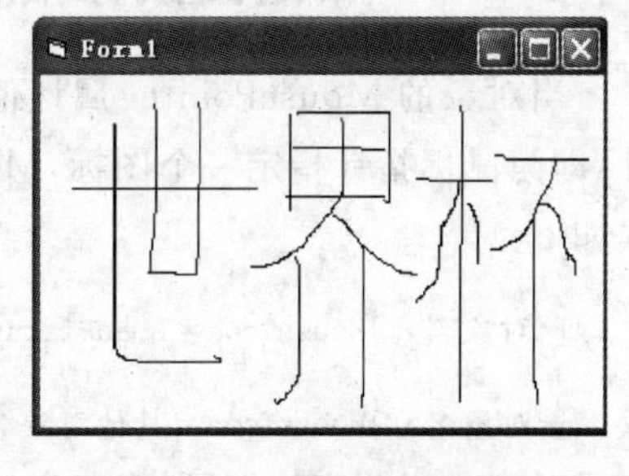

图 8-3　用鼠标自由书写

```
Private Sub Form_MouseDown(Button As Integer, Shift As Integer, X As Single, Y As Single)
  CurrentX = X
  CurrentY = Y
End Sub
Private Sub Form_MouseMove(Button As Integer, Shift As Integer, X As Single, Y As Single)
  If Button = 1 Then
     Line (CurrentX, CurrentY) - (X, Y)
  End If
End Sub
```

8.2.2　设置鼠标指针形状属性 MousePointer

该属性决定了鼠标指针进入窗体或控件区域时所显示的形状。窗体或控件的

MousePointer 属性值见表 8-1。

表 8-1 窗体或控件的 MousePointer 属性值

常数	值	描述
vbDefault	0	(默认值)形状由对象决定
vbArrow	1	箭头
vbCrosshair	2	十字线(crosshair 指针)
vbIbeam	3	I 型
vbIconPointer	4	图标(矩形内的小矩形)
vbSizePointer	5	尺寸线(指向东、南、西、北 4 个方向的箭头)
vbSizeNESW	6	右上左下尺寸线(指向东北和西南方向的双箭头)
vbSizeNS	7	垂直尺寸线(指向南和北的双箭头)
vbSizeNWSE	8	左上右下尺寸线(指向东南和西北方向的双箭头)
vbSizeWE	9	水平尺寸线(指向东和西两个方向的双箭头)
vbUpArrow	10	向上的箭头
vbHourglass	11	沙漏(表示等待状态)
vbNoDrop	12	不允许放下
vbArrowHourglass	13	箭头和沙漏
vbArrowQuestion	14	箭头和问号
vbSizeAll	15	四向尺寸线
vbCustom	99	通过 MouseIcon 属性所设定的图标自定义鼠标指针

8.2.3 自定义鼠标指针属性 MouseIcon

当对象的 MousePointer 属性值为 99 时,用户可以通过 MouseIcon 属性自定义鼠标指针,即为鼠标指针指定一个图标,MouseIcon 属性可以通过属性窗口或代码设置,其语法格式如下:

```
[<对象名>.]MouseIcon = LoadPicture(<图标文件的完整路径>)
```

或
```
[<对象名>.]MouseIcon = 其他对象名.Picture
```

如果对象是当前窗体,可以省略窗体名。

例如,下面程序自定义当前窗体的鼠标指针:

```
Private Sub Form_Load()
  MousePointer = 99
  MouseIcon = LoadPicture("C:\Program Files\Microsoft Visual Studio" _
            & "\Common\Graphics\Icons\Arrows\point10.ico")
End Sub
```

8.3 图片框与图像控件

图片框与图像控件都可以用于显示图片,这两个控件可以显示的图片文件格式有:位图(.bmp)、图标(.ico)、Windows 元文件(.wmf)、增强的元文件(.emf)、JPEG(.jpg)、

GIF(.gif)文件。

8.3.1　图片框

图片框(PictureBox)控件既可以显示图片，还可以用 Print 方法输出文本，利用绘图方法在图片框中绘制由点和线构成的图形，此外，图片框控件还可以作为其他控件的容器，成为它们的父控件。

图片框的常用属性如下：

(1) Picture 属性。指定图片框显示图片的完整路径，包含驱动器、文件夹、子文件夹、文件名、扩展名，可以在设计时和运行时为图片框指定显示图片。

(2) AutoSize 属性。是否自动调整图片框的大小以适应图片的大小，如果设置为 True，图片框将自动调整它本身的大小以适应图片的大小；如果设置为 False，图片框不会自动调整它本身的大小，此时，如果图片比图片框大，则超过部分不会显示。

(3) 与窗体属性相同的属性。由于图片框可以输出文本，绘制由点和线构成的图形，以及作为其他控件的容器，因此，图片框具有一些类似窗体的属性，如：字形属性 FontName、FontSize、FontBold、FontItalic、FontUnderline、FontStrikethru，大小属性 Width、Height，位置属性 Left、Top、CurrentX、CurrentY，坐标属性 ScaleWidth、ScaleHeight 等。

8.3.2　图像

图像(Image)控件只能用于显示图片，但比图片框占用更少的内存，因此，显示速度快。

图像控件的常用属性如下：

(1) Picture 属性。指定图像控件显示图片的完整路径，可以在设计时和运行时为图像控件指定显示图片。

(2) Stretch 属性。是否调整图片的大小以适应图像控件的大小，如果设置为 True，将调整图片的大小以适应图像控件的大小；如果设置为 False，将调整图像控件的大小以适应图片的大小。

8.3.3　图片的载入与清除

1. 图片的载入

为图片框和图像控件载入图片，既可以在设计时载入，也可以在运行时载入。

设计时载入图片，先选择图片框或图像控件，在属性窗口中为其 Picture 属性指定显示图片的完整路径，也可以利用剪贴板，用快捷键 Ctrl＋V 将图片粘贴到图片框或图像控件中。

运行时载入图片，既可以将已经载入了图片的图片框或图像控件的 Picture 属性值赋给其他的图片框或图像控件的 Picture 属性，也可以使用 LoadPicture 函数载入图片。LoadPicture 函数的语法格式如下：

```
[<对象名>.]Picture = LoadPicture(<图片文件的完整路径>)
```

其中，＜对象名＞可以是图片框、图像控件、窗体，如果是当前窗体可以省略＜对象名＞；＜图片文件的完整路径＞是字符串。

例如，假设 Image1 已经载入了图片，则下面语句将图像控件 Image1 的图片赋给图片

框 Picture1,此时,两个控件显示相同的图片:

```
Picture1.Picture = Image1.Picture
```

下列语句用 LoadPicture 函数为图像控件 Image1 载入图片:

```
Image1.Picture = LoadPicture("C:\Documents and Settings\All Users\Documents\" & _
                  "My Pictures\示例图片\sunset.jpg")
```

2. 图片的清除

要清除图片框或图像控件中显示的图片,可以使用不带参数或者是空字符串参数的 LoadPicture 函数。

例如,下列语句可以清除图片框 Picture1 中显示的图片:

```
Picture1.Picture = LoadPicture
```

或

```
Picture1.Picture = LoadPicture()
```

或

```
Picture1.Picture = LoadPicture("")
```

【例 8-5】 十字路口交通信号灯控制程序。

在窗体上画 1 个框架 Frame1,2 个标签 Label1、Label2,2 个图像控件 Image1、Image2,2 个计时器控件 Timer1、Timer2,3 个图片框控件组成的控件数组 Picture1(0)~Picture1(2),用计时器控件 Timer1 的计时间隔控制黄灯的显示时间,计时器控件 Timer2 的计时间隔控制红灯和绿灯的显示时间,对象的属性设置见表 8-2,设计窗体如图 8-4 所示,程序运行结果如图 8-5 所示。

表 8-2 对象的属性设置

对象名称	属性名称	属性值	说明
Frame1	Caption	十字路口交通信号灯控制	框架标题
Label1	Caption	南北方向	标签标题
Label2	Caption	东西方向	标签标题
Image1	Stretch	True	
Image2	Stretch	True	
Timer1	Enabled	False	
	Interval	1000	黄灯显示时间 1 秒
Timer2	Enabled	False	
	Interval	5000	红灯、绿灯显示时间 5 秒
Picture1(0)	Picture	TRFFC10A.ICO	绿灯图片
	Visible	False	
Picture1(1)	Picture	TRFFC10B.ICO	黄灯图片
	Visible	False	
Picture1(2)	Picture	TRFFC10C.ICO	红灯图片
	Visible	False	

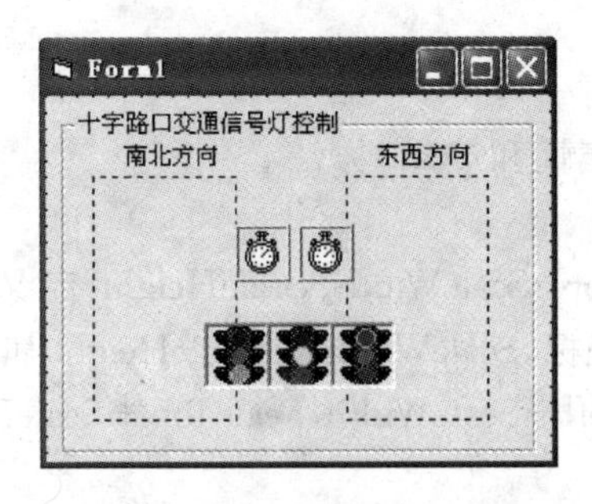

图 8-4　交通信号灯控制设计窗体

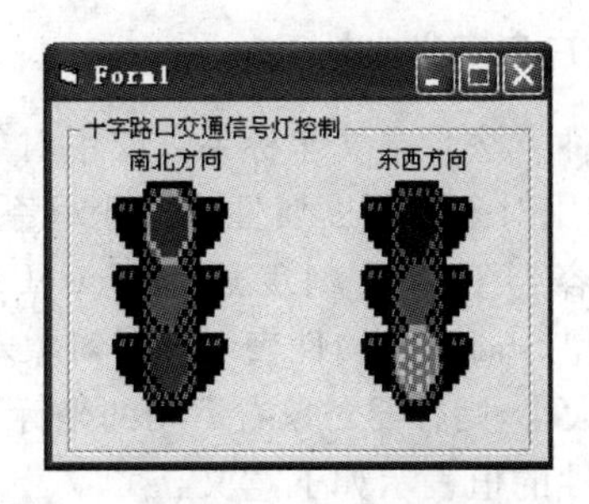

图 8-5　交通信号灯控制运行结果

绿灯、黄灯、红灯 3 个图片文件 TRFFC10A.ICO、TRFFC10B.ICO、TRFFC10C.ICO 所在的路径均为 C:\Program Files\Microsoft Visual Studio\Common\Graphics\Icons\Traffic。

```
Private Sub Form_Load()
  Timer2_Timer
End Sub
Private Sub Timer1_Timer()
  Static flag%
  flag = (flag + 1) Mod 2
  If flag = 0 Then                              '绿灯、红灯交替显示
     Image1.Picture = Picture1(0).Picture        '显示绿灯
     Image2.Picture = Picture1(2).Picture        '显示红灯
  Else
     Image1.Picture = Picture1(2).Picture
     Image2.Picture = Picture1(0).Picture
  End If
  Timer1.Enabled = False
  Timer2.Enabled = True
End Sub
Private Sub Timer2_Timer()
  Image1.Picture = Picture1(1).Picture           '显示黄灯
  Image2.Picture = Picture1(1).Picture           '显示黄灯
  Timer1.Enabled = True
  Timer2.Enabled = False
End Sub
```

8.4　Visual Basic 图形程序设计

Visual Basic 提供了丰富的图形处理功能，既可以通过图形控件显示图片，也可以通过调用图形方法绘制丰富多彩的图形。

8.4.1　Visual Basic 坐标系

1. 默认坐标系

默认情况下，坐标原点在容器对象内部的左上角，水平方向向右为 x 轴正方向，垂直方向向下为 y 轴正方向。

2. 用户自定义坐标系

有两种方法自定义坐标系：使用对象的刻度属性和 Scale 方法。

1) 使用对象的刻度属性定义坐标系

使用容器对象的刻度属性 ScaleLeft、ScaleTop、ScaleWidth、ScaleHeight 定义坐标系，ScaleLeft 和 ScaleTop 属性表示容器对象左上角的坐标，ScaleWidth 和 ScaleHeight 属性表示容器对象的大小，则容器对象右下角的坐标为(ScaleLeft＋ScaleWidth，ScaleTop＋ScaleHeight)。

各属性的值表示如下意义：

当 ScaleLeft 属性值<0，则 y 轴沿水平方向右移，否则，y 轴沿水平方向左移。

当 ScaleTop 属性值>0，则 x 轴沿垂直方向下移，否则，x 轴沿垂直方向上移。

当 ScaleWidth 属性值>0，则 x 轴的正方向向右，否则，x 轴的正方向向左。

当 ScaleHeight 属性值<0，则 y 轴的正方向向上，否则，y 轴的正方向向下。

例如：下面语句定义的坐标系如图 8-6 所示。

```
ScaleLeft = -1
ScaleTop = 1
ScaleWidth = 2
ScaleHeight = -2
```

2) 使用 Scale 方法定义坐标系

Scale 方法是自定义坐标系最便捷的方法，其语法格式如下：

```
[<对象名>.]Scale [(x1,y1) - (x2,y2)]
```

其中，(x1，y1)为容器对象左上角的坐标，(x2，y2)为容器对象右下角的坐标；当 Scale 方法不带参数时，取消用户自定义的坐标系，采用默认坐标系；对象可以是窗体、图片框等容器对象，如果是当前窗体可以省略<对象名>。

例如：语句 Scale(－1，1)－(1，－1)也可以定义如图 8-6 所示的坐标系。

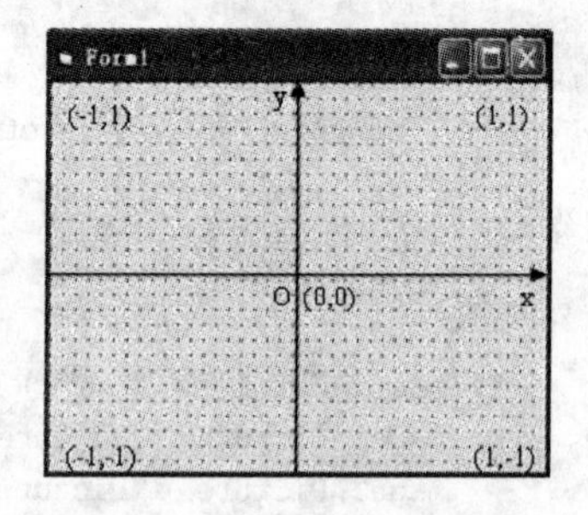

图 8-6 用户自定义坐标系

8.4.2 常用绘图属性

1. ScaleMode 属性

可以设置容器对象的坐标度量单位，见表 8-3。

表 8-3 坐标度量单位

常数	值	说明
vbUser	0	用户定义，用 ScaleLeft、ScaleTop、ScaleWidth 和 ScaleHeight 属性设置
vbTwips	1	(默认值)缇(1 英寸＝1440 缇，1 厘米＝567 缇)
vbPoints	2	磅(1 英寸＝72 磅)
vbPixels	3	像素(监视器或打印机分辨率的最小单位)
vbCharacters	4	字符(1 个字符宽度＝120 缇，1 个字符高度＝240 缇)
vbInches	5	英寸
vbMillimeters	6	毫米
vbCentimeters	7	厘米

2. DrawWidth 和 DrawStyle 属性

可以设置线条的宽度和线型。

3. FillColor 和 FillStyle 属性

可以设置填充颜色和填充样式。

4. AutoRedraw 属性

是否自动重画窗体或图片框上的文本和图形。

注意：若要在 Form_Load 事件过程中，在窗体或图片框中绘制图形，则必须将窗体或图片框的 AutoRedraw 属性值设为 True(默认值为 False)，否则，在窗体或图片框中绘制的图形将消失。

8.4.3　常用绘图方法

1. PSet 方法

用于在对象的指定位置用指定的颜色画点，其语法格式如下：

```
[<对象名>.]PSet [Step](x,y)[,<颜色>]
```

说明：

(1) <对象名>为窗体、图片框等容器对象的名称，如果是当前窗体可以省略<对象名>。

(2) (x,y)为画点的坐标，如果使用 Step，则表示(x,y)是相对于当前画图位置(CurrentX,CurrentY)的偏移量；如果省略 Step，则表示(x,y)是绝对坐标。

(3) <颜色>为所画点的颜色。

【例 8-6】 在图片框中绘制正弦函数 $y=\sin\theta(-2\pi\leqslant\theta\leqslant2\pi)$的曲线，如图 8-7 所示。

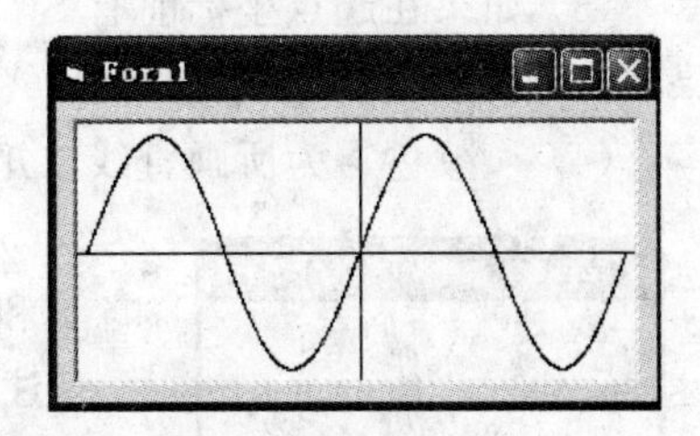

图 8-7　正弦曲线

```
Private Sub Form_Load()
  Dim sita!
  Const pi = 3.14
  Picture1.AutoRedraw = True
  Picture1.BackColor = RGB(255, 255, 255)
  Picture1.Scale ( - 6.5, 1.1) - (6.5, - 1.1)
  Picture1.Line ( - 6.5, 0) - (6.5, 0)
  Picture1.Line (0, 1.1) - (0, - 1.1)
  For sita = - 2 * pi To 2 * pi Step 0.01
    Picture1.PSet (sita, Sin(sita))
  Next
End Sub
```

【例 8-7】 在窗体上绘制四叶草曲线,如图 8-8 所示。

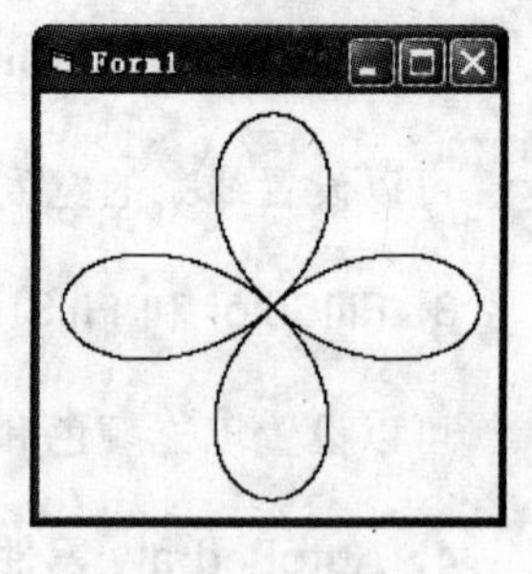

图 8-8 四叶草曲线

四叶草曲线上的点的坐标为:

$$\begin{cases} x = \cos 2\theta \cos\theta \\ y = \cos 2\theta \sin\theta \end{cases} \quad 0 \leqslant \theta \leqslant 2\pi$$

```
Private Sub Form_Click()
  Dim sita!, x!, y!
  BackColor = RGB(255, 255, 255)
  Scale (-1.1, 1.1) - (1.1, -1.1)
  For sita = 0 To 2 * 3.14 Step 0.001
    x = Cos(2 * sita) * Cos(sita)
    y = Cos(2 * sita) * Sin(sita)
    PSet (x, y)
  Next
End Sub
```

2. Line 方法

用于在对象的两点之间画直线或矩形,其语法格式如下:

```
[<对象名>.]Line [Step][(x1,y1)] - [Step](x2,y2)[,<颜色>][,B[F]]
```

说明:

(1) (x1,y1)为起点坐标,如果省略,则以当前画点位置(CurrentX,CurrentY)为起点坐标。

(2) (x2,y2)为终点坐标。

(3) 如果在起点坐标前有 Step,则表示起点坐标是相对于当前画图位置的偏移量;如果在终点坐标前有 Step,则表示终点坐标是相对于起点坐标的偏移量。

(4) <颜色>为所画直线或矩形的边框颜色。

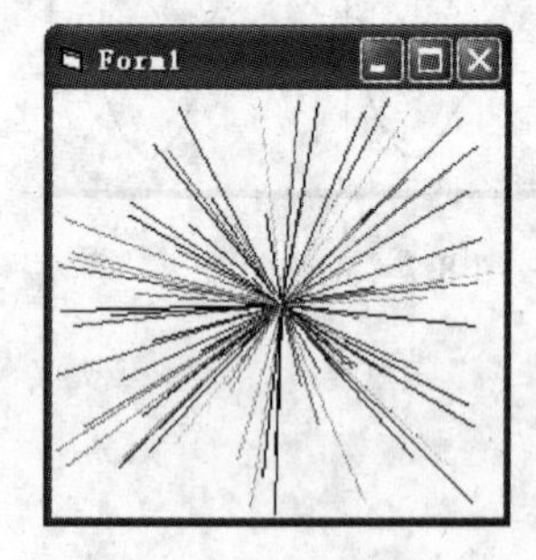

图 8-9 礼花效果

(5) B 表示画矩形,F 表示用矩形边框的颜色填充矩形,省略 B 和 F 时画直线。

注意:

(1) 画矩形时,如果省略了<颜色>,则<颜色>前的逗号必须保留。

(2) F 只能在 B 之后,不能单独使用。

【例 8-8】 在窗体上绘制礼花效果。

所有线条的起点坐标在(0,0),终点坐标(x,y)的值在−1～1之间,如图 8-9 所示。

```
Private Sub Form_Click()
  Dim i%, x!, y!
  BackColor = RGB(255, 255, 255)
  Randomize
  Scale (-1, 1) - (1, -1)
  For i = 1 To 100
```

```
    x = Rnd * 2 - 1
    y = Rnd * 2 - 1
    Line (0, 0) - (x, y), QBColor(Int(Rnd * 16))
  Next
End Sub
```

3. Circle 方法

用于在对象中画圆、椭圆、圆弧或扇形，其语法格式如下：

```
[<对象名>.]Circle [Step](x,y),<半径>[,<颜色>][,<起始角>][,<终止角>][,<纵横比>]
```

说明：

(1) (x,y)为圆心坐标。

(2) ＜颜色＞是所画圆、椭圆、圆弧或扇形的边框颜色。

(3) ＜起始角＞为圆弧的起始位置(以弧度为单位)，范围为 -2π～2π，默认值为 0。

(4) ＜终止角＞为圆弧的终止位置(以弧度为单位)，范围为 -2π～2π，默认值为 2π。

(5) ＜纵横比＞为圆的纵轴和横轴的尺寸比，默认值为 1，表示画一个标准圆。

注意：

(1) 除圆心坐标和半径外，其他参数均可省略，但若省略的是中间参数，则逗号必须保留。

(2) 画圆弧或扇形都是按逆时针方向，如果起始角和终止角都是正数，则画圆弧；如果起始角和终止角都是负数，则画扇形。

【例 8-9】 用 Circle 方法在窗体上绘制如图 8-10 所示的圆和椭圆组合图形。

```
Private Sub Form_Load()
  AutoRedraw = True
  BackColor = RGB(255, 255, 255)
  Scale (-1, 1) - (1, -1)
  Circle (0, 0), 0.8
  Circle (0, 0), 0.8, , , , 0.5
  Circle (0, 0), 0.8, , , , 2
End Sub
```

【例 8-10】 用 Circle 方法在图片框中绘制如图 8-11 所示的艺术图案，该艺术图案由一系列圆组成，这些圆的圆心在另外一个固定圆(轨迹圆)的圆周上。

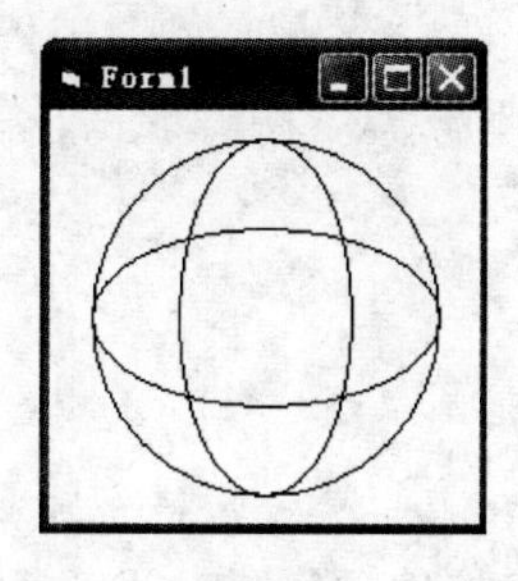

图 8-10　圆和椭圆组合图形

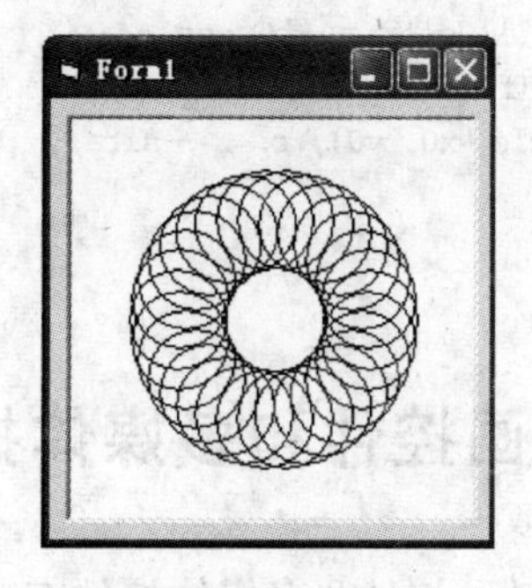

图 8-11　艺术图案

```
Private Sub Form_Load()
  Dim r!, x!, y!, x0!, y0!, t!, sita!
  Const pi = 3.14
  Picture1.AutoRedraw = True
  Picture1.BackColor = RGB(255, 255, 255)
  r = Picture1.ScaleHeight / 4                '轨迹圆的半径
  Rem 轨迹圆的圆心
  x0 = Picture1.ScaleWidth / 2
  y0 = Picture1.ScaleHeight / 2
  t = 2 * pi / 30                             '轨迹圆周 30 等分
  For sita = 0 To 2 * pi Step t
    Rem 轨迹圆圆周上各等分点的坐标
    x = x0 + r * Cos(sita)
    y = y0 - r * Sin(sita)
    Rem 以轨迹圆圆周上的等分点为圆心,以 0.5 * r 为半径画圆
    Picture1.Circle (x, y), r * 0.5
  Next
End Sub
```

【例 8-11】 用 Circle 方法在窗体上画如图 8-12 所示的折扇，折扇由多个相同的小扇形组成，每个小扇形填充不同的颜色。

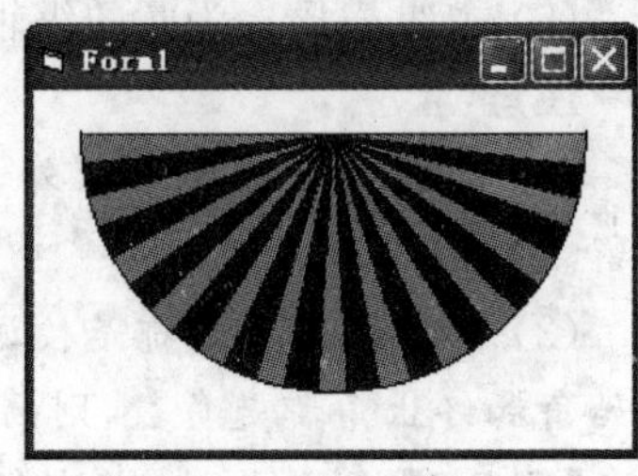

图 8-12 用 Circle 方法画折扇

```
Private Sub Form_Load()
  Dim r!, x0!, y0!, t!, sita!, n%
  Const pi = 3.14
  AutoRedraw = True
  BackColor = RGB(255, 255, 255)
  r = ScaleHeight / 1.4                       '折扇半径
  x0 = ScaleWidth / 2
  y0 = ScaleHeight / 8
  t = pi / 25                                 '将半圆 25 等分
  n = 0                                       'n 为折扇的折数
  FillStyle = 0
  For sita = pi To 2 * pi - t Step t
    n = n + 1
    If n Mod 2 = 0 Then
      FillColor = vbBlue
    Else
      FillColor = vbGreen
    End If
    Circle (x0, y0), r, , - sita, - (sita + t)
  Next
End Sub
```

8.5 动画控件和多媒体控件

常用的动画控件和多媒体控件有：Animation(动画)控件、Multimedia(多媒体)控件和 MediaPlayer(媒体播放器)控件。

它们都是 ActiveX 控件，使用时要先添加到工具箱中，用鼠标右击工具箱的空白区域，在快捷菜单中单击“部件”命令，在“部件”对话框的“控件”选项卡中，选中 Microsoft Windows Common Controls-2 6.0(SP6)选项，可将 Animation 控件添加到工具箱中；选中 Microsoft Multimedia Control 6.0(SP3)选项，可将 Multimedia 控件添加到工具箱中；选中 Windows Media Player 选项，可将 MediaPlayer 控件添加到工具箱中。

8.5.1　Animation 控件

Animation 控件只能播放无声的 AVI 文件。

1. Animation 控件常用属性

Animation 控件的 AutoPlay 属性是将.avi 文件加载到 Animation 控件后是否自动播放，若该属性值为 True，则自动连续循环播放.avi 文件；若该属性值为 False，则加载了.avi 文件后，需要使用 Play 方法播放，默认值为 False。

2. Animation 控件常用方法

1) Open 方法

打开一个要播放的.avi 文件，其语法格式如下：

```
<Animation 控件名>.Open <文件名>
```

2) Play 方法

播放已经打开的.avi 文件，其语法格式如下：

```
<Animation 控件名>.Play [<重复次数>][,<起始帧>][,<结束帧>]
```

其中，＜重复次数＞的默认值为－1，表示不断重复播放；＜起始帧＞的默认值为 0，表示从第一帧开始；＜结束帧＞的默认值为－1，表示继续采用上一次指定的结束帧。

3) Stop 方法

终止用 Play 方法播放的动画，其语法格式如下：

```
<Animation 控件名>.Stop
```

当设置 AutoPlay 属性值为 True 时，不能使用 Stop 方法终止动画的播放。

4) Close 方法

关闭当前打开的.avi 文件，其语法格式如下：

```
<Animation 控件名>.Close
```

【例 8-12】 用 Animation 控件播放无声的 AVI 文件，如图 8-13 所示。

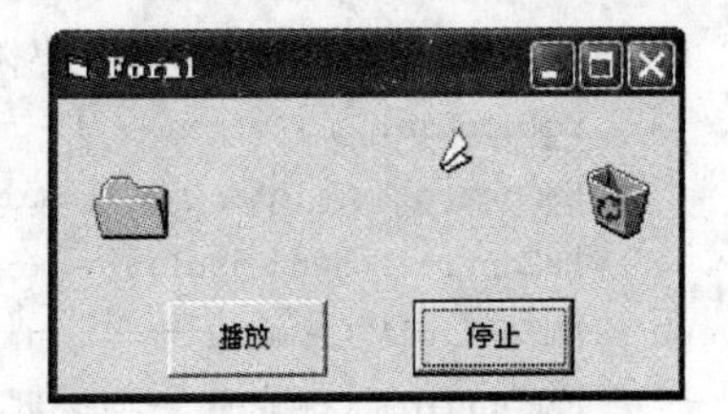

图 8-13　Animation 播放 AVI 文件

```
Private Sub Command1_Click()
  CommonDialog1.Filter = "AVI 文件|*.avi"
  CommonDialog1.ShowOpen
  Animation1.Open CommonDialog1.FileName
```

```
  Animation1.Play
End Sub
Private Sub Command2_Click()
  Animation1.Stop
End Sub
```

说明：通用对话框控件 CommonDialog 的用法将在后面章节介绍。

8.5.2 Multimedia 控件

Multimedia 控件包括：前一个、下一个、播放、暂停、向后步进、向前步进、停止、录制和弹出 9 个按钮。

Multimedia 控件常用属性如下：

(1) DeviceType 属性。用于设置要打开的 MCI(Media Control Interface，媒体控制接口)设备的类型。Multimedia 控件支持的 MCI 设备主要有：WaveAudio、Sequencer、AviVideo、MMMovie。

Multimedia 控件能够播放的音频格式文件有：.wav、.mid、.mp3、.wma 等；视频、动画格式文件有：.avi、.wmv 等。

(2) FileName 属性。设置用 Open 命令打开或 Save 命令保存文件的完整路径。

(3) Command 属性。设置将要执行的 MCI 命令，包括：Open(打开设备)、Close(关闭设备)、Play(播放)、Pause(暂停)、Stop(停止)、Back(向后步进)、Step(向前步进)、Prev(定位到当前曲目的开始位置)、Next(定位到下一个曲目的开始位置)、Seek(搜索一个位置)、Record(录音)、Eject(弹出媒体)、Save(保存打开的文件)。

(4) AutoEnable 属性。设置 Multimedia 控件是否能够根据 MCI 设备类型自动启动或关闭控件中的某些按钮。

(5) ButtonEnabled 属性。设置按钮在 Multimedia 控件中是否能用(有效)。

(6) ButtonVisible 属性。设置按钮在 Multimedia 控件中是否可见。

(7) hWndDisplay 属性。设置显示或输出对象的句柄。在 Visual Basic 中，窗体和控件都有句柄，可通过其 hWnd 属性获得。

【例 8-13】 用 Multimedia 控件播放多媒体文件，如图 8-14 所示。

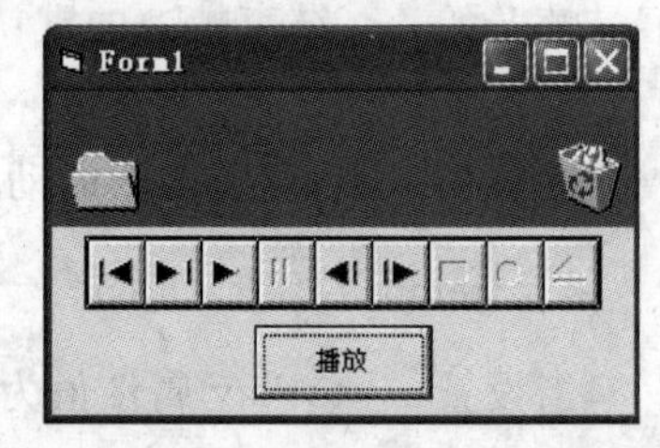

图 8-14 Multimedia 播放媒体

```
Private Sub Command1_Click()
  MMControl1.Command = "Close"
  CommonDialog1.Filter = "媒体文件|*.wav;*.mid;*.mp3;*.wma;*.avi;*.wmv"
  CommonDialog1.Action = 1
  MMControl1.FileName = CommonDialog1.FileName
  MMControl1.hWndDisplay = Me.hWnd
  MMControl1.Command = "Open"
  MMControl1.Command = "Play"
End Sub
```

8.5.3　MediaPlayer 控件

MediaPlayer 控件功能强大，使用简单，能够播放的音频格式文件有：.wav、.wma、.swa、.mp3、.aif、.mid、.cda 等，图片格式文件有：.bmp、.jpg、.gif 等，视频、动画格式文件有：.avi、.wmv、.dat、.mpg 等。

1. MediaPlayer 控件的常用属性

1）URL 属性

指定需要播放的媒体文件的完整路径。

2）fullScreen 属性

是否全屏显示。

2. MediaPlayer 控件的常用方法

1）Controls 相关方法

通过 Controls 相关方法可以对播放器进行控制，其语法格式如下：

```
<MediaPlayer 控件名>.Controls.[Play|Pause|Stop]
```

分别实现播放、暂停、停止操作。

2）Close 方法

用于终止播放器的播放过程，其语法格式如下：

```
<MediaPlayer 控件名>.Close
```

图 8-15　MediaPlayer 播放媒体

【例 8-14】　用 MediaPlayer 控件播放多媒体文件，如图 8-15 所示。

```
Private Sub Command1_Click()
  CommonDialog1.Filter = "媒体文件|*.wav;*.mid;*.wma;*.cda;*.mp3;" & _
                         "*.bmp;*.jpg;*.gif;*.avi;*.wmv;*.mpg;*.dat"
  CommonDialog1.Action = 1
  WindowsMediaPlayer1.URL = CommonDialog1.FileName
  WindowsMediaPlayer1.Controls.Play
End Sub
```

8.6　拖放

拖放(Drap and Drop)操作由拖(Drap)和放(Drop)两个动作组成。拖放操作包括将鼠标指针指向一个对象并按住鼠标左键不放、拖动鼠标和释放鼠标左键 3 个过程。拖的对象称为源对象，放的对象称为目标对象，源对象可以是除直线控件、形状控件、菜单控件、计时器控件以外的所有标准控件，目标对象可以是除直线控件、形状控件、菜单控件、计时器控件以外的所有标准控件和窗体。

注意：窗体不能作为拖放操作的源对象，但可以作为目标对象。

Visual Basic 提供的拖放操作有两种：自动拖放和手动拖放。

8.6.1 与拖放有关的属性、事件和方法

1. 与拖放有关的属性

1）DragMode 属性

用于设置拖放模式，有两种拖放模式：0-Manual（默认值，手动拖放模式）、1-Automatic（自动拖放模式）。

2）DragIcon 属性

用于设置拖放对象时的图标，其值是图标文件（扩展名为. ico 或. cur）的完整路径。如果不设置 DragIcon 属性，拖放一个对象时，对象本身不移动，移动的是代表对象的边框，设置了 DragIcon 属性后，拖放一个对象时，移动的是代表对象的图标。

2. 与拖放有关的事件

1）DragOver 事件

当拖放源对象经过目标对象上时，触发目标对象的 DragOver 事件。其事件过程模板如下：

```
Private Sub Form|控件名_DragOver(Source As Control, X As Single, Y As Single, State As Integer)
    <语句组>
End Sub
```

参数 Source 为源对象，X、Y 为鼠标指针在目标对象上的坐标，State 的值为 0、1 或 2，分别表示鼠标指针进入目标对象区域、离开目标对象区域或正在目标对象区域。

2）DragDrop 事件

当拖放源对象到目标对象上释放鼠标左键时，触发目标对象的 DragDrop 事件，其事件过程模板如下：

```
Private Sub Form|控件名_DragDrop(Source As Control, X As Single, Y As Single)
    <语句组>
End Sub
```

DragDrop 事件过程参数的含义与 DragOver 事件过程相同。

需要强调的是：必须在 DragDrop 事件过程中编写程序才能实现真正的拖放，否则，释放鼠标后源对象并没有被拖放到目标对象。

3. 与拖放有关的方法

与拖放有关的方法主要有：Move 方法（前面章节已经介绍）和 Drag 方法。

Drag 方法只有在被拖放的对象以手动模式拖放时才有意义，并通过不同的行为参数实现取消、启动或结束对源对象的拖放操作。Drag 方法的语法格式如下：

```
<源对象名>.Drag [<行为参数>]
```

其中，行为参数的取值及其含义如下：

0——取消手动拖放操作，不触发 DragDrop 事件；

1——启动手动拖放操作，为系统默认设置；

2——结束手动拖放操作，触发 DragDrop 事件。

当对象的拖放模式为手动模式时，必须用 Drag 方法实现对象的拖放操作，使用 Drag 方法可以控制什么时候开始拖放、什么时候结束拖放、什么时候取消拖放，因此，手动拖放比自动拖放更加灵活。

8.6.2 自动拖放

自动拖放是将源对象的 DragMode 属性值设为 1-Automatic 时的拖放模式。在自动拖放模式下，对象随时都允许被拖放，但要真正实现对象的拖放操作还必须编写相关的事件过程。

在自动拖放模式下，实现对象拖放的步骤如下：

(1) 设置源对象的 DragMode 属性值为 1-Automatic。

(2) 为目标对象编写如下的 DragDrop 事件过程。

```
Private Sub 目标对象名_DragDrop(Source As Control, X As Single, Y As Single)
    Source.Move x,y
End Sub
```

(3) 根据应用的需要为源对象所经过的对象编写 DragOver 事件过程。

【例 8-15】 设计一个自动拖放模式拖放图标的程序。

在窗体上画 1 个图像控件 Image1，设置其 DragMode 属性值为 1-Automatic，Height 属性值为 495，Width 属性值为 495，DragIcon 属性值为 C:\Program Files\Microsoft Visual Studio\Common\Graphics\Icons\Office\Graph11.ICO，Visible 属性值为 False，Index 属性值为 0，以 Image1(0)为基础创建有 10 个元素的图像控件数组，每个图像控件数组元素赋一个图标文件，图标文件的文件名分别为 GRAPH01.ICO～GRAPH10.ICO，它们所在的路径均为：C:\Program Files\Microsoft Visual Studio\Common\Graphics\Icons\Office，在窗体上利用自动拖放模式拖放这些图标，如图 8-16 所示。

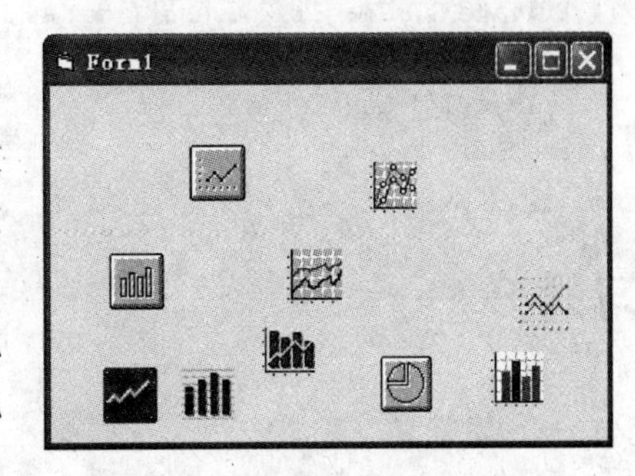

图 8-16 自动拖放模式拖放图标

```
Private Sub Form_Load()
  For i = 1 To 10
    Load Image1(i)
    Image1(i).Top = 0
    Image1(i).Left = (i - 1) * Image1(i).Width
    Image1(i).Picture = LoadPicture("C:\Program Files\Microsoft Visual Studio" _
            & "\Common\Graphics\Icons\Office\graph" & Format(i, "00") & ".ico")
    Image1(i).Visible = True
  Next
```

```
End Sub
Private Sub Form_DragDrop(Source As Control, X As Single, Y As Single)
   Source.Move X, Y
End Sub
```

8.6.3 手动拖放

手动拖放是将源对象的 DragMode 属性值设为 0-Manual 或默认时的模式。在手动拖放模式下，通过源对象的 Drag 方法的不同参数，可以实现对源对象的取消、启动或结束手动拖放操作。

在手动拖放模式下，实现对象拖放的步骤如下：

(1) 设置源对象的 DragMode 属性值为 0-Manual 或默认。

(2) 为源对象编写 MouseDown 事件过程启动源对象的手动拖放操作。

(3) 为源对象编写 MouseUp 事件过程结束源对象的拖放操作，并触发目标对象的 DragDrop 事件。

(4) 为目标对象编写 DragDrop 事件过程。

(5) 根据应用的需要为源对象所经过的对象编写 DragOver 事件过程。

【例 8-16】 设计一个手动拖放模式拖放图标的程序。

在例 8-15 中，将 Image1 的 DragMode 属性值设为 0-Manual，通过手动拖放图标。

窗体的 Form _Load 和 Form_DragDrop 事件过程的程序代码与例 8-15 相同。

```
Private Sub Image1_MouseDown(Index As Integer, Button As Integer, Shift As Integer, X _
As Single, Y As Single)
  Image1(Index).Drag 1                                    '启动手动拖放
End Sub
Private Sub Image1_MouseUp(Index As Integer, Button As Integer, Shift As Integer, X As Single, _
Y As Single)
  Image1(Index).Drag 2                                    '结束手动拖放
End Sub
```

习题 8

一、简答题

1. 键盘事件过程中的参数 KeyAscii 和参数 KeyCode 的含义分别是什么？
2. 在 KeyPress 事件过程中，将参数 KeyAscii 赋值为 0 时，会出现什么样的结果？
3. 默认坐标系和用户自定义坐标系有什么区别？
4. 自动拖放和手动拖放有什么区别？
5. 分别简述实现自动拖放和手动拖放的基本步骤。

二、编程题

1. KeyPress 事件的响应。将例 8-1 中加密后的英文字母解密，还原成原始输入的英文字母，如图 8-17 所示。

2. KeyDown 事件的响应。编写程序，当同时按 Ctrl＋Shift＋F2 键时，在窗体上显示

"您正在按下的键是 Ctrl＋Shift＋F2"，如图 8-18 所示。

图 8-17 英文字母解密

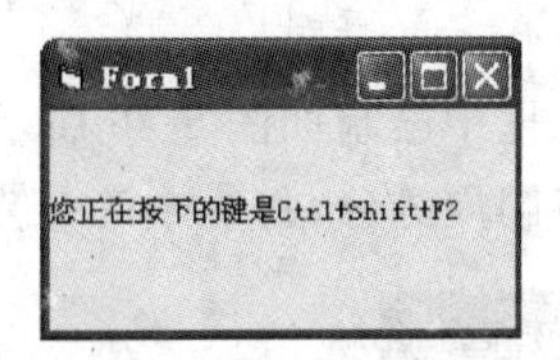

图 8-18 KeyDown 事件

3. MouseMove 和 MouseDown 事件的响应。在窗体上画 1 个标签、1 个文本框、1 个命令按钮，要求鼠标指针移动到标签、文本框、命令按钮和窗体上时，分别显示不同的鼠标指针形状；在不同的对象上右击时，用 MsgBox 提示相应的信息，如：在文本框上右击时，显示"您现在右击的是文本框"，如图 8-19 所示。

4. KeyPress 事件的响应。在窗体上画一个文本框，在文本框的 KeyPress 事件过程中，当不断按"＋"号键时放大文本框，文本框中显示"放大文本框"；不断按"－"号键时缩小文本框，文本框中显示"缩小文本框"；按 Esc 键结束应用程序，如图 8-20 所示。

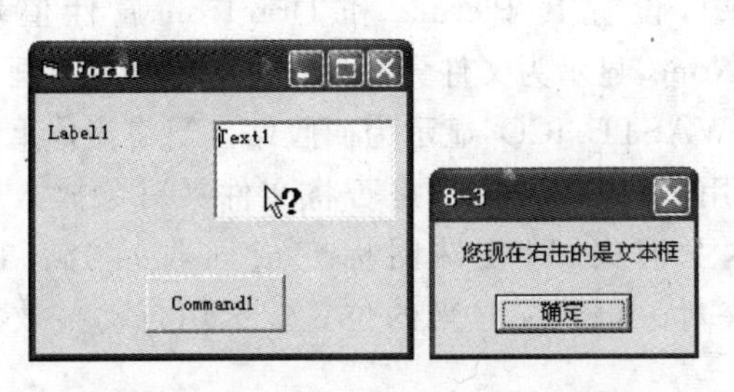

图 8-19 MouseMove 和 MouseDown 事件

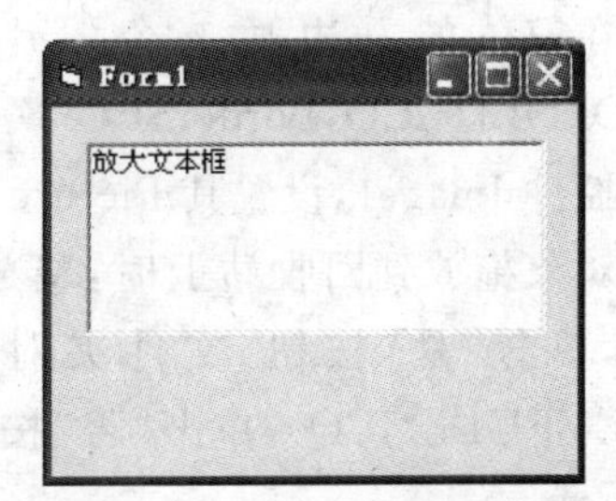

图 8-20 放大、缩小文本框

5. MouseDown 事件的响应。在窗体上按鼠标左键(单击)，则在鼠标指针所指的位置画一个圆，并用随机产生的颜色作为其填充颜色，程序运行结果如图 8-21 所示。

6. 在窗体上绘制余弦函数 $y=\cos\theta(-2\pi\leqslant\theta\leqslant2\pi)$的曲线，如图 8-22 所示。

7. 在图片框中绘制如图 8-23 所示的多矩形图案。

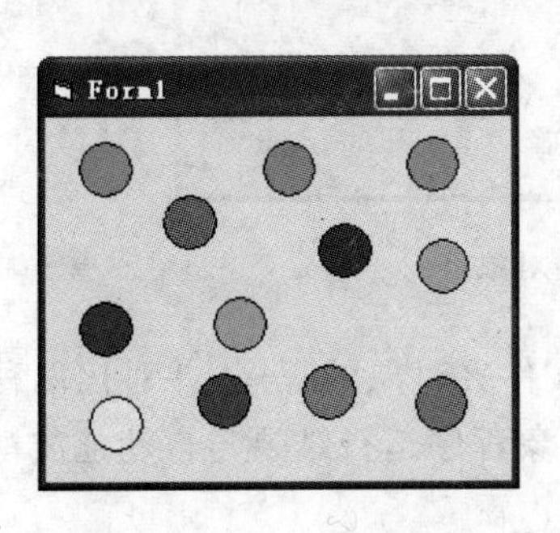

图 8-21 MouseDown 事件

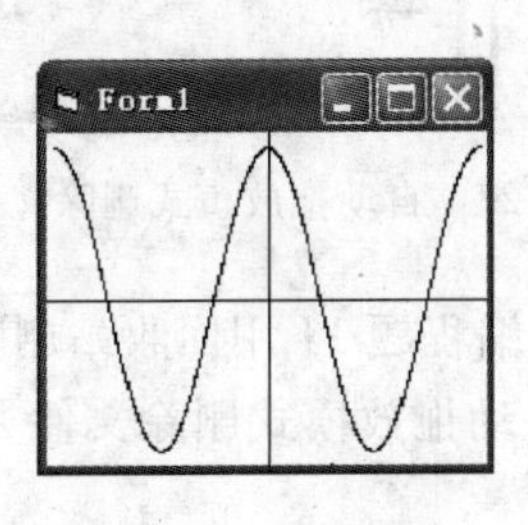

图 8-22 余弦曲线

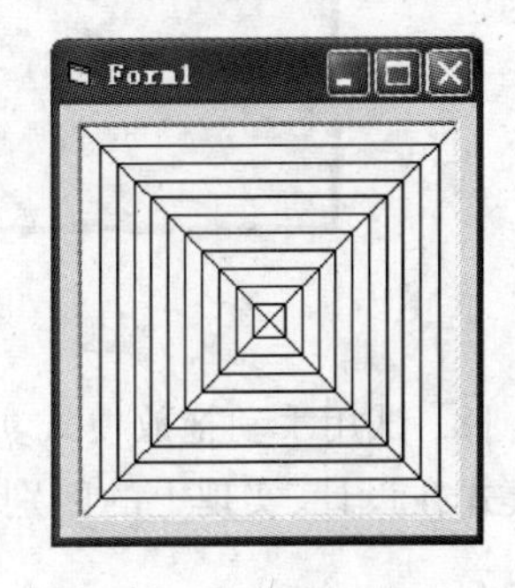

图 8-23 多矩形图案

8. 在图片框中绘制如图 8-24 所示的太极图案。

9. 在窗体上绘制 t 的值在 $0\sim6\pi$ 之间的阿基米德螺线，如图 8-25 所示。

阿基米德螺线的参数方程如下：

$$\begin{cases} x = t\cos t \\ y = t\sin t \end{cases}$$

10. 在图片框中绘制如图 8-26 所示的金刚石图案。

提示：先将圆周等分，每一个等分点都与其他所有的等分点连线。

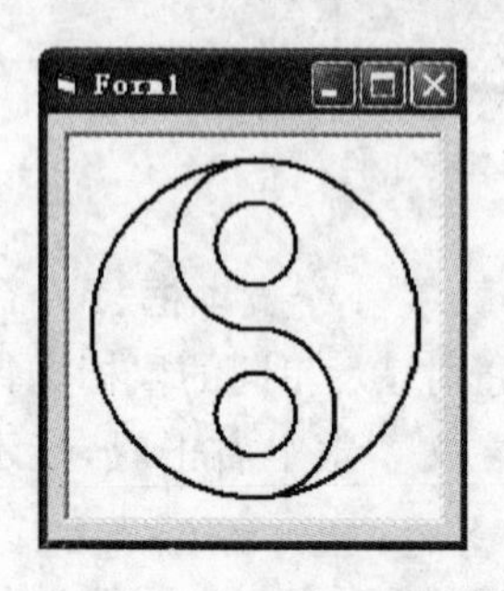

图 8-24 太极图案

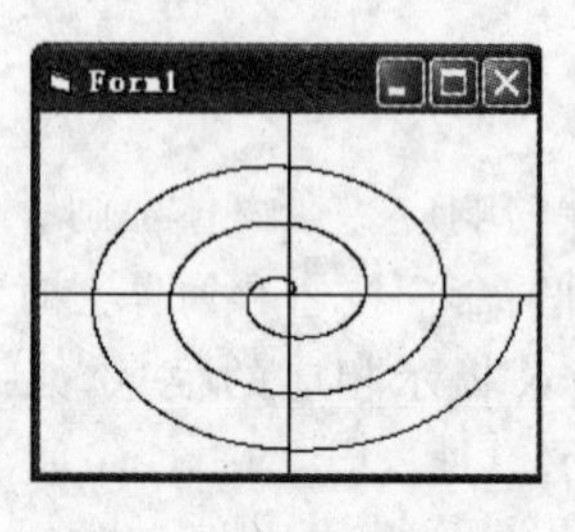

图 8-25 阿基米德螺线

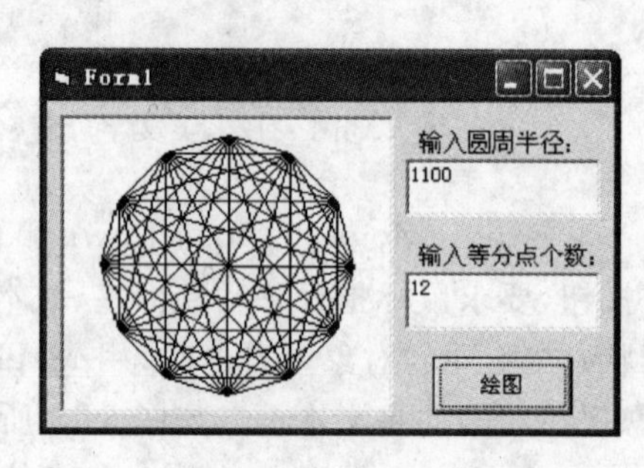

图 8-26 金刚石图案

11. 编写用回收站删除文件夹对象的程序。

在窗体的左边画 1 个图片框 Picture1，设置其 Picture 和 DragIcon 属性值均为 CLSDFOLD.ICO，BorderStyle 属性值为 0-None，显示为文件夹对象；在窗体的右边画 1 个图像控件 Image1，设置其 Picture 属性值为 WASTE.ICO，显示为回收站。当将窗体上的文件夹对象拖放到回收站上时，释放鼠标，并用 MsgBox 提示"是否将文件夹对象放入回收站?"，单击"是"按钮，文件夹对象从窗体上消失，回收站图标变成回收站"满"图标(RECYFULL.ICO)，单击"否"按钮，文件夹对象仍然在原来的位置。试用自动拖放模式实现。

3 个图标文件所在的路径均为：

C:\Program Files\Microsoft Visual Studio\Common\Graphics\Icons\Win95

自动拖放模式删除文件夹对象程序运行结果如图 8-27 所示。

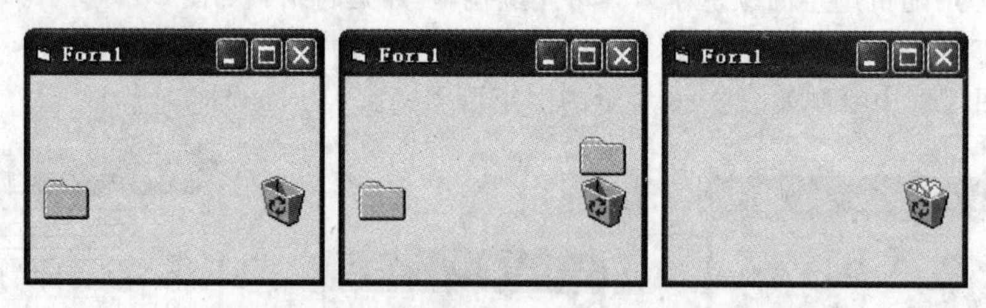

图 8-27 自动拖放模式删除文件夹对象

12. 试用手动拖放模式实现编程题 11 用回收站删除文件夹对象的程序，并对比两种拖放模式在设计、实现上的区别，手动拖放模式删除文件夹对象程序运行结果与自动拖放模式类似。

菜单工具栏与对话框

菜单作为应用系统的基本部分，一方面提供人机对话的界面，以便让用户选择应用系统的各种功能；另一方面对应用系统进行统一管理，控制各种功能模块的运行。一个高质量的菜单程序，不仅能使系统美观，而且能方便用户使用。

9.1 菜单的设计

菜单可以分成两种基本类型：下拉式菜单和弹出式菜单。下拉式菜单一般位于窗口或窗体标题栏的下面，又称为窗口菜单，如图 9-1 所示；弹出式菜单一般用鼠标右键弹出，又称为快捷菜单，如图 9-2 所示。

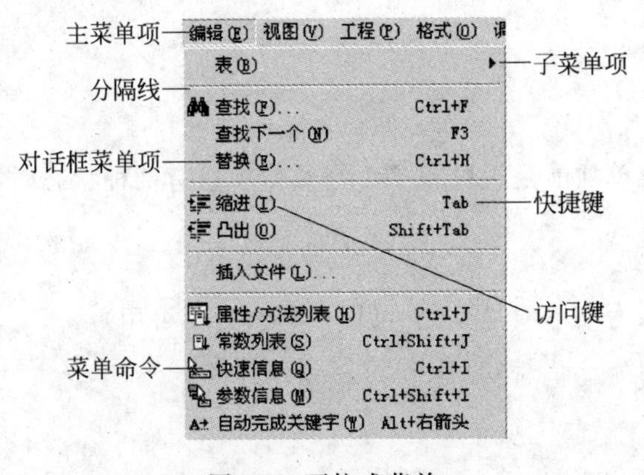

图 9-1 下拉式菜单

图 9-2 弹出式菜单

下拉式菜单出现在窗口或窗体标题栏下面的是主菜单项，下拉式菜单可以有多个主菜单项，用鼠标单击主菜单项或按相应的访问键可以下拉出子菜单，最多可达 6 级下拉菜单，子菜单中的菜单项有 4 种类型：菜单命令、子菜单项、对话框菜单项和分隔线。菜单命令是直接执行相应命令的菜单项，子菜单项包含下一级子菜单，对话框菜单项将出现一个对话框，分隔线主要对菜单项进行分组。

一般情况下，菜单项用鼠标单击选择，也可以通过键盘选择菜单项，用键盘选择菜单项通常有两种方法：快捷键或热键、访问键。快捷键在任何时候都可以直接执行相应的菜单命令，但主菜单项不能加快捷键；用访问键选择菜单项时，必须一级一级地选择，也就是说，只有下拉显示出下一级菜单后，才能使用访问键选择菜单项，访问键的用法是：Alt＋下划线字母键。当子菜单显示出来后，也可以直接按下划线字母键选择菜单项。

弹出式菜单的组成与下拉式菜单的组成类似，通过右击鼠标弹出的菜单相当于下拉式菜单的子菜单，弹出的菜单也包括菜单命令、子菜单项、对话框菜单项和分隔线4种类型的菜单项，弹出式菜单的菜单项一般没有快捷键；访问键的用法是：弹出菜单后直接按下划线字母键。弹出菜单的父菜单项(上一级菜单项)不会被显示在弹出式菜单中。

9.1.1 菜单控件

在 Visual Basic 中，每一个菜单项就是一个菜单控件。

1. 菜单控件的事件

菜单控件只有一个事件 Click，但作为分隔线的菜单控件不响应 Click 事件。

2. 菜单控件的常用属性

1) Caption 属性

设置菜单项的标题。将菜单控件的 Caption 属性值设为减号“－”，该菜单控件变成分隔线；在菜单控件的 Caption 属性中输入“&”＋“字母”，可实现访问键，程序运行后，显示为带下划线的字母，使用时按 Alt＋下划线字母键。

2) Name 属性

菜单控件的名称，是菜单控件的唯一标识。

3) Index 属性

设置菜单控件数组的下标。

4) Checked 属性

菜单控件是否为复选，显示为菜单项前是否打“√”。当菜单项只有两种状态时，可以使用菜单控件的 Checked 属性。

5) Enabled 属性

菜单控件是否可用(有效)，显示为菜单项是黑色(可用)或灰色(不可用)。

6) Visible 属性

菜单控件是否可见。

7) ShortCut 属性

设置菜单项的快捷键。

9.1.2 菜单编辑器

不管是下拉式菜单还是弹出式菜单都可以在菜单编辑器中实现，但菜单只能建立在窗体上，因此，只有选择窗体后才能打开菜单编辑器。

单击“标准”工具栏上的“菜单编辑器”按钮，或者单击“工具”菜单中的“菜单编辑器”命令，或者在窗体上右击，在快捷菜单中单击“菜单编辑器”命令，或者使用快捷键 Ctrl＋E 都可以打开菜单编辑器。

菜单编辑器窗口可以分成3部分：菜单控件属性区、菜单项编辑区、菜单项列表区，如图9-3所示。

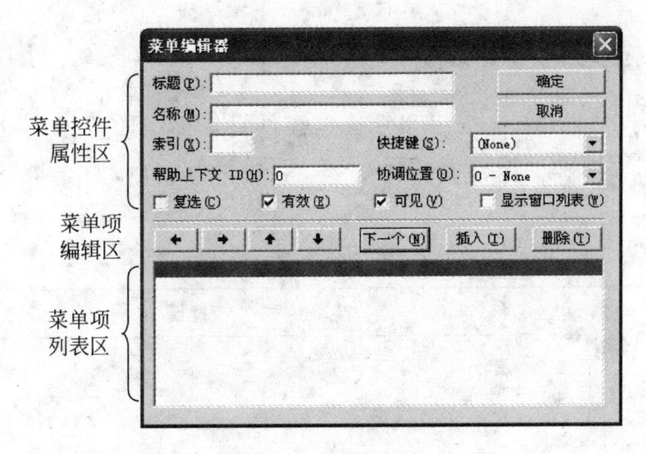

图 9-3　菜单编辑器

1. 菜单控件属性区

菜单控件属性区的标题、名称、索引、复选、有效、可见、快捷键分别对应菜单控件的常用属性 Caption、Name、Index、Checked、Enabled、Visible、ShortCut；帮助上下文 ID：在 HelpFile 属性指定的帮助文件中用该数值查找相应的帮助主题；协调位置：当一个具有菜单的窗体包含另一个具有菜单的对象时，该属性决定窗体的菜单与被包含对象的菜单如何共用菜单栏空间；显示窗口列表：在多文档界面应用程序中，是否显示当前打开的一系列子窗体。

2. 菜单项编辑区

菜单项编辑区有 7 个命令按钮，它们的功能分别如下：

(1) ←按钮。去掉一个内缩符号“····”，将当前选定的菜单项上移一级。

(2) →按钮。加入一个内缩符号“····”，将当前选定的菜单项下移一级。

(3) ↑按钮。将当前选定的菜单项在同级菜单项中向上移动一个位置。

(4) ↓按钮。将当前选定的菜单项在同级菜单项中向下移动一个位置。

(5)“下一个”按钮。将下一个菜单项作为当前菜单项。

(6)“插入”按钮。在当前选定的菜单项前插入一个新的菜单项。

(7)“删除”按钮。删除当前选定的菜单项。

3. 菜单项列表区

输入的菜单项以列表的形式显示在菜单项列表区，通过内缩符号“····”表明菜单项的层次。

整个菜单建立完成后，单击“菜单编辑器”对话框中的“确定”按钮，在窗体的顶部就可以看到所设计的菜单，此时，如果单击某个菜单项，在代码窗口中将出现该菜单控件的 Click 事件过程模板。

注意：内缩符号“····”是通过菜单项编辑区的第二个命令按钮为菜单控件加入的，不能通过键盘在菜单控件的 Caption 属性中直接输入。

9.1.3 下拉式菜单设计

【例 9-1】 为例 4-14 用单选按钮和复选框控件设置标签的字体、字形、前景色添加菜单，将选择控件的功能用菜单控件来实现，下拉式菜单层次结构见表 9-1，程序运行结果如图 9-4 所示。

表 9-1 下拉式菜单层次结构

标题(Caption)	名称(Name)	快捷键	说明
字体(&N)	fnts		主菜单项 1
....宋体	songti		子菜单项 11
....隶书	lishu		子菜单项 12
....楷体	kaiti		子菜单项 13
....黑体	heiti		子菜单项 14
字形(&T)	styles		主菜单项 2
....加粗(&B)	jiacu	Ctrl+B	子菜单项 21
....倾斜(&I)	qingxie	Ctrl+I	子菜单项 22
....下划线(&U)	xiahuaxian	Ctrl+U	子菜单项 23
....删除线(&S)	shanchuxian	Ctrl+S	子菜单项 24
前景色(&F)	foreclrs		主菜单项 3
....黑色(&H)	heise		子菜单项 31
....红色(&R)	hongoc		子菜单项 32
....绿色(&G)	lvse		子菜单项 33
....蓝色(&L)	lanse		子菜单项 34

将例 4-14 中窗体上的 3 个框架 Frame1～Frame3、8 个单选按钮 Option1～Option8、4 个复选框 Check1～Check4 删除，仅留下标签 Label1，将 Label1 移到窗体中央。

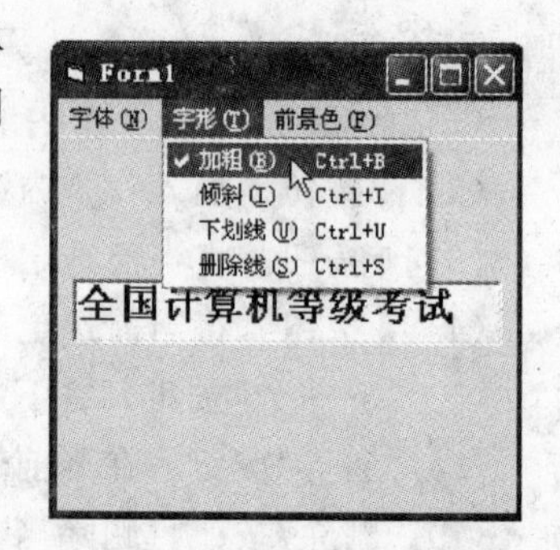

图 9-4 字体字形前景色菜单

窗体模块 Form1 的程序代码修改如下：

```
Private Sub songti_Click()
  Label1.FontName = "宋体"
End Sub
Private Sub lishu_Click()
  Label1.FontName = "隶书"
End Sub
Private Sub kaiti_Click()
  Label1.FontName = "楷体_GB2312"
End Sub
Private Sub heiti_Click()
  Label1.FontName = "黑体"
End Sub
Private Sub jiacu_Click()
  jiacu.Checked = Not jiacu.Checked
  Label1.FontBold = jiacu.Checked
End Sub
Private Sub qingxie_Click()
```

```
    qingxie.Checked = Not qingxie.Checked
    Label1.FontItalic = qingxie.Checked
  End Sub
  Private Sub xiahuaxian_Click()
    xiahuaxian.Checked = Not xiahuaxian.Checked
    Label1.FontUnderline = xiahuaxian.Checked
  End Sub
  Private Sub shanchuxian_Click()
    shanchuxian.Checked = Not shanchuxian.Checked
    Label1.FontStrikethru = shanchuxian.Checked
  End Sub
  Private Sub heise_Click()
    Label1.ForeColor = RGB(0, 0, 0)
  End Sub
  Private Sub hongse_Click()
    Label1.ForeColor = RGB(255, 0, 0)
  End Sub
  Private Sub lvse_Click()
    Label1.ForeColor = RGB(0, 255, 0)
  End Sub
  Private Sub lanse_Click()
    Label1.ForeColor = RGB(0, 0, 255)
  End Sub
```

9.1.4 菜单控件数组

菜单控件数组具有控件数组的优点，同时，在菜单中使用菜单控件数组可以实现动态增减菜单项，节省代码的书写。

【例 9-2】 在例 9-1 中，用菜单控件数组实现相同功能。下拉式菜单层次结构见表 9-2。

表 9-2 下拉式菜单层次结构

标题(Caption)	名称(Name)	索引(Index)	快 捷 键	说 明
字体(&N)	fnts			主菜单项 1
....宋体	fnt	0		子菜单项 11
....隶书	fnt	1		子菜单项 12
....楷体	fnt	2		子菜单项 13
....黑体	fnt	3		子菜单项 14
字形(&T)	styles			主菜单项 2
....加粗(&B)	style	0	Ctrl+B	子菜单项 21
....倾斜(&I)	style	1	Ctrl+I	子菜单项 22
....下划线(&U)	style	2	Ctrl+U	子菜单项 23
....删除线(&S)	style	3	Ctrl+S	子菜单项 24
前景色(&F)	foreclrs			主菜单项 3
....黑色(&H)	foreclr	0		子菜单项 31
....红色(&R)	foreclr	1		子菜单项 32
....绿色(&G)	foreclr	2		子菜单项 33
....蓝色(&L)	foreclr	3		子菜单项 34

```
Private Sub fnt_Click(Index As Integer)
  Select Case Index
    Case 0
      Label1.FontName = "宋体"
    Case 1
      Label1.FontName = "隶书"
    Case 2
      Label1.FontName = "楷体_GB2312"
    Case 3
      Label1.FontName = "黑体"
  End Select
End Sub
Private Sub style_Click(Index As Integer)
  style(Index).Checked = Not style(Index).Checked
  Select Case Index
    Case 0
      Label1.FontBold = style(Index).Checked
    Case 1
      Label1.FontItalic = style(Index).Checked
    Case 2
      Label1.FontUnderline = style(Index).Checked
    Case 3
      Label1.FontStrikethru = style(Index).Checked
  End Select
End Sub
Private Sub foreclr_Click(Index As Integer)
  Select Case Index
    Case 0
      Label1.ForeColor = RGB(0, 0, 0)
    Case 1
      Label1.ForeColor = RGB(255, 0, 0)
    Case 2
      Label1.ForeColor = RGB(0, 255, 0)
    Case 3
      Label1.ForeColor = RGB(0, 0, 255)
  End Select
End Sub
```

【例 9-3】 菜单控件的 Enabled 和 Visible 属性的应用。在例 9-2 中，当用户选中某种字体，则该字体对应的菜单项不可用，其他 3 种字体的菜单项可用，如图 9-5 所示；当用户选中某种颜色，则该颜色对应的菜单项不可见，其他 3 种颜色的菜单项可见，如图 9-6 所示。

```
Private Sub fnt_Click(Index As Integer)
  Select Case Index
    Case 0
      Label1.FontName = "宋体"
    Case 1
      Label1.FontName = "隶书"
    Case 2
      Label1.FontName = "楷体_GB2312"
    Case 3
```

```
        Label1.FontName = "黑体"
    End Select
    For Each x In fnt
        x.Enabled = IIf(x.Index = Index, False, True)
    Next
End Sub
Private Sub foreclr_Click(Index As Integer)
    Select Case Index
        Case 0
            Label1.ForeColor = RGB(0, 0, 0)
        Case 1
            Label1.ForeColor = RGB(255, 0, 0)
        Case 2
            Label1.ForeColor = RGB(0, 255, 0)
        Case 3
            Label1.ForeColor = RGB(0, 0, 255)
    End Select
    For Each x In foreclr
        x.Visible = IIf(x.Index = Index, False, True)
    Next
End Sub
```

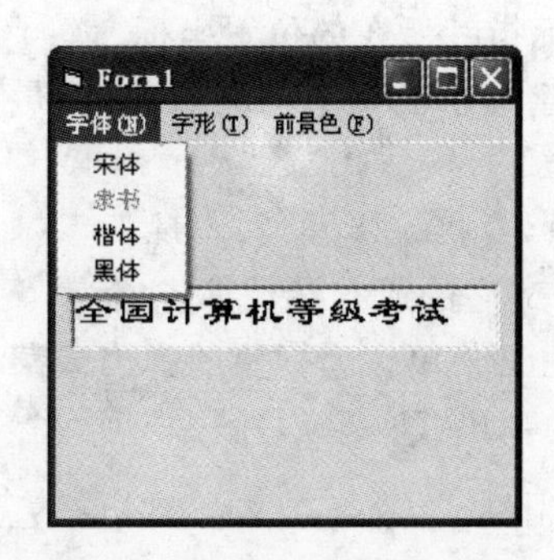

图 9-5　菜单项可用与不可用

图 9-6　菜单项可见与不可见

9.1.5　弹出式菜单

弹出式菜单能够为用户提供灵活的操作方式，它独立于窗口菜单。弹出式菜单能根据鼠标右击的对象不同出现不同的菜单。

弹出式菜单与下拉式菜单的创建方法相同，既可以将下拉式菜单的子菜单作为弹出式菜单，也可以创建独立的弹出式菜单。

创建独立的弹出式菜单的步骤如下：

(1) 在菜单编辑器中，创建弹出式菜单，并将弹出菜单的父菜单项(上一级菜单项)的 Visible 属性值设为 False。

(2) 在需要弹出式菜单的对象的 MouseDown 事件过程中，当按鼠标右键(右击)时，用 PopupMenu 方法弹出菜单。

PopupMenu 方法的语法格式如下：

```
[<窗体名>.]PopupMenu <菜单名>[,flags[,x[,y[,BoldCommand]]]]
```

说明：

(1) ＜窗体名＞指在哪个窗体弹出菜单，如果是当前窗体可省略。

(2) ＜菜单名＞是弹出菜单的父菜单项(上一级菜单项)的菜单控件名。

(3) flags包括弹出菜单的位置常数和行为常数，见表9-3和表9-4，这两个常数可以用"Or"或"＋"连接，也可以直接相加为一个和值。

表9-3　弹出式菜单的位置常数

位置常数	数　值	说　明
vbPopupMenuLeftAlign	0(默认)	弹出菜单的左上角位于(x,y)处
vbPopupMenuCenterAlign	4	弹出菜单上边框的中央位于(x,y)处
vbPopupMenuRightAlign	8	弹出菜单的右上角位于(x,y)处

表9-4　弹出式菜单的行为常数

行为常数	数　值	说　明
vbPopupMenuLeftButton	0(默认)	弹出式菜单的菜单项只接受左键单击
vbPopupMenuRightButton	2	弹出式菜单的菜单项可接受左、右键单击

(4) x、y为显示弹出式菜单的坐标，默认为鼠标指针所在的位置坐标。

(5) BoldCommand指定在弹出菜单中以粗体字显示的菜单项的名称，但最多只能有一个菜单项加粗显示。

(6) 将下拉式菜单的子菜单作为弹出式菜单时，直接用步骤(2)实现。

一般情况下，在PopupMenu方法中，＜菜单名＞后的所有参数都省略。

【例9-4】 在例9-3中，将主菜单项"字体"下的子菜单作为标签的弹出式菜单，如图9-7所示；将主菜单项"前景色"下的子菜单作为窗体的弹出式菜单，如图9-8所示。

```
Private Sub Label1_MouseDown(Button As Integer, Shift As Integer, X As Single, Y As Single)
  If Button = 2 Then
    PopupMenu fnts
  End If
End Sub
Private Sub Form_MouseDown(Button As Integer, Shift As Integer, X As Single, Y As Single)
  If Button = 2 Then
    PopupMenu foreclrs
  End If
End Sub
```

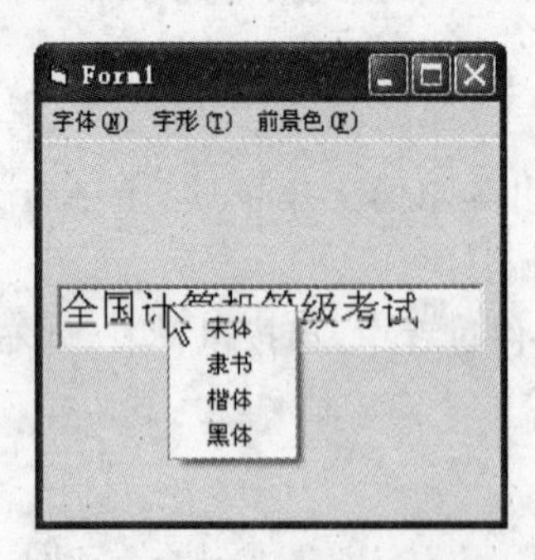

图9-7　标签的弹出式菜单

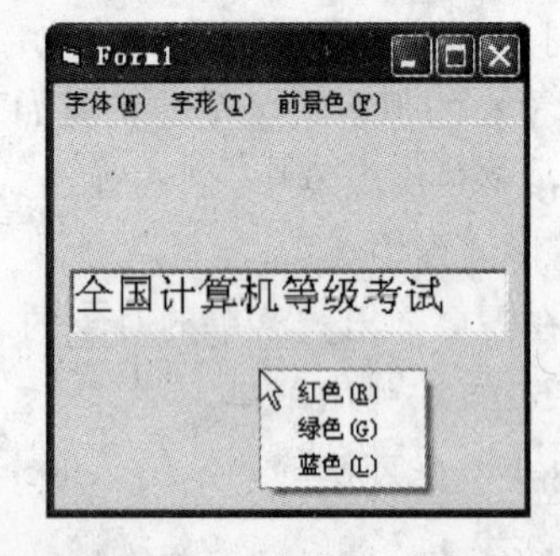

图9-8　窗体的弹出式菜单

9.2 工具栏

工具栏是图形用户界面的一个基本内容，一般将最常用的菜单命令以按钮的形式放置在工具栏上，方便用户操作。

在 Visual Basic 中创建工具栏需要如下 3 个步骤：

(1) 添加 ImageList 控件，并在其中添加工具栏按钮需要的图像。

(2) 添加 ToolBar 控件，并在其中添加按钮。

(3) 在 ToolBar 控件按钮的 ButtonClick 事件过程中编写程序代码。

ImageList 控件和 ToolBar 控件都是 ActiveX 控件，使用时要先添加到工具箱中，用鼠标右击工具箱的空白区域，在快捷菜单中单击"部件"命令，在"部件"对话框的"控件"选项卡中，选中 Microsoft Windows Common Controls 6.0(SP6)选项即可将它们添加到工具箱中，ImageList 控件运行时不显示。

9.2.1 在 ImageList 控件中添加图像

ImageList 控件不能单独使用，一般用于为其他控件提供图像，是一个图像容器控件。在窗体上画 1 个 ImageList 控件后，右击该控件，在快捷菜单中单击"属性"命令，打开如图 9-9 所示的"属性页"对话框，选择"图像"选项卡，其中的常用命令按钮和选项如下：

(1) "插入图片"按钮。可以插入扩展名为.ico、.bmp、.gif、.jpg 的图像文件。

(2) "删除图片"按钮。删除选中的图像。

(3) "索引"。每个插入图像的唯一编号，供 ToolBar 控件使用。

(4) "关键字"。每个插入图像的唯一标识名，供 ToolBar 控件使用。

(5) "图像数"。插入图像的总数。

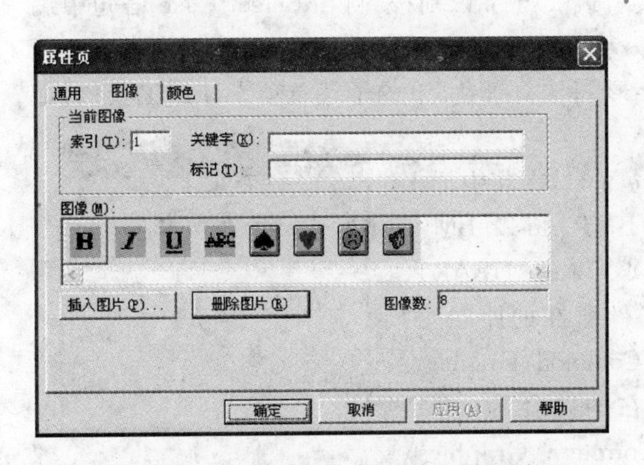

图 9-9 ImageList 控件的"属性页"对话框

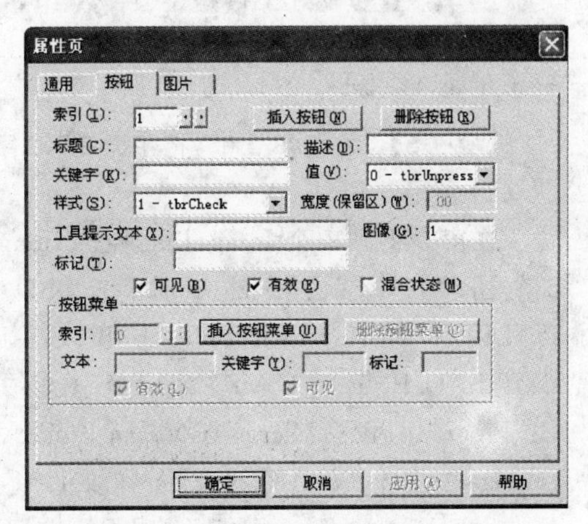

图 9-10 ToolBar 控件的"属性页"对话框

9.2.2 在 ToolBar 控件中添加按钮

在窗体上画 1 个 ToolBar 控件后，右击该控件，在快捷菜单中单击"属性"命令，打开如图 9-10 所示的"属性页"对话框，选择"通用"选项卡，在"图像列表"下拉列表框中选择

ImageList 控件名，如：ImageList1，这样为 ToolBar 控件连接了图像列表控件，然后，选择"按钮"选项卡，其中的常用命令按钮和选项如下：

(1)"插入按钮"。在 ToolBar 控件中插入按钮。

(2)"删除按钮"。在 ToolBar 控件中删除按钮。

(3)"索引"。每个按钮的唯一编号，在 ButtonClick 事件过程中引用。

(4)"关键字"。每个按钮的唯一标识名，在 ButtonClick 事件过程中引用。

(5)"样式"。按钮的样式有 6 种，其含义见表 9-5。

(6)"值"。按钮的状态，有两种：没有按下(0-tbrUnpressed)和按下(1-tbrPressed)。

(7)"图像"。ImageList 控件中的图像，其值可以是图像的索引或关键字。

表 9-5 按钮的样式

常数	值	按钮	说明
tbrDefault	0	普通按钮	(默认的)按钮
tbrCheck	1	复选按钮	按钮是一个复选按钮，它可以被选定或者不被选定
tbrButtonGroup	2	单选按钮	在组内任意时刻最多只能选定一个按钮
tbrSeparator	3	分隔按钮	分隔符，用于将左右按钮分开
tbrPlaceholder	4	占位按钮	占位符，用于放置其他控件，可设置其宽度
tbrDropDown	5	菜单按钮	下拉菜单按钮

9.2.3 在 ButtonClick 事件过程中编写程序

ToolBar 控件常用的事件有：ButtonClick 和 ButtonMenuClick 事件。ButtonClick 事件用于按钮样式为 0～2 的按钮，ButtonMenuClick 事件用于按钮样式为 5 的菜单按钮。

工具栏上的按钮是控件数组，单击按钮触发按钮的 ButtonClick 事件或 ButtonMenuClick 事件，使用控件数组的索引或关键字识别按钮，在 Select Case 语句中编写程序。

【例 9-5】 在例 9-4 中，将主菜单项"字形"和"前景色"下的子菜单项设计成工具栏，如图 9-11 所示。

在窗体上画 1 个 ImageList 控件 ImageList1，在其中插入 8 个图像，图像文件名分别为：BLD. BMP、ITL. BMP、UNDRLN. BMP、STRIKTHR. BMP、SPADE. BMP、HEART. BMP、SAD. BMP、W. BMP。前 4 个图像文件所在的路径为：C:\Program Files\Microsoft Visual Studio\Common\Graphics\Bitmaps\TlBr_W95，后 4 个图像文件所在的路径为：C:\Program Files\Microsoft Visual Studio\Common\Graphics\Bitmaps\Assorted。

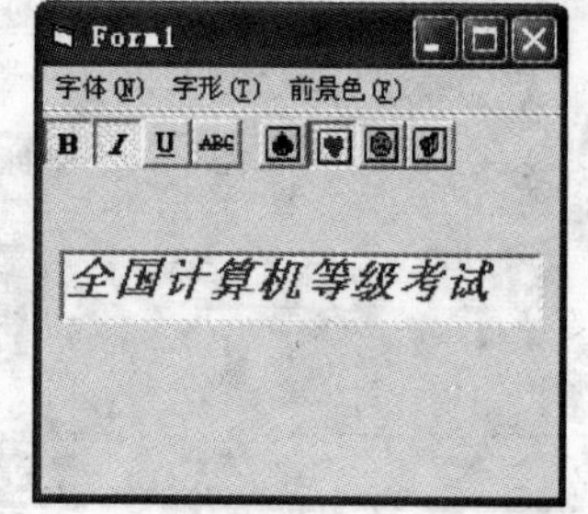

图 9-11 字形和前景色工具栏

再画 1 个 ToolBar 控件 ToolBar1，设置其"图像列表"为 ImageList1，插入 9 个按钮，将索引为 1～4 的按钮的"样式"设置为 1-tbrCheck，"图像"分别为 1～4；索引为 5 的按钮的"样式"设置为 3-tbrSeparator；索引为 6～9 的按钮的"样式"设置为 2-tbrButtonGroup，"图像"分别为 5～8，索引为 6 的按钮的"值"设置为 1-tbrPressed(默认颜色)。

工具栏 Toolbar1 的 ButtonClick 事件过程如下：

```
Private Sub Toolbar1_ButtonClick(ByVal Button As MSComctlLib.Button)
  Select Case Button.Index
    Case 1
      Label1.FontBold = Button.Value
    Case 2
      Label1.FontItalic = Button.Value
    Case 3
      Label1.FontUnderline = Button.Value
    Case 4
      Label1.FontStrikethru = Button.Value
    Case 6
      Label1.ForeColor = RGB(0, 0, 0)
    Case 7
      Label1.ForeColor = RGB(255, 0, 0)
    Case 8
      Label1.ForeColor = RGB(0, 255, 0)
    Case 9
      Label1.ForeColor = RGB(0, 0, 255)
  End Select
End Sub
```

9.3　对话框

对话框是一种特殊的窗体，它通过输入或输出数据与用户进行交互。

9.3.1　对话框的分类与特点

在 Visual Basic 中，对话框有 3 种类型：预定义对话框、自定义对话框和通用对话框。

预定义对话框是 Visual Basic 事先定义好的对话框函数，主要是前面章节已经介绍的输入框函数 InputBox()和消息框函数 MsgBox()，这两个函数在程序代码中可以直接使用。

自定义对话框是根据用户自己的需要进行定制的特殊窗体。

通用对话框是通过通用对话框控件实现通用的“打开”、“另存为”、“颜色”、“字体”、“打印”和“帮助”对话框。

对话框的特点主要表现在以下 4 个方面：

(1) 对话框的大小和边框是固定的。

(2) 必须通过对话框中命令按钮的程序代码关闭对话框。

(3) 在对话框中一般不能有最大化按钮、最小化按钮、控制菜单，并且不能移动。

(4) 对话框不是应用程序的主要工作区，是临时窗体。

9.3.2　自定义对话框

自定义对话框就是在普通窗体上，加上对话框的基本要求和用户要求。自定义对话框有两种类型：模式对话框和非模式对话框。模式对话框必须被关闭、隐藏或者卸载以后，才能切换到其他的窗体，而非模式对话框即使不关闭，也可以在不同的窗体之间切换。

创建自定义对话框的步骤如下：

(1) 添加窗体。

(2) 设置窗体的 BorderStyle 属性值为 3-Fixed Dialog，设置 ControlBox、MaxButton、MinButton、Moveable 属性值均为 False。

(3) 在对话框中添加命令按钮，通常添加两个命令按钮“确定”和“取消”，并将“确定”命令按钮的 Default 属性值设为 True，将“取消”命令按钮的 Cancel 属性值设为 True。

(4) 在对话框中添加其他的控件。

(5) 在适当的位置编写显示对话框的代码，即：

```
<对话框窗体名>.Show [<窗体模式>]
```

其中，参数＜窗体模式＞表示对话框窗体的状态，其值为 0(vbModeless)或省略时，表示是非模式对话框；值为 1(vbModal)时，表示是模式对话框。

(6) 编写关闭对话框的代码，即：

```
<对话框窗体名>.Hide
```

或

```
Unload <对话框窗体名>
```

Visual Basic 提供了一些常用的对话框，用户可以通过单击“工程”菜单中的“添加窗体”命令，在“添加窗体”对话框中，双击所需要的对话框图标，然后，根据需要进行定制，并编写相应的程序代码，这样可以提高创建自定义对话框的效率。

【例 9-6】 “关于”对话框。

新建一个工程，“移除”空白窗体 Form1(在“工程资源管理器”中右击 Form1，在快捷菜单中，单击“移除 Form1”命令)，单击“工程”菜单中的“添加窗体”命令，在“添加窗体”对话框中，双击“关于”对话框图标，将“关于”对话框 frmAbout 设为启动窗体，删除 frmAbout 中的“系统信息”命令按钮以及窗体中除“确定”命令按钮的 Click 事件过程以外的所有程序，并修改相应控件的属性值，程序运行如图 9-12 所示。

“关于”对话框中“确定”命令按钮的 Click 事件过程的程序代码为：Unload Me。

“关于”对话框在计算机软件中应用较多，其主要功能是对应用软件、版权、版本等相关信息进行简单的描述，一般放在“帮助”菜单中。

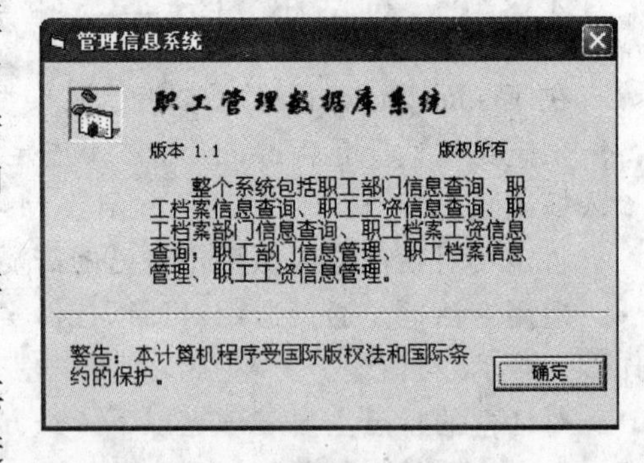

图 9-12 “关于”对话框

9.3.3 通用对话框

通用对话框控件提供了 6 个标准的 Windows 对话框，包括“打开”、“另存为”、“颜色”、“字体”、“打印”和“帮助”对话框。

通用对话框控件是 ActiveX 控件，使用时要先添加到工具箱中，用鼠标右击工具箱的空白区域，在快捷菜单中单击“部件”命令，在“部件”对话框的“控件”选项卡中，选中 Microsoft Common Dialog Control 6.0(SP6)选项即可将通用对话框控件添加到工具箱中，通用对话框控件运行时不显示。

通用对话框控件要实现不同的对话框，可以使用它的 Action 属性也可以使用显示方法，见表 9-6。

表 9-6 通用对话框控件的 Action 属性和显示方法

对话框类型	Action 属性	显示方法
“打开”对话框	1	ShowOpen
“另存为”对话框	2	ShowSave
“颜色”对话框	3	ShowColor
“字体”对话框	4	ShowFont
“打印”对话框	5	ShowPrinter
“帮助”对话框	6	ShowHelp

将通用对话框控件添加到窗体上后，右击该控件，在快捷菜单中单击“属性”命令，在“属性页”对话框中，5 个不同的选项卡列出了 6 种通用对话框的常用属性，如图 9-13 所示。

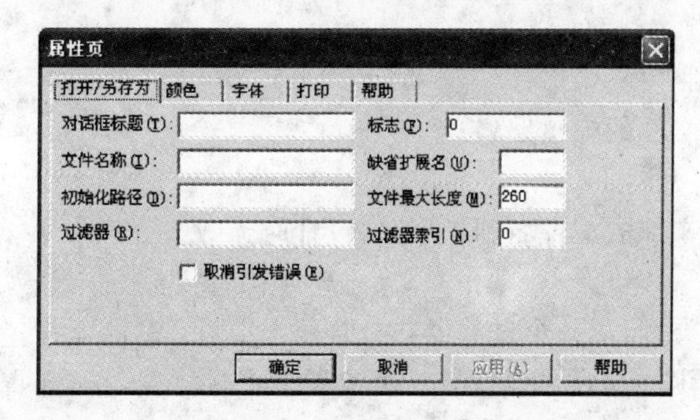

图 9-13 “属性页”对话框

1. “打开/另存为”对话框的常用属性

“打开”对话框可以返回需要打开文件的完整路径，包括驱动器、文件夹、子文件夹、文件名和扩展名，如图 9-14 所示；“另存为”对话框可以返回需要保存文件的完整路径，如图 9-15 所示。

图 9-14 “打开”对话框

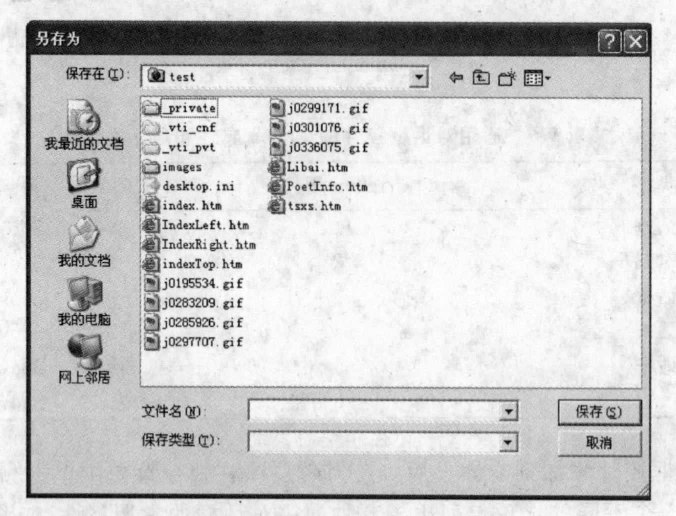

图 9-15 “另存为”对话框

1) FileName 属性

返回打开或保存文件的完整路径。

2) FileTitle 属性

返回打开或保存文件的文件名和扩展名,设计时无效。

3) Filter 属性

用于过滤文件的类型,每一个过滤器都包含两个部分:过滤器描述和过滤表达式,相互间用竖线“|”分隔。Filter 属性可以设置一个或者多个过滤器,相互间也用竖线“|”分隔,其语法格式如下:

```
过滤器描述 1|过滤表达式 1|过滤器描述 2|过滤表达式 2|…
```

例如:

```
CommonDialog1.Filter = "所有文件|*.*|文本文件|*.txt|Word 文档|*.doc"
```

但是,上面这样设置的 Filter 属性,使用每一个过滤器都只能显示一种类型的文件,如果需要同时显示多种类型的文件,过滤表达式可以包含多种类型文件的过滤表达式,过滤表达式相互间用分号分隔。

例如:

```
CommonDialog1.Filter = "图片文件|*.bmp;*.ico;*.jpg;*.gif"
```

这个过滤器可以同时显示 4 种数据类型的文件。

4) FilterIndex 属性

当有多个过滤器时,通过 FilterIndex 属性可以设置哪一个过滤器是默认过滤器,第一个过滤器的索引值为 1,第二个过滤器的索引值为 2,以此类推。

5) InitDir 属性

设置打开或保存文件的初始路径。

6) DefaultExt 属性

设置默认的扩展名。如果没有指定扩展名,将使用默认的扩展名。

7) DialogTitle 属性

设置对话框的标题。

2. “颜色”对话框的常用属性

“颜色”对话框的常用属性是 Color，可以设置或返回“颜色”对话框中选定的颜色，如图 9-16 所示。

3. “字体”对话框的常用属性

“字体”对话框可以设置或返回常用的字体属性值，如图 9-17 所示。

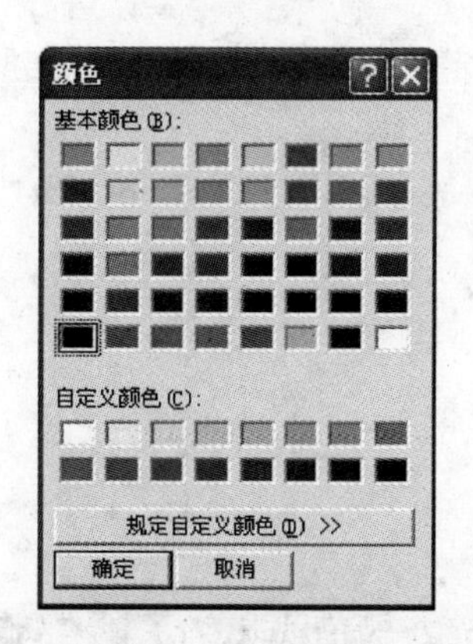

图 9-16 “颜色”对话框

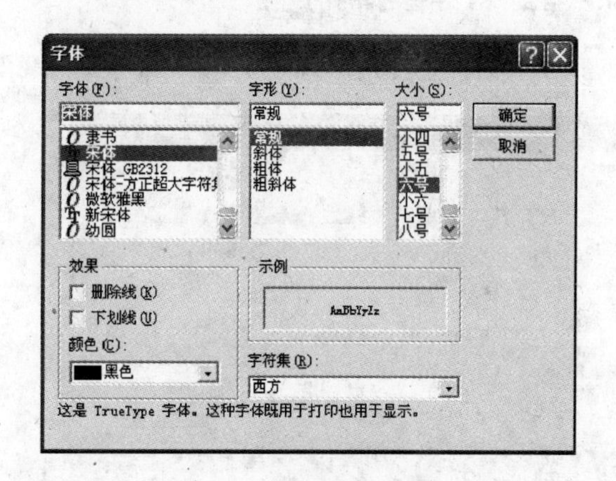

图 9-17 “字体”对话框

1) Flags 属性

使用“字体”对话框前，必须先设置通用对话框控件的 Flags 属性，其值为：cdlCFScreenFonts 或 1(屏幕字体)、cdlCFPrinterFonts 或 2(打印机字体)、cdlCFBoth 或 3(两种字体)、cdlCFEffects 或 256(效果)。一般将 Flags 属性值设为：3 Or 256 或 3+256 或 259。

2) 字体和颜色属性

字体和颜色属性包括：FontName、FontSize、FontBold、FontItalic、FontUnderLine、FontStrikeThru、Color。

4. “打印”对话框的常用属性

“打印”对话框可以设置或返回与打印有关的常用属性值，如图 9-18 所示。

1) Flags 属性

使用“打印”对话框前，一般需要事先设置通用对话框控件的 Flags 属性值为：cdlPDAllPages 或 0(默认值)。

2) Copies 属性

设置打印的份数。

3) Min 属性

设置打印的最小页数，一般需要事先进行设置。

4) Max 属性

设置打印的最大页数,一般需要事先进行设置。

5) FromPage 属性

设置打印的起始页。

6) ToPage 属性

设置打印的终止页。

7) Orientation 属性

设置打印的方向是纵向还是横向。

5. "帮助"对话框的常用属性

"帮助"对话框主要用于调用 Windows 帮助引擎显示指定的帮助文件,如图 9-19 所示。

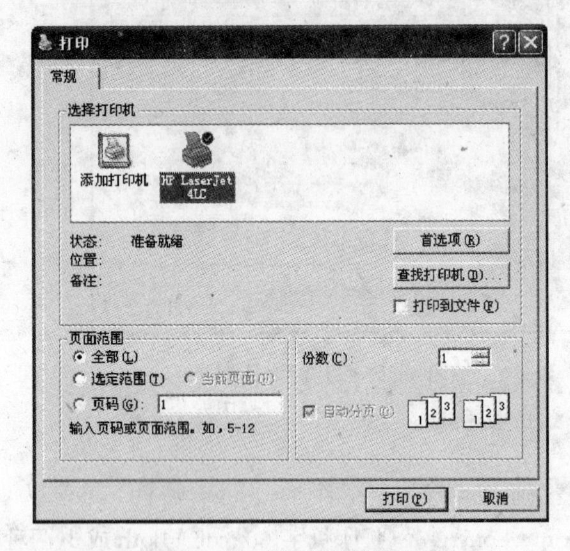

图 9-18 "打印"对话框

图 9-19 显示指定的帮助文件

1) HelpCommand 属性

设置或返回帮助文件的类型。

2) HelpFile 属性

设置或返回帮助文件的完整路径。

3) HelpKey 属性

设置或返回标识帮助主题的关键字。

【例 9-7】 通用对话框控件的应用。

新建一个工程,在窗体上画 1 个文本框 Text1,设置其 MultiLine 属性值为 True; 再画 1 个通用对话框和 6 个命令按钮组成的控件数组,程序运行结果如图 9-20 所示。

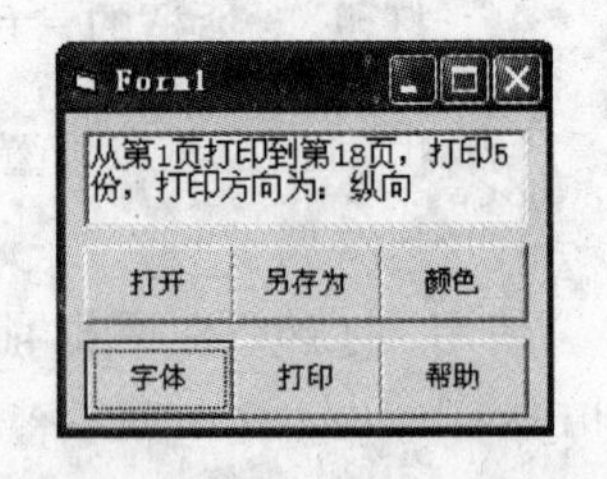

图 9-20 通用对话框的应用

```
Private Sub Command1_Click(Index As Integer)
  Select Case Index
    Case 0
      CommonDialog1.Filter = "所有文件|*.*|文本文件|*.txt"
```

```
      CommonDialog1.FilterIndex = 2
      CommonDialog1.Action = 1
      Text1.Text = "打开文件：" & CommonDialog1.FileName
    Case 1
      CommonDialog1.Action = 2
      Text1.Text = "保存文件：" & CommonDialog1.FileName
    Case 2
      CommonDialog1.Action = 3
      Text1.BackColor = CommonDialog1.Color
    Case 3
      CommonDialog1.Flags = 259
      CommonDialog1.FontName = "宋体"
      CommonDialog1.ShowFont
      With Text1
        .FontName = CommonDialog1.FontName
        .FontSize = CommonDialog1.FontSize
        .FontBold = CommonDialog1.FontBold
        .FontItalic = CommonDialog1.FontItalic
        .FontUnderline = CommonDialog1.FontUnderline
        .FontStrikethru = CommonDialog1.FontStrikethru
        .ForeColor = CommonDialog1.Color
      End With
    Case 4
      CommonDialog1.Flags = 0              'Flags 属性值设为默认值
      CommonDialog1.Min = 1
      CommonDialog1.Max = 100
      CommonDialog1.ShowPrinter
      Text1.Text = "从第" & CommonDialog1.FromPage & "页打印到第" & _
      CommonDialog1.ToPage & "页,打印" & CommonDialog1.Copies & _
      "份,打印方向为：" & IIf(CommonDialog1.Orientation = 1, "纵向", "横向")
    Case 5
      CommonDialog1.HelpCommand = 3      '设置帮助文件的类型为 *.hlp 文件
      CommonDialog1.HelpFile = "C:\WINDOWS\Help\iexplore.hlp"
      CommonDialog1.ShowHelp
  End Select
End Sub
```

需要强调的是："打开"或"另存为"对话框并没有打开文件或保存文件的功能，仅仅是返回需要打开或保存文件的完整路径；"颜色"或"字体"对话框是返回用户选中的"颜色"或"字体"的设置值；"打印"对话框也没有打印的功能，仅仅是返回与打印有关的参数；"帮助"对话框实际上是调用 Windows 帮助引擎显示指定的帮助文件。

习题 9

一、简答题

1. 在 Visual Basic 中，用什么创建下拉式菜单和弹出式菜单？
2. 在下拉式菜单的子菜单和弹出式菜单的弹出菜单中，包含哪些类型的菜单项？
3. 快捷键与访问键有什么区别？
4. 菜单控件的常用属性和事件有哪些？

5. 菜单编辑器窗口可以分为哪几个部分？

6. 菜单控件数组有什么优点？

7. 在 Visual Basic 中，创建工具栏的步骤有哪些？

8. 对话框的特点主要表现在哪些方面？

9. 创建自定义对话框的步骤有哪些？

10. “打开”、“另存为”、“颜色”、“字体”、“打印”和“帮助”对话框的功能分别是什么？

二、编程题

1. 表 9-7 是 2010 南非世界杯分组表，试将该表设计成下拉式菜单和弹出式菜单，如图 9-21 所示，当单击某个国家的名称菜单项时，显示这个国家的队员人数。

表 9-7　2010 南非世界杯分组表

A 组	南非(29 人)	墨西哥(26 人)	乌拉圭(26 人)	法国(30 人)
B 组	阿根廷(30 人)	尼日利亚(30 人)	韩国(30 人)	希腊(30 人)
C 组	英格兰(30 人)	美国(30 人)	阿尔及利亚(25 人)	斯洛文尼亚(30 人)
D 组	德国(27 人)	澳大利亚(31 人)	塞尔维亚(27 人)	加纳(30 人)
E 组	荷兰(30 人)	丹麦(30 人)	日本(23 人)	喀麦隆(30 人)
F 组	意大利(30 人)	巴拉圭(30 人)	新西兰(23 人)	斯洛伐克(29 人)
G 组	巴西(23 人)	朝鲜(30 人)	科特迪瓦(29 人)	葡萄牙(24 人)
H 组	西班牙(30 人)	瑞士(23 人)	洪都拉斯(23 人)	智利(30 人)

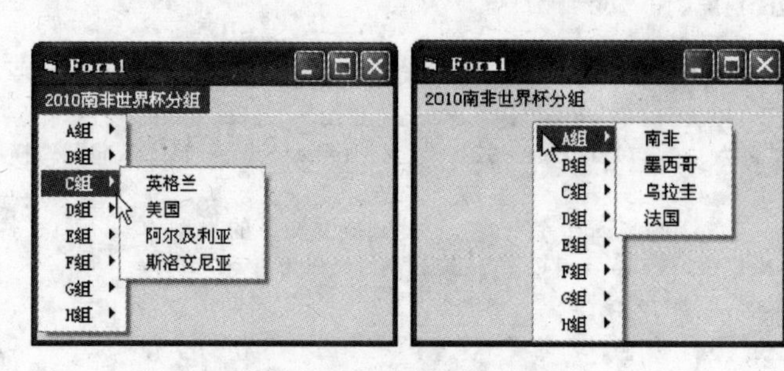

图 9-21　世界杯分组下拉式菜单和弹出式菜单

2. 北京、南京、西安、昆明 4 个城市的风景名胜区如下：

北京：天安门广场、故宫、北海公园、颐和园、香山、天坛

南京：雨花台、中山陵、明孝陵、灵谷寺、栖霞山、莫愁湖

西安：钟楼、大雁塔、小雁塔、半坡博物馆、秦始皇陵、兵马俑

昆明：金殿、西山龙门、安宁温泉、滇池、大观楼公园、石林

根据上面提供的内容，在窗体上分别设计城市风景名胜区的下拉式菜单和弹出式菜单，当单击某个城市的名称时，在窗体上显示这个城市的风景名胜区，如图 9-22 所示。

3. “三十六计”中，前四计的内容见表 9-8，在窗体上分别设计“三十六计”的下拉式菜单、弹出式菜单和工具栏，当单击某一计时，在标签中显示对应该计的内容，如图 9-23 所示。

工具栏中 4 个图像文件所在的路径为：C:\Program Files\Microsoft Visual Studio\Common\Graphics\Bitmaps\Assorted，4 个图像文件的文件名分别为：SPADE. BMP、HEART. BMP、CLUB. BMP、DIAMOND. BMP。

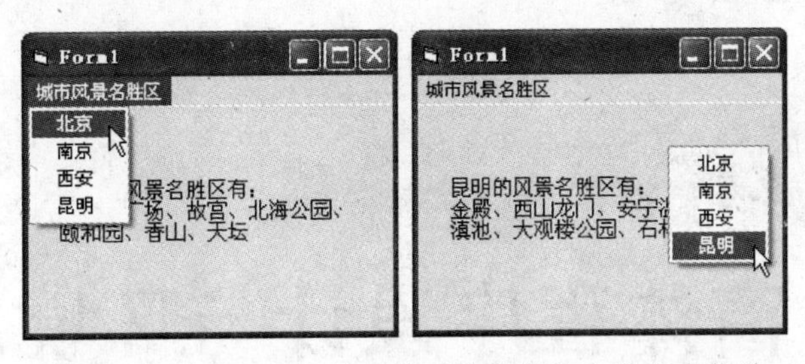

图 9-22 城市风景名胜区的下拉式菜单和弹出式菜单

表 9-8 "三十六计"前四计内容

三十六计	内　　容
瞒天过海	备周则意怠,常见则不疑。阴在阳之内,不在阳之外。太阳,太阴
围魏救赵	共敌不如分敌,敌阳不如敌阴
借刀杀人	敌已明,友未定,引友杀敌,不自出力,以损推演
以逸待劳	困敌之势,不以战,损则益柔

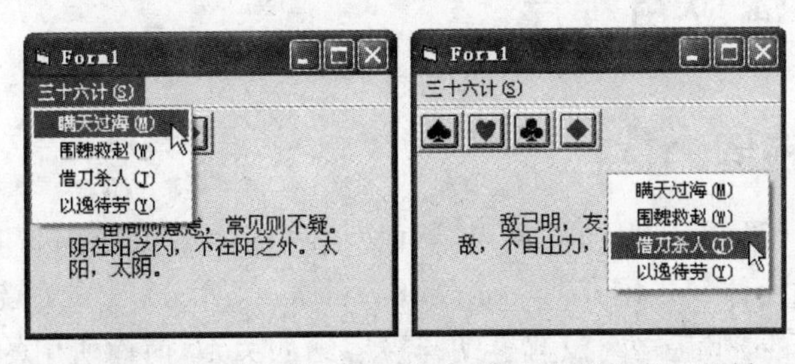

图 9-23 "三十六计"的下拉式、弹出式菜单和工具栏

4. 建立一个运行应用程序的自定义对话框,单击"打开"命令按钮,在通用对话框中选择DOS或Windows下的应用程序,单击"运行"命令按钮,运行这个应用程序,如图9-24所示。

5. 在窗体上添加1个标签Label1,其Caption属性值是一首诗,内容如下:

江上渔者

江上往来人,但爱鲈鱼美。

君看一叶舟,出没风波里。

——范仲淹

当程序运行后,标签不断地自下而上反复移动,通过窗体上的"设置颜色"、"设置字体"命令按钮可以设置标签的背景颜色和字体属性,如图9-25所示。

图 9-24 运行应用程序对话框

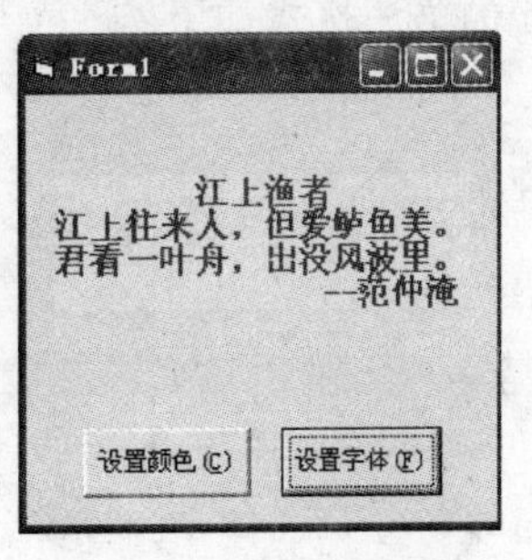

图 9-25 设置标签颜色字体

第10章 多重窗体程序设计与环境应用

简单的 Visual Basic 应用程序通常只包含一个窗体，称为单窗体应用程序。在实际应用中，对于较复杂的应用程序，单窗体应用程序往往不能满足实际的需要，必须通过多个窗体的应用程序来实现。

10.1 多重窗体应用程序

10.1.1 窗体的类型

在 Visual Basic 中，窗体的类型有两种：单文档界面的窗体(Single Document Interface, SDI)和多文档界面的窗体(Multiple Document Interface, MDI)。单文档界面的窗体指的是所有的窗体都是平等的，相互之间没有容纳与被容纳的关系，前面所用的窗体都是单文档界面的窗体；多文档界面的窗体指的是窗体与窗体之间具有容纳与被容纳的关系，用于容纳其他窗体的窗体称为 MDI 窗体或者父窗体，被 MDI 窗体所容纳的窗体称为 MDI 窗体的子窗体。

多重窗体应用程序指的是一个 Visual Basic 的应用程序由多个单文档界面的窗体组成，每个单文档界面的窗体有自己的用户界面和代码，完成不同的功能。

10.1.2 与多重窗体程序设计有关的语句和方法

1. 加载窗体与卸载窗体

加载窗体指的是将窗体载入内存，而卸载窗体指的是将窗体从内存中清除。在 Visual Basic 中，加载窗体与卸载窗体的语句分别是：Load 语句和 Unload 语句。

Load 语句的语法格式如下：

```
Load <窗体名>
```

注意：Load 语句仅仅是将窗体载入内存，窗体并不会自动显示出来。

Unload 语句的语法格式如下：

```
Unload <窗体名>
```

2. 显示窗体与隐藏窗体

当窗体被加载后，并不会自动显示，要显示窗体，可以使用窗体的 Show 方法，Show 方法的语法格式如下：

```
[<窗体名>.]Show [<窗体模式>]
```

如果省略＜窗体名＞，则显示当前窗体；＜窗体模式＞用于指定窗体的显示状态，有两个值：vbModeless(或 0)表示非模式窗体、vbModal(或 1)表示模式窗体，如果＜窗体模式＞省略，相当于 0。模式窗体必须被关闭、隐藏或者卸载以后，才能切换到其他的窗体，而非模式窗体即使不关闭，也可以在不同的窗体之间切换。

Show 方法可以显示已经载入内存的窗体，如果窗体没有被载入内存，Show 方法自动将窗体载入内存然后再显示出来。

如果要隐藏窗体但不卸载窗体，可以使用 Hide 方法，Hide 方法的语法格式如下：

```
[<窗体名>.]Hide
```

注意：*使用 Hide 方法隐藏窗体后，窗体仍然在内存中，随时可以显示。*

显示窗体与隐藏窗体可以用 Show 方法和 Hide 方法，也可以使用 Visible 属性，当窗体的 Visible 属性值为 True 时，显示窗体；当窗体的 Visible 属性值为 False 时，隐藏窗体。

10.1.3　在工程中添加窗体或标准模块

在 Visual Basic 中，添加窗体的方法有 3 种：通过“工程”菜单的“添加窗体”命令，或者通过“标准”工具栏中的“添加窗体”按钮，或者在“工程资源管理器”中右击，在快捷菜单中单击“添加”→“添加窗体”命令，在“添加窗体”对话框中，如图 10-1 所示，双击“窗体”图标，或单击“窗体”图标再单击“打开”按钮，也可以添加现存的窗体。

在 Visual Basic 中，添加标准模块的方法也有 3 种：通过“工程”菜单的“添加模块”命令，或者通过“标准”工具栏中的“添加模块”按钮，或者在“工程资源管理器”中右击，在快捷菜单中单击“添加”→“添加模块”命令，在“添加模块”对话框中，如图 10-2 所示，双击“模块”图标，或单击“模块”图标再单击“打开”按钮，也可以添加现存的模块。

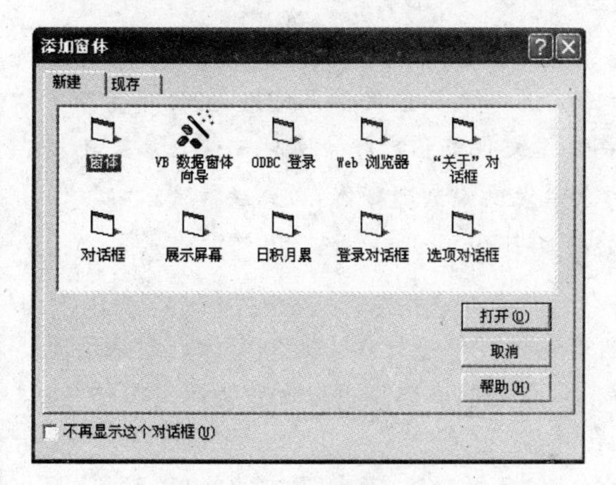

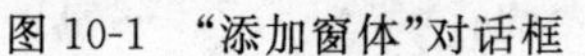
图 10-1　“添加窗体”对话框

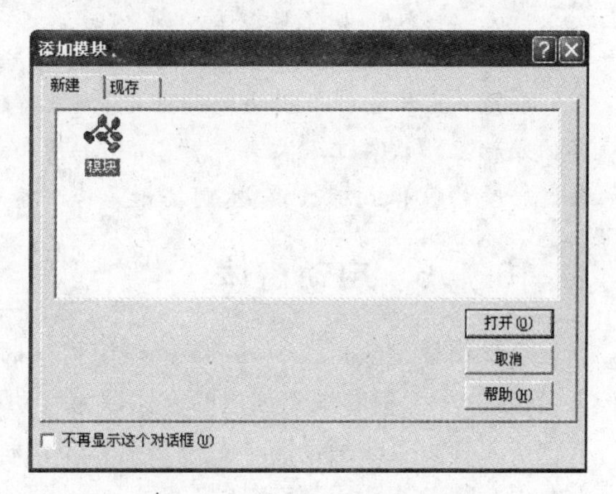

图 10-2　“添加模块”对话框

10.1.4　在工程中移除窗体或标准模块

在 Visual Basic 中，移除窗体的方法有以下两种：

(1) 在“工程资源管理器”中单击要移除的窗体，再单击“工程”菜单的“移除 窗体名”或“移除 窗体文件名.frm”命令。如果窗体未保存，则“移除”后的参数是“窗体名”；如果窗体已经保存为文件，则“移除”后的参数是“窗体文件名”，如图 10-3 所示。

(2) 在“工程资源管理器”中右击要移除的窗体，在快捷菜单中，单击“移除 窗体名”或“移除 窗体文件名.frm”命令。

在 Visual Basic 中，移除标准模块的方法有以下两种：

(1) 在“工程资源管理器”中单击要移除的标准模块，再单击“工程”菜单的“移除 标准模块名”或“移除 标准模块文件名.bas”命令。如果标准模块未保存，则“移除”后的参数是“标准模块名”；如果标准模块已经保存为文件，则“移除”后的参数是“标准模块文件名”，如图 10-4 所示。

(2) 在“工程资源管理器”中右击要移除的标准模块，在快捷菜单中，单击“移除 标准模块名”或“移除 标准模块文件名.bas”命令。

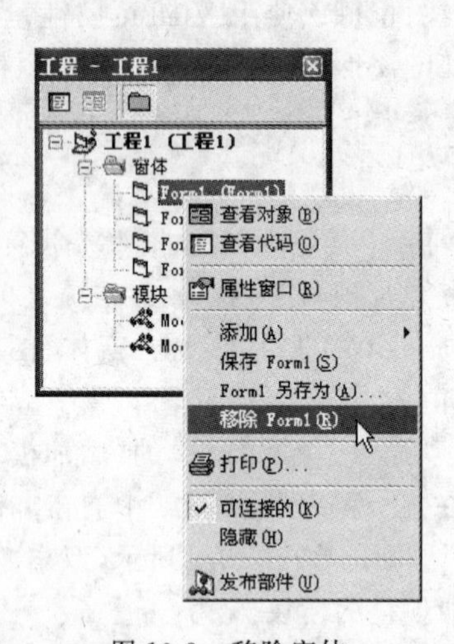

图 10-3 移除窗体

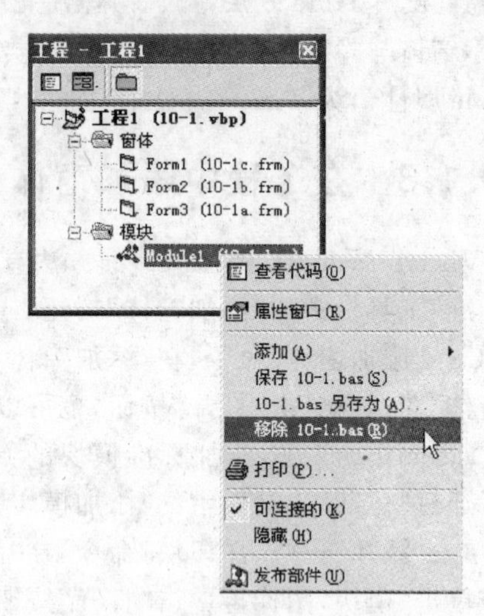

图 10-4 移除标准模块

注意：窗体或标准模块被移除后，如果窗体或标准模块已经保存为文件，仅仅是去掉了窗体或标准模块在工程文件中的引用，并没有将窗体文件或标准模块文件删除。如果已经做过修改的窗体或标准模块，则提示是否保存；如果是新添加的窗体，则直接移除。

10.1.5 启动窗体

启动窗体是执行 Visual Basic 应用程序时，首先执行并被显示出来的窗体。默认情况下，新建一个工程时最先创建的窗体即为启动窗体，其他的窗体也可以设置为启动窗体，将其他的窗体设置为启动窗体的方法有以下两种：

(1) 单击“工程”菜单中的“工程 1 属性”命令，在“工程属性”对话框中的“启动对象”下拉列表框中，选择将要作为启动的窗体，单击“确定”按钮，如图 10-5 所示。

(2) 在“工程资源管理器”中右击“工程 1”图标，在快捷菜单中单击“工程 1 属性”命令，在“工程属性”对话框中的“启动对象”下拉列表框中，选择将要作为启动的窗体，单击“确定”按钮。

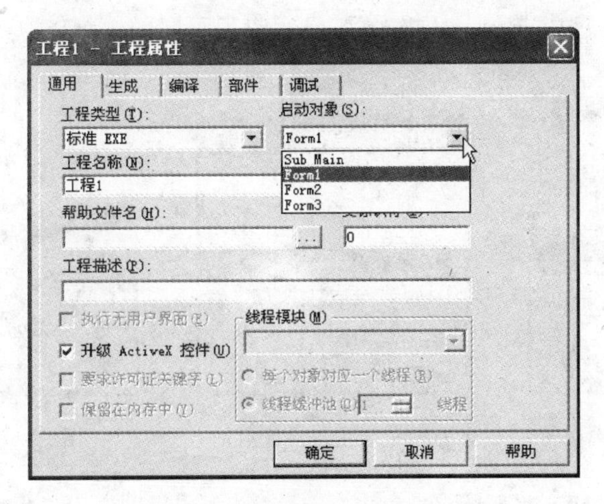

图 10-5　“工程属性”对话框

10.1.6　Sub Main 过程

Sub Main 过程是 Visual Basic 中唯一可以作为启动对象的过程。在 Sub Main 过程中，一般实现对全局级变量的初始化，根据用户的选择决定加载哪一个窗体等功能。

Sub Main 过程只能放在标准模块中，而且在一个应用程序中，最多只能有一个 Sub Main 过程；Sub Main 过程不会自动成为启动对象，必须进行设置，设置方法与将窗体设为启动对象的方法类似。

10.1.7　不同窗体之间数据的访问

复杂的应用程序一般包含多个窗体，不同窗体之间经常需要进行数据交换，实现不同窗体之间数据访问的方法，主要有如下两类：

(1) 通过引用不同窗体的控件属性。在当前窗体中引用其他窗体中某个控件的属性值，其语法格式如下：

其他窗体名.控件名.属性名

(2) 通过全局级变量实现不同窗体之间数据的引用。全局级变量的作用域是整个应用程序的所有模块，通过定义全局级变量可以实现不同窗体之间数据的交换。

【例 10-1】　用户注册、登录应用系统的多重窗体应用程序。

新建一个工程，其中包含一个标准模块和 3 个窗体模块：登录窗体模块或登录对话框(单击“工程”菜单中的“添加窗体”命令，在“添加窗体”对话框中，双击“登录对话框”图标)、用户注册窗体模块和应用程序主窗体模块，这 3 个窗体分别如图 10-6、图 10-7、图 10-8 所示。在标准模块的通用声明段定义了一个全局级变量 username，用于存放用户名，在整个应用程序的所有模块中都可以使用这个用户名；还定义了 Sub Main 过程，并将 Sub Main 过程设为启动对象。

程序运行后，用 MsgBox()函数提示“新用户请先注册，您是新用户吗?”，让用户选择是新用户还是老用户，新用户则显示注册窗体，老用户则显示登录窗体，用户注册或登录后，用户名存放到全局级变量 username 中，然后，显示应用程序的主窗体，应用程序主窗体的程序代码、菜单等省略。

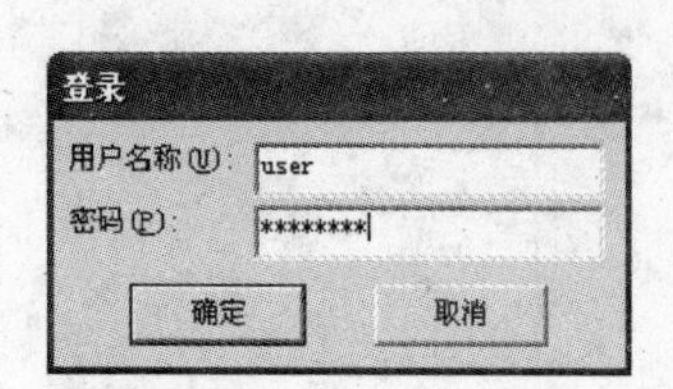

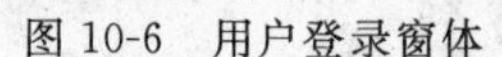
图 10-6　用户登录窗体

图 10-7　用户注册窗体

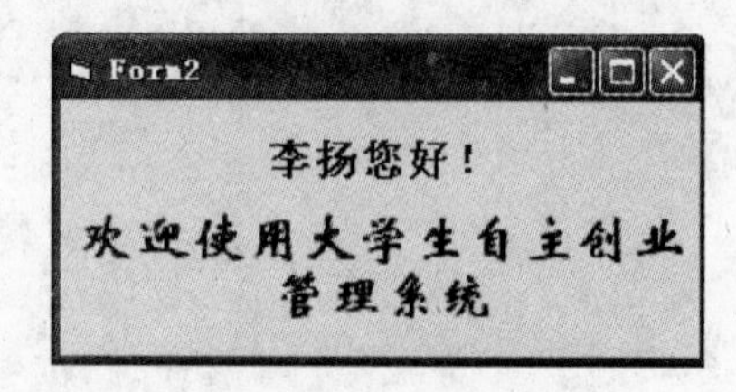

图 10-8　应用程序主窗体

标准模块中的程序代码如下：

```
Public username $                              '在标准模块的通用声明段定义全局级变量
Sub main()
  Dim msg %
    msg = MsgBox("新用户请先注册,您是新用户吗?", 4 + 32, "新老用户选择")
  If msg = vbYes Then
    FrmRigister.Show 1
  Else
    frmLogin.Show 1
  End If
End Sub
```

登录窗体模块中的程序代码如下：

```
Private Sub cmdOK_Click()
  If txtUserName = "user" And txtPassword = "password" Then
    username = txtUserName.Text                '用户名赋给全局级变量
    Unload Me
    FrmApplication.Show                        '登录用户进入应用程序主窗体
  Else
    MsgBox "您不是合法用户,请重新登录!", , "登录"
    txtUserName.SelStart = 0
    txtUserName.SelLength = Len(txtUserName.Text)
    txtUserName.SetFocus
  End If
End Sub
Private Sub cmdCancel_Click()
  End
End Sub
```

用户注册窗体模块中的程序代码如下：

```
Private Sub Command1_Click()
  Rem 用户注册程序代码省略
  MsgBox "您的信息已注册!", , "注册提示"
  username = Text1.Text                        '用户名赋给全局级变量
```

```
    Unload Me
    FrmApplication.Show                    '注册用户进入应用程序主窗体
End Sub
Private Sub Command2_Click()
    Text1.Text = ""
    Text2.Text = ""
    Text3.Text = ""
    Text4.Text = ""
End Sub
Private Sub Command3_Click()
    End
End Sub
```

10.1.8　保存多重窗体应用程序

保存多重窗体应用程序的方法与保存单窗体应用程序的方法类似，但由于多重窗体应用程序在一个工程中包含了多个窗体和标准模块，因此，一个应用程序将保存为多个窗体文件、多个标准模块文件和一个工程文件，这些文件被分别保存后，在"工程资源管理器"中，将显示每一个窗体的窗体名(窗体 Name 属性的值)和窗体文件名(保存到外存中的文件名)以及每一个标准模块的标准模块名(标准模块 Name 属性的值)和标准模块文件名(保存到外存中的文件名)，如图 10-9 所示。

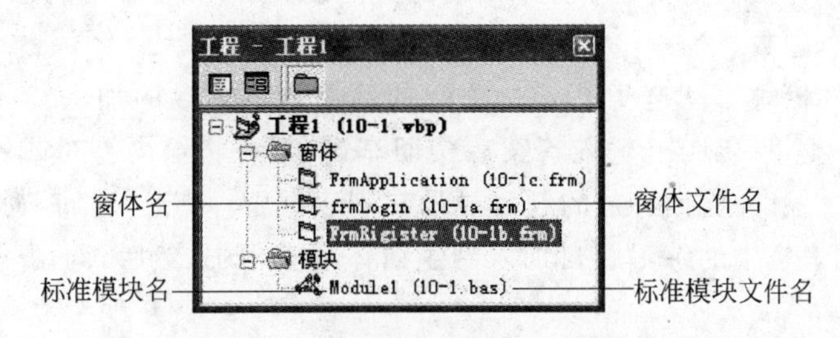

图 10-9　管理多重窗体应用程序

在"工程资源管理器"中，可以选择任何一个窗体或标准模块进行修改或者另存为其他文件名等操作，也可以设置启动对象。

10.1.9　打开多重窗体应用程序

在 Visual Basic 中，打开一个应用程序一般都是通过工程文件打开，但是，当一个工程中只有一个窗体时，可以只保存窗体文件，而不保存工程文件，双击打开窗体文件时，Visual Basic 将自动创建一个工程，然后即可执行该窗体；对于多重窗体应用程序，在一个工程中包含了多个窗体和标准模块，因此，打开一个多重窗体应用程序时，必须首先打开多重窗体应用程序的工程文件，才能完整地执行。

10.1.10　编译与运行多重窗体应用程序

编译与运行多重窗体应用程序的方法与单窗体应用程序类似，默认情况下，编译后生成的可执行文件的文件名就是工程文件名，可执行文件所在的路径就是工程文件所在的路径，用户可以根据需要选择不同的路径和文件名，而且多重窗体应用程序可以指定某个窗体或 Sub Main 过程等作为启动对象。

【例 10-2】 加、减法算术练习的多重窗体应用程序。

新建一个工程，其中包含一个标准模块和 3 个窗体模块：应用程序主窗体模块、加法练习窗体模块和减法练习窗体模块，这 3 个窗体分别如图 10-10、图 10-11、图 10-12 所示。

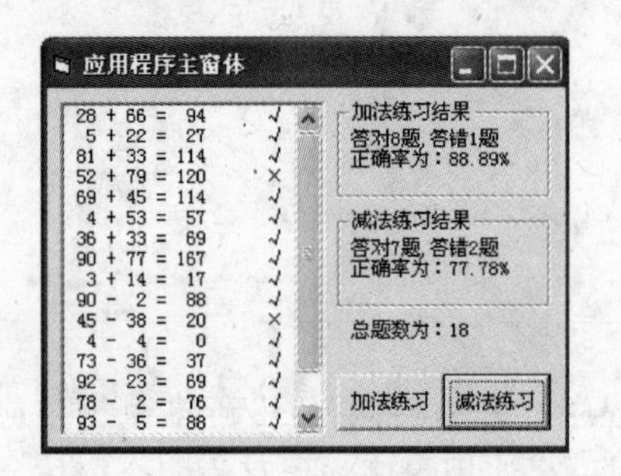

图 10-10 应用程序主窗体

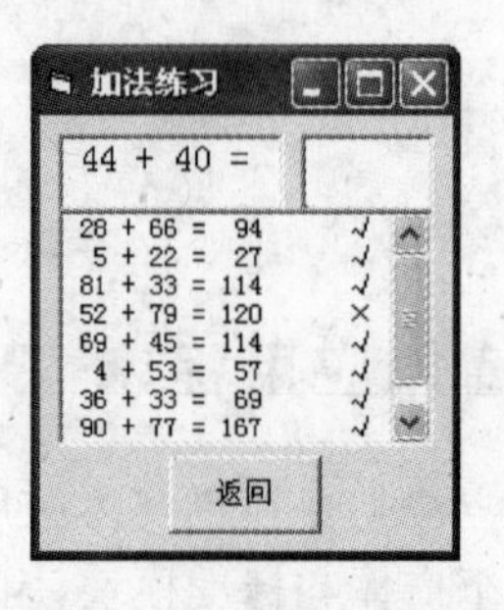

图 10-11 加法练习窗体

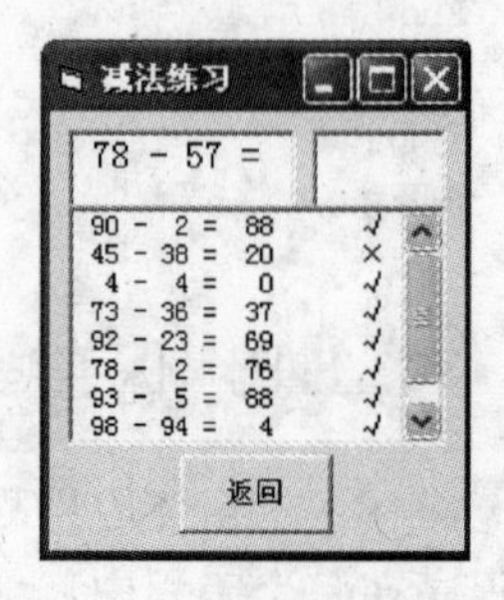

图 10-12 减法练习窗体

在标准模块中定义了一个全局级过程 statistic，用于统计加法练习或减法练习中答对的题数和答错的题数，并通过形参返回给调用过程的实参。

应用程序主窗体模块主要用于显示所有做过的加、减法算术练习的题目以及加、减法算术练习的结果和总题数。

加法练习窗体模块自动产生 0～99 之间的两个随机整数的加法算式，并显示在标签 Label1 中，在文本框 Text1 中，输入答案后按回车键，系统将给出答对或答错的判断结果，同时自动产生下一题，并将回答过的题目显示在列表框中；单击“返回”命令按钮可以返回到主窗体，并将列表框中的练习题目加入到主窗体列表框中，然后，调用 statistic 过程统计所做练习的结果。

减法练习窗体模块的功能与加法练习窗体模块类似。

标准模块中的程序代码如下：

```
Sub statistic(operator$, result_true%, result_false%)
  Dim i%
  For i = 0 To Form1.List1.ListCount - 1
    If InStr(Form1.List1.List(i), operator) > 0 And Right(Form1.List1.List(i), 1) = "√" Then
      result_true = result_true + 1
    End If
    If InStr(Form1.List1.List(i), operator) > 0 And Right(Form1.List1.List(i), 1) = "×" Then
      result_false = result_false + 1
    End If
  Next
End Sub
```

应用程序主窗体模块中的程序代码如下：

```
Private Sub Command1_Click()
  Form2.Show 1                              '显示加法练习窗体
```

```
End Sub
Private Sub Command2_Click()
  Form3.Show 1                              '显示减法练习窗体
End Sub
```

加法练习窗体模块中的程序代码如下：

```
Private x%, y%
Private Sub Form_Load()
  Randomize
  x = Int(Rnd * 100)
  y = Int(Rnd * 100)
  Label1.Caption = Format(x, "@@@") & " + " & Format(y, "@@@") & " ="
End Sub
Private Sub Text1_KeyPress(KeyAscii As Integer)
  If KeyAscii = 13 Then
    If x + y = Val(Text1.Text) Then
      List1.AddItem Label1.Caption & Format(Text1.Text, "@@@@") & "        √"
    Else
      List1.AddItem Label1.Caption & Format(Text1.Text, "@@@@") & "        ×"
    End If
    Text1.Text = ""
    Form_Load
  End If
End Sub
Private Sub Command1_Click()                      '"返回"命令按钮
  Dim i%, add_true%, add_false%
  For i = 0 To List1.ListCount - 1
    Form1.List1.AddItem List1.List(i)
  Next
  Call Statistic("+", add_true, add_false)
  If add_true + add_false > 0 Then          '至少做过一次加法练习
    Form1.Label1.Caption = "答对" & add_true & "题,答错" & add_false & "题" & _
    vbCrLf & "正确率为: " & Format(add_true / (add_true + add_false), "00.00%")
  End If
  Form1.Label3.Caption = "总题数为: " & Form1.List1.ListCount
  Unload Me
End Sub
```

减法练习窗体模块中的程序代码如下：

```
Private x%, y%
Private Sub Form_Load()
  Dim t%
  Randomize
  x = Int(Rnd * 100)
  y = Int(Rnd * 100)
  If x < y Then
    t = x: x = y: y = t
  End If
  Label1.Caption = Format(x, "@@@") & " - " & Format(y, "@@@") & " ="
End Sub
```

```
Private Sub Text1_KeyPress(KeyAscii As Integer)
  If KeyAscii = 13 Then
    If x - y = Val(Text1.Text) Then
      List1.AddItem Label1.Caption & Format(Text1.Text, "@@@@") & "        √"
    Else
      List1.AddItem Label1.Caption & Format(Text1.Text, "@@@@") & "        ×"
    End If
    Text1.Text = ""
    Form_Load
  End If
End Sub
Private Sub Command1_Click()                '"返回"命令按钮
  Dim i%, minu_true%, minu_false%
  For i = 0 To List1.ListCount - 1
    Form1.List1.AddItem List1.List(i)
  Next
  Call Statistic("-", minu_true, minu_false)
  If minu_true + minu_false > 0 Then        '至少做过一次减法练习
    Form1.Label2.Caption = "答对" & minu_true & "题,答错" & _
    minu_false & "题" & vbCrLf & "正确率为: " & _
    Format(minu_true / (minu_true + minu_false), "00.00%")
  End If
  Form1.Label3.Caption = "总题数为: " & Form1.List1.ListCount
  Unload Me
End Sub
```

10.2 多文档界面

在一个多文档界面应用程序中,MDI 窗体(父窗体)只能有一个,但 MDI 窗体的子窗体可以有多个,所有的子窗体只能显示在 MDI 窗体的工作区域内,子窗体可以在 MDI 窗体内移动位置,但不能移到 MDI 窗体之外,当子窗体最小化时,并不是显示在任务栏中,而是排列在 MDI 窗体的下方;当 MDI 窗体改变位置时,所有的子窗体也跟着改变;当 MDI 窗体最小化时,所有的子窗体都看不见;当关闭 MDI 窗体时,所有子窗体也随之关闭;MDI 窗体和子窗体都可以有各自的菜单,当加载子窗体时,子窗体的菜单将覆盖 MDI 窗体的菜单。

1. 多文档界面的创建

多文档界面应用程序需要一个 MDI 窗体、一个或多个 MDI 窗体的子窗体。一般情况下,先创建一个 MDI 窗体和一个子窗体,其他的子窗体在程序运行时动态创建。

添加 MDI 窗体的方法与添加单文档界面窗体的方法类似,有 3 种:通过"工程"菜单的"添加 MDI 窗体"命令,或者通过"标准"工具栏中的"添加 MDI 窗体"按钮,或者在"工程资源管理器"中右击。

添加子窗体的方法:先添加单文档界面窗体,再将其 MDIChild 属性值设为 True。

2. MDI 窗体的常用属性

1) ActiveForm 属性

返回具有焦点或者最后被激活的子窗体。

2）ActiveControl 属性

返回子窗体上具有焦点的控件。

3. MDI 窗体的常用方法

Arrange 方法用于重排 MDI 窗体中的子窗体或图标，其语法格式如下：

```
[MDI 窗体名.]Arrange <排列方式>
```

其中，如果是当前 MDI 窗体可以省略 MDI 窗体名；<排列方式>的取值见表 10-1。

表 10-1 Arrange 方法中排列方式的取值

常　数	值	描　述
vbCascade	0	层叠所有非最小化 MDI 子窗体
vbTileHorizontal	1	水平平铺所有非最小化 MDI 子窗体
vbTileVertical	2	垂直平铺所有非最小化 MDI 子窗体
vbArrangeIcons	3	重排最小化 MDI 子窗体的图标

【例 10-3】 MDI 窗体应用程序。

新建一个工程，其中包含一个 MDI 窗体和一个子窗体，MDI 窗体的主菜单项有："文件"(包括"新建"和"关闭"子菜单项，这两个菜单项组成菜单控件数组，数组名为 file)和"窗口"(包括"层叠子窗体"、"水平平铺子窗体"、"垂直平铺子窗体"和"重排图标"子菜单项，这 4 个菜单项组成菜单控件数组，数组名为 arrge)，如图 10-13 所示。

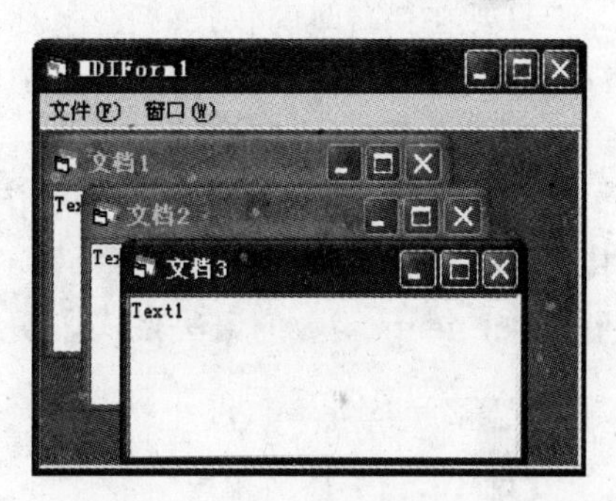

图 10-13 MDI 窗体应用程序

MDI 窗体中的程序代码：

```
Private Sub file_Click(Index As Integer)
  Select Case Index
    Case 0
      Dim newform As New Form1
      Static n%
      n = n + 1
      newform.Caption = "文档" & n
      newform.Show
    Case 1
      Unload Me
  End Select
End Sub
Private Sub arrge_Click(Index As Integer)
  Select Case Index
    Case 0
      Arrange 0
    Case 1
      Arrange 1
    Case 2
      Arrange 2
    Case 3
```

```
        Arrange 3
    End Select
End Sub
```

10.3 闲置循环与 DoEvents 语句

Visual Basic 是事件驱动的程序设计语言，只有当某个事件发生时才执行相应的程序，如果一个应用程序没有任何事件被触发，则系统将处于“闲置”状态，实际上系统可能正在执行一段需要耗费较长时间的程序，但用户并不知道系统正在执行程序，从表面上看系统好像处于“闲置”状态；另一方面，当 Visual Basic 正在执行一段程序时，将停止对所有事件的响应，直到正在执行的这段程序结束才响应其他的事件，也就是说，当系统处于“忙碌”状态时，则所有的事件只能等待，直到当前程序执行完毕。

因此，无论是系统处于“闲置”状态还是“忙碌”状态，实际上系统都是处于正在执行某段程序的运行状态。

为了使系统处于“闲置”状态或“忙碌”状态时，也能够响应其他的事件，Visual Basic 提供了“闲置”循环(Idle Loop)和 DoEvents 语句。

只要在耗费时间较长的程序(称为“闲置”循环)中，加入 DoEvents 语句，当系统正在执行这段程序时，随时都可以响应其他的事件，并执行相应事件过程的程序代码，执行完毕后，再回到原来的程序继续执行。

DoEvents 语句可以直接放到“闲置”循环中，也可以作为函数使用，当作为函数使用时，其返回值为当前窗体的个数，如果不使用这个返回值，可以将这个返回值赋给任意一个变量。DoEvents 函数的语法格式如下：

```
变量名 = DoEvents[()]
```

【例 10-4】 计数程序。

新建一个工程，在窗体上画 1 个标签 Label1，用于显示计数值，设置其 Alignment 属性值为 2-Center，BackStyle 属性值为 0-Transparent，FontSize 属性值为四号；再画 1 个形状控件 Shape1，设置其 Shape 属性值为 3-Circle，FillStyle 属性值为 0-Solid，Height 属性值为 375，Width 属性值为 375，Visible 属性值为 False，Index 属性值为 0。

程序运行后，单击“开始”按钮，Label1 显示的计数值不断增加，当用鼠标单击窗体时，产生 1 个 Shape1 控件数组元素，用随机产生的颜色作为其填充颜色，并在鼠标指针所在的位置显示这个 Shape1 控件数组元素，如图 10-14 所示。

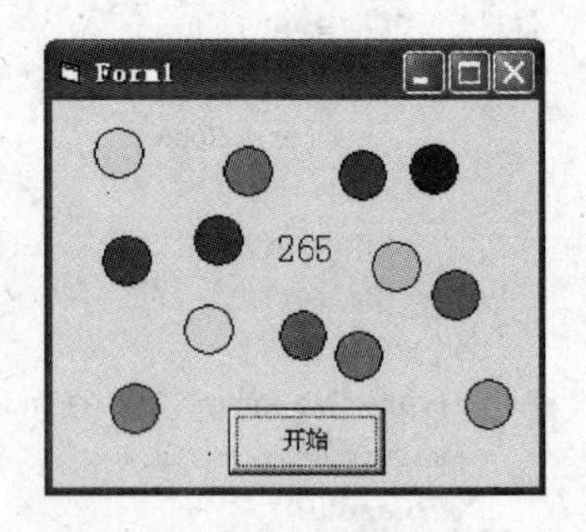

图 10-14 计数程序

```
Private Sub Command1_Click()
  Dim i%, t!
  For i = 1 To 30000                    '这里的终值仅仅为了实现多次循环
    Label1.Caption = i
    t = Timer
    Do Until Timer >= t + 0.1           '延时 0.1 秒
```

```
    Loop
    DoEvents
    Refresh
  Next
End Sub
Private Sub Form_MouseDown(Button As Integer, Shift As Integer, X As Single, Y As Single)
  Dim r%, g%, b%
  Static num%
  Randomize
  r = Int(Rnd * 256)
  g = Int(Rnd * 256)
  b = Int(Rnd * 256)
  If Button = 1 Then
    num = num + 1
    Load Shape1(num)
    Shape1(num).FillColor = RGB(r, g, b)
    Shape1(num).Left = X
    Shape1(num).Top = Y
    Shape1(num).Visible = True
  End If
End Sub
```

在 Command1 的 Click 事件过程中，由于在循环中加了 DoEvents 语句，使得程序能够在计数的同时，用鼠标单击窗体可以产生一个用随机颜色填充的圆；如果将 DoEvents 语句去掉，则程序仅仅能够计数，用鼠标单击窗体不会产生用随机颜色填充的圆，其他的事件也都不会响应。

【例 10-5】 小球自由运动。

新建一个工程，在窗体上画 4 个直线控件 Line1～Line4，分别作为左（Line1）、右（Line2）、上（Line3）、下（Line4）边线；画 1 个形状控件 Shape1，设置其 Shape 属性值为 3-Circle，FillStyle 属性值为 0-Solid，Height 属性值为 375，Width 属性值为 375；画 1 个标签 Label1，用于显示当前系统时间，设置其 FontSize 属性值为二号；画 1 个计时器控件 Timer1，设置其 Interval 属性值为 1000。

程序运行后，单击窗体，小球不断自由运动，Label1 不断刷新显示系统当前时间，如图 10-15 所示，双击窗体，结束应用程序。

图 10-15　小球自由运动

```
Private Sub Form_Click()
  Dim direction%, i%
  Randomize
  For i = 1 To 30000                   '这里的终值仅仅为了实现多次循环
    direction = Int(Rnd * 4)           '随机产生方向值
    Select Case direction
      Case 0
        moveright                      '小球向右移动
      Case 1
```

```
            moveleft                        '小球向左移动
        Case 2
            movedown                        '小球向下移动
        Case 3
            moveup                          '小球向上移动
        End Select
        DoEvents
    Next
End Sub
Sub moveright()
    Do Until Shape1.Left + Shape1.Width >= Line2.X1
        Shape1.Left = Shape1.Left + 1
        delay
    Loop
End Sub
Sub moveleft()
    Do Until Shape1.Left <= Line1.X1
        Shape1.Left = Shape1.Left - 1
        delay
    Loop
End Sub
Sub movedown()
    Do Until Shape1.Top + Shape1.Height >= Line4.Y1
        Shape1.Top = Shape1.Top + 1
        delay
    Loop
End Sub
Sub moveup()
    Do Until Shape1.Top <= Line3.Y1
        Shape1.Top = Shape1.Top - 1
        delay
    Loop
End Sub
Sub delay()
    For i = 1 To 2000
    Next
End Sub
Private Sub Timer1_Timer()
    Label1.Caption = Time
End Sub
Private Sub Form_DblClick()
    End
End Sub
```

在 Form 的 Click 事件过程中，由于在循环中加了 DoEvents 语句，使得小球不断自由运动的同时，Label1 不断刷新显示系统当前时间；如果将 DoEvents 语句去掉，再单击窗体，程序仅仅能够实现小球不断自由运动，系统当前时间不会刷新显示，其他的事件也都不会响应。

注意：虽然加入 DoEvents 语句后，当系统正在执行"闲置"循环时，随时都可以响应其他的事件，但有些应用程序是不能中断的，必须独占计算机，在这种情况下，就不能使用DoEvents语句，如：网络数据的同步传输等。

10.4 系统对象

Visual Basic 提供了一些系统对象，只要运行应用程序，这些对象就自动生成，在程序代码中随时可以直接使用。

10.4.1 Clipboard 对象

剪贴板是 Windows 操作系统的一段内存空间，在 Visual Basic 中，使用 Clipboard 对象来调用 Windows 的剪贴板，可以实现不同应用程序之间的数据交换。Clipboard 对象没有属性和事件，通过不同的方法实现数据的交换。

Clipboard 对象的常用方法如下：

(1) Clear 方法。清除剪贴板上的所有内容。其语法格式如下：

```
Clipboard.Clear
```

(2) SetText 方法。将源对象中选定的文本放入剪贴板，并覆盖剪贴板中原有的数据。其语法格式如下：

```
Clipboard.SetText <源对象中选定的文本>
```

(3) GetText 方法。将剪贴板中的文本粘贴到目标对象中。其语法格式如下：

```
Clipboard.GetText
```

(4) SetData 方法。按照指定的格式将源对象中选定的图片放入剪贴板，并覆盖剪贴板中原有的数据。其语法格式如下：

```
Clipboard.SetData <源对象中选定的图片>[,<数据格式>]
```

其中，<数据格式>见表 10-2。

表 10-2 数据格式

常 数	值	描 述
vbCFBitmap	2	位图(.bmp 文件)
vbCFMetafile	3	Windows 元文件(.wmf 文件)
vbCFDIB	8	与设备无关的位图 (DIB)
vbCFPalette	9	调色板
vbCFEMetafile	14	增强图元文件(.emf 文件)

例如，下面语句将图片框 Picture1 中的图片复制到剪贴板中：

```
Clipboard.SetData Picture1.Picture,2
```

(5) GetData 方法。将剪贴板中的图片粘贴到目标对象中。其语法格式如下：

```
Clipboard.GetData[(<数据格式>)]
```

例如,下面语句将剪贴板中的图片粘贴到图片框 Picture2 中:

```
Picture2.Picture = Clipboard.GetData(2)
```

上述例子中的两条语句可以分别放在两个不同的应用程序或同一个应用程序的两个不同的窗体中,程序执行后,通过剪贴板实现两个不同的应用程序或同一个应用程序内部的图片数据交换。

10.4.2 App 对象

App 对象指的是当前正在运行的应用程序,如果应用程序还没有编译,则指的是当前正在运行的工程。

App 对象的常用属性如下:

(1) EXEName 属性。返回可执行文件的文件名,不包括扩展名。

(2) Path 属性。返回正在运行的可执行文件或工程文件所在的路径,如果一个应用程序还没有保存,该属性返回的是 Visual Basic 的系统路径,即 Visual Basic 在本机的安装路径。

(3) PrevInstance 属性。判断应用程序的可执行文件(编译后生成的文件)是否已经执行了一个实例,该属性常用于限制应用程序只能执行一次。

例如,下面程序可以保证应用程序的可执行文件只能运行一次:

```
Private Sub Form_Load()
  If App.PrevInstance Then
     MsgBox "应用程序的可执行文件只能运行一次", , "信息提示"
     End
  End If
End Sub
```

(4) TaskVisible 属性。判断当前正在运行的应用程序是否在 Windows 任务栏中显示图标。

(5) Major、Minor、Revision 属性。分别返回应用程序的主版本号、次版本号和修正版本号。

10.4.3 Screen 对象

Screen 对象是指整个 Windows 的屏幕。Screen 对象的常用属性如下:

(1) ActiveForm 属性。表示当前活动窗体。

例如:

```
Screen.ActiveForm.Caption 可以返回当前活动窗体的标题
Screen.ActiveForm.Caption = "当前活动窗体"
```

(2) ActiveControl 属性。表示当前活动控件。

(3) FontCount 属性。表示屏幕可用的字体个数。

(4) Fonts 属性。返回屏幕可用的字体名称集合,用数组表示,数组名就是 Fonts,下标从 0 开始。

例如,下面程序运行后,在窗体上显示屏幕可用的字体名称:

```
For i = 0 To Screen.FontCount - 1
  Print Screen.Fonts(i)
Next
```

(5) Width、Height 属性。返回屏幕的宽度、高度，单位用 twip(缇)表示。

(6) MousePointer 属性。设置或返回屏幕的鼠标指针，当显示模式窗体时，可以设置 Screen 对象的 MousePointer 属性为沙漏指针，即模式窗体周围屏幕的鼠标指针。

【例 10-6】 字体放大缩小程序。

新建一个工程，在窗体上画 1 个标签 Label1，设置其 Caption 属性值为“计算机等级考试”，AutoSize 属性值为 True，Alignment 属性值为 2-Center；画 1 个计时器控件 Timer1，设置其 Interval 属性值为 30；设置窗体的 Tag 属性值为 1，该属性值作为标签 Label1 字体大小的改变量。

程序运行后，标签 Label1 的标题内容不断放大，当超过屏幕(Screen)的大小时，则不断缩小，当 Label1 的 FontSize 属性值小于或等于 2 时，又开始不断放大，如此周而复始地放大、缩小字体，如图 10-16 所示。

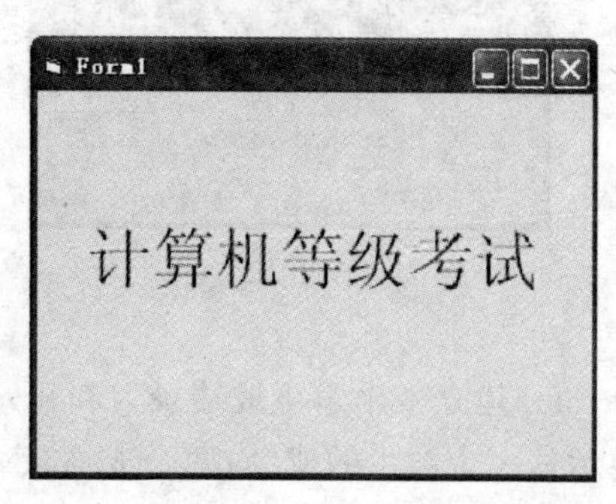

图 10-16　字体放大缩小

```
Private Sub Timer1_Timer()
  Label1.FontSize = Label1.FontSize + Form1.Tag
  If Label1.Height >= Screen.Height Or Label1.Width >= Screen.Width Then
    Form1.Tag = -Form1.Tag
  End If
  If Label1.FontSize <= 2 Then
    Form1.Tag = -Form1.Tag
  End If
End Sub
```

习题 10

一、简答题

1. 多重窗体应用程序指的是什么?

2. 模式窗体和非模式窗体有什么区别?

3. 在工程中，怎样添加窗体或标准模块? 怎样移除窗体或标准模块?

4. 怎样设置启动对象?

5. 在不同窗体之间实现数据访问的方法有哪些?

6. 保存、打开、编译、运行多重窗体应用程序的方法与单窗体应用程序的方法分别有什么区别?

7. DoEvents 语句有什么作用?

8. 简述单文档界面窗体和多文档界面窗体的区别。

9. Sub Main 过程作为启动过程有什么要求?

二、编程题

1. 设计一个包含5个窗体的多重窗体应用程序，Form1为主窗体，用4个命令按钮显示其余4个窗体，当单击某个命令按钮时，将该命令按钮的标题赋给活动窗体的标题，如：单击第一个命令按钮时，将第一个命令按钮的标题赋给活动窗体的标题；其余4个窗体每个窗体用标签显示一首诗，5个窗体分别如图10-17、图10-18、图10-19、图10-20和图10-21所示。

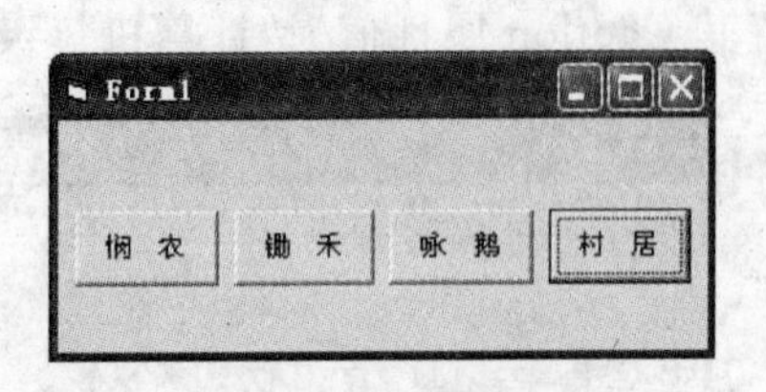

图10-17 主窗体

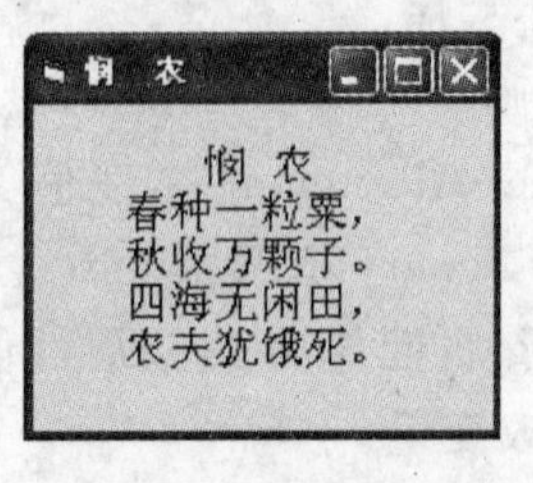

图10-18 第一首诗

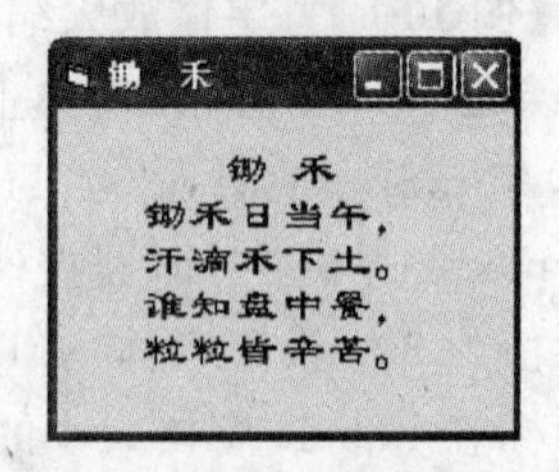

图10-19 第二首诗

2. 建立一个学生成绩录入和显示的多重窗体应用程序，该程序包括一个主窗体，用于显示每一个学生的成绩；两个成绩录入窗体，一个窗体用于录入两门课的成绩，另一个窗体用于录入3门课的成绩，并计算每个学生的平均分。3个窗体分别如图10-22、图10-23和图10-24所示，当单击录入成绩的命令按钮时，将该命令按钮的标题赋给活动窗体的标题。

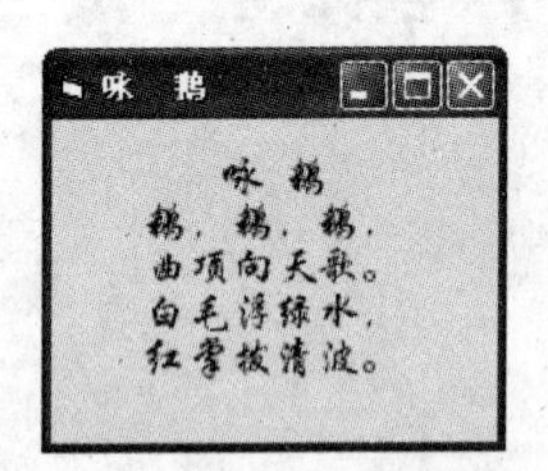

图10-20 第三首诗

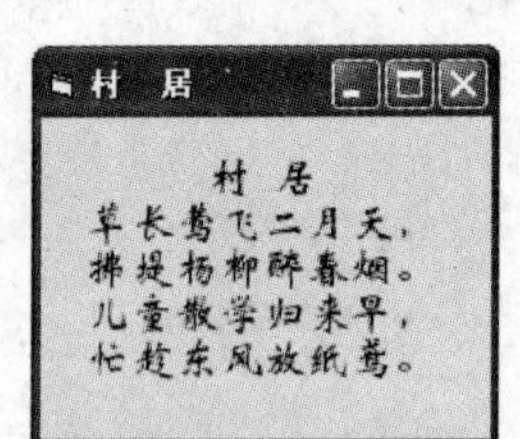

图10-21 第四首诗

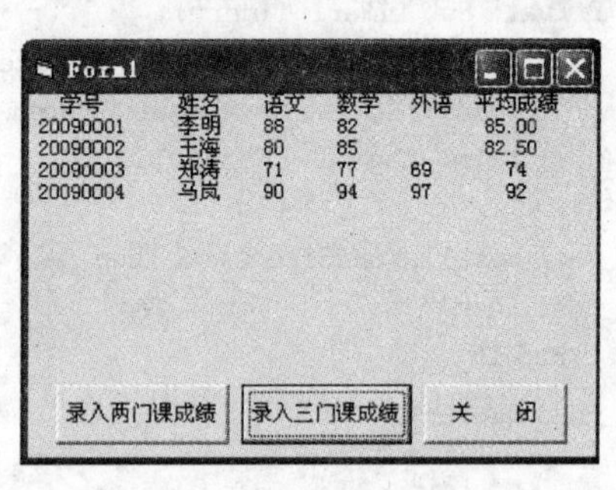

图10-22 学生成绩录入主窗体

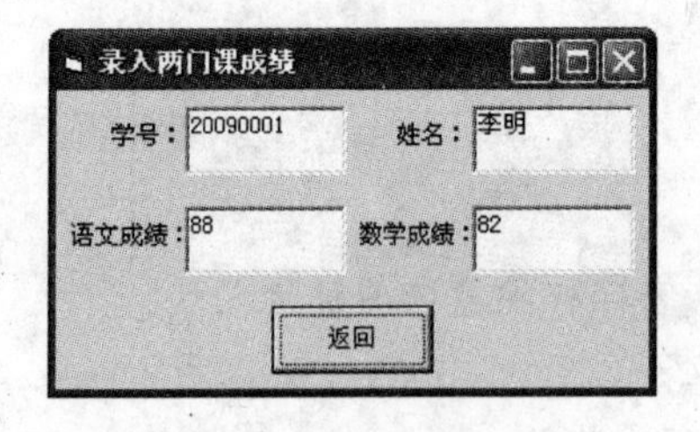

图10-23 录入两门课的成绩

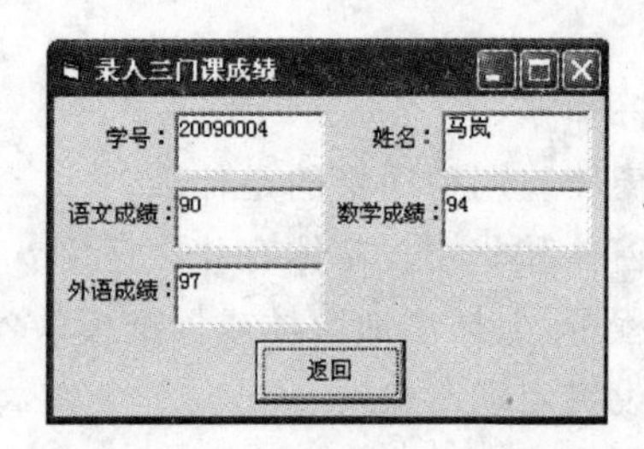

图10-24 录入三门课的成绩

3. 动态改变窗体背景颜色和DoEvents语句的应用。

新建一个工程，在窗体上画一个标签Label1，用于显示窗体的背景颜色值，程序运行后，单击“开始”命令按钮，每隔一定的延时用随机函数产生随机颜色值来动态改变窗体的背景颜色，单击窗体，将窗体的背景颜色值显示在标签Label1中，如图10-25所示。试对比在循环中加入或去掉 DoEvents 语句，程序的运行有什么变化。

4. 利用剪贴板实现同一个应用程序中不同窗体之间的图片数据交换和文本数据交换，如图 10-26 所示。

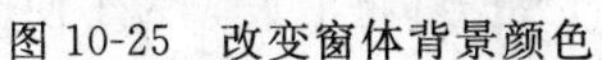
图 10-25　改变窗体背景颜色

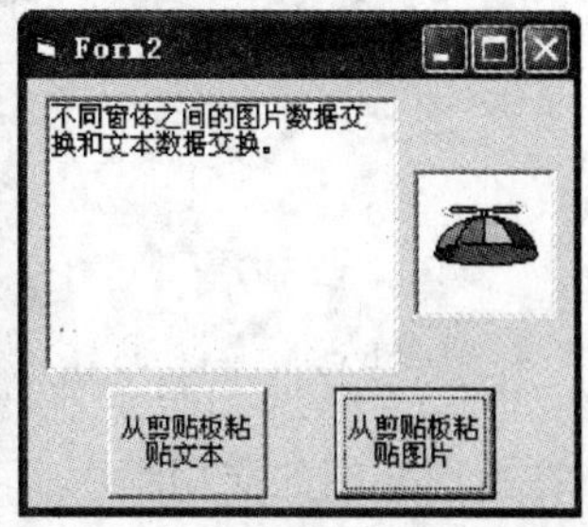

图 10-26　利用剪贴板实现图片和文本数据交换

所用图片文件的完整路径为 C:\Program Files\Microsoft Visual Studio\Common\Graphics\Bitmaps\Assorted\BEANY.BMP。

第11章 数据文件

在前面介绍的应用程序中，不管是通过文本框或输入框函数输入的数据，还是在窗体或其他控件上输出的各种计算结果，一旦应用程序运行结束，所有的数据都将消失。为了使应用程序的输入、输出数据永久保存，以便将来使用，必须将这些数据以文件的形式保存到外存储器中。

文件是具有标识符（文件名和扩展名）的一组相关信息的集合，用于永久保存大量的数据。数据文件是永久保存应用程序输入、输出数据的集合，它不同于程序文件。

Visual Basic 提供了大量与文件管理有关的语句、函数以及文件系统控件，具有较强的数据文件处理能力，能方便地对数据文件进行处理。

11.1 数据文件的结构与类型

11.1.1 数据文件的结构

为了有效地存取数据，数据必须以某种特定的方式存取，这种特定的方式称为文件的结构。Visual Basic 的数据文件由记录组成，记录由字段组成，字段由字符组成。

(1) 字符：是构成数据文件的最基本单位，可以是数字、字母、特殊符号或单一字节。一个字符通常用一个字节存放，一个汉字或全角字符则用两个字节存放。

(2) 字段：又称域，由若干字符组成，表示一个数据项。

(3) 记录：由一组相关的字段组成。Visual Basic 以记录为单位处理数据文件中的数据。

(4) 数据文件：由记录组成，一个数据文件包含一个以上的记录。

11.1.2 数据文件的类型

在 Visual Basic 中，根据数据文件的访问方式不同，将数据文件分为：顺序文件、随机文件和二进制文件 3 种。

1. 顺序文件

顺序文件的结构比较简单，文件中的记录一个接着一个地顺序存放。记录在顺序文件中的存放次序，以及读出、写入记录时的顺序一致，都必须从头至尾按顺序进行。

顺序文件的优点是组织结构简单，但维护困难，为了存取顺序文件中的某个记录，必须把整个文件读入内存，处理完成后再保存。

顺序文件一般用于处理文本文件，即以 ASCII 方式存储的文件，文本文件可以用编辑软件直接打开查看数据。

顺序文件中的一行就是一个记录，每一行用回车换行符结束，每条记录包含一到多个字段，这些字段可以是不同的数据，如：数值、字符串、日期、时间、布尔值等，也可以仅仅是一个或多个字符组成的字符串。每条记录的长度可以不同，不同记录中字段的长度也可以不同。

2. 随机文件

随机文件中的数据也以记录的形式存放，但与顺序文件不同的是，其每条记录的长度都相等，记录中每个字段的长度也是固定的，且每条记录有一个唯一的记录号，对于随机文件，可以按记录号对记录中的数据进行存取操作，不仅可以访问随机文件中的任何一条记录，而且对记录的读、写也可以任意选择，因此，对数据的存取比顺序文件简单、灵活得多。

3. 二进制文件

二进制文件是最原始的文件类型，它直接将二进制数据存放在文件中，没有固定的格式，数据存取是以字节为单位进行的，允许程序按任何方式组织和访问数据，二进制文件不能用编辑软件直接打开查看数据。

11.2　数据文件的操作语句和函数

11.2.1　数据文件相关概念

1. 数据的输入

数据的输入是将外存数据文件中的数据读入内存，又称为读文件。

2. 数据的输出

数据的输出是将内存的数据写入外存的数据文件中，又称为写文件。

3. 文件指针或记录指针

数据文件被新建或打开后，自动生成一个隐含的文件指针或记录指针，文件的读或写就从文件指针或记录指针所指的位置开始，称为当前读写位置。

只有用 Append 方式打开的文件，文件指针指向文件的末尾，其他情况下，文件指针都是指向文件的开头，每执行一次读写操作后，文件指针自动移到下一个读写位置。

4. 文件号

是打开或新建文件的唯一标识，取值范围为 1～511 之间的整数。

注意：用 Open 语句打开或新建一个文件后，系统为该文件分配一个文件号，从此以后，对该文件所有的读、写操作，直到关闭该文件，都是以这个文件号为操作对象。

11.2.2 数据文件的基本操作

数据文件的基本操作包括以下 3 个步骤：

(1) 打开或新建数据文件。

(2) 读、写数据文件中的数据。

(3) 关闭数据文件。

11.2.3 数据文件的打开、新建

打开或新建数据文件使用 Open 语句，其语法格式如下：

```
Open <文件名> For <读写方式> [Access <存取类型>][<锁定类型>] As [#]文件号 [Len=<记录长度>]
```

说明：

(1) ＜文件名＞是打开或新建数据文件的完整路径，是字符串，如果只有文件名和扩展名，则表示在系统的当前路径，默认情况下为 Visual Basic 在本机的安装路径。

(2) ＜读写方式＞见表 11-1，＜存取类型＞见表 11-2。

(3) ＜锁定类型＞用于在多用户或多进程环境中，限定其他用户或进程打开文件的操作，见表 11-3。

(4) ＜记录长度＞一般是不超过 32 767 的整数。对于随机文件，该值表示记录的长度；对于顺序文件，该值表示缓冲区的大小(字节数)。

表 11-1 文件的读写方式

参数	读写方式	说明
Input	顺序文件读	打开一个顺序文件，并允许从文件中读数据
Output	顺序文件写(新建)	新建一个顺序文件，并允许向文件写数据
Append	顺序文件添加	打开一个顺序文件，将记录指针移到文件尾，并允许向文件添加数据
Random	随机文件方式	默认的读写方式，可以省略
Binary	二进制文件方式	

表 11-2 文件的存取类型

参数	存取类型	说明
Read	打开只读文件	
Write	打开只写文件	
Read Write	打开读写文件	只能用于随机文件、二进制文件和以 Append 方式打开的文件

表 11-3 文件的锁定类型

参数	说明
Shared	与其他进程共享打开的文件
Lock Read	不允许其他进程读该文件
Lock Write	不允许其他进程写该文件
Lock Read Write	不允许其他进程读写该文件

注意：Open语句既可以打开数据文件，也可以新建数据文件。

11.2.4 数据文件的关闭

用Close语句关闭数据文件，其语法格式如下：

```
Close [[#]<文件号>][,[#]<文件号>]…
```

Close语句可以关闭一个或多个指定文件号的数据文件，如果没有任何参数，将关闭所有打开或新建的数据文件。

用Close语句关闭数据文件有两个作用：①将缓冲区中的所有数据写入数据文件中；②释放与该文件相关联的文件号，以供其他的文件使用。

注意：如果没有使用Close语句关闭数据文件，结束应用程序将自动关闭所有数据文件，但缓冲区中的数据可能会丢失。

11.2.5 数据文件相关函数和语句

1. Input函数

从指定文件的当前位置一次读取指定个数的字符，包括逗号、空格、引号、回车符、换行符等。其语法格式如下：

```
Input(<字符个数>,[#]<文件号>)
```

2. FreeFile函数

返回一个系统当前没有使用的文件号，当在程序中打开或新建多个文件时，这个函数很有用。其语法格式如下：

```
FreeFile[(<范围>)]
```

当<范围>参数值为0或省略时，则返回一个1～255之间的文件号，当<范围>参数值为1时，则返回一个256～511之间的文件号。

3. LOF函数

返回数据文件的字节数，即文件的长度。其语法格式如下：

```
LOF(<文件号>)
```

4. EOF函数

判断文件指针或记录指针是否指向文件尾，当文件指针或记录指针指向文件尾时，返回值为True，其他情况返回值为False。其语法格式如下：

```
EOF(<文件号>)
```

5. Loc函数

返回指定文件上一次的读写位置。对于随机文件，返回上一次读出或写入记录的记录号；对于二进制文件，返回自该文件打开以来读出或写入的字节数；对于顺序文件，一般不使用该函数。其语法格式如下：

```
Loc(<文件号>)
```

6. Seek 函数

返回指定文件的当前读写位置。对于随机文件，返回将要读出或写入记录的记录号；对于顺序文件和二进制文件，返回将要读出或写入的字节数，即从文件头开始的字节数。其语法格式如下：

```
Seek(<文件号>)
```

与 Seek 函数相对应的 Seek 语句，可以将文件指针或记录指针定位到指定的读写位置。对于随机文件，将记录指针定位到指定记录号的记录；对于顺序文件和二进制文件，将文件指针定位到从文件头开始的字节数。其语法格式如下：

```
Seek [ # ]<文件号>, <读写位置>
```

11.3 文件的基本操作

在 Visual Basic 中，提供了对文件和目录（文件夹）的基本操作语句和函数，这些基本操作语句和函数，可以在 Visual Basic 程序代码中，直接对文件和目录进行相应的操作。

11.3.1 目录的基本操作

对目录的基本操作包括：目录的新建、删除、设置当前目录、设置当前驱动器的语句，以及返回当前目录的函数。

1. MkDir 语句

使用 MkDir 语句可以新建一个目录。其语法格式如下：

```
MkDir <路径名>
```

其中，<路径名>是一个字符串表达式，表示要新建目录的名称，可以包含驱动器，如果没有指定驱动器，则在当前驱动器上新建目录。

例如，下列语句在当前驱动器上新建目录 newdir：

```
MkDir "newdir"
```

下列语句在 c：盘根目录上新建目录 newdir：

```
MkDir "c:\newdir"
```

2. RmDir 语句

使用 RmDir 语句可以删除一个目录。其语法格式如下：

```
RmDir <路径名>
```

其中,＜路径名＞是一个字符串表达式,表示要删除目录的名称,可以包含驱动器,如果没有指定驱动器,则在当前驱动器上删除目录。

例如,下列语句在当前驱动器上删除目录 newdir:

```
RmDir "newdir"
```

3. ChDir 语句

设置当前目录。其语法格式如下:

```
ChDir <路径名>
```

其中,＜路径名＞是一个字符串表达式,表示设置其为新的当前目录,可以包含驱动器,如果没有指定驱动器,则将当前驱动器上的相应目录,设为当前目录。

例如,下列语句将当前驱动器上的目录 newdir 设为当前目录:

```
ChDir "newdir"
```

下列语句将 c:盘根目录上的目录 newdir 设为当前目录:

```
ChDir "c:\newdir"
```

4. ChDrive 语句

设置当前驱动器。其语法格式如下:

```
ChDrive <驱动器名>
```

其中,＜驱动器名＞指定一个存在的驱动器,如果含有多个字符,则 ChDrive 语句仅使用第一个字符。

例如,下列语句将 e:盘设为当前驱动器:

```
ChDrive "e"
```

下列语句将 c:盘设为当前驱动器:

```
ChDrive "cde"
```

5. CurDir 函数

可以返回某个驱动器的当前路径。其语法格式如下:

```
CurDir[(<驱动器>)]
```

其中,＜驱动器＞是一个字符串表达式,指定一个存在的驱动器,如果没有指定驱动器,或该参数是一个空字符串,则返回当前驱动器的当前路径。

例如:

```
Print CurDir                 '显示当前驱动器的当前路径
Print CurDir("c")            '显示 c:盘的当前路径
```

11.3.2 文件的基本操作

文件的基本操作语句包括文件的复制、删除、重命名语句。

1. FileCopy 语句

复制文件。其语法格式如下：

```
FileCopy <源文件名>,<目标文件名>
```

其中,＜源文件名＞和＜目标文件名＞都是字符串表达式,可以包含驱动器和目录。

注意：如果对一个已经打开的文件使用 FileCopy 语句,则会产生错误。

例如,下列语句将 d:\test1. txt 文件复制为 d:\test2. txt：

```
FileCopy "d:\test1.txt", "d:\test2.txt"
```

2. Kill 语句

删除文件。其语法格式如下：

```
Kill <文件名>
```

其中,＜文件名＞是一个字符串表达式,指定要删除的文件,可以包含驱动器和目录。

Kill 语句支持通配符 *(代表任意多个任意的字符)和?(代表一个任意的字符),可以同时删除多个文件,但使用时一定要小心。

3. Name 语句

重命名文件。其语法格式如下：

```
Name <旧文件名> As <新文件名>
```

其中,＜旧文件名＞和＜新文件名＞都是字符串表达式,可以包含驱动器和目录。

注意：

(1) Name 语句中＜新文件名＞指定的文件,如果已经存在,则会产生错误。

(2) Name 语句不仅能重命名文件,而且能将其移动到不同的驱动器和不同的目录中。

(3) 用 Name 语句重命名文件之前,如果文件已经打开,必须先关闭该文件。

(4) Name 语句不支持通配符 * 和?,即在文件名中不能含有通配符。

11.4 顺序文件

11.4.1 顺序文件的新建、打开

顺序文件的新建、打开由 Open 语句实现,关闭由 Close 语句实现,Close 语句前面已经介绍。Open 语句的语法格式如下：

```
Open <文件名> For {Input|Output|Append} As [#]文件号 [Len=<缓冲区的大小>]
```

语句中各参数的含义前面已经介绍。

11.4.2 顺序文件的写操作

实现顺序文件的写操作的语句有两个：Write #语句和 Print #语句。

1. Write #语句

将表达式表中的数据，顺序写入文件号指定的顺序文件中。其语法格式如下：

```
Write #<文件号>,[<表达式表>]
```

其中，<表达式表>中如果有多个表达式，相互之间用逗号分隔。

说明：

(1) 如果没有<表达式表>，则写入一个空行。

(2) 写入数据时，根据每一个表达式的数据类型加上定界符：数值型数据不加定界符，字符型数据用定界符“""”括起来，日期、时间型数据以及布尔型数据用定界符“#”号括起来。

(3) 数据与数据之间以紧凑格式写入顺序文件，并插入分界符“,”。

(4) 每一个 Write #语句结束，自动插入回车换行符。

【例 11-1】 用 Write #语句向顺序文件写入 30 个 1～100 之间的随机整数，该顺序文件用记事本打开，如图 11-1 所示。

```
Private Sub Form_Click()
  Dim i%, num%
  Open "d:\rndnumber.txt" For Output As #1
  Randomize
  For i = 1 To 30
    num = Int(Rnd * 100 + 1)
    Write #1, num
  Next
  Close #1
End Sub
```

【例 11-2】 在窗体模块的通用声明段定义学生基本信息的记录类型(用户自定义数据类型)student，并在窗体的 Click 事件过程中定义用户自定义数据类型的变量 stu，然后将表 2-1 中的数据用 Write #语句写入顺序文件，该顺序文件用记事本打开，如图 11-2 所示。

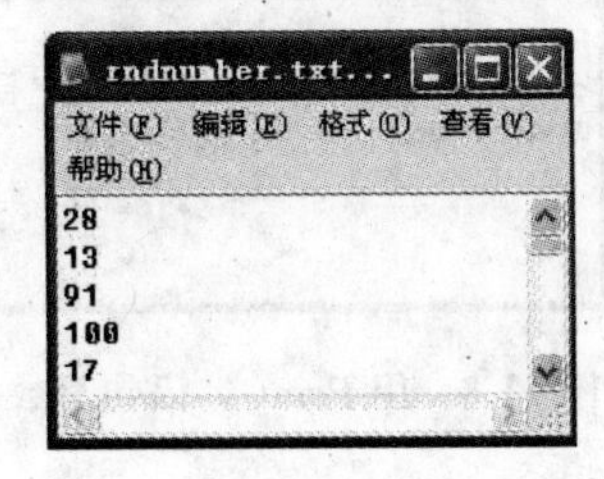

图 11-1 整数写入顺序文件

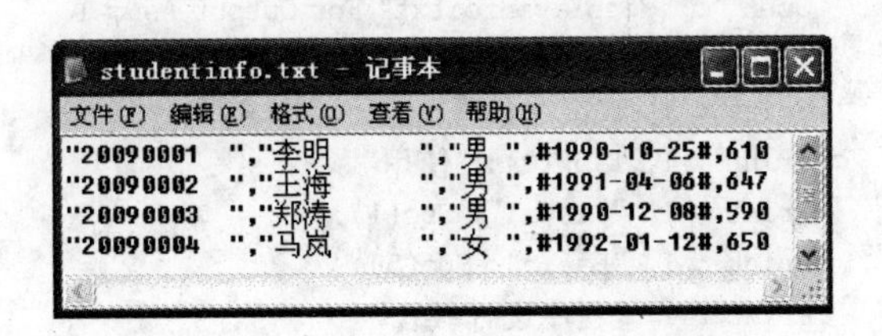

图 11-2 用 Write#语句写数据

```
Private Type student
  sno As String * 10
  sname As String * 8
  ssex As String * 2
  sbirthday As Date
  sscore As Integer
End Type
Private Sub Form_Click()
  Dim stu As student, i%
  Open "d:\studentinfo.txt" For Output As #1
  For i = 1 To 4
    stu.sno = InputBox("请输入第" & i & "个学生的学号", "数据输入")
    stu.sname = InputBox("请输入第" & i & "个学生的姓名", "数据输入")
    stu.ssex = InputBox("请输入第" & i & "个学生的性别", "数据输入")
    stu.sbirthday = InputBox("请输入第" & i & "个学生的出生年月", "数据输入")
    stu.sscore = InputBox("请输入第" & i & "个学生的入学成绩", "数据输入")
    Write #1, stu.sno, stu.sname, stu.ssex, stu.sbirthday, stu.sscore
  Next
  Close #1
End Sub
```

2. Print #语句

将表达式表中的数据，按照指定的格式(标准格式或紧凑格式)和指定的位置、空格，顺序写入文件号指定的顺序文件中。其语法格式如下：

```
Print #<文件号>,[{Spc(n)|Tab(n)};][<表达式表>][{;|,}]
```

说明：

(1) Spc(n)函数、Tab(n)函数、<表达式表>、分号、逗号的含义与Print方法的含义相同。

(2) Print方法和Print #语句仅仅是输出的对象不同：Print方法输出的对象可以是窗体、图片框或打印机，而Print #语句输出的对象是顺序文件。

一般情况下，Write #语句适合将不同类型的数据写入顺序文件，而Print #语句适合将文本或字符型数据写入顺序文件。

【例 11-3】 下列程序将用Print方法在窗体上输出的数据，用Print #语句写入顺序文件，该顺序文件用记事本打开，如图11-3所示。

```
Private Sub Form_Click()
  Open "d:\displayinfo.txt" For Output As #1
  Print #1,
  Print #1, Tab(20); "欢迎"
  Print #1, Tab(10); "使用"
  Print #1, "Visual"; Spc(1);
  Print #1, "Basic"; Spc(5);
  Print #1, "程序设计教程"
  Print #1,
  Print #1, Tab(20); "3 * 5 + 10 ="; 3 * 5 + 10
```

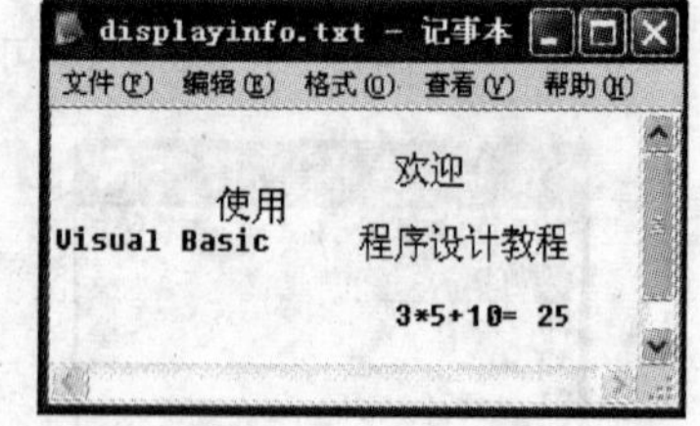

图 11-3 用 Print #语句写数据

```
  Close #1
End Sub
```

11.4.3 顺序文件的读操作

实现顺序文件的读操作的语句有两个：Input #语句和 Line Input #语句。一般情况下，用 Write #语句写入顺序文件的数据，用 Input #语句来读取；用 Print #语句写入顺序文件的数据，用 Line Input #语句来读取。

1. Input #语句

Input #语句从打开的顺序文件中读出数据，并将数据赋给指定的变量。其语法格式如下：

```
Input #<文件号>,<变量表>
```

说明：

(1) <变量表>是接收数据的变量，变量与变量之间用逗号分隔。Input #语句将顺序文件中读出的数据赋给这些变量，变量的个数和数据类型与从文件中读出的数据个数和数据类型要一致。

(2) 用 Input #语句读取 Write #语句写入顺序文件中的数据并赋给相应变量时，读到分界符","，则认为一个数据已经读完，并去掉每一个数据上的定界符。

【例 11-4】 将例 11-1 中写入顺序文件的 30 个 1～100 之间的随机整数用 Input #语句读出，并按 6 行 5 列显示在窗体上，如图 11-4 所示。

```
Private Sub Form_Click()
  Dim i%, num%
  Open "d:\rndnumber.txt" For Input As #1
  For i = 1 To 30
    Input #1, num
    Print num,
    If i Mod 5 = 0 Then Print
  Next
  Close #1
End Sub
```

【例 11-5】 将例 11-2 中写入顺序文件中的数据用 Input #语句读出，并显示在窗体上，如图 11-5 所示。

Form1

28	13	91	100	17
25	47	82	39	80
40	53	100	93	33
5	87	37	13	50
12	6	4	6	82
7	93	91	97	71

图 11-4 从顺序文件读随机整数

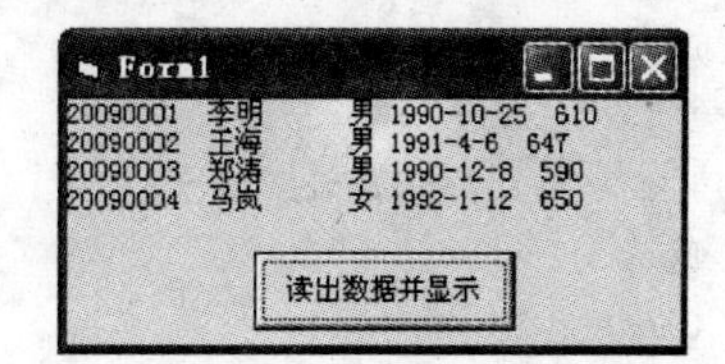

图 11-5 从顺序文件读学生基本信息

```
Private Type student
  sno As String * 10
  sname As String * 8
  ssex As String * 2
  sbirthday As Date
  sscore As Integer
End Type
Private Sub Command1_Click()
  Dim stu As student, i %
  Open "d:\studentinfo.txt" For Input As #1
  For i = 1 To 4
    Input #1, stu.sno, stu.sname, stu.ssex, stu.sbirthday, stu.sscore
    Print stu.sno; stu.sname; stu.ssex; stu.sbirthday; stu.sscore
  Next
  Close #1
End Sub
```

2. Line Input #语句

Line Input #语句从打开的顺序文件中读出一行数据，并赋给一个字符串变量。其语法格式如下：

```
Line Input #<文件号>,<字符串变量>
```

Line Input #语句一次从顺序文件中读取一行字符，直到遇到回车符为止，回车符不包含在读取的一行字符中，因此，输出显示时，需要在行尾加上回车符和换行符，才能保持文本文件的原样。

注意：由于Line Input #语句一次只能从顺序文件中读取一行字符，因此，一般将Line Input #语句用在循环结构中，实现多行语句的读出，其格式如下：

```
Do While Not EOF(<文件号>)
   <语句组>
Loop
```

其中，EOF函数用于在循环中判断文件指针或记录指针是否指向文件尾。

【例11-6】 将例11-3中写入顺序文件的数据用Line Input #语句读出，并显示在窗体上，如图11-6所示。

图11-6 按行读出数据显示

```
Private Sub Form_Click()
  Dim line$, p$
  Open "d:\displayinfo.txt" For Input As #1
  Do While Not EOF(1)
    Line Input #1, line
    p = p & line & vbCrLf
  Loop
  Close #1
  Print p
End Sub
```

图 11-7　顺序文件数据排序

【例 11-7】　输入一个正整数 n，产生 n 个 1～100 之间的随机整数存入一个顺序文件中（n 值保存为顺序文件的第一个数）；从顺序文件中读出第一个整数，用于定义一个一维数组的元素个数，其余 n 个整数分别赋给该数组的元素，用冒泡排序法对数组元素按从大到小的顺序排列并输出，如图 11-7 所示。

```
Private Sub Form_Load()
  Dim i%, n%, num%
  n = InputBox("请输入一个正整数 n", "数据输入", 1)
  If n <= 0 Then
    MsgBox "n 值必须是正整数,请重新输入!"
    Exit Sub
  End If
  Randomize
  Open "d:\n_randomnum.txt" For Output As #1
  Write #1, n
  For i = 1 To n
    num = Int(Rnd * 100 + 1)
    Write #1, num
  Next
  Close #1
End Sub
Private Sub Command1_Click()
  Form_Load
End Sub
Private Sub Command2_Click()
  Dim i%, j%, n%, t%, p$, a%()
  Open "d:\n_randomnum.txt" For Input As #1
  Input #1, n
  ReDim a(1 To n)
  For i = 1 To n
    Input #1, a(i)
    p = p & a(i) & ","
  Next
  Text1.Text = Left(p, Len(p) - 1)
  Close #1
  For i = 1 To n - 1
    For j = 1 To n - i
      If a(j) < a(j + 1) Then
        t = a(j + 1)
        a(j + 1) = a(j)
        a(j) = t
      End If
    Next
  Next
  p = ""
  For i = 1 To n
    p = p & a(i) & ">"
```

```
    Next
    Text2.Text = Left(p, Len(p) - 1)
End Sub
```

【例 11-8】 文本编辑器。

具有新建、打开、保存、另存为、关闭以及剪切、复制、粘贴和全选功能，程序运行后，改变窗体大小时，窗体上文本框的大小也随着窗体大小的改变而改变，如图 11-8 所示。

在窗体上画 1 个文本框 Text1，清空其 Text 属性值，设置其 MultiLine 属性值为 True，ScrollBars 属性值为 3-Both；画 1 个通用对话框控件 CommonDialog1，设置其 Filter 属性值为“文本文件|＊.txt”，DefaultExt 属性值为“txt”；设置窗体 Form1 的 Caption 属性值为“无标题”；文本编辑器的下拉式菜单层次结构见表 11-4。

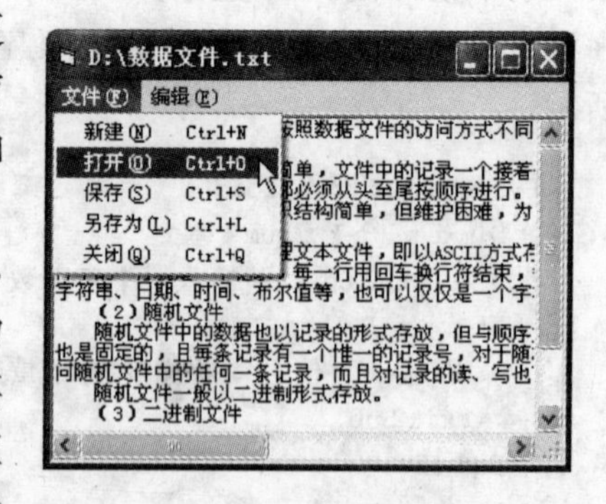

图 11-8 文本编辑器

表 11-4 文本编辑器的下拉式菜单层次结构

标题(Caption)	名称(Name)	索引(Index)	快捷键	说 明
文件(&F)	files			主菜单项 1
....新建(&N)	file	0	Ctrl+N	子菜单项 11
....打开(&O)	file	1	Ctrl+O	子菜单项 12
....保存(&S)	file	2	Ctrl+S	子菜单项 13
....另存为(&L)	file	3	Ctrl+L	子菜单项 14
....关闭(&Q)	file	4	Ctrl+Q	子菜单项 15
编辑(&E)	edits			主菜单项 2
....剪切(&X)	edit	0	Ctrl+X	子菜单项 21
....复制(&C)	edit	1	Ctrl+C	子菜单项 22
....粘贴(&V)	edit	2	Ctrl+V	子菜单项 23
....全选(&A)	edit	3	Ctrl+A	子菜单项 24

```
Private Sub Form_Resize()
  Text1.Left = 0
  Text1.Top = 0
  Text1.Height = ScaleHeight
  Text1.Width = ScaleWidth
End Sub
Private Sub file_Click(Index As Integer)
  Dim fullpath$, filenum%, p$, line$
  filenum = FreeFile
  Select Case Index
    Case 0                                    '新建
      Text1.Text = ""
      Caption = "无标题"
    Case 1                                    '打开
      CommonDialog1.ShowOpen
```

```
      fullpath = CommonDialog1.FileName
      If fullpath <> "" Then
        Open fullpath For Input As #filenum
        Do While Not EOF(filenum)
          Line Input #filenum, line
          p = p & line & vbCrLf
        Loop
        Close
        Caption = fullpath
        Text1.Text = p
      End If
    Case 2                              '保存
      If Caption <> "无标题" Then        '旧文本文件保存
        fullpath = Caption
      Else                              '新文本文件保存
        CommonDialog1.Action = 2
        fullpath = CommonDialog1.FileName
      End If
      If fullpath <> "" Then
        Open fullpath For Output As #filenum
        Print #filenum, Text1.Text
        Close
        Caption = fullpath
      End If
    Case 3                              '另存为
      CommonDialog1.Action = 2
      fullpath = CommonDialog1.FileName
      If fullpath <> "" Then
        Open fullpath For Output As #filenum
        Print #filenum, Text1.Text
        Close
        Caption = fullpath
      End If
    Case 4                              '关闭
      Unload Me
  End Select
End Sub
Private Sub edit_Click(Index As Integer)
  Select Case Index
    Case 0                              '剪切
      If Text1.SelText <> "" Then
        Clipboard.SetText Text1.SelText
        Text1.SelText = ""
      End If
    Case 1                              '复制
      If Text1.SelText <> "" Then
        Clipboard.SetText Text1.SelText
      End If
    Case 2                              '粘贴
      Text1.SelText = Clipboard.GetText
    Case 3                              '全选
```

```
        Text1.SelStart = 0
        Text1.SelLength = Len(Text1.Text)
    End Select
End Sub
```

11.5 随机文件

随机文件中的数据是以记录的形式存放的，每条记录的长度都相同，每个字段的长度都是固定的，通过指定记录号就可以快速地访问相应的记录，打开随机文件后，读出数据的同时允许对数据进行修改、写入。为了能正确地读写数据，在对随机文件进行操作前，常常先定义相应的用户自定义数据类型(记录类型)，通过定义该记录类型的变量或数组来保存记录的信息，然后再对随机文件进行读写操作。

需要强调的是：由于随机文件每条记录的长度都相同，每个字段的长度都是固定的，因此，用户自定义数据类型中，如果某个字段的数据类型是字符型，则必须是定长字符串。

11.5.1 随机文件的新建、打开

随机文件的新建、打开由 Open 语句实现，关闭由 Close 语句实现，Close 语句前面已经介绍。Open 语句的语法格式如下：

```
Open <文件名> [For Random] As [ # ]<文件号> Len = <记录长度>
```

说明：

(1) 新建或打开随机文件后，既可以读也可以写。

(2) <记录长度>等于记录中各字段的长度之和，默认为 128 字节。

(3) For Random 表示新建或打开随机文件，可以省略。

(4) 使用 Open 语句操作随机文件时，如果对应的随机文件已经存在则直接打开，否则，新建这个随机文件。

11.5.2 随机文件的读写操作

1. 随机文件的写操作

随机文件的写操作语句是 Put #语句，将一个记录类型变量的数据写入随机文件。其语法格式如下：

```
Put [ # ]<文件号>,[<记录号>],<变量名>
```

说明：

(1) <记录号>参数指定要将数据写到随机文件中的哪个位置，第一条记录的记录号为 1，第二条记录的记录号为 2，以此类推。当随机文件中，对应记录号已经有记录，则该记录将被新记录覆盖，若无此记录，则在随机文件中添加一条新记录；如果省略<记录号>，则写入数据的记录号为上次读或写记录的记录号加 1。

(2) ＜变量名＞参数通常是一个用户自定义数据类型(记录类型)的变量,也可以是其他数据类型的变量。

2. 随机文件的读操作

随机文件的读操作语句是 Get #语句,将随机文件的一条记录赋给记录类型变量。其语法格式如下:

```
Get [ # ]<文件号>,[<记录号>],<变量名>
```

说明:＜记录号＞和＜变量名＞的含义与 Put #语句相同。

【例 11-9】 随机文件管理程序。

在窗体模块的通用声明段定义学生基本信息的记录类型(用户自定义数据类型)student,并定义用户自定义数据类型的变量 stu,然后将表 2-1 中的数据写入随机文件中,在应用程序中能实现记录的读取、添加,还可以显示单条记录、按学号删除、修改记录等功能,程序运行结果如图 11-9 所示。

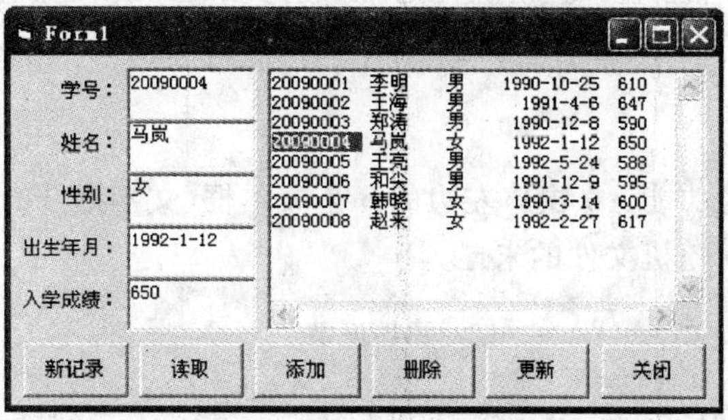

图 11-9 用随机文件管理学生基本信息

在窗体上画 5 个标签 Label1～Label5,它们的 Caption 属性值分别设为"学号:"、"姓名:"、"性别:"、"出生年月:"、"入学成绩:";画 1 个文本框 Text1,清空其 text 属性值,利用剪贴板生成控件数组 Text1(0)～Text1(4);画 1 个文本框 Text2,设置其 MultiLine 属性值为 True,ScrollBars 属性值为 3-Both;画 6 个命令按钮 Command1～Command6,它们的 Caption 属性值分别设为"新记录"、"读取"、"添加"、"删除"、"更新"、"关闭"。

```
Private Type student
  sno As String * 10
  sname As String * 8
  ssex As String * 2
  sbirthday As Date
  sscore As Integer
End Type
Private stu As student
Private Sub Command1_Click()               '新记录
  Dim i%
  For i = 0 To 4
    Text1(i).Text = ""
  Next
```

```
    Text1(0).SetFocus
  End Sub
```

“读取”命令按钮的功能：从随机文件中读出每一条记录，将每一个字段连接成一行，在文本框 text2 中按行(记录)显示。

```
Private Sub Command2_Click()                '读取记录
    Dim i%, recnum%, filenum%
    Text2.Text = ""
    filenum = FreeFile
    Open "d:\studentinfo.dat" For Random As #filenum Len = Len(stu)
    recnum = LOF(filenum) / Len(stu)    '记录数
    For i = 1 To recnum
      Get #filenum, i, stu
      Text2.Text = Text2.Text & stu.sno
      Text2.Text = Text2.Text & stu.sname
      Text2.Text = Text2.Text & stu.ssex
      Text2.Text = Text2.Text & Format(stu.sbirthday, "@@@@@@@@@@@@@@@")
      Text2.Text = Text2.Text & Format(stu.sscore, "@@@@@") & vbCrLf
    Next
    Close
End Sub
```

“添加”命令按钮的功能：将窗体左边的 5 个文本框(文本框 Text1 的控件数组)中的数据作为一条记录添加到随机文件的末尾。

```
Private Sub Command3_Click()                '添加记录
    Dim i%, recnum%, filenum%
    stu.sno = Text1(0).Text
    stu.sname = Text1(1).Text
    stu.ssex = Text1(2).Text
    stu.sbirthday = Text1(3).Text
    stu.sscore = Text1(4).Text
    filenum = FreeFile
    Open "d:\studentinfo.dat" For Random As #filenum Len = Len(stu)
    recnum = LOF(filenum) / Len(stu)
    Put #filenum, recnum + 1, stu
    Close
    Command1_Click                          '清空文本框
    Command2_Click                          '重新读取记录
End Sub
```

“显示单条记录”功能：在文本框 Text2 的 MouseUp 事件过程中，当用鼠标拖动选中文本框 Text2 中某条记录的学号时，将用这个学号在整个随机文件中查找记录，如果找到一条记录的学号与 Text2 中选中的学号相同，则将这条记录的 5 个字段值显示在窗体左边的 5 个文本框(文本框 Text1 的控件数组)中。

```
Private Sub Text2_MouseUp(Button As Integer, Shift As Integer, X As Single, Y As Single)
    Dim i%, recnum%, filenum%
    If Text2.SelText <> "" Then
      filenum = FreeFile
```

```
    Open "d:\studentinfo.dat" For Random As #filenum Len = Len(stu)
    recnum = LOF(filenum) / Len(stu)
    For i = 1 To recnum
      Get #filenum, i, stu
      If Trim(Text2.SelText) = Trim(stu.sno) Then
        Text1(0).Text = stu.sno
        Text1(1).Text = stu.sname
        Text1(2).Text = stu.ssex
        Text1(3).Text = stu.sbirthday
        Text1(4).Text = stu.sscore
        Exit For
      End If
    Next
    Close
  End If
End Sub
```

“删除”命令按钮的功能：这个功能与“显示单条记录”功能配合使用，只有在文本框Text2的MouseUp事件过程中，找到相应的记录，才能实现记录的删除功能，删除与Text2中选中的学号相同的记录。

删除记录时，先新建一个临时文件studentinfotmp.dat，将文件studentinfo.dat中所有不删除的记录读出，然后写入临时文件，要删除的记录不写入临时文件，最后，将文件studentinfo.dat删除，并将文件studentinfotmp.dat改名为studentinfo.dat。

```
Private Sub Command4_Click()           '删除记录
  Dim i%, recnum%, filenum%, filenum1%
  If Text1(0).Text <> "" Then
    filenum = FreeFile
    Open "d:\studentinfo.dat" For Random As #filenum Len = Len(stu)
    filenum1 = FreeFile
    Open "d:\studentinfotmp.dat" For Random As #filenum1 Len = Len(stu)
    recnum = LOF(filenum) / Len(stu)
    For i = 1 To recnum
      Get #filenum, i, stu
      If Trim(Text1(0).Text) <> Trim(stu.sno) Then
        Put #filenum1, , stu
      End If
    Next
    Close
    Kill "d:\studentinfo.dat"
    Name "d:\studentinfotmp.dat" As "d:\studentinfo.dat"
    Command1_Click                     '清空文本框
    Command2_Click                     '重新读取记录
  End If
End Sub
```

“更新”命令按钮的功能：这个功能也与“显示单条记录”功能配合使用，只有在文本框Text2的MouseUp事件过程中找到相应的记录，才能实现记录的修改、更新功能，修改学号相同的记录的其他字段的值，但学号字段的值不能修改。

```
Private Sub Command5_Click()                '更新记录
Dim i%, recnum%, filenum%
  If Text1(0).Text <> "" Then
    filenum = FreeFile
    Open "d:\studentinfo.dat" For Random As #filenum Len = Len(stu)
    recnum = LOF(filenum) / Len(stu)
    For i = 1 To recnum
      Get #filenum, i, stu
      If Trim(Text1(0).Text) = Trim(stu.sno) Then
        stu.sname = Text1(1).Text
        stu.ssex = Text1(2).Text
        stu.sbirthday = Text1(3).Text
        stu.sscore = Text1(4).Text
        Put #filenum, i, stu
        Exit For
      End If
    Next
    Close
    Command1_Click                           '清空文本框
    Command2_Click                           '重新读取记录
  End If
End Sub
Private Sub Command6_Click()                '关闭
  Unload Me
End Sub
```

11.6 二进制文件

二进制文件可以保存任何类型的数据，其文件内容以字节为单位存储，没有数据类型和记录长度的含义，二进制文件与随机文件很相似，读写数据的语句也是Get #语句和Put #语句，两者的区别是二进制文件访问数据的单位是字节，随机文件访问数据的单位是记录。

11.6.1 二进制文件的新建、打开

二进制文件的新建、打开由Open语句实现，关闭由Close语句实现，Close语句前面已经介绍。Open语句的语法格式如下：

```
Open <文件名> For Binary As [#]<文件号>
```

说明：

(1) 新建或打开二进制文件后，既可以读也可以写。

(2) For Binary表示新建或打开二进制文件，不可以省略。

(3) 使用Open语句操作二进制文件时，如果对应的二进制文件已经存在则直接打开，否则，新建这个二进制文件。

11.6.2　二进制文件的读写操作

1. 二进制文件的写操作

二进制文件的写操作语句是 Put ＃语句，将变量数据写入指定字节位置的二进制文件中。其语法格式如下：

```
Put [＃]<文件号>,[<字节位置>],<变量名>
```

说明：

(1) ＜字节位置＞表示从二进制文件头开始的字节数，第一个字节的位置为 1，第二个字节的位置为 2，以此类推，二进制文件从＜字节位置＞指定的位置开始写入数据；如果省略＜字节位置＞，则从上次读或写的字节位置加 1 处开始写入数据。

(2) ＜变量名＞可以是任何数据类型的变量，每次写入数据的长度为该数据类型所占的字节数，如果是变长字符串，写入的是字符串数据，但最好使用定长字符串读写二进制文件数据。

(3) 可以使用 Seek 语句定位二进制文件的读写位置。

2. 二进制文件的读操作

二进制文件的读操作语句是 Get ＃语句，将二进制文件中指定字节位置的数据读入变量。其语法格式如下：

```
Get [＃]<文件号>,[<字节位置>],<变量名>
```

说明：＜字节位置＞和＜变量名＞的含义与 Put ＃语句相同。

【例 11-10】 向二进制文件写入 30 个 1～100 之间的随机整数，并从二进制文件中读出后，按 6 行 5 列显示在窗体上，如图 11-10 所示。

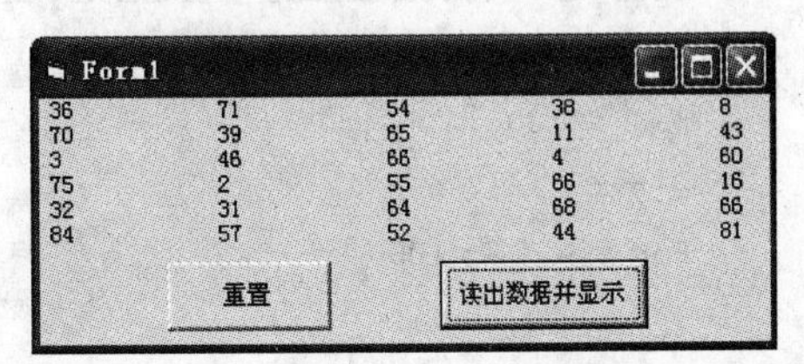

图 11-10　向二进制文件写入整数并读出显示

```
Private Sub Form_Load()
  Dim i%, num%
  Open "d:\rndnumber.dat" For Binary As #1
  Randomize
  For i = 1 To 30
    num = Int(Rnd * 100 + 1)
    Put #1, , num
  Next
  Close #1
End Sub
Private Sub Command1_Click()
  Form_Load
End Sub
Private Sub Command2_Click()
  Dim i%, num%
  Cls
  Open "d:\rndnumber.dat" For Binary As #1
  For i = 1 To 30
    Get #1, , num
```

```
      Print num,
      If i Mod 5 = 0 Then Print
    Next
    Close #1
End Sub
```

【例 11-11】 产生 100 个－100～100 之间的随机整数，存入二进制文件中，从该二进制文件读出这些数，在窗体上按 10 行 10 列显示，求出这些数中的最大值、最小值和平均值并输出，如图 11-11 所示。

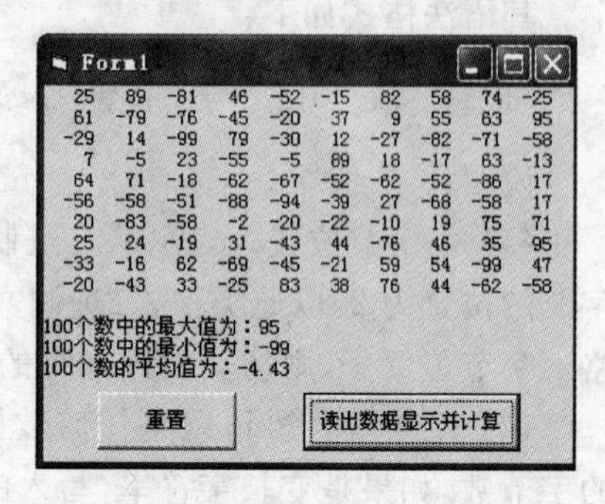

图 11-11 求最大值、最小值、平均值

```
Private Sub Form_Load()
    Dim i%, num%
    Open "d:\100rndnum.dat" For Binary As #1
    Randomize
    For i = 1 To 100
      num = Int(Rnd * 201 - 100)
      Put #1, , num
    Next
    Close
End Sub
Private Sub Command1_Click()
    Form_Load
End Sub
Private Sub Command2_Click()
    Dim i%, num%, max%, min%, s!
    Cls
    Open "d:\100rndnum.dat" For Binary As #1
    max = -100
    min = 100
    s = 0
    For i = 1 To 100
      Get #1, , num
      If num > max Then max = num
      If num < min Then min = num
      s = s + num
      Print Format(num, "@@@@@");
      If i Mod 10 = 0 Then Print
    Next
    Close
    Print
    Print "100 个数中的最大值为: " & max
    Print "100 个数中的最小值为: " & min
    Print "100 个数的平均值为: " & s / 100
End Sub
```

11.7　文件系统控件

在 Windows 应用程序中，当需要打开文件或将数据存入外存时，通常打开一个对话框，利用这个对话框，可以选择驱动器、目录（文件夹）及文件，方便地获得系统的驱动器、目录及文件等信息。Visual Basic 提供了 3 个文件系统控件：驱动器列表框、目录（文件夹）列表框和文件列表框，利用这 3 个控件可以编写文件管理程序。

11.7.1　驱动器列表框

驱动器列表框可以显示当前系统中所有有效的驱动器。

1. 驱动器列表框的常用属性

驱动器列表框的常用属性是 Drive 属性，用于返回选定的驱动器，该属性只能在运行时使用。

注意：*在驱动器列表框中选择驱动器并不能将选定的驱动器设为系统的当前驱动器，要想真正改变系统的当前驱动器，必须使用 ChDrive 语句。*

2. 驱动器列表框的常用事件

驱动器列表框的常用事件是 Change 事件，当驱动器列表框的 Drive 属性值发生改变时触发该事件，通常在该事件过程中编写程序，完成相关的操作。

11.7.2　目录列表框

目录列表框用于显示当前驱动器或指定驱动器上的目录结构，显示时从根目录开始，以树形结构显示当前驱动器下的分层目录结构。

1. 目录列表框的常用属性

目录列表框的常用属性是 Path 属性，用于返回目录列表框选定目录的路径（包括驱动器），该属性在设计时不可用。

注意：*在目录列表框中选择目录并不能将选定的目录设为系统的当前目录，要想真正改变系统的当前目录，必须使用 ChDir 语句。*

2. 目录列表框的常用事件

目录列表框的常用事件是 Change 事件，当目录列表框的 Path 属性值发生改变时，触发它的 Change 事件。

11.7.3　文件列表框

文件列表框常用于显示当前目录下的文件列表，用户可在文件列表框中选择要操作的一个或多个文件。

1. 文件列表框的常用属性

1) Path 属性

返回选定文件的路径,该属性只能在运行时使用。

2) FileName 属性

返回选定文件的文件名和扩展名,不包括路径。

3) Pattern 属性

设置或返回在文件列表框中显示文件的类型,使用该属性可以对显示的文件进行过滤,使文件列表框仅仅显示满足条件的文件,其属性值是带通配符的字符串,如: *.txt,默认值为 *.*,表示显示所有文件,如果需要显示的文件不止一种类型,相互间用分号分隔,如: *.txt; *.doc,表示在文件列表框中显示文本文件和 Word 文档。

4) MultiSelect、Archive、System、Hidden、Normal 属性

这些属性用于指定在文件列表框中是否显示当前目录中具有相应属性的文件。

2. 文件列表框的常用事件

文件列表框的常用事件有 Click 和 DblClick 事件。

11.7.4 驱动器列表框、目录列表框和文件列表框的同步

目录列表框常与驱动器列表框配合使用,当改变驱动器时,目录列表框的显示也跟着改变,即目录列表框与驱动器列表框的同步,实现的方法是: 在驱动器列表框的 Change 事件过程中,将驱动器列表框的 Drive 属性值赋给目录列表框的 Path 属性。

文件列表框也常与目录列表框配合使用,当改变目录时,文件列表框的显示也跟着改变,即文件列表框与目录列表框的同步,实现的方法是: 在目录列表框的 Change 事件过程中,将目录列表框的 Path 属性值赋给文件列表框的 Path 属性。

11.7.5 文件系统控件的共同属性

驱动器列表框、目录(文件夹)列表框和文件列表框都继承了列表框的基本属性,因此,它们具有一些共同的属性,这些属性如下:

(1) ListCount 属性。返回文件系统控件中的项数,该属性只在运行时可用。

(2) ListIndex 属性。返回文件系统控件中选定项的索引,文件系统控件中项的索引从 0 开始,即第一项的索引是 0,第二项的索引是 1,以此类推,该属性只在运行时可用。

(3) List 属性。返回文件系统控件中的项,该属性是文件系统控件中项的数组,数组名就是 List,数组的下标就是项的索引,该属性只在运行时可用。

例如: 驱动器列表框 Drive1 的第一项为 Drive1. List(0),第二项为 Drive1. List(1),以此类推。

【例 11-12】 文本浏览器。

在窗体上分别画驱动器列表框、目录(文件夹)列表框和文件列表框,将文件列表框的

Pattern 属性值设为“＊.txt”，仅仅显示文本文件；画 1 个文本框，设置其 MultiLine 属性值为 True，ScrollBars 属性值为 3-Both，程序运行结果如图 11-12 所示。

```
Private Sub Drive1_Change()
  Dir1.Path = Drive1.Drive
End Sub
Private Sub Dir1_Change()
  File1.Path = Dir1.Path
End Sub
Private Sub File1_Click()
  Dim line$, p$
  ChDrive Drive1.Drive
  ChDir Dir1.Path
  Open File1.FileName For Input As #1
  Do While Not EOF(1)
    Line Input #1, line
    p = p & line & vbCrLf
  Loop
  Close
  Text1.Text = p
End Sub
```

【例 11-13】 图片浏览器。

在窗体上分别画驱动器列表框、目录（文件夹）列表框和文件列表框，将文件列表框的 Pattern 属性值设为“＊.bmp；＊.jpg；＊.gif”，仅显示 3 种格式的图片文件；画 1 个图像控件，用图像控件显示选中的图片，设置其 Stretch 属性值为 True，使图片能调整大小以适应图像控件的大小，程序运行结果如图 11-13 所示。

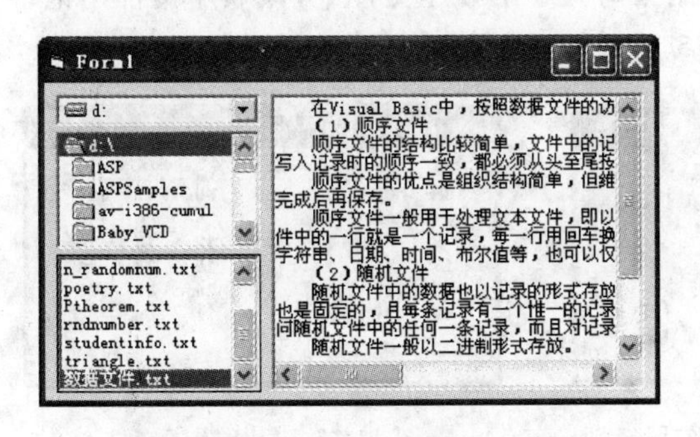

图 11-12 文本浏览器

图 11-13 图片浏览器

```
Private Sub Drive1_Change()
  Dir1.Path = Drive1.Drive
End Sub
Private Sub Dir1_Change()
  File1.Path = Dir1.Path
End Sub
Private Sub File1_Click()
  ChDrive Drive1.Drive
```

```
    ChDir Dir1.Path
    Picture1.Picture = LoadPicture(File1.FileName)
End Sub
```

习题 11

一、简答题

1. 顺序文件、随机文件和二进制文件之间有什么区别?
2. 数据文件的基本操作包括哪些步骤?
3. 用 Close 语句关闭数据文件有什么作用?
4. Visual Basic 中提供的对文件和目录(文件夹)的基本操作语句和函数有什么用处?
5. Write #语句和 Print #语句有什么区别?
6. Input #语句和 Line Input #语句有什么区别?
7. 二进制文件和随机文件的数据读写有什么相同和不同之处?
8. 驱动器列表框、目录(文件夹)列表框和文件列表框的常用属性、事件分别有哪些?
9. 文件列表框的 FileName 属性与通用对话框的 FileName 属性有什么区别?
10. 文件列表框的 Pattern 属性与通用对话框的 Filter 属性有什么区别?

二、编程题

1. 建立一个顺序文件,存储 θ 值在 0°～180°的 $\sin\theta$、$\cos\theta$、$\tan\theta$ 函数的三角函数表,该顺序文件用记事本打开,如图 11-14 所示。

2. 勾股定理为:$a^2+b^2=c^2$,编写程序,建立一个顺序文件,向顺序文件写入 a、b、c 的值在 1～100 之间满足勾股定理的所有整数组合,该顺序文件用记事本打开,如图 11-15 所示。

3. 编写程序,按一定格式输出月历,并将结果写入一个顺序文件中,该顺序文件用记事本打开,如图 11-16 所示。

图 11-14 三角函数表

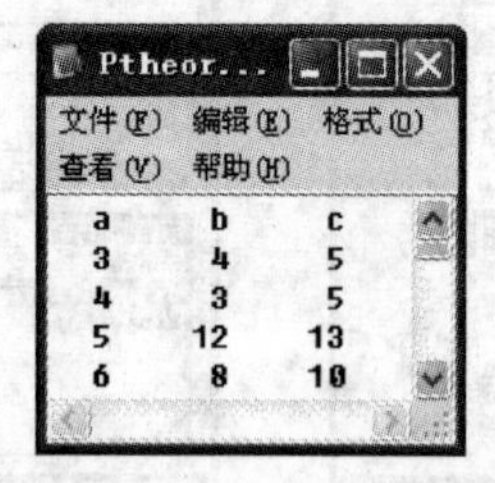

图 11-15 勾股定理

图 11-16 月历顺序文件

4. 用顺序文件实现例 11-9 的功能。在窗体模块的通用声明段定义学生基本信息的记录类型(用户自定义数据类型)student,并定义用户自定义数据类型的变量 stu,然后将表 2-1 中的数据写入顺序文件中,在应用程序中能实现记录的读取、添加,还可以显示单条记录,按学号删除、修改记录等功能。

5. 利用随机文件管理职工工资信息,每条记录由职工编号、姓名、基本工资、补贴、加班费、水电费组成,见表 11-5,要求可以实现记录的添加,如图 11-17 所示,记录的浏览(第一条记录、上一条记录、下一条记录和最后一条记录)、修改和删除功能,如图 11-18 所示。

表 11-5 职工工资信息

职工编号	姓名	基本工资	补贴	加班费	水电费
20090001	李扬	486.00	200.00	65.00	12.25
20090002	和尖	582.00	350.00	55.00	25.35
20090003	张非	562.00	320.00	45.00	55.30
20090004	王一曼	642.00	420.00	30.00	32.90
20090005	张守一	1010.00	560.00	35.00	69.87
20090006	陈明	870.00	500.00	60.00	49.56
20090007	刘春华	945.00	520.00	40.00	38.47
20090008	江珊珊	1210.00	680.00	20.00	105.52
20090009	郑坚	729.00	460.00	45.00	50.20

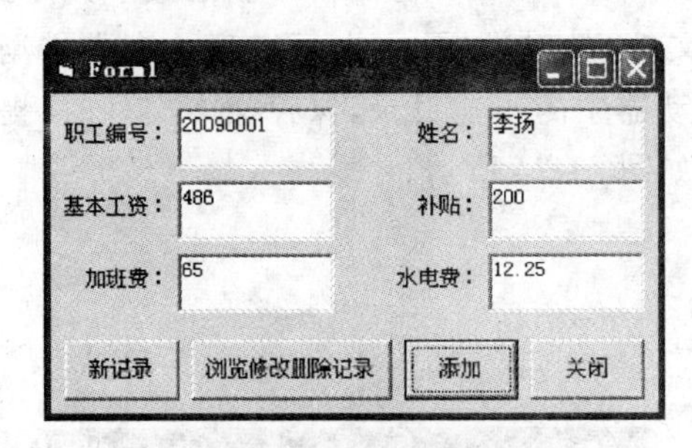

图 11-17 记录的添加

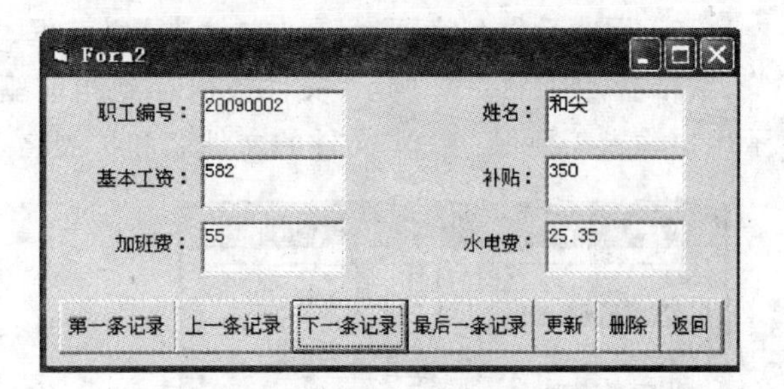

图 11-18 记录的浏览、修改和删除

6. 建立一个二进制文件，存储 θ 值在 0°～180°的 $\sin\theta$、$\cos\theta$、$\tan\theta$ 函数的函数表，并从二进制文件中读出这些数据显示在文本框中，如图 11-19 所示。

7. 勾股定理为：$a^2+b^2=c^2$，编写程序，建立一个二进制文件，向二进制文件写入 a、b、c 的值在 1～100 之间满足勾股定理的所有整数组合，并从二进制文件中读出这些数据显示在文本框中，如图 11-20 所示。

图 11-19 函数表存盘显示

图 11-20 勾股定理

8. 编写程序，按一定格式将月历写入一个二进制文件中，并从二进制文件中读出这些数据显示在窗体上，如图 11-21 所示。

9. 编写程序，分别用顺序文件和二进制文件的读写操作语句将两个文本文件合并生成一个新的文本文件，如图 11-22 所示。

图 11-21　月历存盘显示

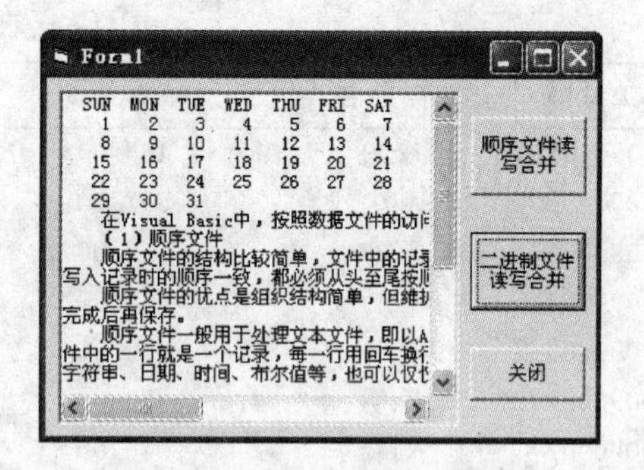

图 11-22　合并两个文本文件

提示：用通用对话框控件分别打开两个文本文件，合并后再保存为一个新的文本文件。

10. 用驱动器列表框、目录（文件夹）列表框、文件列表框以及文本框实现一个文本浏览、编辑器，如图 11-23 所示，文件被保存到当前驱动器中的当前目录，保存文本文件时，提示用户输入需要保存文本文件的文件名和扩展名，如图 11-24 所示。

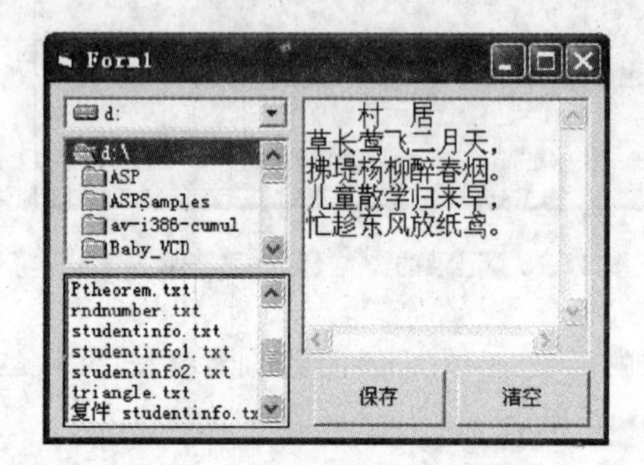

图 11-23　文本浏览、编辑器

图 11-24　输入文件名扩展名

第12章 数据库应用

随着数据库技术的发展，数据库的应用已经深入到了每一个领域，Visual Basic 具有强大的数据库访问能力，能方便地完成对数据库的各种操作。

12.1 数据库基本概念

在实际应用中，关系数据库是应用较为广泛的数据库。关系模型建立在严格的数学理论基础之上，其概念清晰、简单，能够用统一的结构来表示实体集和它们之间的联系，另外，结构化查询语言 SQL 为关系数据库提供了数据访问标准。

1. 数据库

数据库是按一定结构存储在计算机存储设备上的相互关联的数据的集合，它具有较小的冗余，是多种应用数据的集成，并可被多个应用所共享。

2. 表

表是关系数据库中存储数据的基本单位，是由行、列组成的二维表格。如："职工部门"表、"职工档案"表和"职工工资"表分别见表 12-1、表 12-2、表 12-3。

表 12-1 "职工部门"表

部门编号	部门名称	联系电话
01	人力资源部	50153412
02	销售部	68515244
03	生产部	66900883
04	采购部	40009888

表 12-2 "职工档案"表

职工编号	姓名	性别	职务	出生年月	部门编号
20090001	李扬	男	经理	1980-4-6	03
20090002	和尖	男	普通员工	1981-12-15	02
20090003	张非	女	经理	1975-1-3	04
20090004	王一曼	男	普通员工	1977-5-30	04
20090005	张守一	男	普通员工	1989-5-12	03
20090006	陈明	女	普通员工	1985-11-23	04
20090007	刘春华	男	经理	1988-9-7	01
20090008	江珊珊	女	普通员工	1984-10-10	02
20090009	郑坚	男	经理	1985-2-22	02

表 12-3 “职工工资”表

职工编号	基本工资	补贴	加班费	水电费
20090001	486.00	200.00	65.00	12.25
20090002	582.00	350.00	55.00	25.35
20090003	562.00	320.00	45.00	55.30
20090004	642.00	420.00	30.00	32.90
20090005	1010.00	560.00	35.00	69.87
20090006	870.00	500.00	60.00	49.56
20090007	945.00	520.00	40.00	38.47
20090008	1210.00	680.00	20.00	105.52
20090009	729.00	460.00	45.00	50.20

3. 字段

表中的一列称为一个字段，每个字段都有字段名、字段数据类型和字段宽度。

4. 表结构

一个表所包含的所有字段名、字段数据类型和字段宽度构成了表结构。“职工部门”表、“职工档案”表和“职工工资”表的表结构分别见表 12-4、表 12-5、表 12-6。这里的表结构以 Access 数据库表的结构为例，在其他数据库中的表结构与 Access 类似，但不同的数据库存在一定的差别。

表 12-4 “职工部门”表结构

字段名	数据类型	字段宽度	小数位数
部门编号	文本	2	
部门名称	文本	20	
联系电话	文本	15	

表 12-5 “职工档案”表结构

字段名	数据类型	字段宽度	小数位数
职工编号	文本	8	
姓名	文本	8	
性别	文本	2	
职务	文本	10	
出生年月	日期/时间		
部门编号	文本	2	

表 12-6 “职工工资”表结构

字段名	数据类型	字段宽度	小数位数
职工编号	文本	8	
基本工资	数字	单精度型	2
补贴	数字	单精度型	2
加班费	数字	单精度型	2
水电费	数字	单精度型	2

在 Access 中创建表结构和输入表数据的操作非常简单，虽然 Visual Basic 提供了可视化数据管理器 VISDATA.EXE，可以利用这个工具创建和管理数据库，但建议直接在 Access 中创建和管理数据库更方便，功能更强大。

5. 记录

表中的一行称为一个记录，它由若干字段组成。

6. 主关键字段

如果表中某个字段或某几个字段的组合能唯一地确定表中的一条记录，则称该字段或这几个字段的组合为关键字段，一个表可以有多个关键字段，其中，只有一个是主关键字段，其余的是候选关键字段。

7. 外关键字段

如果一个表中的字段或字段组合不是该表的关键字段，但它们是另外一个关联表的关键字段，则称其为该表的外关键字段。如："职工部门"表的"部门编号"是主关键字段，"职工档案"表的"部门编号"是外关键字段，通过主关键字段和外关键字段可以实现表与表之间的关联。

8. 表间关系（关联）

表间关系是通过主关键字段和外关键字段建立表与表之间的关联。表间关系有 3 种形式：一对一、一对多和多对多。如："职工部门"表与"职工档案"表通过"部门编号"字段关联，是一对多的关系；"职工档案"表与"职工工资"表通过"职工编号"字段关联，是一对一的关系。

9. 索引

索引的目的是为了提高查询的速度。在一个表中可以建立多个索引，但只能有一个主索引。

12.2　常用 SQL 语句

结构化查询语言（Structured Query Language，SQL）是关系数据库的标准语言，不仅具有丰富的数据操纵功能，而且具有数据定义和数据控制功能，是集数据操纵、数据定义和数据控制功能于一体的关系数据库语言。

12.2.1　Select 语句

1. Select 语句的语法格式

Select 语句实现数据的查询功能，包含多个子句。其语法格式如下：

```
SELECT [ALL|DISTINCT|TOP n [PERCENT]] 字段列表
    [INTO 新表名]
    FROM 表名列表
    WHERE 查询条件表达式
    ORDER BY 排序字段列表 [ASC|DESC]
    GROUP BY 分组字段列表
    HAVING 分组条件表达式
```

说明：

(1) SELECT子句后可以包含多个字段名，相互间用逗号分隔，可以用一个星号"*"，表示查询表中的所有字段，也可以使用统计函数对数据进行统计，SQL语句常用统计函数见表12-7；ALL表示查询表中所有满足条件的记录(默认，可以省略)；DISTINCT表示去掉查询结果中的重复记录；TOP n表示仅返回前n条记录；TOP n PERCENT表示仅返回前n%的记录。

表12-7 SQL语句常用统计函数

函数名	功能
SUM	用于对指定的数值型字段求和
AVG	用于对指定的数值型字段求平均值
MAX	用于对指定的数值型字段求最大值
MIN	用于对指定的数值型字段求最小值
COUNT	用于统计满足条件的记录数

默认情况下，查询结果中的列名就是相应的字段名，也可以用As关键字为列或表达式指定别名。

例如，下面语句为"联系电话"字段指定别名"Telephone"：

```
select 部门编号,部门名称,联系电话 as Telephone from 职工部门
```

(2) INTO子句表示将查询结果保存到一个新的数据表，可以省略。

(3) FROM子句表示从哪些表中查询数据，如果有多个表，相互之间用逗号分隔。

(4) WHERE子句表示查询的条件，支持关系运算符和布尔运算符。

(5) ORDER BY子句表示将查询的结果按哪些字段排序，如果有多个字段，相互之间用逗号分隔；ASC表示升序(默认，可以省略)，DESC表示降序。

(6) GROUP BY子句表示将查询的结果按哪些字段分组，主要用于分组统计，一般与统计函数配合使用，而且在分组统计结果中，只能有分组字段和统计字段。

例如，对"职工档案"表按照"部门编号"字段统计各个部门的人数：

```
select 部门编号,count(*) from 职工档案 group by 部门编号
```

(7) HAVING子句表示对分组统计结果设置条件，仅返回满足条件的分组统计结果，该子句与GROUP BY子句配合使用，支持关系运算符和布尔运算符。

2. 多表查询

对数据库表数据进行查询时，经常需要对多个表的数据查询，为了实现多表查询，可以在FROM子句后写上这些表的表名，在WHERE子句后写上这些表的连接条件字段，其语法格式如下：

```
SELECT [ALL|DISTINCT|TOP n [PERCENT]] 字段列表
    [INTO 新表名]
    FROM 表名1,表名2,...
    WHERE 表名1.字段名 = 表名2.字段名...
```

一般情况下，两个表的连接条件字段是这两个表的公共字段，因此，需要加上表名区分

是哪一个表的字段，即表名.字段名。

例如：

```
select * from 职工部门,职工档案 where 职工部门.部门编号 = 职工档案.部门编号
```

12.2.2 Insert 语句

Insert 语句用于向数据表中插入记录，其语法格式如下：

```
INSERT INTO 表名 VALUES(字段值 1,字段值 2,…)
```

或

```
INSERT INTO 表名(字段名 1,字段名 2,…) VALUES(字段值 1,字段值 2,…)
```

例如：

```
insert into 职工部门 values("05","物流部","29008768")
```

12.2.3 Update 语句

Update 语句用于更新(或修改)数据表中满足条件的记录，该语句先找出满足条件的记录再修改对应字段的值，其语法格式如下：

```
UPDATE 表名 SET 字段名 1 = 字段值 1,字段名 2 = 字段值 2,… WHERE 条件表达式
```

例如：

```
update 职工部门 set 部门名称 = "后勤部",联系电话 = "31380024" where 部门编号 = "05"
```

12.2.4 Delete 语句

Delete 语句用于删除数据表中满足条件的记录，其语法格式如下：

```
DELETE FROM 表名 WHERE 条件表达式
```

例如：

```
delete from 职工部门 where 部门编号 = "05"
```

12.3 ADO 数据控件

在 Visual Basic 中，主要提供了 3 种数据访问对象作为数据库访问接口，即数据访问对象 DAO(Data Access Object，用工具箱中的 Data 控件实现本地数据库的访问)、远程数据对象 RDO(Remote Data Object)和 ActiveX 数据对象 ADO(ActiveX Data Object，用 ADO 数据控件或 ADO 对象实现本地或远程数据库的访问)。目前，普遍使用的是 ADO。

12.3.1 ADO 简介

ADO 是建立在 OLE DB 之上的数据库访问技术，OLE DB 为不同的数据源提供了通用的高效数据访问方法，这些数据源包括关系和非关系数据库、电子邮件、文本、图形、自定义业务

对象等。此前传统的数据库访问接口是开放数据库连接 ODBC(Open DataBase Connectivity)。

ADO 数据控件(ADODC)用于访问 OLE DB 所支持的数据库,ADODC 是 ActiveX 控件,使用前要在“工具箱”的空白区域右击,在快捷菜单中单击“部件”命令,在“部件”对话框的“控件”选项卡中,选中 Microsoft ADO Data Control 6.0(SP6)(OLEDB)选项,将 ADODC 添加到工具箱中。

12.3.2 ADODC 与数据库的连接

以 ADODC 与 Access 数据库的连接为例,与其他数据库的连接类似。

假设在本地计算机有一个 Access 数据库“D:\职工管理.mdb”,数据库中包含“职工部门”表、“职工档案”表和“职工工资”表,建立 ADODC 与该数据库的连接步骤如下:

(1) 将 ADODC 添加到窗体上,默认名称为 ADODC1。

(2) 在 ADODC1 上右击,在快捷菜单中单击“ADODC 属性”命令,在“属性页”对话框的“通用”选项卡中设置 ADODC1 与数据源的连接,如图 12-1 所示。

ADODC 连接方式有以下 3 种:

① 使用 Data Link 文件。数据连接文件是定义与数据库如何连接的描述文件。

② 使用 ODBC 数据资源名称。通过 ODBC 连接数据库,这是传统的连接数据库的方法,使用这种连接之前,要先创建一个数据源名 DSN(Data Source Name)来描述数据库的类型、位置等信息。

③ 使用连接字符串。是最常用的数据库连接方式,单击“生成”按钮,按照系统提示可自动生成连接字符串。

(3) 单击“生成”按钮,在“数据链接属性”对话框中,选择 Microsoft Jet 4.0 OLE DB Provider 选项,如图 12-2 所示,在对话框的下一个界面,选择或输入数据库名称“D:\职工管理.mdb”,如图 12-3 所示,单击“测试连接”按钮,弹出“测试连接成功”对话框,单击“确定”按钮,返回“属性页”对话框,在文本框中生成完整的连接字符串:Provider=Microsoft.Jet.OLEDB.4.0;Data Source=D:\职工管理.mdb;Persist Security Info=False。连接字符串包含数据库引擎、数据源和安全性设置。

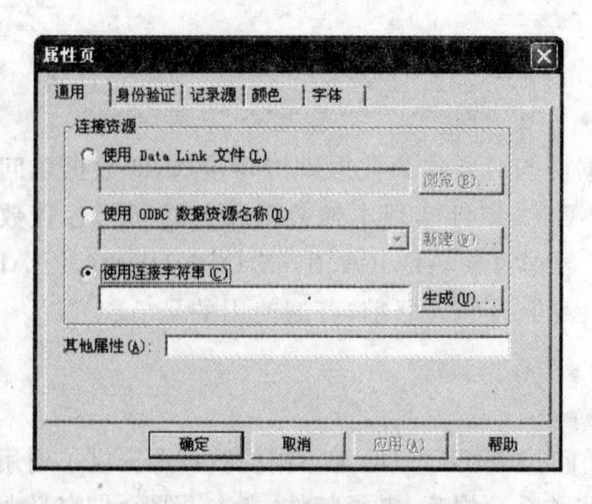

图 12-1 ADODC“属性页”对话框

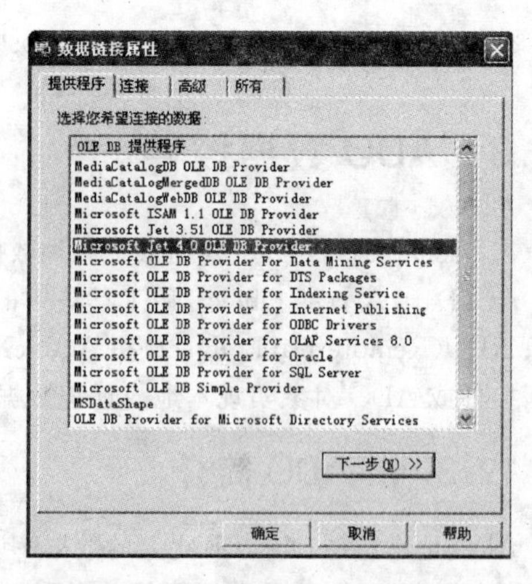

图 12-2 选择数据库提供程序

(4) 选择"属性页"对话框中的"记录源"选项卡，可以选择命令类型、表或存储过程名称，这里选择命令类型为 2-adCmdTable，接着，选择相应的表，如图 12-4 所示，单击"确定"按钮完成 ADODC 与该数据库的连接。

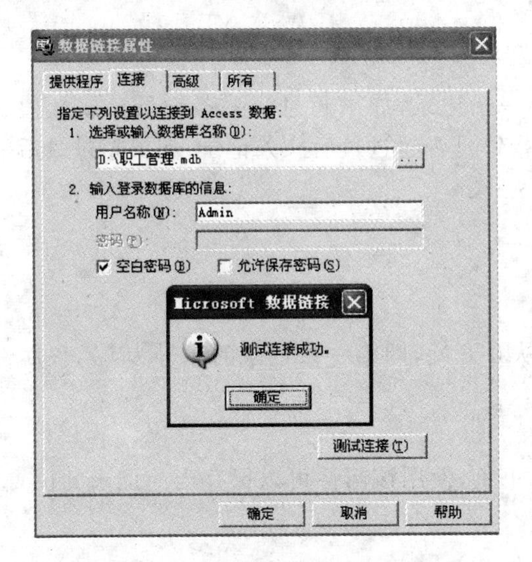

图 12-3 选择数据库并测试连接

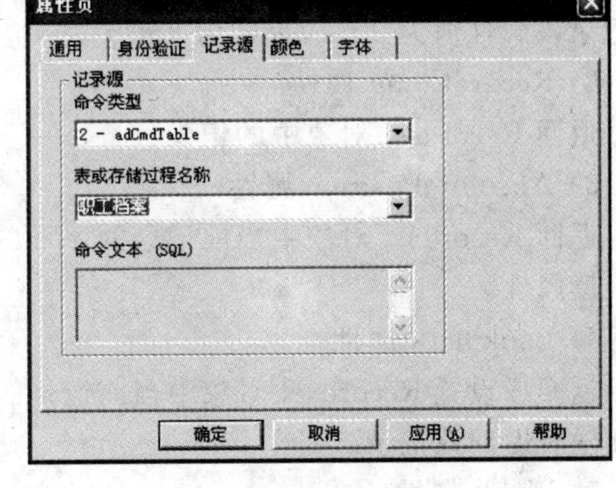

图 12-4 记录源设置

记录源的命令类型有以下 3 种：

① 8-adCmdUnknown 和 1-adCmdText。用 SQL 语句生成记录集。

② 2-adCmdTable。使用数据表作为记录集。

③ 4-adCmdStoredProc。使用存储过程生成记录集。

12.3.3 ADODC 的常用属性

1. ConnectionString 属性

ADODC 与数据库连接的字符串。

2. CommandType 属性

ADODC 连接的记录源的命令类型，有 4 种类型。

3. RecordSource 属性

ADODC 连接的记录源，可以是表或存储过程名称。

4. UserName 和 Password 属性

用于设置访问数据源的用户名和密码。

12.3.4 ADODC 的记录集对象

在 Visual Basic 中，数据库表是不允许直接访问的，只能通过记录集 Recordset 对象对其进行浏览和操作，记录集对象可以表示一个或多个数据库表中字段的集合，记录集与数据库表很相似，都是由行、列组成的，但记录集的数据可以来自一个或多个表。

1. ADODC 的 Recordset 对象的常用属性

1）BOF 属性和 EOF 属性

BOF 属性用于判断记录指针是否超过第一条记录，如果超过第一条记录该属性值为 True，否则为 False；EOF 属性用于判断记录指针是否超过最后一条记录，如果超过最后一条记录该属性值为 True，否则为 False。

2）RecordCount 属性

返回 Recordset 对象中的记录数。

3）AbsolutePosition 属性

返回 Recordset 对象中当前记录的序号(从 0 开始，即第一条记录的序号为 0)，该属性是只读属性。

4）Bookmark 属性

返回或设置 Recordset 对象中当前记录的书签，使用该属性可以保存当前记录的位置，以便随时返回该记录。

5）Fields 属性

Recordset 对象中当前记录的字段集合，可通过 Fields(序号)，序号从 0 开始；或 Fields("字段名")访问当前记录各字段的值。

访问 Recordset 对象中当前记录各字段的值，也可以通过("字段名")、! 字段名、! [字段名]等实现。

例如，下列语句都可以显示 Adodc1 的 Recordset 对象当前记录“姓名”字段的值：

```
Print Adodc1.Recordset.Fields("姓名")
Print Adodc1.Recordset("姓名")
Print Adodc1.Recordset!姓名
Print Adodc1.Recordset![姓名]
```

下列语句显示 Adodc1 的 Recordset 对象当前记录第一个字段的值：

```
Print Adodc1.Recordset.Fields(0)
```

6）Sort 属性

设置 Recordset 的排序字段。

例如：

```
Adodc1.Recordset.Sort = "姓名"                    '按姓名字段排序
```

2. ADODC 的 Recordset 对象的常用方法

1）MoveFirst、MovePrevious、MoveNext、MoveLast 方法

这 4 个方法分别是将当前记录指针指向第一条记录、上一条记录、下一条记录、最后一条记录。

2）Move 方法

将当前记录指针向前或向后移动指定的记录数，其语法格式如下：

```
Move n
```

当 n 为正整数时表示向后移动记录指针，当 n 为负整数时表示向前移动记录指针。

3）AddNew 方法

在记录集中添加一条新记录，一般与 Update 方法配合使用。

4）Delete 方法

删除当前记录，即记录指针所指的记录。

5）Update 方法

将修改后的记录内容保存到数据库表中。

6）CancelUpdate 方法

取消数据更新。

7）Find 方法

在 Recordset 中查找满足条件的记录，如果找到满足条件的记录，则记录指针指向该记录，否则，记录指针将置于记录集的末尾。

例如，下列语句在记录集中查找职工编号为“20090003”的记录：

```
Adodc1.Recordset.Find "职工编号 = '20090003'"
```

注意：添加新记录、删除记录或者修改记录数据后，只有执行了 Update 方法或者移动当前记录指针后，才能将数据保存到数据库表中。

12.4 基本数据绑定控件与高级数据绑定控件

12.4.1 基本数据绑定控件

为了用控件显示记录集的数据，需要将记录集的某个字段或者整个记录集与控件绑定起来。在 Visual Basic 的标准控件中，具有数据绑定功能的控件有：标签（Label）、文本框（TextBox）、列表框（ListBox）、组合框（ComboBox）、图片框（PictureBox）、图像控件（Image）、复选框（CheckBox）。还有早期的 ActiveX 控件 MSFlexGrid 等。

要将基本数据绑定控件与记录集绑定需要设置的属性如下：

（1）DataSource 属性。用于设置与该控件绑定的数据源的名称，如：ADODC、数据环境等的名称。

（2）DataField 属性。用于设置在该控件上显示的数据源的字段名，但 MFlexGrid 等表格控件可以显示整个记录集，因此，没有该属性。

（3）DataMember 属性。当 DataSource 属性被设置为一个数据环境（DataEnvironment）时，由于数据环境可以同时包含多个数据库表、视图、存储过程和 SQL 语句，需要指出通过该属性连接到哪一个数据库表、视图、存储过程和 SQL 语句。

注意：对于基本数据绑定控件，一般只需要设置 DataSource 属性和 DataField 属性，就可以将控件与记录集的某个字段绑定。

12.4.2 高级数据绑定控件

基本数据绑定控件虽然能够与数据源绑定,但它们的功能比较单一,难以完成复杂的数据操作,Visual Basic 提供了一些高级数据绑定控件 DataList、DataCombo、DataGrid、DataRepeater 等,这些都是 ActiveX 控件,具有强大的数据操作功能。

1. DataList 和 DataCombo 控件

DataList 和 DataCombo 控件是 ActiveX 控件,使用前要在"部件"对话框的"控件"选项卡中,选中 Microsoft DataList Controls 6.0(SP3)(OLEDB)选项,然后才能添加到窗体中。DataList 和 DataCombo 控件的最基本区别是 DataCombo 控件可以输入数据。

DataList 和 DataCombo 控件的常用属性如下:

1) DataSource 属性

设置需要绑定的数据源。

2) DataField 属性

设置需要绑定的数据源的字段。

3) RowSource 属性

设置 DataList 和 DataCombo 控件的列表项来自哪个数据源。

4) ListField 属性

设置 DataList 和 DataCombo 控件的列表项来自数据源的哪个字段。

5) BoundColumn 属性

设置 DataList 和 DataCombo 控件的绑定字段是 RowSource 中的哪个字段,默认为 ListField 属性的设置字段,可以设置与 RowSource 中的其他字段绑定,这样,通过 BoundText 属性可以获得 RowSource 中当前记录绑定字段的值。

由于 BoundColumn 属性和 ListField 属性可以分别设置不同的字段,但又是同一个数据源,因此,可以获得同一条记录不同字段的值,对于数据操作很灵活。

6) BoundText 属性

返回 BoundColumn 属性绑定字段当前记录的值,如果没有设置 BoundColumn 属性,则返回 DataList 和 DataCombo 控件中选定的项或 DataCombo 控件中输入的项。

7) Text 属性

返回 DataList 和 DataCombo 控件中选定的项或 DataCombo 控件中输入的项。

2. DataGrid 控件

DataGrid 控件是 ActiveX 控件,使用前要在"部件"对话框的"控件"选项卡中,选中 Microsoft DataGrid Control 6.0(SP6)(OLEDB)选项,然后才能添加到窗体中。DataGrid 控件添加到窗体上后,可以编辑、删除、重排 DataGrid 控件的列,也可以添加列标头,调整列的宽度等。

DataGrid 控件的常用属性如下:

1) DataSource 属性

设置需要绑定的数据源。

2）AllowAddNew、AllowDelete、AllowUpdate 属性

这3个属性的含义分别为：是否允许添加新记录、删除记录、更新记录。

【例 12-1】 用 ADO 数据控件(ADODC)设计一个职工管理数据库系统。

整个系统包括3个大的部分：职工信息查询、数据管理和退出系统。职工信息查询包括：职工部门信息查询、职工档案信息查询、职工工资信息查询、职工档案部门信息查询(从“职工档案”表和“职工部门”表中查询)、职工档案工资信息查询(从“职工档案”表和“职工工资”表中查询)；数据管理包括：职工部门信息管理、职工档案信息管理、职工工资信息管理。职工管理数据库系统菜单见表 12-8。

表 12-8 职工管理数据库系统菜单

标题(Caption)	名称(Name)	索引(Index)	说 明
职工信息查询(&Q)	InfoQuerys		主菜单项 1
....职工部门信息查询	InfoQuery	0	子菜单项 11
....职工档案信息查询	InfoQuery	1	子菜单项 12
....职工工资信息查询	InfoQuery	2	子菜单项 13
....职工档案部门信息查询	InfoQuery	3	子菜单项 14
....职工档案工资信息查询	InfoQuery	4	子菜单项 15
数据管理(&M)	DataManagements		主菜单项 2
....职工部门信息管理	DataManagement	0	子菜单项 21
....职工档案信息管理	DataManagement	1	子菜单项 22
....职工工资信息管理	DataManagement	2	子菜单项 23
退出系统(&E)	ExitSys		主菜单项 3

设计：

(1) 新建一个工程，在主窗体 Form1 上画1个 ADO 数据控件 ADODC1，设置其 Visible 属性值为 False，建立与 Access 数据库“D:\职工管理.mdb”的连接，数据库中包含“职工部门”表、“职工档案”表和“职工工资”表，生成 ADODC1 与数据库的连接字符串。

在主窗体 Form1 的通用声明段定义了一个全局级的变量 SQLStr，用于存放信息查询的 SQL 语句，在 SQL 语句中使用了通配符“%”，表示任意多个任意的字符。

根据表 12-8 为主窗体 Form1 建立系统菜单，职工管理数据库系统主窗体如图 12-5 所示。

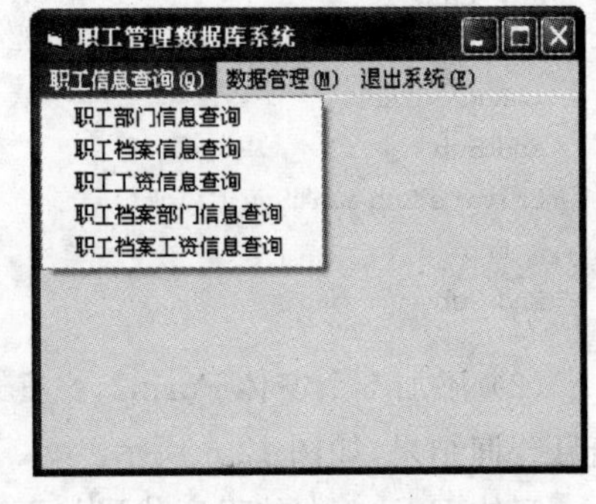

图 12-5 职工管理数据库系统主窗体

主窗体 Form1 中的程序代码如下：

```
Public SQLStr As String
Private Sub InfoQuery_Click(Index As Integer)
  Dim QueryStr As String
  Select Case Index
    Case 0
      QueryStr = InputBox("请输入部门编号", "查询输入")
```

```
      SQLStr = "select * from 职工部门 where 部门编号 like'" & QueryStr & "%'"
    Case 1
      QueryStr = InputBox("请输入职工编号", "查询输入")
      SQLStr = "select * from 职工档案 where 职工编号 like'" & QueryStr & "%'"
    Case 2
      QueryStr = InputBox("请输入职工编号", "查询输入")
      SQLStr = "select * from 职工工资 where 职工编号 like'" & QueryStr & "%'"
    Case 3
      QueryStr = InputBox("请输入职工编号", "查询输入")
      SQLStr = "select 职工档案.职工编号,职工档案.姓名,职工档案.性别," _
      & "职工档案.出生年月,职工部门.部门名称 from 职工档案,职工部门 " _
      & "where 职工档案.部门编号 = 职工部门.部门编号 and 职工编号 like'" _
      & QueryStr & "%'"
    Case 4
      QueryStr = InputBox("请输入职工编号", "查询输入")
      SQLStr = "select 职工档案.职工编号,职工档案.姓名,职工工资.基本工资," _
      & "职工工资.补贴,职工工资.加班费,职工工资.水电费 from 职工档案," _
      & "职工工资 where 职工档案.职工编号 = 职工工资.职工编号 and " _
      & "职工档案.职工编号 like'" & QueryStr & "%'"
  End Select
  Form2.Show                                              '显示职工信息查询结果窗体
End Sub
Private Sub DataManagement_Click(Index As Integer)
  Select Case Index
    Case 0
      Form3.Show                                          '显示职工部门信息管理窗体
    Case 1
      Form4.Show                                          '显示职工档案信息管理窗体
    Case 2
      Form5.Show                                          '显示职工工资信息管理窗体
  End Select
End Sub
Private Sub ExitSys_Click()
  End
End Sub
```

(2) 添加1个窗体Form2,在Form2上画1个DataGrid控件DataGrid1,用于显示职工信息查询结果,如图12-6所示。

窗体Form2中的程序代码如下:

```
Private Sub Form_Load()
  Form1.Adodc1.RecordSource = Form1.SQLStr
  Form1.Adodc1.Refresh
  Set DataGrid1.DataSource = Form1.Adodc1
End Sub
```

(3) 添加1个窗体Form3,用于职工部门信息管理,在Form3上画3个标签Label1~Label3,3个文本框Text1~Text3,8个命令按钮Command1~Command8,如图12-7所示。

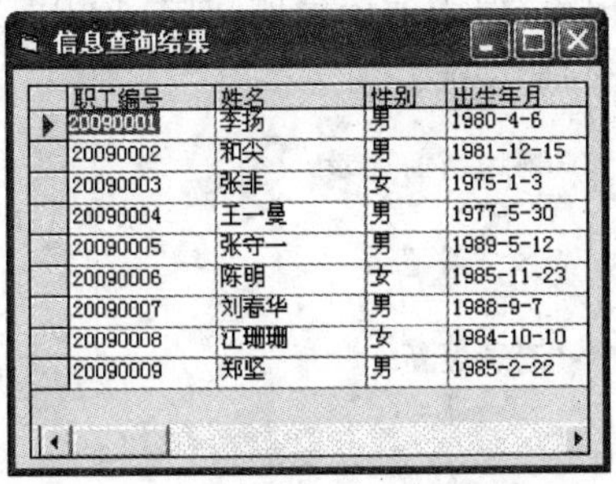

图 12-6 职工信息查询结果显示窗体

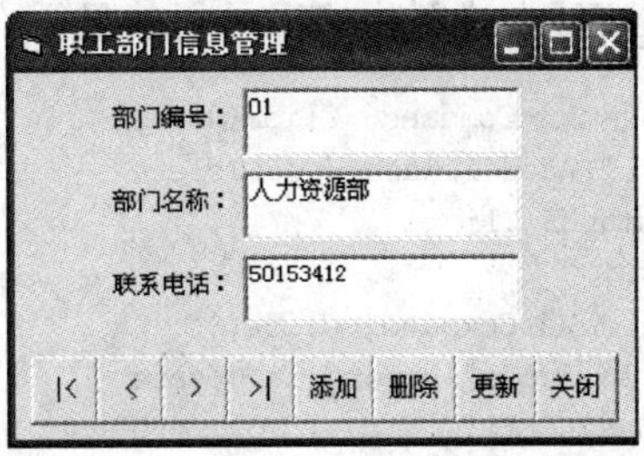

图 12-7 职工部门信息管理窗体

窗体 Form3 中的程序代码如下：

```
Private Sub Form_Load()
  Form1.Adodc1.RecordSource = "职工部门"
  Form1.Adodc1.Refresh
  Set Text1.DataSource = Form1.Adodc1
  Text1.DataField = "部门编号"
  Set Text2.DataSource = Form1.Adodc1
  Text2.DataField = "部门名称"
  Set Text3.DataSource = Form1.Adodc1
  Text3.DataField = "联系电话"
End Sub
Private Sub Command1_Click()                    '第一条记录,标题为"|<"
  Form1.Adodc1.Recordset.MoveFirst
End Sub
Private Sub Command2_Click()                    '上一条记录,标题为"<"
  Form1.Adodc1.Recordset.MovePrevious
  If Form1.Adodc1.Recordset.BOF Then
    Form1.Adodc1.Recordset.MoveFirst
  End If
End Sub
Private Sub Command3_Click()                    '下一条记录,标题为">"
  Form1.Adodc1.Recordset.MoveNext
  If Form1.Adodc1.Recordset.EOF Then
    Form1.Adodc1.Recordset.MoveLast
  End If
End Sub
Private Sub Command4_Click()                    '最后一条记录,标题为">|"
  Form1.Adodc1.Recordset.MoveLast
End Sub
```

单击“添加”命令按钮在记录集的末尾添加了一条新记录，在文本框 Text1～Text3 中分别输入新记录的“部门编号”、“部门名称”、“联系电话”，新记录内容输入完成后，必须单击“更新”命令按钮，否则，新添加的记录将会丢失。

```
Private Sub Command5_Click()                    '添加新记录
  Form1.Adodc1.Recordset.AddNew
End Sub
```

单击“删除”命令按钮将删除记录集中的当前记录，但当前记录删除后，必须改变记录指针的位置，否则，被删除的记录仍然显示在文本框中。

```
Private Sub Command6_Click()                         '删除当前记录
  Form1.Adodc1.Recordset.Delete
  Command3_Click                                     '下一条记录
End Sub
Private Sub Command7_Click()                         '记录更新
  Form1.Adodc1.Recordset.Update
End Sub
Private Sub Command8_Click()                         '关闭当前窗体
  Unload Me
End Sub
```

注意：记录的每一个字段的数据可以在文本框中直接修改，但修改后也要单击“更新”命令按钮，或者改变记录指针的位置，否则，修改后的字段数据并没有保存到数据库表中。

(4) 添加1个窗体Form4，用于职工档案信息管理，在Form4上画6个标签Label1～Label6，6个文本框Text1～Text6，8个命令按钮Command1～Command8，如图12-8所示。

窗体Form4中的程序代码如下：

```
Private Sub Form_Load()
  Form1.Adodc1.RecordSource = "职工档案"
  Form1.Adodc1.Refresh
  Set Text1.DataSource = Form1.Adodc1
  Text1.DataField = "职工编号"
  Set Text2.DataSource = Form1.Adodc1
  Text2.DataField = "姓名"
  Set Text3.DataSource = Form1.Adodc1
  Text3.DataField = "性别"
  Set Text4.DataSource = Form1.Adodc1
  Text4.DataField = "职务"
  Set Text5.DataSource = Form1.Adodc1
  Text5.DataField = "出生年月"
  Set Text6.DataSource = Form1.Adodc1
  Text6.DataField = "部门编号"
End Sub
```

职工档案信息管理窗体Form4中的8个命令按钮Command1～Command8的Click事件过程的程序代码与职工部门信息管理窗体Form3中的8个命令按钮Command1～Command8的Click事件过程的程序代码相同。

(5) 添加1个窗体Form5，用于职工工资信息管理，在Form5上画5个标签Label1～Label5，5个文本框Text1～Text5，8个命令按钮Command1～Command8，如图12-9所示。

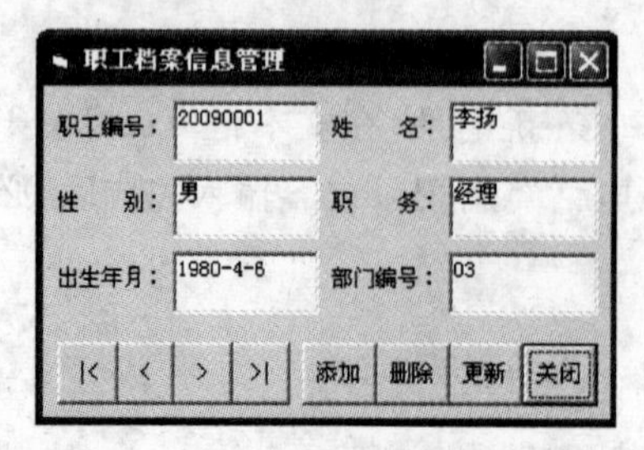

图12-8　职工档案信息管理窗体

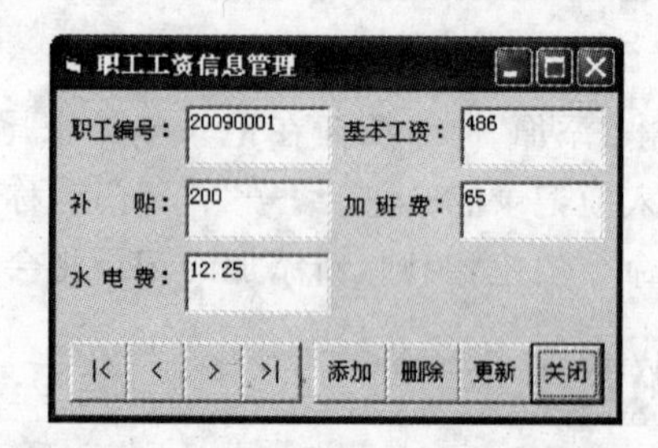

图12-9　职工工资信息管理窗体

窗体 Form5 中的程序代码如下：

```
Private Sub Form_Load()
  Form1.Adodc1.RecordSource = "职工工资"
  Form1.Adodc1.Refresh
  Set Text1.DataSource = Form1.Adodc1
  Text1.DataField = "职工编号"
  Set Text2.DataSource = Form1.Adodc1
  Text2.DataField = "基本工资"
  Set Text3.DataSource = Form1.Adodc1
  Text3.DataField = "补贴"
  Set Text4.DataSource = Form1.Adodc1
  Text4.DataField = "加班费"
  Set Text5.DataSource = Form1.Adodc1
  Text5.DataField = "水电费"
End Sub
```

职工工资信息管理窗体 Form5 中的 8 个命令按钮 Command1～Command8 的 Click 事件过程的程序代码与职工部门信息管理窗体 Form3 中的 8 个命令按钮 Command1～Command8 的 Click 事件过程的程序代码相同。

12.5 使用数据环境访问数据库

数据环境提供了一个交互式的设计环境，通过设置 Connection 对象和 Command 对象的属性，可以快速完成与数据源的连接，数据环境可以连接不同的数据库、不同的表、视图、存储过程和 SQL 语句。

12.5.1 创建数据环境

添加数据环境的方法有如下两种：

(1) 单击“工程”菜单中的“添加 Data Environment”命令。

(2) 单击“文件”菜单中的“新建工程”命令，在“新建工程”对话框中，双击“数据工程”图标。

创建数据环境的步骤如下：

(1) 添加一个数据环境 DataEnvironment1，在其中自动创建一个 Connection 对象 Connection1，如图 12-10 所示，在 Connection1 上右击，在快捷菜单中单击“属性”命令，在“数据链接属性”对话框中，选择 Microsoft Jet 4.0 OLE DB Provider 选项(以 Access 数据库为例，连接其他数据库的方法类似)，在对话框的下一个界面，选择或输入数据库名称“D:\职工管理.mdb”，单击“测试连接”按钮，弹出“测试连接成功”对话框，单击“确定”按钮，Connection1 与数据库建立了连接。

(2) 单击“标准”工具栏上的“数据视图窗口”按钮，打开“数据视图窗口”，分别单击 Connection1 和“表”文件夹前的“+”号，可以看到数据源中包含的表，如图 12-11 所示，将“表”文件夹拖放到 DataEnvironment1 中，数据源中的“表”被拖到了 DataEnvironment1 中，如图 12-12 所示，同理，“视图”和“存储过程”也可以做类似的拖动。

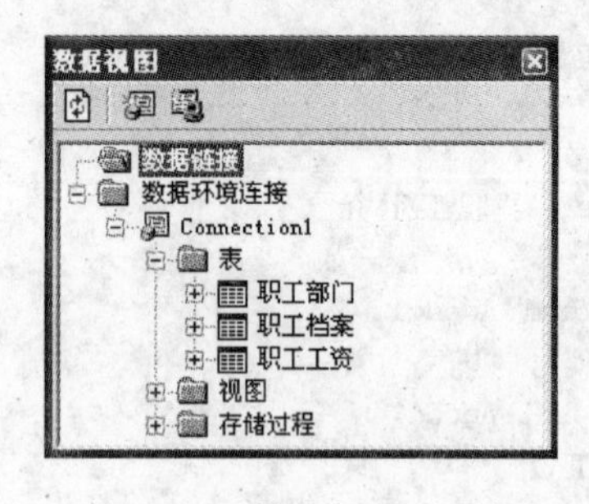

图 12-10 数据环境　　图 12-11 数据视图对话框　　图 12-12 含数据源的数据环境

12.5.2 通过数据环境自动生成数据绑定控件

创建了数据环境后，单击“窗口”菜单中的“水平平铺”命令，将数据环境和设计窗体水平平铺在一起，可以直接将数据环境包含的表或者表中的字段直接拖放到窗体上，将自动生成相应的数据绑定控件，也可以通过命令按钮改变记录指针的位置，对数据进行浏览，还可以实现查询、添加、删除、修改、更新记录等操作；另外，将数据环境包含的表或者表中的字段直接拖放到数据报表中，可以生成数据报表中的字段。

但需要强调的是，对数据环境中的记录集，如：“职工部门”表，编写程序改变记录指针的位置以及实现查询、添加、删除、修改、更新记录等操作时，记录集名称前需要加“rs”。

例如，下列语句将数据环境中的“职工部门”表的记录指针移到最后一条记录：

```
DataEnvironment1.rs职工部门.MoveLast
```

12.6 数据报表

单击“工程”菜单中的“添加 Data Report”命令，将数据报表添加到当前工程中，同时，在“工具箱”中自动添加了一个“数据报表”标签，其中包含了制作报表的 6 个控件，如图 12-13 所示。数据报表的创建一般用数据环境作为数据源。“数据报表”标签中报表控件的功能见表 12-9。报表设计器包括 5 个默认的数据区域，这 5 个数据区域的功能见表 12-10。

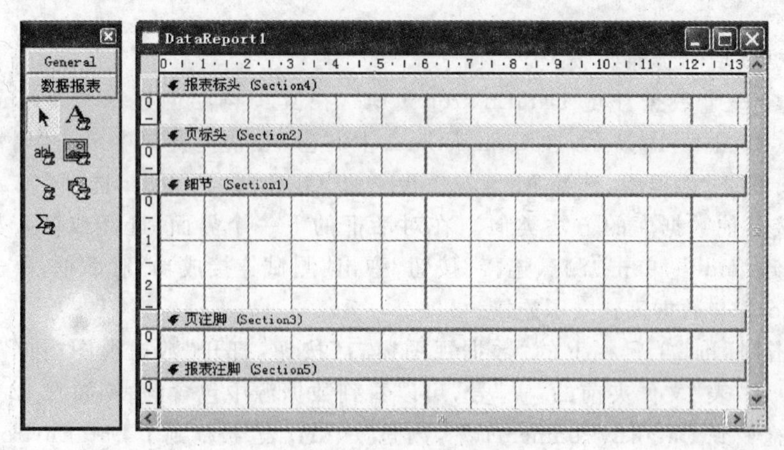

图 12-13 报表控件和报表设计器

表 12-9 数据报表控件的功能

控件名称	功能
rptLabel	显示文本
rptTextBox	连接并显示字段的数据
rptImage	显示图片
rptLine	绘制直线
rptShape	绘制矩形、圆角矩形、正方形、圆角正方形、圆或椭圆
rptFunction	创建公式或函数并显示计算结果

表 12-10 报表设计器默认数据区域的功能

区域名称	功能
报表标头	报表的标题,在整个报表的最开头仅显示/打印一次
页标头	报表每页的标题,在每页的最开头显示/打印一次
细节	报表的具体数据,在报表中显示/打印每一条记录
页注脚	报表每页的注脚,在每页的底部显示/打印一次
报表注脚	报表的注脚,在整个报表的尾部仅显示/打印一次

下面以一个例子介绍数据报表的创建步骤及其报表的显示和打印。

【例 12-2】 创建职工档案报表。

设计:

(1) 新建一个工程,添加数据环境 DataEnvironment1,建立与 Access 数据库"D:\职工管理.mdb"的连接,并将表添加到数据环境中。

(2) 添加 1 个数据报表 DataReport1,设置 DataReport1 的 DataSource 属性值为 DataEnvironment1,DataMember 属性值为"职工档案",将数据环境与数据报表水平平铺,将"职工档案"表中需要的字段拖放到细节区,此时,在细节区自动产生相应的报表标签和报表文本框两种控件,将自动产生的报表标签拖放到页标头区。

(3) 在报表标头区画 1 个报表标签,设置其 Caption 属性值为"职工档案报表",FontSize 属性值为三号;在页注脚区右击,在快捷菜单中分别单击"插入控件"中的"当前日期(长格式)"命令和"当前页码"命令。

(4) 显示报表,如图 12-14 所示,其语法格式如下:

```
数据报表名.Show
```

例如:

```
DataReport1.Show
```

(5) 打印报表,其语法格式如下:

```
数据报表名.PrintReport (ShowDialog, Range, PageFrom, PageTo)
```

说明:

(1) ShowDialog 决定是否显示"打印"对话框,默认值为 False。

(2) Range、PageFrom、PageTo 分别为打印范围、起始页和终止页,这 3 个参数都是可

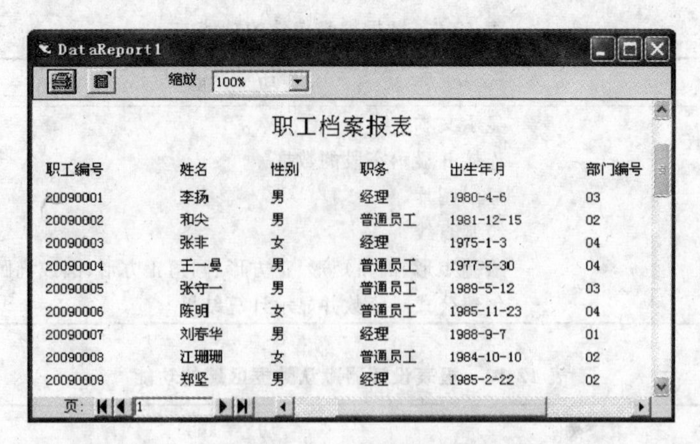

职工档案报表

职工编号	姓名	性别	职务	出生年月	部门编号
20090001	李扬	男	经理	1980-4-6	03
20090002	和尖	男	普通员工	1981-12-15	02
20090003	张非	女	经理	1975-1-3	04
20090004	王一曼	男	普通员工	1977-5-30	04
20090005	张守一	男	普通员工	1989-5-12	03
20090006	陈明	女	普通员工	1985-11-23	04
20090007	刘春华	男	经理	1988-9-7	01
20090008	江珊珊	女	普通员工	1984-10-10	02
20090009	郑坚	男	经理	1985-2-22	02

图 12-14　职工档案报表

选的参数。

例如：

```
DataReport1.PrintReport (True)
```

将新建的数据环境和数据报表添加到职工管理数据库系统工程文件中，在职工管理数据库系统下拉式菜单的主菜单项"退出系统"前增加一个主菜单项"数据报表"，其中包括两个子菜单项："显示职工档案报表"、"打印职工档案报表"，在子菜单项中分别显示和打印职工档案报表。

注意：设计数据报表时，一定要在属性窗口中先设置数据报表的 DataSource 属性值和 DataMember 属性值。

12.7　使用数据窗体向导访问数据库

数据窗体向导是 Visual Basic 提供的一个功能强大的数据库应用程序生成工具，利用这个向导可以很方便地创建数据库访问窗体，数据窗体向导是外接程序，使用前需要通过"外接程序"菜单中的"外接程序管理器"命令，将其添加到"外接程序"菜单中。

下面以一个例子介绍数据窗体向导的使用方法和步骤。

【例 12-3】　创建主表/明细表窗体。

设计：

(1) 新建一个工程，单击"外接程序"菜单中的"数据窗体向导"命令，在"数据库类型"对话框中，选择 Access 选项，在"数据库"对话框中，选择或输入数据库名称"D:\职工管理.mdb"。

(2) 在下一步对话框中，选择"主表/细表"选项，如图 12-15 所示；在"主表记录源"对话框中，选择"职工部门"表，并选择所需字段，如图 12-16 所示；在"详细资料记录源"对话框中，选择"职工档案"表，并选择所需字段，如图 12-17 所示；在"记录源关系"对话框中，选择两个表的链接字段"部门编号"，如图 12-18 所示，单击"完成"按钮，生成主表/明细表窗体。

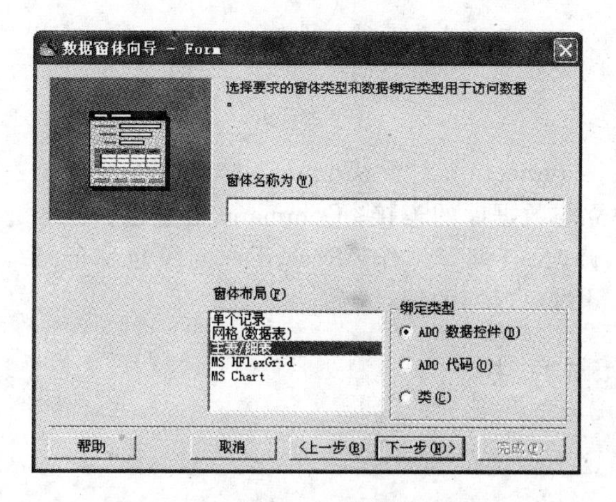

图 12-15 选择“主表/细表”选项

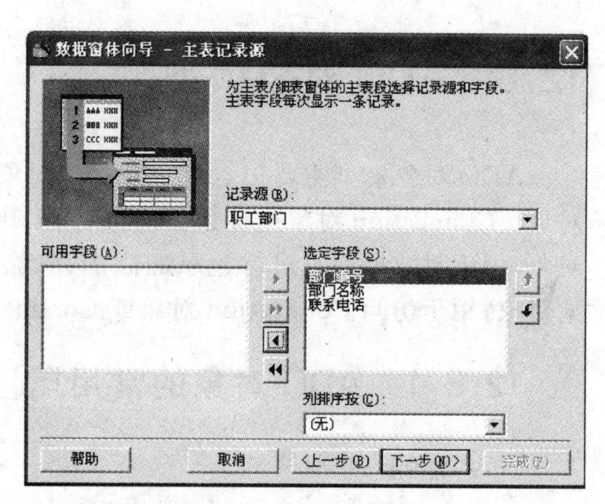

图 12-16 “主表记录源”对话框

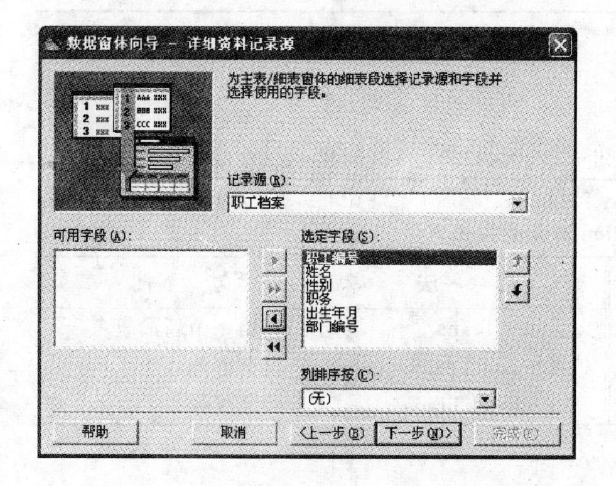

图 12-17 “详细资料记录源”对话框

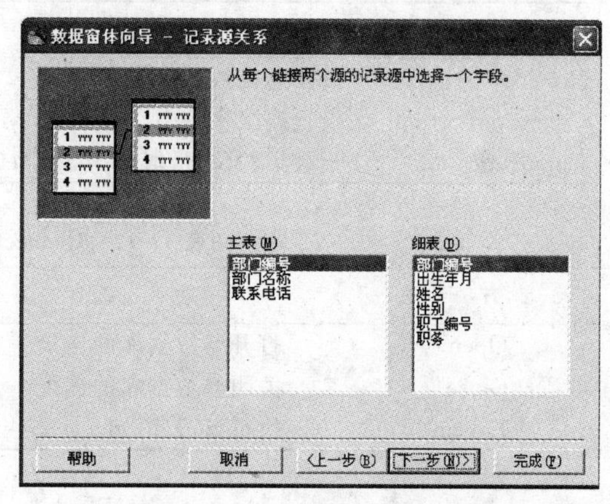

图 12-18 “记录源关系”对话框

(3) 将创建的主表/明细表窗体设为启动窗体，程序运行结果如图 12-19 所示。

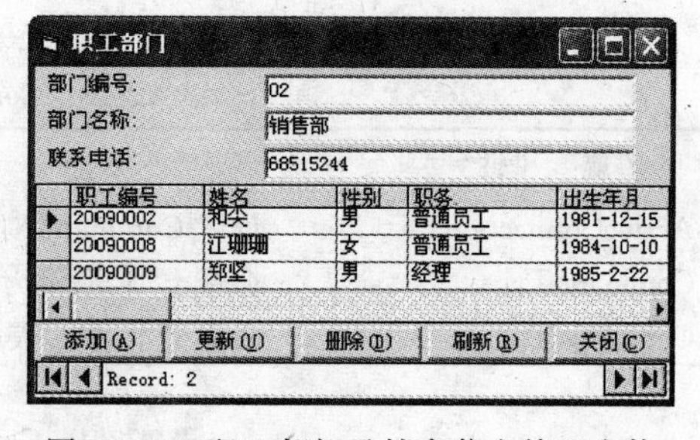

图 12-19 职工部门及档案信息管理窗体

将新建的主表/明细表窗体添加到职工管理数据库系统工程文件中，在职工管理数据库系统下拉式菜单的主菜单项“数据管理”中，增加一个子菜单项“职工部门及档案信息管理”，在该子菜单项的 Click 事件过程中，显示“职工部门及档案信息管理”主表/明细表窗体。

注意：运行主表/明细表窗体时，如果系统提示错误，需单击“工程”菜单中的“引用”命令，在“引用”对话框中，选中 Microsoft ActiveX data Objects 2.5 Library 选项，也可以选择 Microsoft ActiveX data Objects 2.6 Library、Microsoft ActiveX data Objects 2.7 Library 或 Microsoft ActiveX data Objects 2.8 Library”等选项。

12.8 ADO 对象模型

ADO 对象模型主要包含 3 个常用的对象：Connection 对象、Command 对象、Recordset 对象。Connection 对象也称连接对象，用于建立与数据库的连接；Command 对象也称命令对象，用于对数据库表进行记录的添加、删除、修改、查询等操作；Recordset 对象也称记录集对象，用于访问 Connection 对象或 Command 对象返回的记录集。

12.8.1 ADO 对象的常用属性和方法

1. Connection 对象

Connection 对象的常用属性见表 12-11，常用方法见表 12-12。

表 12-11 Connection 对象的常用属性

属　性	功　能
Provider	设置连接数据库的类型
ConnectionString	设置连接字符串
CursorLocation	记录集的位置，取值为 adUseClient(在客户端)或 adUseServer(在服务器端，默认)

表 12-12 Connection 对象的常用方法

方　法	功　能	方　法	功　能
Open	打开与数据库的连接	BeginTrans	开始一个新的事务
Close	关闭与数据库的连接	CommitTrans	提交事务
Execute	执行 SQL 语句	RollbackTrans	回滚事务

2. Command 对象

Command 对象的常用属性见表 12-13，常用方法见表 12-14。

表 12-13 Command 对象的常用属性

属　性	功　能
ActiveConnection	设置 Command 对象所用的连接
CommandType	命令类型，取值为：adCmdTable、adCmdText 或 adCmdStoredProc
CommandText	命令文本，如：表名、SQL 语句等

表 12-14 Command 对象的常用方法

方　法	功　能
Execute	执行 CommandText 属性中指定的操作
Cancel	取消 Execute 方法的调用

3. Recordset 对象

Recordset 对象的常用属性，除了 ADODC 的 Recordset 对象的常用属性：BOF 属性、

EOF 属性、RecordCount 属性、AbsolutePosition 属性、Bookmark 属性、Fields 属性和 Sort 属性外，ADO 对象模型的 Recordset 对象的常用属性还有如下一些：

1) ActiveConnection 属性

设置 Recordset 对象所用的连接。

2) Source 属性

设置 Recordset 对象的数据源，可以是表名、SQL 语句等。

3) State 属性

返回 Recordset 的状态，其属性值见表 12-15。

表 12-15 Recordset 对象的状态值

常 量	说 明
adStateClosed	默认，指示对象是关闭的
adStateOpen	指示对象是打开的
adStateConnecting	指示 Recordset 对象正在连接
adStateExecuting	指示 Recordset 对象正在执行命令
adStateFetching	指示 Recordset 对象的行正在被读取

4) CursorLocation 属性

设置记录集的位置，属性取值为：adUseClient（在客户端）或 adUseServer（在服务器端，默认）。

5) CursorType 属性

设置记录集的游标类型，属性取值为：adOpenDynamic（动态游标，可以做记录的添加、删除、修改）、adOpenForwardOnly（仅向前游标，默认）、adOpenKeyset（键集游标）、adOpenStatic（静态游标，只能做查询）。

6) LockType 属性

记录集的锁定类型，取值为：adLockReadOnly（只读方式，默认）、adLockPessimistic（保守式锁定，编辑时立即锁定数据源的记录）、adLockOptimistic（开放式锁定，仅在调用 Update 方法时锁定数据源的记录）、adLockBatchOptimistic（开放式成批更新）。

Recordset 对象的常用方法，除了 ADODC 的 Recordset 的常用方法：MoveFirst 方法、MovePrevious 方法、MoveNext 方法、MoveLast 方法、Move 方法、AddNew 方法、Delete 方法、Update 方法、CancelUpdate 方法、Find 方法外，ADO 对象模型的 Recordset 对象的常用方法还有以下几种方法：

1) Open 方法

打开记录集。

2) Close 方法

关闭记录集。

3) Requery 方法

重新打开查询。

12.8.2 ADO 对象的创建

创建 ADO 对象的步骤如下：

(1) 引用ADODB类型库。单击“工程”菜单中的“引用”命令，在“引用”对话框中，选中Microsoft ActiveX data Objects 2.5 Library选项，也可以选择Microsoft ActiveX data Objects 2.6 Library、Microsoft ActiveX data Objects 2.7 Library或Microsoft ActiveX data Objects 2.8 Library等选项。

(2) 声明ADODB对象变量。由于ADODB对象在不同的窗体中应用，因此，一般在标准模块的通用声明段声明ADODB对象变量。

例如：

```
Public rs As ADODB.Recordset
```

(3) 创建ADODB对象。如果声明ADODB对象变量时，在“As”后面直接加上关键字“New”，当该变量第一次被程序引用时，Visual Basic将自动创建相应的ADODB对象，这种创建ADODB对象的方式称为隐式创建，也可以使用Set语句显式创建ADODB对象。

例如：

```
Public rs As ADODB.Recordset
Set rs = New ADODB.Recordset
```

【例12-4】 用ADO对象和数据环境实现例12-1的职工管理数据库系统。

设计：

(1) 在例12-1中删除主窗体Form1上的ADODC1，添加1个标准模块Module1，用于定义ADO对象和Sub main()过程，并在Sub main()过程中，设置这些对象的相应属性值。单击“工程”菜单中的“工程1属性”命令，在“工程属性”对话框中，将Sub main()过程设为启动对象。

标准模块中的程序代码如下：

```
Public cn As ADODB.Connection
Public rs As ADODB.Recordset
Sub main()
  Set cn = New ADODB.Connection
  cn.ConnectionString = "Provider = Microsoft.Jet.OLEDB.4.0;" _
                  & "Data Source = D:\职工管理.mdb;Persist Security Info = False"
  cn.Open
  Set rs = New ADODB.Recordset
  Set rs.ActiveConnection = cn
  rs.CursorLocation = adUseClient
  rs.CursorType = adOpenDynamic
  rs.LockType = adLockOptimistic
  Form1.Show                                     '显示主窗体
End Sub
```

(2) 主窗体Form1中的程序代码保持不变。

(3) 职工信息查询结果显示窗体Form2中的程序代码修改如下：

```
Private Sub Form_Load()
  If rs.State = adStateOpen Then rs.Close
  rs.Source = Form1.SQLStr
  rs.Open
  Set DataGrid1.DataSource = rs
End Sub
```

(4) 职工部门信息管理窗体 Form3 中的程序代码修改如下：

```
Private Sub Form_Load()
  If rs.State = adStateOpen Then rs.Close
  rs.Source = "职工部门"
  rs.Open
  Set Text1.DataSource = rs
  Text1.DataField = "部门编号"
  Set Text2.DataSource = rs
  Text2.DataField = "部门名称"
  Set Text3.DataSource = rs
  Text3.DataField = "联系电话"
End Sub
Private Sub Command1_Click()                    '第一条记录,标题为"|<"
  rs.MoveFirst
End Sub
Private Sub Command2_Click()                    '上一条记录,标题为"<"
  rs.MovePrevious
  If rs.BOF Then
    rs.MoveFirst
  End If
End Sub
Private Sub Command3_Click()                    '下一条记录,标题为">"
  rs.MoveNext
  If rs.EOF Then
    rs.MoveLast
  End If
End Sub
Private Sub Command4_Click()                    '最后一条记录,标题为">|"
  rs.MoveLast
End Sub
Private Sub Command5_Click()                    '添加新记录
  rs.AddNew
End Sub
Private Sub Command6_Click()                    '删除当前记录
  rs.Delete
  Command3_Click                                '下一条记录
End Sub
Private Sub Command7_Click()                    '记录更新
  rs.Update
End Sub
Private Sub Command8_Click()                    '关闭当前窗体
  Unload Me
End Sub
```

(5) 职工档案信息管理窗体 Form4 中的程序代码修改如下：

```
Private Sub Form_Load()
  If rs.State = adStateOpen Then rs.Close
  rs.Source = "职工档案"
  rs.Open
```

```
    Set Text1.DataSource = rs
    Text1.DataField = "职工编号"
    Set Text2.DataSource = rs
    Text2.DataField = "姓名"
    Set Text3.DataSource = rs
    Text3.DataField = "性别"
    Set Text4.DataSource = rs
    Text4.DataField = "职务"
    Set Text5.DataSource = rs
    Text5.DataField = "出生年月"
    Set Text6.DataSource = rs
    Text6.DataField = "部门编号"
End Sub
```

职工档案信息管理窗体 Form4 中的 8 个命令按钮 Command1～Command8 的 Click 事件过程的程序代码与职工部门信息管理窗体 Form3 中的 8 个命令按钮 Command1～Command8 的 Click 事件过程的程序代码相同。

(6) 添加 1 个数据环境 DataEnvironment1，建立 DataEnvironment1 与数据库“D:\职工管理.mdb”的连接，打开“数据视图窗口”，将“表”文件夹拖放到 DataEnvironment1 中，在 DataEnvironment1 中的“职工工资”表上右击，单击快捷菜单中的“属性”命令，在“属性”对话框的“高级”选项卡中，设置锁定类型为“3-开放式”。

职工工资信息管理窗体 Form5 中的程序代码修改如下：

```
Private Sub Form_Load()
    Set Text1.DataSource = DataEnvironment1
    Text1.DataMember = "职工工资"
    Text1.DataField = "职工编号"
    Set Text2.DataSource = DataEnvironment1
    Text2.DataMember = "职工工资"
    Text2.DataField = "基本工资"
    Set Text3.DataSource = DataEnvironment1
    Text3.DataMember = "职工工资"
    Text3.DataField = "补贴"
    Set Text4.DataSource = DataEnvironment1
    Text4.DataMember = "职工工资"
    Text4.DataField = "加班费"
    Set Text5.DataSource = DataEnvironment1
    Text5.DataMember = "职工工资"
    Text5.DataField = "水电费"
End Sub
Private Sub Command1_Click()                          '第一条记录,标题为"|<"
    DataEnvironment1.rs职工工资.MoveFirst
End Sub
Private Sub Command2_Click()                          '上一条记录,标题为"<"
    DataEnvironment1.rs职工工资.MovePrevious
    If DataEnvironment1.rs职工工资.BOF Then
        DataEnvironment1.rs职工工资.MoveFirst
    End If
End Sub
```

```
Private Sub Command3_Click()                    '下一条记录,标题为">"
  DataEnvironment1.rs职工工资.MoveNext
  If DataEnvironment1.rs职工工资.EOF Then
    DataEnvironment1.rs职工工资.MoveLast
  End If
End Sub
Private Sub Command4_Click()                    '最后一条记录,标题为">|"
  DataEnvironment1.rs职工工资.MoveLast
End Sub
Private Sub Command5_Click()                    '添加新记录
  DataEnvironment1.rs职工工资.AddNew
End Sub
Private Sub Command6_Click()                    '删除当前记录
  DataEnvironment1.rs职工工资.Delete
  Command3_Click                                '下一条记录
End Sub
Private Sub Command7_Click()                    '记录更新
  DataEnvironment1.rs职工工资.Update
End Sub
Private Sub Command8_Click()                    '关闭当前窗体
  Unload Me
End Sub
```

习题 12

一、简答题

1. Select、Insert、Update、Delete 语句各有什么作用?

2. ADODC 如何建立与数据库的连接?

3. 将基本数据绑定控件与记录集绑定,需要设置的常用属性有哪些?

4. ADO 对象模型中的 Connection 对象、Command 对象、Recordset 对象各有什么作用?

5. 数据环境有什么作用?

6. 报表设计器的 5 个默认数据区域的功能分别是什么?

7. 使用数据窗体向导有什么好处?

二、编程题

1. 在 Access 中创建一个数据库"D:\订货管理.mdb",其中有 3 个表:"客户"表、"订单"表、"订单明细"表,3 个表的表结构分别见表 12-16、表 12-17、表 12-18,3 个表的表数据分别见表 12-19、表 12-20、表 12-21。

表 12-16 "客户"表结构

字段名	数据类型	字段宽度	小数位数
客户 id	文本	5	
公司名称	文本	40	
联系人	文本	8	
电话	文本	15	

表 12-17 “订单”表结构

字段名	数据类型	字段宽度	小数位数
订单 id	文本	10	
客户 id	文本	5	
货主地址	文本	40	

表 12-18 “订单明细”表结构

字段名	数据类型	字段宽度	小数位数
订单 id	文本	10	
货物名称	文本	40	
单价	数字	单精度型	2
数量	数字	单精度型	2

表 12-19 “客户”表

客户 id	公司名称	联系人	电话
HANAR	实翼	张先生	3148666
SUPRD	福星制衣厂股份有限公司	李小姐	4156121
TOMSP	东帝望	王女士	5891250
VINET	山泰企业	吴经理	6265107

表 12-20 “订单”表

订单 id	客户 id	货主地址
10248	VINET	光明北路 124 号
10249	TOMSP	青年东路 543 号
10250	HANAR	光化街 22 号
10251	VINET	光明北路 124 号
10252	SUPRD	东管西林路 87 号
10253	HANAR	光化街 22 号

表 12-21 “订单明细”表

订单 id	货物名称	单价	数量
10248	猪肉	14	12.5
10248	糙米	9.8	10.6
10248	酸奶酪	34.8	5
10249	沙茶	18.6	9
10249	猪肉干	42.4	40.1
10250	虾子	7.7	10.2
10250	猪肉干	42.4	35.3
10251	糯米	16.8	6.4
10251	小米	15.6	15.5
10251	海苔酱	16.8	20
10252	桂花糕	64.8	40
10252	花奶酪	27.2	40
10253	温馨奶酪	10	20
10253	运动饮料	14.4	42

(1) 用 ADO 数据控件(ADODC)设计一个订货管理数据库系统。

整个系统包括三大部分：订货信息查询、数据管理和退出系统。订货信息查询包括：客户信息查询、订单信息查询、订单明细信息查询、客户订单信息查询(从“客户”表和“订单”表中查询)、订单及订单明细信息查询(从“订单”表和“订单明细”表中查询)；数据管理包括：客户信息管理、订单信息管理、订单明细信息管理。订货管理数据库系统菜单类似表 12-8。

(2) 整个系统包括 5 个窗体：订货管理数据库系统主窗体、订货信息查询结果显示窗体、客户信息管理窗体、订单信息管理窗体、订单明细信息管理窗体，分别如图 12-20、图 12-21、图 12-22、图 12-23、图 12-24 所示。

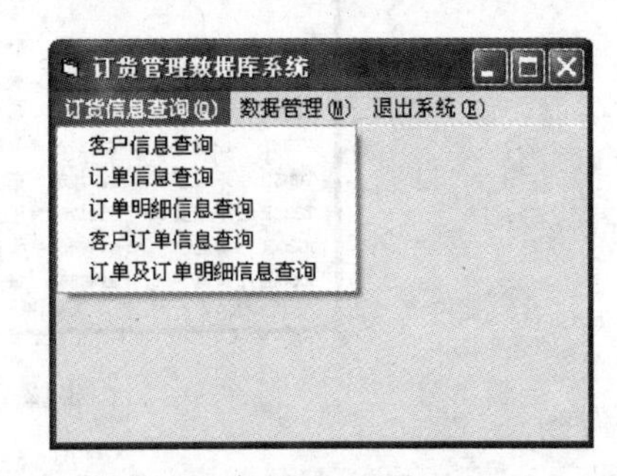

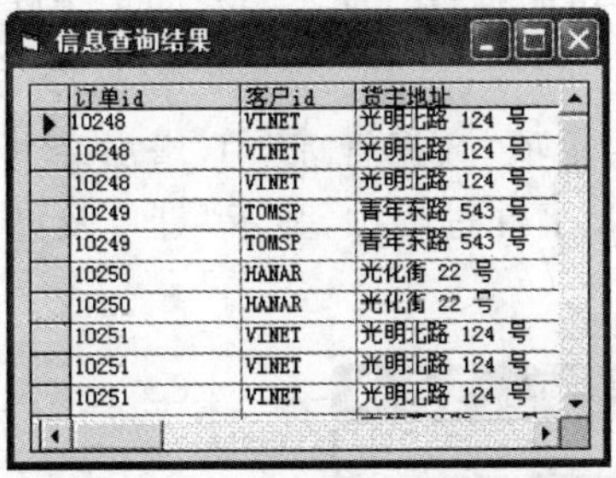

图 12-20 “订货管理数据库系统”主窗体

图 12-21 “信息查询结果”窗体

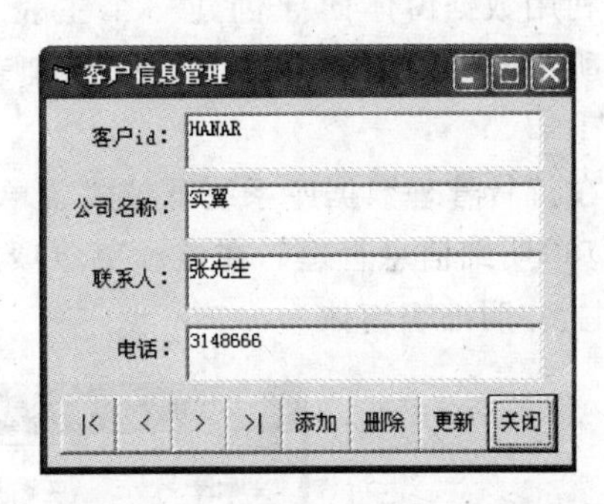

图 12-22 “客户信息管理”窗体

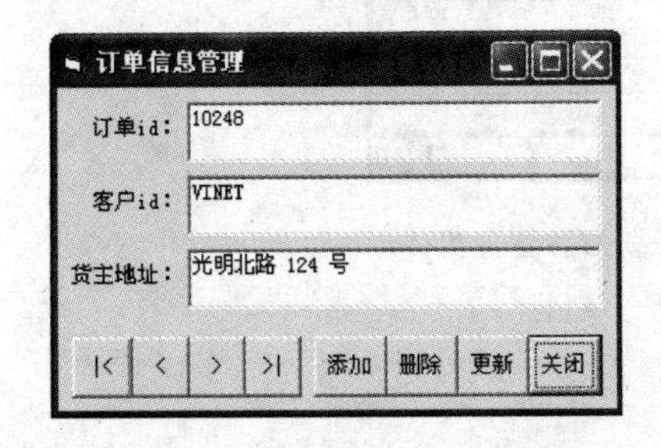

图 12-23 “订单信息管理”窗体

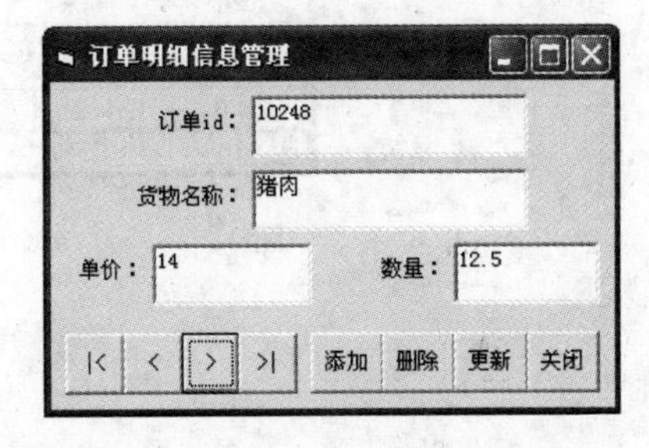

图 12-24 “订单明细信息管理”窗体

2. 用 ADO 对象和数据环境实现编程题 1 的订货管理数据库系统。

要求：

(1) 用 ADO 对象和数据环境取代 ADO 数据控件(ADODC)，并修改相应的程序；试对比用 ADO 数据控件、ADO 对象和数据环境访问数据库数据有什么不同。

(2) 设计一个“客户订货明细报表”(在数据环境中，建立一个 Command 对象，将“客户”表、“订单”表、“订单明细”表 3 个表关联，并选择相应的字段作为数据报表源数据)，如图 12-25 所示。

(3) 在订货管理数据库系统下拉式菜单的主菜单项“退出系统”前增加一个主菜单项“数据报表”，其中包括两个子菜单项：“显示客户订货明细报表”、“打印客户订货明细报

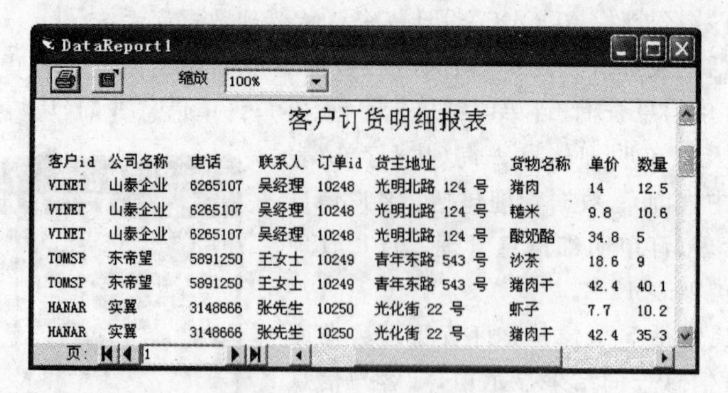

图 12-25 客户订货明细报表

表”,在子菜单项中分别显示和打印客户订货明细报表。

(4) 利用数据窗体向导创建一个主表/明细表窗体“订单及订单明细信息管理”,如图 12-26 所示,其中,主表为“订单”表,明细表为“订单明细”表,两个表之间相关联的字段为“订单 id”。

(5) 在订货管理数据库系统下拉式菜单的主菜单项“数据管理”中,增加一个子菜单项“订单及订单明细信息管理”,在该子菜单项的 Click 事件过程中,显示“订单及订单明细信息管理”主表/明细表窗体。

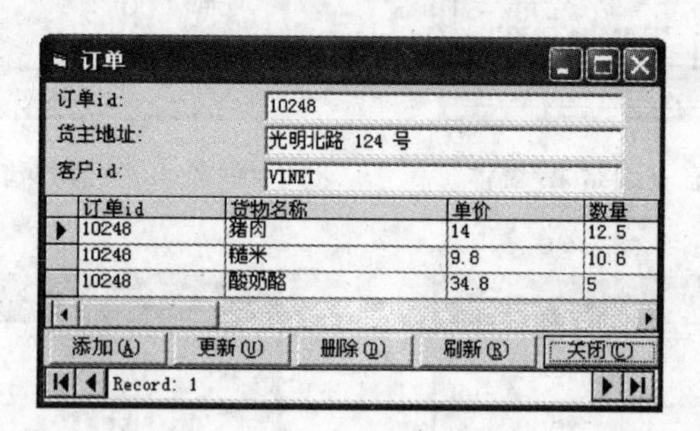

图 12-26 订单及订单明细信息管理窗体

软件技术基础

13.1 算法与数据结构

13.1.1 算法

算法是解题方案的准确而完整的描述。算法可以用程序实现,但算法不等于程序,也不等于计算方法,程序的编制不可能优于算法的设计。

算法具有5个基本特征:可行性、确定性、有穷性、输入、输出。

算法由两个基本要素组成:一是对数据对象的运算和操作;二是算法的控制结构。算法的基本运算和操作包括4类:算术运算、逻辑运算、关系运算、数据传输;算法的基本控制结构有3种:顺序结构、选择结构、循环结构。

描述算法的工具有:传统的流程图、N-S结构化流程图、算法描述语言等。

算法设计的基本方法有:列举法、归纳法、递推法、递归法、减半递推技术、回溯法。

评价一个算法的主要标准是:算法的效率和存储需求。算法的效率指的是时间复杂度,存储需求指的是空间复杂度。

1. 算法的时间复杂度

算法的效率用算法在执行过程中的基本运算次数来度量,而算法所执行的基本运算次数是问题规模(通常用n表示)的函数,即:

$$\text{算法的工作量} = f(n)$$

算法的时间量度记作:

$$T(n) = O(f(n))$$

它表示随问题规模n的增大,算法执行时间的增长率与$f(n)$的增长率相同,称作算法的渐近时间复杂度,简称时间复杂度。

在实际分析中,要精确计算$T(n)$是困难的,只要大致计算出算法时间复杂度的数量级,即按重复执行次数最多的语句(基本运算或原操作)的次数,来确定算法的时间复杂度。

例如,下面的程序段可以认为其时间复杂度是$O(n^2)$。

```
For i = 1 To n
  For j = 1 To i-1
    x = x+1                             '基本运算或原操作
```

```
    Next j
Next i
```

在同一个问题规模下，如果算法执行所需的基本运算次数取决于某一特定输入时，可以用如下两种方法来分析算法的工作量：

1）平均性态分析

所谓平均性态分析是指用各种特定输入下的基本运算次数的带权平均值来度量算法的工作量。

2）最坏情况复杂性分析

所谓最坏情况复杂性分析是指在规模为 n 时，算法所执行的基本运算的最大次数。

2. 算法的空间复杂度

算法的空间复杂度是指执行这个算法所需要的内存空间。一个算法所占用的存储空间包括算法程序所占的存储空间、输入的初始数据所占的存储空间以及算法执行过程中所需要的额外存储空间。其中，额外存储空间包括算法程序执行过程中的工作单元以及某些数据结构所需要的附加存储空间，如果额外空间量相对于问题规模来说是常数，则称该算法是原地(in place)工作的。

13.1.2 数据结构的基本概念

数据结构是指相互有关联的数据元素的集合。结构是指数据元素之间的前后件关系，前后件关系是数据元素之间的一个基本关系。数据结构主要研究和讨论如下 3 个方面的问题：

(1) 数据集合中各数据元素之间所固有的逻辑关系，即数据的逻辑结构。

(2) 在对数据进行处理时，各数据元素在计算机中的存储关系，即数据的存储结构。

(3) 对各种数据结构进行的运算。

研究和讨论以上问题的主要目的是提高数据处理的效率。所谓提高数据处理的效率，主要包括两个方面：一是提高数据处理的速度；二是尽量节省在数据处理过程中所占用的计算机存储空间。

1. 数据的逻辑结构

数据的逻辑结构是指反映数据元素之间逻辑关系的数据结构，其中数据元素之间的前后件关系是指它们的逻辑关系，而与它们在计算机中的存储位置无关。

2. 数据的存储结构

数据的逻辑结构在计算机存储空间中的存放形式称为数据的存储结构，也称数据的物理结构。

3. 数据结构的图形表示

数据集合中的每一个数据元素称为数据结点，简称结点，用中间标有元素值的方框表示，用一条有向线段表示前件结点指向后件结点，如图 13-1 所示。

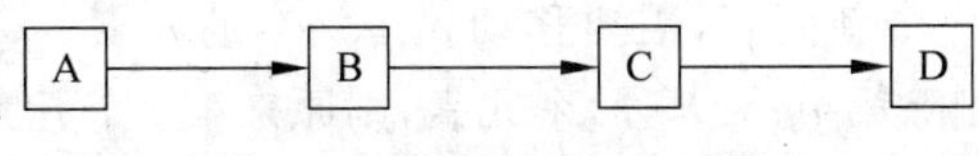

图 13-1 数据结构的图形表示

4. 线性结构与非线性结构

根据数据结构中数据元素之间前后件关系的复杂程度，一般将数据结构分为两大类：线性结构和非线性结构。

如果一个非空的数据结构满足下列两个条件：

(1) 有且只有一个根结点。

(2) 每一个结点最多有一个前件，也最多有一个后件。

则称该数据结构为线性结构，线性结构又称线性表。

需要特别说明的是：在一个线性结构中插入或删除任何一个结点后仍然是线性结构。

如果一个数据结构不是线性结构，则称之为非线性结构。

注意：线性结构与非线性结构是在数据的逻辑结构概念下的一种划分方法，与数据的存储结构无关。

13.1.3 线性表及其顺序存储结构

1. 线性表的基本概念

非空线性表有如下一些结构特征：

(1) 有且只有一个根结点 a_1，它无前件。

(2) 有且只有一个终端结点 a_n，它无后件。

(3) 除根结点与终端结点外，其他所有结点有且只有一个前件，有且只有一个后件。线性表中结点的个数 n 称为线性表的长度，当 $n=0$ 时，称为空表。

2. 线性表的顺序存储结构

线性表的顺序存储结构也称为顺序表。具有如下两个基本特点：

(1) 在顺序表中，所有元素所占的存储空间是连续的。

(2) 各数据元素在存储空间中是按逻辑顺序依次存放的，其前后件的两个元素在存储空间中是紧邻的，且前件元素一定存储在后件元素的前面。

在程序设计语言中，通常用一维数组来表示线性表的顺序存储空间，因为程序设计语言中的一维数组与计算机中实际的存储空间结构是类似的。一般来说，长度为 n 的线性表：

$$(a_1, a_2, \cdots, a_i, \cdots, a_n)$$

在计算机中的顺序存储结构如图 13-2 所示。

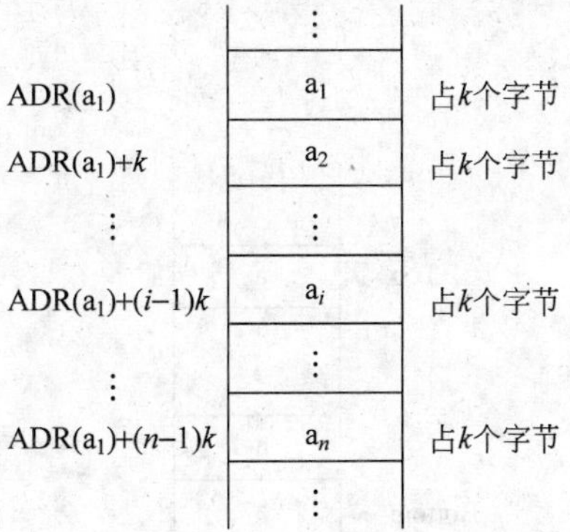

图 13-2 线性表的顺序存储结构

在顺序表中，如果要在第 $i(1\leqslant i\leqslant n)$ 个元素之前插入一个新元素，则原来第 i 个元素之后(包括第 i 个元素)的所有元素都必须往后移动一个位置。平均情况下，要在顺序表中插入一个新元素，需要移动表中一半的元素。

在顺序表中，如果要删除第 $i(1\leqslant i\leqslant n)$个元素，则原来第 i 个元素之后的所有元素都必须依次往前移动一个位置。平均情况下，要在线性表中删除一个元素，需要移动表中一半的元素。

13.1.4 栈和队列

1. 栈

栈是特殊的线性表，属于线性结构。栈允许插入与删除的一端称为栈顶，用 Top 指针指示，而不允许插入与删除的另一端称为栈底，用 Bottom 指针指示。

栈按照“先进后出”(First In Last Out，FILO)或“后进先出”(Last In First Out，LIFO)的原则组织数据，因此，栈也被称为“先进后出”表或“后进先出”表。栈具有记忆作用(栈顶指针以下的元素被记忆)，在顺序存储结构下，栈的插入与删除运算都不需要移动表中其他数据元素，仅移动 Top 指针即可，栈顶指针动态反映了栈中元素的变化情况，如图 13-3 所示。与一般的线性表一样，在程序设计语言中，用一维数组作为栈的顺序存储空间。

在顺序存储结构下，栈的运算有如下 3 种：

(1) 入栈运算。在栈顶位置插入一个新元素。

(2) 退栈运算。取出栈顶元素并赋给一个指定的变量。

(3) 读栈顶元素。将栈顶元素赋给一个指定的变量。

2. 队列

队列也是特殊的线性表，允许在一端进行插入，而在另一端进行删除，允许插入的一端称为队尾，用 rear 指针指示，rear 指针总是指向最后被插入的元素，允许删除的一端称为队头，用 front 指针指示，front 指针指向队头元素的前一个位置。

队列又称为“先进先出”(First In First Out，FIFO)或“后进后出”(Last In Last Out，LILO)的线性表，它体现了“先到先服务”的原则。在顺序存储结构下，队列的插入与删除运算都不需要移动表中其他数据元素，仅移动 rear 和 front 指针即可，如图 13-4 所示。与栈一样，在程序设计语言中，用一维数组作为队列的顺序存储空间。

在实际应用中，队列的顺序存储结构一般采用循环队列的形式。循环队列就是将队列存储空间的最后一个位置绕到第一个位置，形成逻辑上的环状空间，供队列循环使用，如图 13-5 所示。

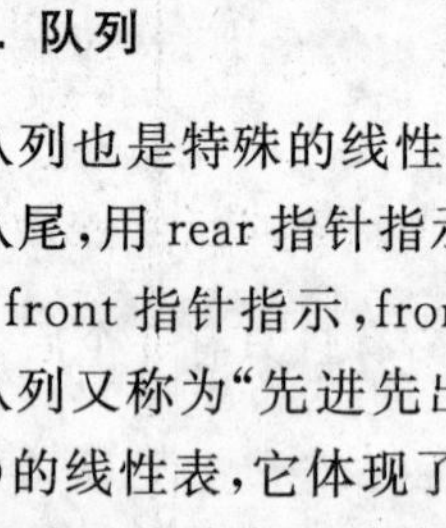

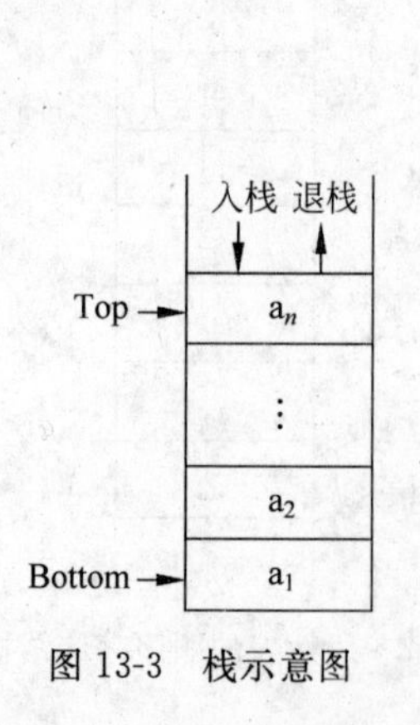

图 13-3 栈示意图

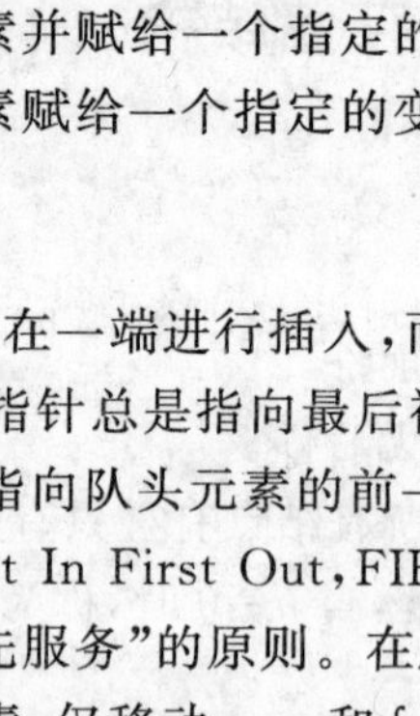

图 13-4 队列示意图

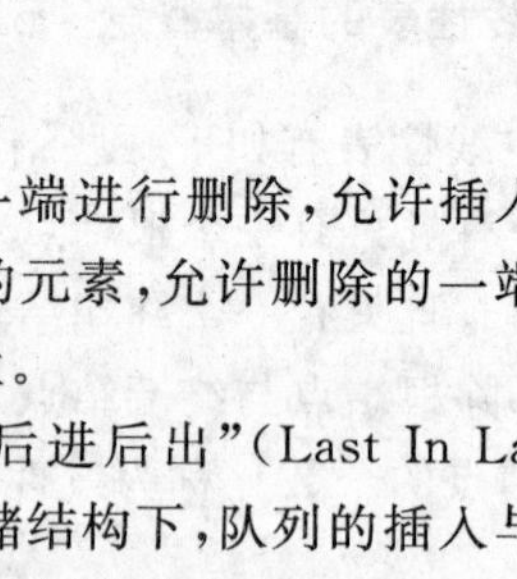

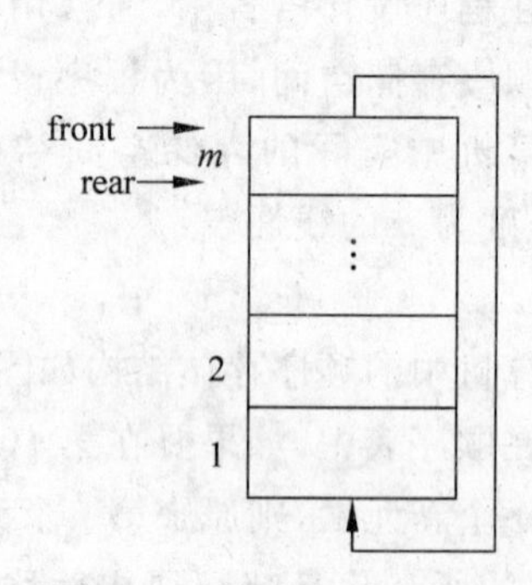

图 13-5 循环队列示意图

循环队列的运算有如下两个：

(1) 入队运算。在循环队列的队尾加入一个新元素。

(2) 退队运算。在循环队列的队头位置退出一个元素并赋给指定的变量。

设循环队列的容量为 m,循环队列中元素个数的计算方法如下：

(1) 如果 rear>front,则循环队列中的元素个数为 rear－front。

(2) 如果 rear<front,则循环队列中的元素个数为 m＋(rear－front)。

13.1.5　线性链表

线性链表是线性表的链式存储结构。栈的链式存储结构,简称为链栈；队列的链式存储结构,简称为链队列。

在链式存储结构中,存储数据结构的存储空间可以不连续,各数据结点的存储顺序与数据元素之间的逻辑关系可以不一致,而数据元素之间的逻辑关系是由指针域来确定的。在链式存储方式中,要求每个结点由两部分组成：一部分用于存放数据元素值,称为数据域；另一部分,用于存放指针,称为指针域,其中指针用于指向该结点的前一个或后一个结点(即前件或后件)。链式存储方式既可用于表示线性结构,也可用于表示非线性结构。

线性链表可以分为如下三大类：

(1) 单链表。一个结点只有一个指针域指向后件结点,从任何一个结点开始只能扫描到其后的所有结点,如图 13-6 所示,其中,head 表示头指针,“∧”表示空指针,以下同。

(2) 双向链表。一个结点有两个指针域,分别指向前件结点和后件结点,从任何一个结点开始可以扫描到其后或其前的所有结点,如图 13-7 所示。

(3) 循环链表。所有结点的指针构成了一个环状链。循环链表的表头结点的指针域指向线性表的第一个元素的结点,循环链表中最后一个结点的指针域指向表头结点,从任何一个结点开始可以扫描到链表中的所有结点,如图 13-8 所示。

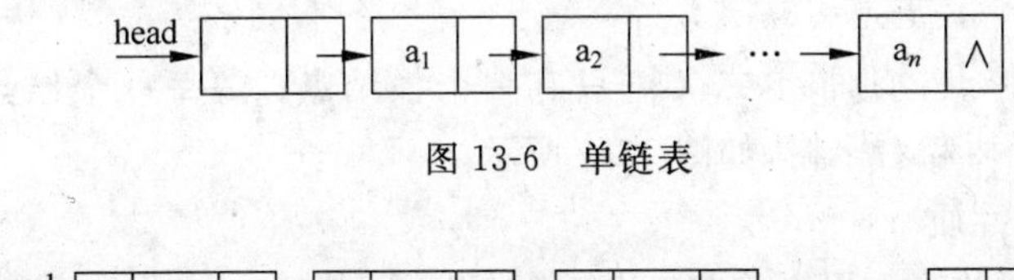

图 13-6　单链表

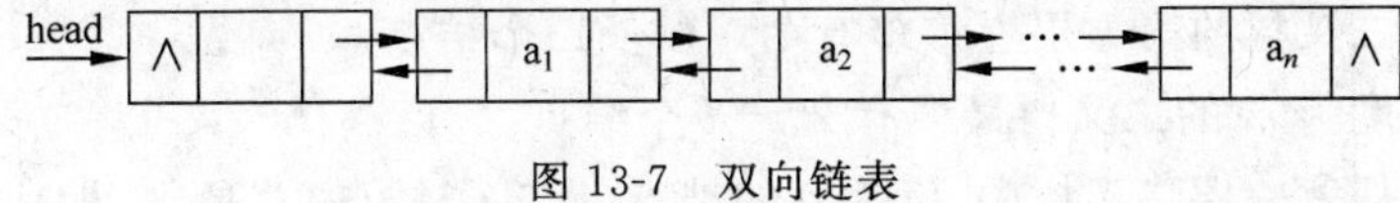

图 13-7　双向链表

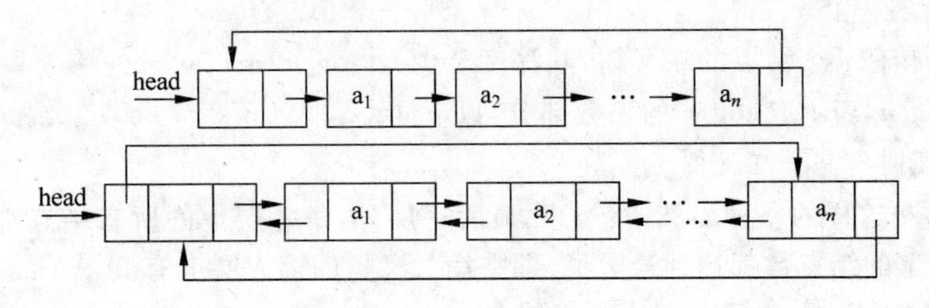

图 13-8　单、双向循环链表

线性链表的主要运算有如下3种：

(1) 在线性链表中查找指定元素，主要目的是为线性链表的读写、插入和删除做准备。

(2) 在链式存储结构下的线性表中插入一个新元素。

(3) 在链式存储结构下的线性表中删除包含指定元素的结点。

线性链表在插入与删除过程中均不发生数据元素移动的现象，只需改变相关结点的指针即可，线性链表的物理存储结构可以不连续存放。

13.1.6 树与二叉树

树是一种简单的非线性结构，在树这种数据结构中，所有数据元素之间的关系具有明显的层次特性。

1. 树的基本概念

树有以下一些基本概念：

(1) 父结点。每一个结点的前件称为该结点的父结点。

(2) 子结点。每一个结点的后件称为该结点的子结点。

(3) 树根结点。树中没有前件的结点。

(4) 叶子结点。树中没有后件的结点。

(5) 结点的度。一个结点所拥有的后件个数称为该结点的度。

(6) 树的度。树中所有结点中的最大度称为树的度。

(7) 树的深度。树的最大层次称为树的深度，根结点在第一层。

(8) 子树。以某结点的一个子结点为根所构成的树称为该结点的一棵子树，叶子结点没有子树。

2. 二叉树及其基本性质

二叉树具有两个特点：①非空二叉树只有一个根结点；②每一个结点最多有两棵子树，称为该结点的左子树和右子树，如图13-9所示。

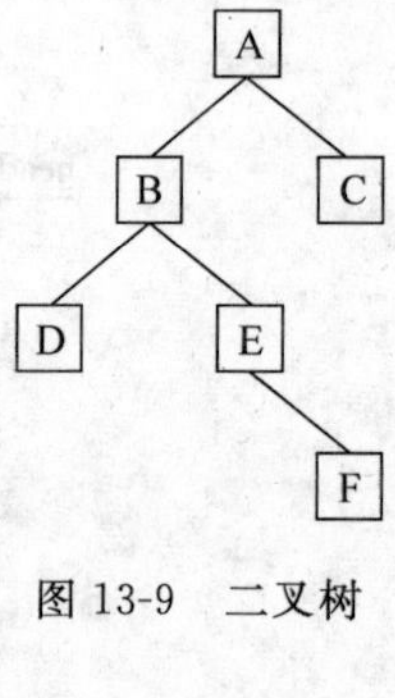

1) 二叉树的基本性质

性质1　在二叉树的第 k 层上最多有 $2^{k-1}(k\geqslant1)$ 个结点。

性质2　深度为 m 的二叉树最多有 2^m-1 个结点。

性质3　在任意一棵二叉树中，度为0的结点(即叶子结点)总是比度为2的结点多一个。

性质4　具有 n 个结点的二叉树，其深度至少为 $[\log_2 n]+1$。

其中，$[\log_2 n]$ 表示取 $\log_2 n$ 的整数部分，以下同。

A
B C
D E
F

图13-9　二叉树

2) 满二叉树与完全二叉树

满二叉树是这样的一种二叉树：①除最后一层外，每一层上的所有结点都有两个子结点；②每一层上的结点数都达到最大值，即在满二叉树的第 k 层上有 2^{k-1} 个结点，且深度为 m 的满二叉树有 2^m-1 个结点，如图13-10所示。

完全二叉树是这样的一种二叉树：①除最后一层外，每一层上的结点数均达到最大值；②如果从根结点开始，对二叉树的结点自上而下、自左至右用自然数(从1开始)进行连续编号，则深度为 m，且有 n 个结点的二叉树，当且仅当其每一个结点都与深度为 m 的满二叉树中编号从 1 到 n 的结点一一对应。

完全二叉树的叶子结点只可能出现在层次最大的两层上；对于任何一个结点，若其右分支下的子孙结点的最大层次为 p，则其左分支下的子孙结点的最大层次或为 p，或为 $p+1$，如图 13-11 所示。

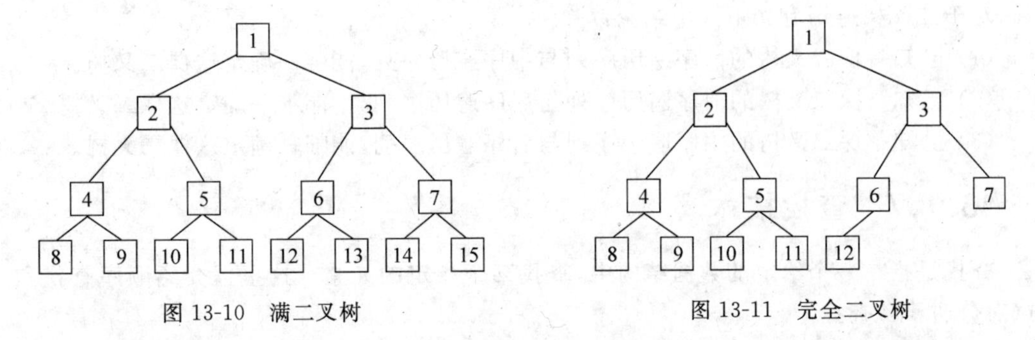

图 13-10　满二叉树　　　　图 13-11　完全二叉树

根据完全二叉树的上述特点以及在任意一棵二叉树中，度为 0 的结点总是比度为 2 的结点多一个，可以看出：在一棵完全二叉树中最多有 1 个度为 1 的结点，而且①当完全二叉树的总结点数为偶数，设为 $2n$ 时，则有 $n-1$ 个度为 2 的结点，有 1 个度为 1 的结点，有 n 个叶子结点；②当完全二叉树的总结点数为奇数，设为 $2n+1$ 时，则有 n 个度为 2 的结点，没有度为 1 的结点，有 $n+1$ 个叶子结点。

完全二叉树有如下两个性质：

性质 1　具有 n 个结点的完全二叉树的深度为 $[\log_2 n]+1$。

性质 2　设完全二叉树共有 n 个结点，如果从根结点开始，按层序（每一层从左到右）用自然数 $1,2,\cdots,n$ 给结点进行编号，则对于编号为 $k(k=1,2,\cdots,n)$ 的结点有如下结论：

① 若 $k=1$，则该结点为根结点，它没有父结点；若 $k>1$，则该结点的父结点编号为 $[k/2]$。

② 若 $2k\leqslant n$，则编号为 k 的结点的左子结点编号为 $2k$，否则该结点无左子结点，显然也没有右子结点。

③ 若 $2k+1\leqslant n$，则编号为 k 的结点的右子结点编号为 $2k+1$；否则该结点无右子结点。

结论①可以确定根结点及编号为 k 的结点的父结点的位置；结论②可以确定编号为 k 的结点的左子结点的位置；结论③可以确定编号为 k 的结点的右子结点的位置，同时也确定了它的左子结点的位置。

最后需要指出的是：满二叉树也是完全二叉树，而完全二叉树不一定是满二叉树。

3）二叉树的存储结构

在计算机中，二叉树通常采用链式存储结构，二叉树的链式存储结构也称为二叉链表。根据完全二叉树的性质 2，对于完全二叉树可以按层序进行顺序存储，但顺序存储结构对于一般的二叉树不适用。

4）二叉树的遍历

二叉树的遍历是根据一定的规律访问二叉树中的每一个结点，并且每个结点只能访问一次。二叉树遍历有如下 3 种形式：

（1）前序遍历。首先访问根结点，然后遍历左子树，最后遍历右子树；并且在遍历左、右子树时,仍然先访问根结点,然后遍历左子树,最后遍历右子树。

(2) 中序遍历。首先遍历左子树,然后访问根结点,最后遍历右子树;并且在遍历左、右子树时,仍然先遍历左子树,然后访问根结点,最后遍历右子树。

(3) 后序遍历。首先遍历左子树,然后遍历右子树,最后访问根结点,并且在遍历左、右子树时,仍然先遍历左子树,然后遍历右子树,最后访问根结点。

对于二叉树遍历有如下 3 个结论:

(1) 已知一棵二叉树的前序遍历序列与中序遍历序列,能唯一确定这棵二叉树。

(2) 已知一棵二叉树的前序遍历序列与后序遍历序列,不能唯一确定这棵二叉树。

(3) 已知一棵二叉树的中序遍历序列与后序遍历序列,能唯一确定这棵二叉树。

13.1.7 查找技术

查找是指在一个给定的数据结构中,查找某个指定的元素。这里仅介绍顺序查找和二分(对分、折半)查找。

1. 顺序查找

平均情况下,用顺序查找法在线性表中查找一个元素,大约要与线性表中一半的元素进行比较。对于大的线性表来说,顺序查找的效率是很低的,虽然顺序查找的效率不高,但在下列两种情况下,只能采用顺序查找。

(1) 如果线性表为无序表,即表中元素的排列是无序的,则不管是顺序存储结构还是链式存储结构,都只能采用顺序查找。

(2) 即使是有序线性表,如果采用链式存储结构,也只能采用顺序查找。

在长度为 n 的线性表中进行顺序查找,最坏情况下需要比较 n 次。

2. 二分(对分、折半)查找

二分查找只适用于顺序存储的有序线性表。

设长度为 n 的有序线性表(假设从小到大排列)所在区域的下界为 low,上界为 high,则中间位置 mid=$[(low+high)/2]$,若此元素等于给定值(要查找的数据),则查找成功;若此元素大于给定值,则在区域 mid+1~high 内进行二分查找;若此元素小于给定值,则在区域 low~mid−1 内进行二分查找。

在长度为 n 的有序线性表中进行二分(对分、折半)查找,最坏情况下需要比较$[\log_2 n]+1$ 次。

【例 13-1】 长度为 8 的有序线性表(12,17,21,35,46,50,83,95),用二分查找法查找元素 83,查找过程如图 13-12 所示。

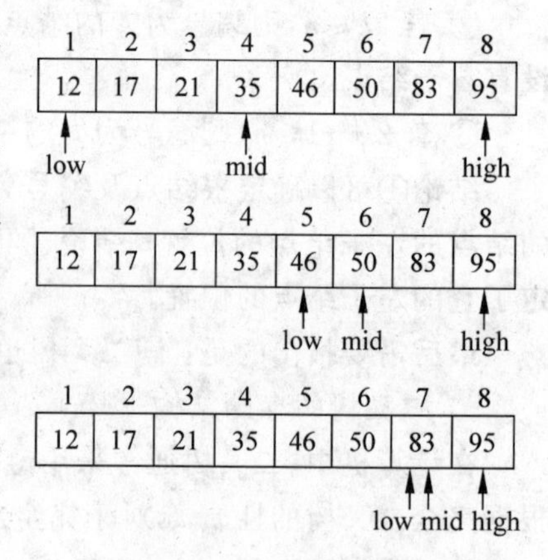

图 13-12 二分查找过程

13.1.8 排序技术

排序是指将一个无序序列整理成递增或递减的有序序列的过程。这里仅介绍交换类排序、插入类排序和选择类排序。

1. 交换类排序

1）冒泡排序

冒泡（起泡）排序的基本思想是通过相邻数据元素的比较和位置交换，逐步将无序序列变成有序序列的过程。

最坏情况下，冒泡排序需要的比较次数为 $n(n-1)/2$。

【例 13-2】 对无序序列(50,95,35,12,83,21,46,17)进行冒泡排序（从小到大排列），排序过程如图 13-13 所示。

2）快速排序

快速排序的基本思想是从线性表中选取一个元素放入变量 T 中，对线性表从右边扫描直到某个小于 T 的元素，将该元素移到前面，对线性表从左边扫描直到某个大于 T 的元素，将该元素移到后面，反复不断地从右、左两个方向扫描，结果就将线性表分成了两个子表，T 插入到其分界线的位置处，这个过程称为线性表的划分，通过对线性表的一次划分，就以 T 为分界线，将线性表分成了前后两个子表，且前面子表中的所有元素均不大于 T，后面子表中的所有元素均不小于 T；继续对划分后的两个子表按上述原则进行划分，并且，这种划分过程一直做下去，直到所有子表为空，此时的线性表就变成了有序表，如图 13-14 所示。

初始无序序列：50　95　35　12　83　21　46　17
第一遍扫描后：50　35　12　83　21　46　17　95
第二遍扫描后：35　12　50　21　46　17　83　95
第三遍扫描后：12　35　21　46　17　50　83　95
第四遍扫描后：12　21　35　17　46　50　83　95
第五遍扫描后：12　21　17　35　46　50　83　95
第六遍扫描后：12　17　21　35　46　50　83　95
第七遍扫描后：12　17　21　35　46　50　83　95

图 13-13　冒泡排序

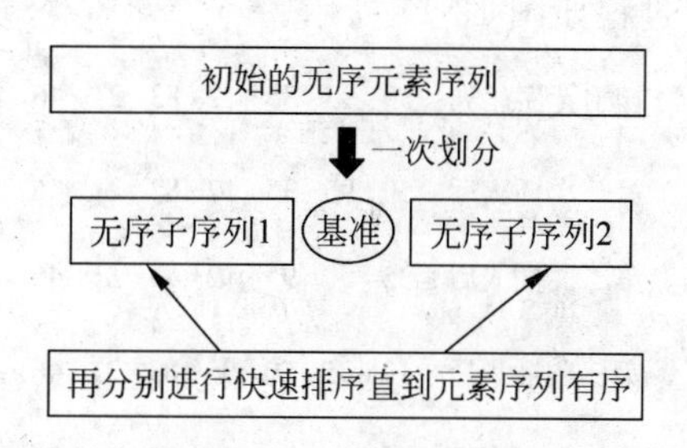

图 13-14　快速排序示意图

最坏情况下，快速排序需要的比较次数为 $n(n-1)/2$。

【例 13-3】 对无序序列(50,95,35,12,83,21,46,17)进行快速排序（从小到大排列），排序过程如图 13-15 所示。

初始无序序列：50　95　35　12　83　21　46　17
一次划分后：17　46　35　12　21　{50}　83　95
分别进行划分：12　{17}　35　46　21　{50}　{83}　95
有序序列：12　{17}　21　{35}　46　{50}　{83}　95

图 13-15　快速排序

2. 插入类排序

插入排序是指将无序序列中的各元素依次插入到已经有序的线性表中。

1) 简单插入排序

简单插入排序的基本思想是将线性表中的第一个元素看成是一个有序的子序列，从第二个元素开始，首先将第 k(k 从 2 开始)个元素放到一个变量 T 中，然后从有序子表的最后一个元素(即线性表中第 $k-1$ 个元素)开始，往前逐个与 T 进行比较，将大于 T 的元素均依次向后移动一个位置，直到发现一个元素不大于 T 为止，此时就将 T(即原线性表中的第 k 个元素)插入到刚移出的空位置上，……。

最坏情况下，简单插入排序需要的比较次数为 $n(n-1)/2$。

【例 13-4】 对无序序列(50,95,35,12,83,21,46,17)进行简单插入排序(从小到大排列)，排序过程如图 13-16 所示。

2) 希尔排序

希尔排序的基本思想是将整个无序序列划分成若干小的子序列分别进行简单插入排序。

子序列的划分方法为：将相隔某个增量 h 的元素构成一个子序列，在排序过程中，逐次减小这个增量，最后当 h 减到 1 时，进行一次简单插入排序，排序完成。

增量序列一般取 $h_t=n/2^k(k=1,2,\cdots,[\log_2 n])$，其中 n 为无序序列的长度。

希尔排序的效率与所选取的增量序列有关，如果选取上述增量序列，则最坏情况下，希尔排序所需要的比较次数为 $O(n^{1.5})$。

【例 13-5】 对无序序列(50,95,35,12,83,21,46,17)进行希尔排序(从小到大排列)，排序过程如图 13-17 所示。

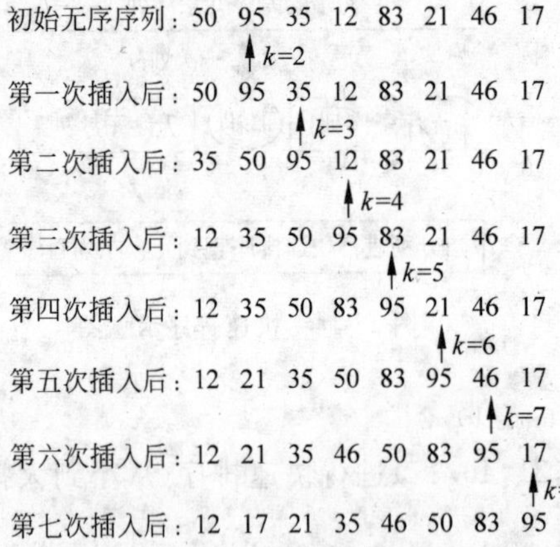

初始无序序列：50 95 35 12 83 21 46 17
↑k=2
第一次插入后：50 95 35 12 83 21 46 17
↑k=3
第二次插入后：35 50 95 12 83 21 46 17
↑k=4
第三次插入后：12 35 50 95 83 21 46 17
↑k=5
第四次插入后：12 35 50 83 95 21 46 17
↑k=6
第五次插入后：12 21 35 50 83 95 46 17
↑k=7
第六次插入后：12 21 35 46 50 83 95 17
↑k=8
第七次插入后：12 17 21 35 46 50 83 95

图 13-16 简单插入排序

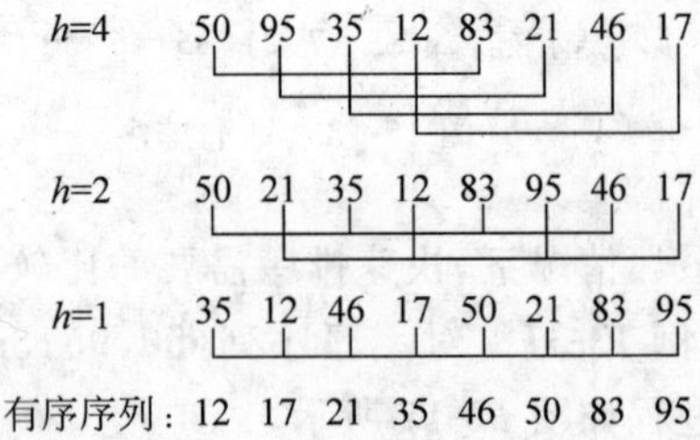

h=4 50 95 35 12 83 21 46 17

h=2 50 21 35 12 83 95 46 17

h=1 35 12 46 17 50 21 83 95

有序序列：12 17 21 35 46 50 83 95

图 13-17 希尔排序

3. 选择类排序

1) 简单选择排序

简单选择排序的基本思想是：假设第一个位置放最小的元素，……，最后一个位置放最大的元素，扫描整个线性表，从中选出最小的元素，将它交换到表的最前面，然后对剩下的子表采用同样的方法，直到子表为空。

最坏情况下，简单选择排序需要的比较次数为 $n(n-1)/2$。

【例 13-6】 对无序序列(50,95,35,12,83,21,46,17)进行简单选择排序(从小到大排列),排序过程如图 13-18 所示。

初始无序序列:	50	95	35	12	83	21	46	17
第一遍选择:	[12]	95	35	50	83	21	46	17
第二遍选择:	12	[17]	35	50	83	21	46	95
第三遍选择:	12	17	[21]	50	83	35	46	95
第四遍选择:	12	17	21	[35]	83	50	46	95
第五遍选择:	12	17	21	35	[46]	50	83	95
第六遍选择:	12	17	21	35	46	[50]	83	95
第七遍选择:	12	17	21	35	46	50	[83]	95

图 13-18 简单选择排序

2) 堆排序

具有 n 个元素的序列($h_1,h_2,\cdots,h_n$),当且仅当满足

$$\begin{cases} h_i \geqslant h_{2i} \\ h_i \geqslant h_{2i+1} \end{cases} \quad 或 \quad \begin{cases} h_i \leqslant h_{2i} \\ h_i \leqslant h_{2i+1} \end{cases}$$

$i=1,2,\cdots,[n/2]$时,称为堆。由堆的定义可以看出,堆顶元素即第一个元素必为最大或最小的元素。

堆排序的基本思想是:①首先将一个无序序列建成堆;②将堆顶元素(序列中的最大项)与堆中最后一个元素交换(最大项应该在序列的最后),不考虑已经交换到最后的那个元素,只考虑前 $n-1$ 个元素构成的子序列,显然,该子序列已不是堆,但左、右子树仍为堆,可以将该子序列调整为堆;反复做第②步,直到剩下的子序列为空。

调整建堆的过程为:将无序的初始序列看成一棵完全二叉树,从第$[n/2]$个元素(最后一个非叶子结点)开始,按照堆的定义调整建堆,直到根结点为止。

【例 13-7】 对无序序列(50,95,35,12,83,21,46,17)进行初始建堆的过程如图 13-19 所示。

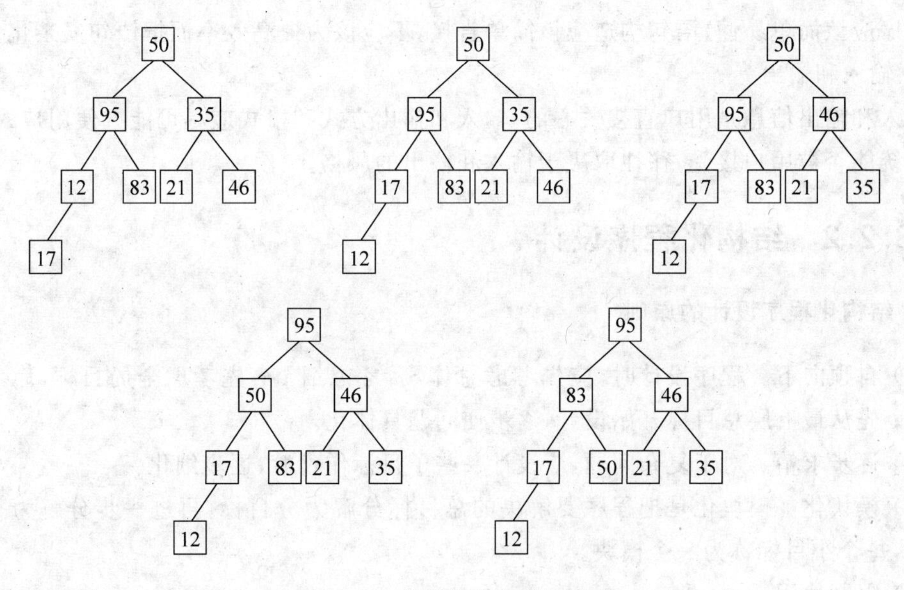

图 13-19 初始建堆过程示意图

堆排序的方法对于规模较小的线性表并不适合,但对于较大规模的线性表来说是很有效的。最坏情况下,堆排序需要比较的次数为 $O(n\log_2 n)$。

13.2 程序设计基础

13.2.1 程序设计方法与风格

程序设计风格是指编写程序时所表现出来的特点、习惯和逻辑思路。程序设计的风格强调简单和清晰，即“清晰第一，效率第二”。

要形成良好的程序设计风格，主要应注重和考虑的因素如下：

1）源程序文档化

(1) 符号名的命名。

(2) 程序注释。注释一般分为序言性注释和功能性注释。序言性注释通常位于每个程序的开头部分；功能性注释的位置一般嵌在源程序体中，主要描述相应的语句或程序做什么。

(3) 视觉组织。为使程序的结构一目了然，可以在程序中利用空格、空行、缩进等技巧使程序层次清晰。

2）数据说明的方法

包括数据说明的次序规范化、说明语句中变量安排有序化、使用注释来说明复杂数据的结构。

3）语句的结构

程序应该简单易懂，语句构造应该简单直接，不应该为提高效率而把语句复杂化。

4）输入和输出

输入和输出信息是用户直接关心的，输入和输出方式和格式应尽可能方便用户的使用，因为系统能否被用户接受，往往取决于输入和输出的风格。

13.2.2 结构化程序设计

1. 结构化程序设计的原则

(1) 自顶向下。程序设计时，应先考虑总体，后考虑细节；先考虑全局目标，后考虑局部目标；先从最上层总目标开始设计，逐步使问题具体化。

(2) 逐步求精。对于复杂问题，应设计一些子目标作过渡，逐步细化。

(3) 模块化。模块化是把程序要解决的总目标分解为分目标，再进一步分解为具体的小目标，每个小目标称为一个模块。

(4) 限制使用 goto 语句。

2. 结构化程序的基本结构

结构化程序设计的 3 种基本结构是：顺序结构、选择结构和循环结构。

3. 结构化程序的优点

程序易于理解、使用和维护；提高了编程工作的效率，降低了软件开发成本。

13.2.3 面向对象程序设计

1. 面向对象方法

面向对象方法的主要优点：①与人类习惯的思维方法一致，以对象为中心；②稳定性好；可重用性好；③易于开发大型软件产品；④可维护性好。

2. 面向对象的基本概念

(1) 对象。客观世界中的实体称为问题域的对象。
(2) 类。类是具有相似性质的一组对象的抽象。
(3) 类的实例。一个具体的对象称为类的实例。
(4) 消息。用于请求对象执行某一处理或回答某些要求的信息。
(5) 封装。是一种信息隐蔽技术，目的在于将对象的使用者和对象的设计者分开。
(6) 继承。表示类之间相似性的机制。
(7) 多态。同样的消息被不同的对象接收时，可导致不同的行为。

13.3 软件工程基础

13.3.1 软件工程的概念

1. 软件的定义与特点

(1) 软件是程序、数据及相关文档的完整集合。文档是与程序开发、维护和使用有关的图文资料。

(2) 软件的特点如下：

① 软件是一种逻辑实体，而不是物理实体，具有抽象性。
② 软件的生产与硬件不同，一旦开发成功，可以大量复制。
③ 软件在运行、使用期间不存在磨损、老化问题。
④ 软件的开发、运行对计算机系统具有依赖性，受计算机系统的限制。
⑤ 软件复杂性高，成本昂贵。
⑥ 软件开发涉及诸多的社会因素。

根据应用目标的不同，软件可以分为应用软件、系统软件和支撑软件(或工具软件)。

2. 软件工程

软件工程是指采用工程的概念、原理、技术和方法指导软件的开发与维护。软件工程包括 3 个要素：方法、工具和过程。

软件工程的核心思想是把软件产品看作工程产品来处理，把需求计划、可行性研究、工程审核、质量监督等工程化的概念引入到软件生产中，以期达到工程项目的3个基本要素：进度、经费和质量的目标。

3. 软件工程过程与软件生命周期

1) 软件工程过程

软件工程过程是把输入转化为输出的一组彼此相关的资源和活动。定义了以下两个方面的内涵：

(1) 软件工程过程是指为获得软件产品，在软件工具支持下由软件工程师完成的一系列软件工程活动。基于这个方面，软件工程过程通常包含4种基本活动：P(Plan)——软件规格说明；D(Do)——软件开发；C(Check)——软件确认；A(Action)——软件演进。

(2) 从软件开发的观点来看，是使用适当的资源(包括人员、软硬件工具、时间等)为开发软件进行的一组开发活动，在过程结束时将输入(用户要求)转化为输出(软件产品)。

2) 软件生命周期

软件产品从提出、实现、使用、维护到退役的过程称为软件生命周期。软件生命周期分为以下3个时期：

(1) 软件定义期。包括问题定义、可行性研究和需求分析3个阶段。

(2) 软件开发期。包括系统设计、详细设计、编码和测试4个阶段。

(3) 软件运行维护期。即运行维护阶段。

4. 软件工程的目标与原则

软件工程的目标是：在给定成本、进度的前提下，开发出具有可修改性、有效性、可靠性、可理解性、可维护性、可重用性、可适应性、可移植性、可追踪性和可互操作性且满足用户需求的产品。

基于软件工程的目标，软件工程的理论和技术研究的内容主要包括软件开发技术和软件工程管理。软件开发技术包括软件开发方法学、开发过程、开发工具和软件工程环境，其主体内容是软件开发方法学；软件工程管理包括软件管理学、软件工程经济学、软件心理学等内容。

为了达到软件工程的目标，在软件开发过程中，必须遵循软件工程的基本原则，包括抽象、信息隐蔽、模块化、局部化、确定性、一致性、完备性和可验证性。

13.3.2 结构化分析方法

软件开发方法包括分析方法、设计方法和程序设计方法。

在系统分析阶段，结构化分析方法用于对系统进行逻辑设计，此时不考虑物理实现的问题，只考虑“做什么”的问题；而系统的物理设计，即“如何做”的问题留在系统设计阶段用结构化设计方法去完成。

1. 需求分析与需求分析方法

软件需求是指用户对目标软件系统在功能、行为、性能、设计约束等方面的期望。需求分析的任务是发现需求、求精、建模和定义需求的过程。需求分析将创建所需的数据模型、功能模型和控制模型。

常见的需求分析方法如下：

(1) 结构化分析方法，主要包括面向数据流的结构化分析方法，面向数据结构的Jackson方法，面向数据结构的结构化数据系统开发方法。

结构化分析方法是着眼于数据流，自顶向下，逐层分解，建立系统的处理流程，以数据流图和数据字典为主要工具，建立系统的逻辑模型。

(2) 面向对象的分析方法。

2. 结构化分析的常用工具

(1) 数据流(程)图。用于刻画数据流和转换的信息系统建模技术，数据流图由4种基本成分构成：数据流、数据处理、数据存储、外部实体，它们的符号如图13-20所示。

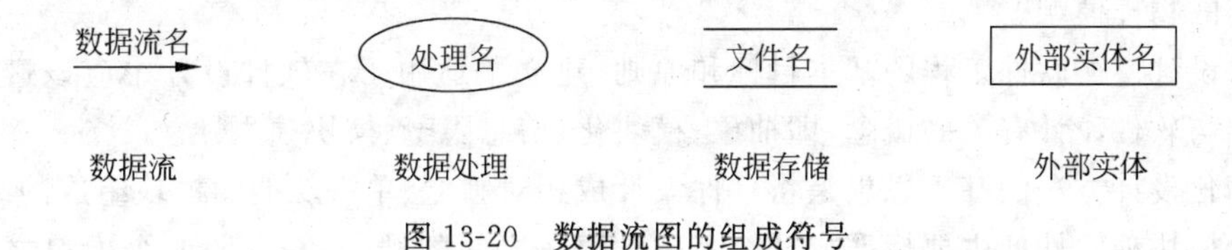

图13-20 数据流图的组成符号

数据流程图有两种典型的结构形式：变换型(数据变换)和事务型(功能实现)。

(2) 数据字典。是对数据流图中所有元素的定义的集合，是结构化分析的核心。数据流图和数据字典共同构成系统的逻辑模型，没有数据字典数据流图就不严格，没有数据流图，数据字典也难于发挥作用。

数据字典中有4种类型的条目：数据流、数据项、数据存储和数据加工。

(3) 判定树。用图形方式描述数据流图中的处理或加工逻辑，如图13-21所示。

优惠策略
- 一次性购物3000元以下
  - 是会员——优惠10%
  - 不是会员——优惠5%
- 一次性购物3000元以上——优惠15%

图13-21 优惠策略的判定树

(4) 判定表。能将所有条件组合充分表示出来，但建立过程较为繁杂。一张判定表由4个部分组成：左上部列出所有条件、左下部是所有可能的动作、右上部是表示各种条件组合的一个矩阵、右下部是与每种条件组合相对应的动作，见表13-1。

表13-1 优惠策略的判定表

		1	2	3	4
条件	一次性购物3000元以上	True	True	False	False
	是会员	True	False	True	False
动作	优惠5%				√
	优惠10%			√	
	优惠15%	√	√		

3. 软件需求规格说明书

软件需求规格说明书(Software Requirement Specification,SRS)是需求分析阶段的最后成果,是软件开发中的重要文档之一,是作为需求分析的一部分而制定的可交付文档。该说明书把在软件计划中确定的软件范围加以展开,制定出完整的信息描述、详细的功能说明、恰当的检验标准以及其他与要求有关的数据。

13.3.3 结构化设计方法

1. 软件设计的基本概念

软件设计是软件工程的重要阶段,是一个把软件需求转换为软件表示的过程。软件设计的基本目标是用比较抽象概括的方式确定目标系统如何完成预定的任务,即软件设计是确定系统的物理模型。

软件设计遵循软件工程的基本目标和原则,建立了适用于在软件设计中应该遵循的基本原理和与软件设计有关的概念,即抽象、模块化、信息隐蔽、模块独立性。

结构化设计方法的基本思想是将软件设计成相对独立、单一功能的模块组成的结构。

评价模块独立性的主要标准有两个: 一是模块之间的耦合,它表明两个模块之间互相独立的程度; 二是模块内部的关系是否紧密,称为内聚。

一般来说,要求模块之间的耦合尽可能地弱,即模块尽可能独立,而要求模块的内聚程度尽量地高,即高内聚,低耦合。

耦合和内聚是一个问题的两个方面,耦合程度弱的模块,其内聚程度一定高。

软件设计分两步: 概要设计和详细设计。概要设计(又称结构设计,总体设计)将软件需求转化为软件体系结构,确定系统级接口、全局数据结构或数据库模式。详细设计确立每个模块的实现算法和局部数据结构,用适当方法表示算法和数据结构的细节。

软件设计是一个迭代的过程,先进行高层次的结构设计,后进行低层次的过程设计,穿插进行数据设计和接口设计。

2. 概要设计

1) 概要设计的基本任务

概要设计的基本任务是: ①设计软件系统结构; ②数据结构及数据库设计; ③编写概要设计文档; ④概要设计文档评审。

常用的软件结构设计工具是结构图(Structure Chart,SC),也称程序结构图。使用结构图描述软件系统的层次和分块结构关系,它反映了整个系统的功能实现以及模块与模块之间的联系与通信,是未来程序中的控制层次体系。

结构图是描述软件结构的图形工具,结构图的基本图符如图 13-22 所示。

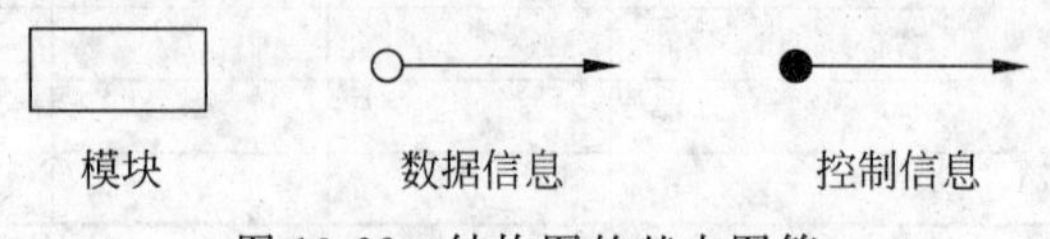

图 13-22 结构图的基本图符

2）由数据流程图导出结构图

结构化设计方法实际上是面向数据流程图的，即它的工作对象是在结构化分析方法中形成的数据流程图，因此，可以由数据流程图导出结构图。

3. 详细设计

详细设计的任务是为软件结构图中的每一个模块确定实现算法和局部数据结构，用某种选定的表达工具表示算法和数据结构的细节。表达工具可以由设计人员自由选择，但它应该具有描述过程细节的能力，而且能够使程序员在编程时便于直接翻译成程序设计语言编写的源程序。

在过程设计阶段，要对每个模块规定的功能以及算法的设计，给出适当的算法描述，即确定模块内部的详细执行过程，包括局部数据组织、控制流、每一步具体处理要求和各种实现细节等，其目的是确定应该怎样来具体实现所要求的系统。

常见的过程设计工具有以下几种：

图形工具：程序流程图、N-S图、PAD图、HIPO图。

表格工具：判定表。

语言工具：PDL(过程设计语言)。

1）程序流程图

程序流程图又称为程序框图，它独立于任何一种程序设计语言，比较直观、清晰，易于学习掌握。程序流程图中常用的图形符号如图13-23所示。

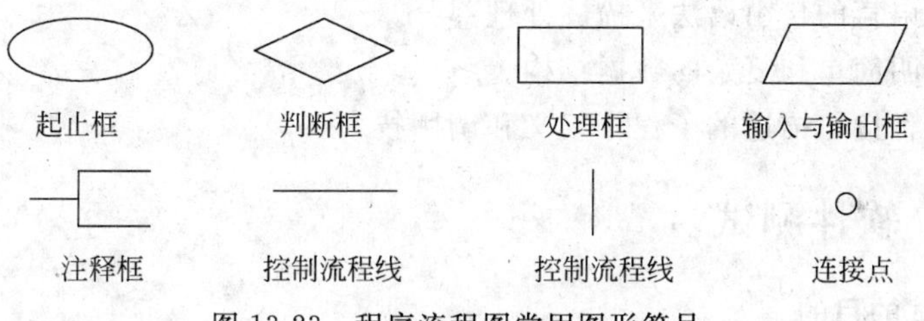

图13-23 程序流程图常用图形符号

2）N-S图

N-S图是不允许破坏结构化原则的图形算法描述工具，又称为盒图，N-S图去掉了程序流程图中的控制流程线，全部算法写在一个框内，每一种基本结构也是一个框。N-S图表示的基本控制结构如图13-24所示。

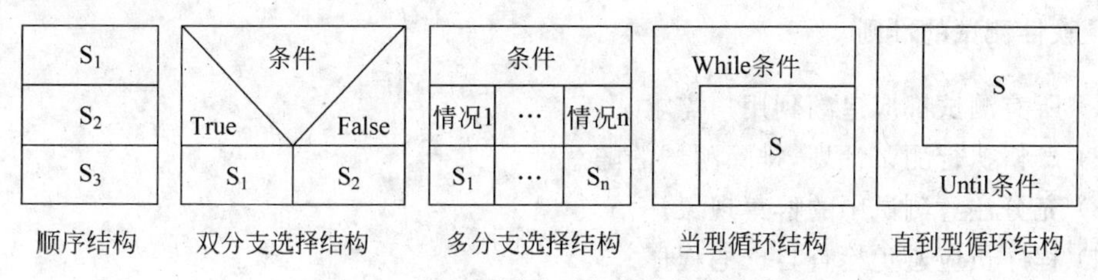

图13-24 N-S图表示的基本控制结构

3）问题分析图PAD

PAD的执行顺序是从最左端的程序主干线上端结点开始，自上而下依次执行，当遇到判断或循环时，就自左而右进入下一层，从表示下一层的纵线上端开始执行，直到该纵线下端，再返回上一层纵线的转入处，如此继续，直到执行到主干线的下端为止。

程序执行从PAD图最左端的主干线上端结点开始自上而下、自左向右依次执行，程序终止于最左端的主干线。PAD图表示的基本控制结构如图13-25所示。

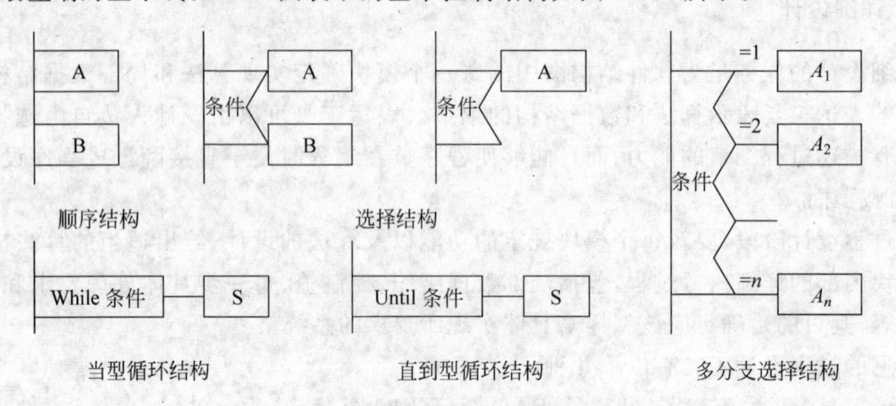

图13-25 用PAD图表示的基本控制结构

4) 过程设计语言PDL

过程设计语言PDL又称为伪码或结构化语言，与程序设计语言很接近，但只能描述算法，不能上机执行。PDL的特点如下：

(1) 为结构化构成元素、数据说明和模块化特征提供了关键词语法。

(2) 用自然语言的自由语法来描述处理部分。

(3) 可以说明简单和复杂的数据结构。

(4) 支持各种接口描述的子程序定义和调用技术。

13.3.4 软件测试

1. 软件测试的目的

软件测试是在设想程序有错误的前提下进行的，其目的是设法暴露程序中的错误和缺陷，一个好的测试在于能发现至今未发现的错误，一个成功的测试是发现了至今未发现的错误，但测试只能说明程序有错，而不能证明程序无错，如果希望通过有限次的测试就能发现程序中的所有错误是不可能的，因此，程序不可能具有百分之百的可靠性。

2. 软件测试的准则

(1) 所有测试都应追溯到用户需求。

(2) 严格执行测试计划，排除测试的随意性。

(3) 充分注意测试中的群集现象。

(4) 程序员应避免检查自己的程序。

(5) 穷举测试不可能。

(6) 妥善保存测试计划、测试用例、出错统计和最终分析报告，为维护提供方便。

3. 软件测试方法

软件测试具有多种方法，依据软件是否需要被执行，可以分为静态分析和动态测试；依照功能划分，可以分为白盒测试和黑盒测试。

(1) 静态分析。指不执行程序，而仅由人工对程序文本进行检查，通过阅读和讨论、分析和发现程序中的错误。

(2) 动态测试。使用测试用例在计算机上运行程序，使程序在运行过程中暴露错误。

(3) 白盒测试。是根据对程序内部逻辑结构的分析来选取测试用例。白盒测试的主要方法有：逻辑覆盖测试(语句覆盖、路径覆盖、判定覆盖、条件覆盖、判断—条件覆盖)、基本路径测试等。

(4) 黑盒测试。也称功能测试或数据驱动测试，黑盒测试完全不考虑程序的内部结构和内部特征。黑盒测试的主要方法有：等价类划分法、边界值分析法、错误推测法。

4. 软件测试的实施

软件测试过程分为 4 个步骤：①单元测试；②集成测试；③验收测试(确认测试)；④系统测试。

系统测试的具体实施一般包括：功能测试、性能测试、操作测试、配置测试、外部接口测试、安全性测试等。

13.3.5　程序调试

程序调试的任务是诊断和改正程序中的错误，调试主要在开发阶段进行。程序调试活动由两部分组成：一是根据错误的迹象确定程序中错误的确切性质、原因和位置；二是对程序进行修改，排除这个错误。

1. 程序调试的基本步骤

(1) 错误定位。

(2) 修改设计和代码，以排除错误。

(3) 进行回归测试，防止引进新的错误。

2. 软件调试方法

软件调试可分为静态调试和动态调试。静态调试主要是指通过人的思维来分析源程序代码和排错，是主要的调试手段，而动态调试是辅助静态调试的，静态调试的主要方法有：强行排错法、回溯法、原因排除法。

3. 软件测试与调试的关系

(1) 测试的目的是暴露错误，评价程序的可靠性；而调试的目的是发现错误的位置，并改正错误。

(2) 测试是揭示设计人员的过失，通常应由非设计人员来承担；而调试是帮助设计人员纠正错误，可以由设计人员自己承担。

(3) 测试是机械的、强制的、严格的,也是可预测的;而调试要求随机应变、联想、经验、智力,并要求自主地去完成。

(4) 经测试发现错误后,可以立即进行调试并改正错误;经过调试后的程序还需进行回归测试,以检查调试的效果,同时也可防止在调试过程中引进新的错误。

(5) 测试用例与调试用例可以一致,也可以不一致。

13.4 数据库设计基础

13.4.1 数据库系统的基本概念

(1) 数据是描述事物的符号记录。

(2) 数据库(Database,DB)是数据的集合,具有统一的结构形式并存放于统一的存储介质内,是多种应用数据的集成,并可被多个应用所共享。

(3) 数据库管理系统(Database Management System,DBMS)是数据库的管理机构,它是一种系统软件,负责数据库中的数据组织、数据操纵、数据维护、控制及保护、数据服务等,是数据库系统的核心。

数据库管理系统的功能包括:数据模式定义;数据存取的物理构建;数据操纵;数据的完整性、安全性定义与检查;数据库的并发控制与故障恢复;数据服务等。

数据库管理系统提供的数据语言有以下3类:

① 数据定义语言(Data Definition Language,DDL)负责数据的模式定义与数据的物理存取构建。

② 数据操纵语言(Data Manipulation Language,DML)负责数据的操纵,包括查询、添加、删除、修改等操作。

③ 数据控制语言(Data Control Language,DCL)负责数据完整性、安全性的定义与检查以及并发控制、故障恢复等功能,包括系统初启程序、文件读写与维护程序、存取路径管理程序、缓冲区管理程序、安全性控制程序、完整性检查程序、并发控制程序、事务管理程序、运行日志管理程序和数据库恢复程序等。

(4) 数据库管理员(Database Administrator,DBA)。主要工作有:数据库设计、数据库维护、改善数据库系统性能,提高系统效率。

(5) 数据库系统。数据库系统(Database System,DBS)由数据库、数据库管理系统、数据库管理员、硬件、系统软件5个部分构成了一个以数据库为核心的完整的运行实体,称为数据库系统。

(6) 数据库应用系统。数据库应用系统(Database Application System,DBAS)由数据库系统、应用软件及应用界面3个部分组成。

13.4.2 数据管理技术的发展与数据库系统的基本特点

数据管理技术的发展过程分为3个阶段:人工管理阶段、文件管理阶段以及数据库管理阶段。

数据库系统的基本特点是：数据的集成性；数据的高共享性与低冗余性；数据独立性；数据的统一管理与控制，包括数据的完整性检查、数据的安全性保护、并发控制。数据库技术的根本目标是要解决数据的共享问题。

数据的独立性一般分为两种：

(1) 物理独立性。当数据的物理结构包括存储结构、存取方式等改变时，如：存储设备的更换、物理存储的更换、存取方式改变等，应用程序不用改变。

(2) 逻辑独立性。当数据的逻辑结构改变时，如：修改数据模式、增加新的数据类型、改变数据间联系等，应用程序不用改变。

13.4.3　数据库系统的内部体系结构

数据库系统的内部体系结构包括三级模式和两级映射，如图 13-26 所示。

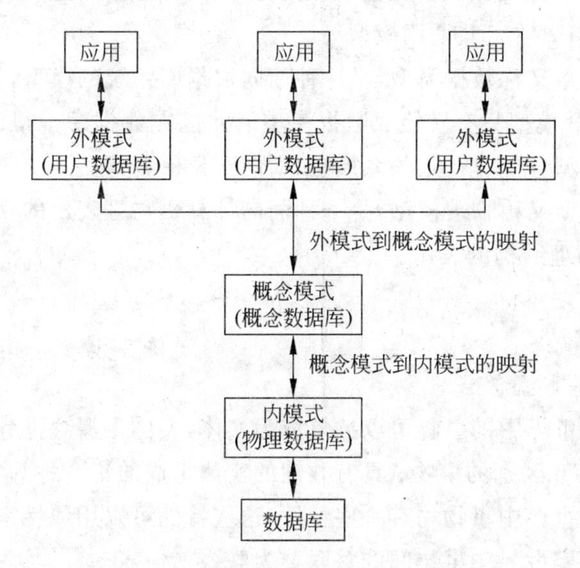

图 13-26　数据库系统的内部体系结构

数据库系统的三级模式：

(1) 外模式也称子模式或用户模式，它是用户应用的数据视图，即用户应用所见到的数据模式。在一般的 DBMS 中都提供了相关的外模式数据描述语言(外模式 DDL)。

(2) 概念模式是数据库系统中全局数据逻辑结构的描述，是全体用户应用的公共数据视图，是一种抽象的描述，它不涉及具体的硬件环境与平台，也与具体的软件环境无关。

(3) 内模式又称物理模式，它给出了数据库的物理存储结构与物理存取方法，内模式对一般用户应用是透明的，但它的设计直接影响数据库的性能。DBMS 一般提供相关的内模式数据描述语言(内模式 DDL)。

数据库系统的两级映射：

(1) 外模式到概念模式的映射，概念模式是一个全局模式而外模式是用户应用的局部模式，一个概念模式中可以定义多个外模式，而每个外模式是概念模式的一个基本视图。

(2) 概念模式到内模式的映射，该映射给出了概念模式中数据的全局逻辑结构到数据的物理存储结构之间的对应关系。

13.4.4 数据模型

数据模型是数据特征的抽象，从抽象层次上描述了数据库系统的静态特征、动态行为和约束条件，为数据库系统的信息表示与操作提供一个抽象的框架，因此，数据模型通常由数据结构、数据操作及数据约束3部分组成。

1. 3种不同应用层次的数据模型

(1) 概念数据模型简称概念模型，是一种面向客观世界、面向用户的模型，与具体的数据库管理系统无关，与具体的计算机平台无关。概念模型着重于对客观世界复杂事物的结构描述以及它们内在联系的刻画。概念模型是整个数据模型的基础，较为有名的概念模型有E-R模型、扩充的E-R模型、谓词模型等。

(2) 逻辑数据模型又称数据模型，是一种面向数据库系统的模型，该模型着重于数据库系统一级的实现，概念模型只有转换成数据模型后才能在数据库中得以表示。常见的逻辑数据模型有：层次模型、网状模型、关系模型、面向对象模型等。

(3) 物理数据模型又称物理模型，是一种面向计算机物理表示的模型，此模型给出了数据模型在计算机中物理结构的表示。

2. E-R模型

1) E-R模型的基本概念

(1) 实体。现实世界中的事物可以抽象成为实体，实体是概念世界中的基本单位，它们是客观存在但又能相互区别的事物；具有共性的实体组成的集合称为实体集。

(2) 属性。现实世界中事物均有一些特性，这些特性可以用属性来表示。

(3) 联系。在现实世界中事物间的关联称为联系。

2) 实体集之间的联系

(1) 一对一的联系，简记为1：1。

(2) 一对多或多对一的联系，简记为$1:M(1:m)$或$M:1(m:1)$。

(3) 多对多的联系，简记为$M:N$或$m:n$。

3) E-R模型中3个基本概念之间的联接关系

(1) 实体集(或联系)与属性间的联接关系。在E-R图中，实体集与属性间的联接关系用联接这两个图形间的无向线段表示(一般情况下用直线)；联系与属性间的联接关系也用无向线段表示。

(2) 实体集与联系间的联接关系。在E-R图中，实体集与联系间的联接关系用联接这两个图形间的无向线段表示。

4) E-R模型的图示法

E-R模型的图形表示称为E-R图。E-R图的基本图形表示如下：

(1) 实体集表示。在E-R图中，用矩形表示实体集，在矩形内写上实体集名。

(2) 属性表示。在 E-R 图中,用椭圆形表示属性,在椭圆形内写上属性名。

(3) 联系表示。在 E-R 图中,用菱形表示联系,在菱形内写上联系名。

图 13-27 是实体集系、教师、学生和课程及其它们之间联系、属性的 E-R 图。

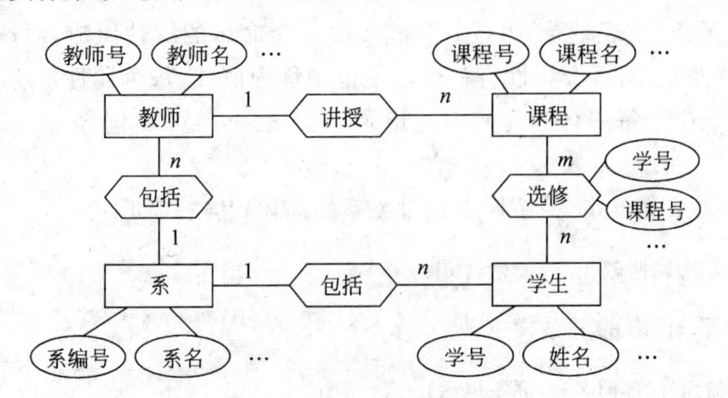

图 13-27 教学管理 E-R 图

3. 层次模型

层次模型的基本结构是树形结构。层次模型最明显的特点是层次清楚,构造简单,易于实现,它可以很方便地表示出一对一和一对多这两种实体集之间的联系,但不能直接表示多对多的联系,因此,对于复杂的数据关系,用层次模型表示比较麻烦。

图 13-28 是实体集系、教师、班级、课程和学生构成的一个层次模型。

4. 网状模型

网状模型是一个不加任何条件限制的无向图,它可以有一个以上的结点无父结点,但至少有一个结点有多于一个的父结点。

网状模型不仅具有层次模型的一些特点,而且能方便地描述较为复杂的数据关系,可以直接描述实体集之间多对多的联系。网状模型是层次模型的一般形式,层次模型则是网状模型的特殊情况。

图 13-29 是实体集教师、班级、课程、学生和成绩构成的一个网状模型。

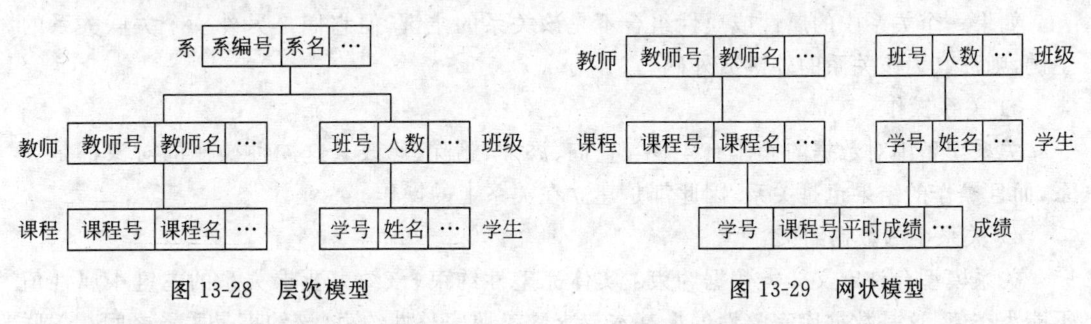

图 13-28 层次模型　　图 13-29 网状模型

网状模型和层次模型都属于格式化模型。所谓格式化模型是指在建立数据模型时,根据应用的需要,事先将数据之间的逻辑关系固定下来,即先对数据逻辑结构进行设计使数据结构化。

5. 关系模型

关系模型采用二维表来表示，简称表，每一个二维表称为一个关系；二维表由表框架(或表结构)及表元组(或表记录)组成；表框架由 n 个命名的属性组成，对属性的命名称为属性名，n 称为属性元数，每个属性有一个取值范围称为值域，每个属性对应表中的一个列，称为元或字段；表中的每一行称为元组或记录，一个表框架可以包含 m 个元组，m 称为表的基数。

表框架对应关系的模式，关系模式是对关系的描述，其格式如下：

关系名(属性名 1,属性名 2,…,属性名 n)

例如，"职工部门"表的关系模式为：

职工部门(部门编号,部门名称,联系电话)

1) 关系的性质

关系模型采用二维表来表示，二维表一般满足下面 7 个性质：

(1) 元组个数的有限性。二维表中元组个数是有限的。

(2) 元组的唯一性。二维表中元组均不相同。

(3) 元组的次序无关性。二维表中元组的次序可以任意交换。

(4) 元组分量的原子性。二维表中元组的分量是不可分割的基本数据项。

(5) 属性名唯一性。二维表中属性名互不相同。

(6) 属性的次序无关性。二维表中属性与次序无关，可任意交换。

(7) 分量值域的统一性。二维表属性的分量具有与该属性相同的值域。

2) 键

关系模型中的键或码具有标识元组、建立元组间联系等重要作用。在二维表中凡是能唯一标识元组的最小属性集称为该表的键或码，一个二维表可能有若干个键，它们称为该表的候选键或候选码，从二维表的所有候选键中选取一个作为用户使用的键称为主键或主码，一般主键也简称键或码。

如果一个关系中的属性或属性组合不是该关系的主键，但它们是另外一个关联关系的主键，则称其为该关系的外键或外码。

3) 关系操作

关系模型中对数据的操作有 4 种：查询、添加、删除、修改。这 4 种操作的对象都是关系，而且操作的结果也是关系，因此都是建立在关系上的操作。

4) 关系中的数据约束

关系模型允许定义 3 类数据约束：实体完整性约束(该约束要求关系的主键中属性值不能为空值，这是数据库完整性的最基本要求)、参照完整性约束(该约束是关系之间相关联的基本约束，它不允许关系引用不存在的元组，即在关系中的外键要么是关联关系中实际存在的元组，要么为空值)以及用户定义的完整性约束。

实体完整性约束和参照完整性约束是关系数据库必须遵守的规则，在任何一个关系数据库管理系统中均由系统自动支持。

13.4.5　关系代数

在关系模型中，将关系看成元组的集合，因此，把对数据的操作归结为各种集合运算，在关系模型的数据语言中，除了常规的集合运算并、差、交、笛卡儿积外，还定义了一些专门的关系运算选择、投影、连接等。

1. 并

设关系 R 和关系 S 具有相同的 n 元属性，且它们相应的属性值取自同一个域，则它们的并仍然是一个 n 元关系，由属于关系 R 或者属于关系 S 的元组组成，记为 $R \cup S$。并运算满足交换律，即 $R \cup S$ 与 $S \cup R$ 是相等的。设 t 为元组，并运算表示如下：

$$R \cup S = \{t \mid t \in R \vee t \in S\}$$

2. 差

设关系 R 和关系 S 具有相同的 n 元属性，且它们相应的属性值取自同一个域，则它们的差仍然是一个 n 元关系，由属于关系 R 而不属于关系 S 的元组组成，记为 $R-S$。特别要注意的是：差运算不满足交换律，即 $R-S$ 与 $S-R$ 是不相等的。设 t 为元组，差运算表示如下：

$$R - S = \{t \mid t \in R \wedge \neg t \in S\}$$

3. 交

设关系 R 和关系 S 具有相同的 n 元属性，且它们相应的属性值取自同一个域，则它们的交仍然是一个 n 元关系，由属于关系 R 且属于关系 S 的元组组成，记为 $R \cap S$。交运算满足交换律，即 $R \cap S$ 与 $S \cap R$ 是相等的。设 t 为元组，交运算表示如下：

$$R \cap S = \{t \mid t \in R \wedge t \in S\}$$

4. 笛卡儿积

设有 m 元关系 R 和 n 元关系 S，则 R 与 S 的笛卡儿积是 R 和 S 中所有元组的所有组合，在实际进行组合时，可以从 R 的第一个元组开始到最后一个元组，依次与 S 的所有元组组合，其结果是一个 $m+n$ 元属性、$m \times n$ 个元组的关系，记为 $R \times S$。设 t_r 为 R 中的元组，t_s 为 S 中的元组，笛卡儿积表示如下：

$$R \times S = \{t_r t_s \mid t_r \in R \wedge t_s \in S\}$$

【例 13-8】 关系 R 和关系 S 的并、差、交、笛卡儿积运算结果，见表 13-2。

5. 选择

选择运算是在指定的关系中选取所有满足给定条件的元组，构成一个新的关系，而这个新关系是原关系的一个子集。设 t 为元组，选择运算表示如下：

$$\sigma_F = \{t \mid t \in R \text{ 且 } F(t) \text{为真}\}$$

其中，F 表示选择条件，是一个逻辑表达式。

表 13-2 关系 *R* 和关系 *S* 的并、差、交、笛卡儿积运算

R

A	B	C
a1	b1	c1
a2	b2	c2
a3	b3	c3

S

A	B	C
a2	b3	c1
a1	b2	c3
a3	b3	c3

$R \cup S$

A	B	C
a1	b1	c1
a2	b2	c2
a3	b3	c3
a2	b3	c1
a1	b2	c3

$R - S$

A	B	C
a1	b1	c1
a2	b2	c2

$R \cap S$

A	B	C
a3	b3	c3

$R \times S$

A	B	C	A	B	C
a1	b1	c1	a2	b3	c1
a1	b1	c1	a1	b2	c3
a1	b1	c1	a3	b3	c3
a2	b2	c2	a2	b3	c1
a2	b2	c2	a1	b2	c3
a2	b2	c2	a3	b3	c3
a3	b3	c3	a2	b3	c1
a3	b3	c3	a1	b2	c3
a3	b3	c3	a3	b3	c3

选择运算是在关系中行的方向上进行运算，从一个关系中选择满足条件的元组。

【例 13-9】 从第 12 章的“职工档案”表中选择性别＝"女"的元组，见表 13-3。

表 13-3 选择运算

职工编号	姓名	性别	职务	出生年月	部门编号
20090003	张非	女	经理	1975-1-3	04
20090006	陈明	女	普通员工	1985-11-23	04
20090008	江珊珊	女	普通员工	1984-10-10	02

6. 投影

投影运算是在给定关系的某些属性上进行的运算，通过投影运算可以从一个关系中选择所需要的属性，并且按要求排列成一个新的关系，而新关系的各个属性值来自原关系中相应的属性值，经过投影运算后，会去掉某些列，有可能出现一些重复元组，必须删除重复元组，最后形成一个新的关系。设 t 为元组，A 为 R 中的属性列，投影运算表示如下：

$$\Pi_A(R) = \{t[A] \mid t \in R\}$$

投影运算是在关系的列的方向上进行选择。

【例 13-10】 从第 12 章的“职工档案”表中选择职工编号、姓名、性别 3 个字段，见表 13-4。

表 13-4 投影运算

职工编号	姓名	性别
20090001	李扬	男
20090002	和尖	男
20090003	张非	女
20090004	王一曼	男
20090005	张守一	男
20090006	陈明	女
20090007	刘春华	男
20090008	江珊珊	女
20090009	郑坚	男

7. 连接

连接运算是从两个关系的笛卡儿积中选出满足给定条件的元组。

设 m 元关系 R 和 n 元关系 S，则 R 和 S 两个关系的连接运算表示如下：

$$R \underset{A\theta B}{\bowtie} S = \{t_r t_s \mid t_r \in R \wedge t_s \in S \wedge t_r[A] \theta t_s[B]\}$$

其中，A 和 B 分别为 R 和 S 上个数相等且可比的属性组。

比较运算符 θ 有如下 3 种情况：

当 θ 为“=”时，称为等值连接。

当 θ 为“<”时，称为小于连接。

当 θ 为“>”时，称为大于连接。

【例 13-11】 对关系 R 和关系 S 做连接运算，连接条件为 $A>E$，运算结果见表 13-5。

表 13-5 连接运算(大于连接)

R

A	B	C
1	2	3
4	5	6
7	8	9

S

D	E	F
1	4	7
2	5	8
3	6	9

$R \underset{A>E}{\bowtie} S$

A	B	C	D	E	F
7	8	9	1	4	7
7	8	9	2	5	8
7	8	9	3	6	9

8. 自然连接

自然连接运算是对两个具有公共属性的关系所进行的连接运算，自然连接是一种特殊的等值连接。

设关系 R 和关系 S 具有公共属性，则 R 和 S 的自然连接，是从它们的笛卡儿积 $R\times S$

中选出公共属性值相等的那些元组，并去掉重复的属性。自然连接运算表示如下：

$$R \bowtie S = \{t_r t_s \mid t_r \in R \wedge t_s \in S \wedge t_r[A] = t_s[B]\}$$

【例 13-12】 将第 12 章的"职工档案"表与"职工部门"表自然连接，公共属性为"部门编号"，运算结果见表 13-6。

表 13-6 "职工档案"表与"职工部门"表的自然连接

职工编号	姓名	性别	职务	出生年月	部门编号	部门名称	联系电话
20090001	李扬	男	经理	1980-4-6	03	生产部	66900883
20090002	和尖	男	普通员工	1981-12-15	02	销售部	68515244
20090003	张非	女	经理	1975-1-3	04	采购部	40009888
20090004	王一曼	男	普通员工	1977-5-30	04	采购部	40009888
20090005	张守一	男	普通员工	1989-5-12	03	生产部	66900883
20090006	陈明	女	普通员工	1985-11-23	04	采购部	40009888
20090007	刘春华	男	经理	1988-9-7	01	人力资源部	50153412
20090008	江珊珊	女	普通员工	1984-10-10	02	销售部	68515244
20090009	郑坚	男	经理	1985-2-22	02	销售部	68515244

13.4.6 数据库设计与管理

1. 数据库设计概述

数据库设计的基本任务是根据用户对象的信息需求、处理需求和数据库的支持环境(包括硬件、操作系统与 DBMS)设计出数据模式。

所谓信息需求主要是指用户对象的数据及其结构，它反映了数据库的静态要求；所谓处理需求则表示用户对象的行为和动作，它反映了数据库的动态要求。

数据库设计方法有两种：①以信息需求为主，兼顾处理需求的面向数据的方法；②以处理需求为主，兼顾信息需求的面向过程的方法。

数据库设计一般采用生命周期法，将整个数据库应用系统的开发分解成目标独立的若干阶段，它们是：需求分析阶段、概念设计阶段、逻辑设计阶段、物理设计阶段。

将 E-R 图向关系模式转换时，E-R 模型中的属性转换成关系中的属性，实体转换成关系中的元组；实体集和联系均转换成关系。

2. 数据库管理

数据库管理主要包括：数据库的建立、数据库的调整、数据库的重组、数据库的安全性控制与完整性控制、数据库的故障恢复和数据库的监控。

习题 13

一、选择题

1. 下列叙述中正确的是________。

A) 对长度为 n 的有序链表进行查找，最坏情况下需要的比较次数为 n

B) 对长度为 n 的有序链表进行对分查找，最坏情况下需要的比较次数为($n/2$)

C) 对长度为 n 的有序链表进行对分查找，最坏情况下需要的比较次数为($\log_2 n$)

D) 对长度为 n 的有序链表进行对分查找，最坏情况下需要的比较次数为($n\log_2 n$)

2. 算法的时间复杂度是指________。

A) 算法的执行时间　　B) 算法所处理的数据量

C) 算法程序中的语句或指令条数　　D) 算法在执行过程中所需要的基本运算次数

3. 数据流程图(DFD)是________。

A) 软件概要设计的工具　　B) 软件详细设计的工具

C) 结构化方法的需求分析工具　　D) 面向对象方法的需求分析工具

4. 软件生命周期可分为定义阶段、开发阶段和维护阶段。详细设计属于________。

A) 定义阶段　　B) 开发阶段　　C) 维护阶段　　D) 上述3个阶段

5. 数据库管理系统中负责数据模式定义的语言是________。

A) 数据定义语言　　B) 数据管理语言

C) 数据操纵语言　　D) 数据控制语言

6. 在学生管理的关系数据库中，存取一个学生信息的数据单位是________。

A) 文件　　B) 数据库　　C) 字段　　D) 记录

7. 有两个关系 R 和 T 如下：

R

A	B	C
a	1	2
b	2	2
c	3	2
d	3	2

T

A	B	C
c	3	2
d	3	2

则由关系 R 得到关系 T 的操作是________运算。

A) 选择　　B) 投影　　C) 交　　D) 并

8. 下列数据结构中，能够按照“先进后出”原则存取数据的是________。

A) 循环队列　　B) 栈　　C) 队列　　D) 二叉树

9. 对于循环队列，下列叙述中正确的是________。

A) 队头指针是固定不变的

B) 队头指针一定大于队尾指针

C) 队头指针一定小于队尾指针

D) 队头指针可以大于队尾指针，也可以小于队尾指针

10. 算法的空间复杂度是指________。

A) 算法在执行过程中所需要的计算机存储空间

B) 算法所处理的数据量

C) 算法程序中的语句或指令条数

D) 算法在执行过程中所需要的临时工作单元数

11. 在E-R图中，用于表示实体之间联系的图形是________。

A) 椭圆形　　B) 矩形　　C) 菱形　　D) 三角形

12. 数据库DB、数据库系统DBS、数据库管理系统DBMS之间的关系是________。

A) DB包含DBS和DBMS　　B) DBMS包含DB和DBS

C) DBS包含DB和DBMS　　D) 没有任何关系

13. 下列叙述中正确的是________。

A) 栈是"先进先出"的线性表

B) 队列是"先进后出"的线性表

C) 循环队列是非线性结构

D) 有序线性表既可以采用顺序存储结构存储,也可以采用链式存储结构存储

14. 支持子程序调用的数据结构是________。

A) 栈　　B) 树　　C) 队列　　D) 二叉树

15. 某二叉树有5个度为2的结点,则该二叉树中的叶子结点数是________。

A) 10　　B) 8　　C) 6　　D) 4

16. 下列排序方法中,最坏情况下比较次数最少的是________。

A) 冒泡排序　　B) 简单选择排序

C) 直接插入排序　　D) 堆排序

17. 下面叙述中错误的是________。

A) 软件测试的目的是发现错误并改正错误

B) 对被调试的程序进行"错误定位"是程序调试的必要步骤

C) 程序调试通常也称为Debug

D) 软件测试应严格执行测试计划,排除测试的随意性

18. 有3个关系R、S和T如下:

R

A	B
m	1
n	2

S

B	C
1	3
3	5

T

A	B	C
m	1	3

由关系R和S通过运算得到关系T,则所使用的运算为________。

A) 笛卡儿积　　B) 交　　C) 并　　D) 自然连接

19. 将E-R图转换为关系模式时,实体和联系都可以表示为________。

A) 属性　　B) 键　　C) 关系　　D) 域

20. 在长度为n的有序线性表中进行二分查找,最坏情况下需要比较的次数是________。

A) $O(n)$　　B) $O(n^2)$　　C) $O(\log_2 n)$　　D) $O(n\log_2 n)$

21. 数据流图中带有箭头的线段表示的是________。

A) 控制流　　B) 事件驱动　　C) 模块调用　　D) 数据流

22. 一间宿舍可住多个学生,则实体集宿舍和学生之间的联系是________。

A) 一对一　　B) 一对多　　C) 多对一　　D) 多对多

23. 在数据管理技术发展的3个阶段中,数据共享最好的是________。

A) 人工管理阶段　　B) 文件系统阶段

C) 数据库系统阶段　　D) 3个阶段相同

24. 下列叙述中正确的是________。

A) 程序设计就是编制程序

B) 程序的测试必须由程序员自己去完成

C) 程序经调试改错后还应进行再测试

D) 程序经调试改错后不必进行再测试

25. 程序流程图中带有箭头的线段表示的是________。

A) 图元关系　　B) 数据流　　C) 控制流　　D) 调用关系

26. 软件设计中模块划分应遵循的准则是________。

A) 低内聚低耦合　　B) 高内聚低耦合

C) 低内聚高耦合　　D) 高内聚高耦合

27. 在软件开发中,需求分析阶段产生的主要文档是________。

A) 可行性分析报告　　B) 软件需求规格说明书

C) 概要设计说明书　　D) 集成测试计划

28. 算法的有穷性是指________。

A) 算法程序的运行时间是有限的

B) 算法程序所处理的数据量是有限的

C) 算法程序的长度是有限的

D) 算法只能被有限的用户使用

29. 下列数据结构中,能用二分法进行查找的是________。

A) 顺序存储的有序线性表　　B) 线性链表

C) 二叉链表　　D) 有序线性链表

30. 设有表示学生选课的三张表,学生 *S*(学号,姓名,性别,年龄,身份证号),课程 *C*(课号,课名),选课 *SC*(学号,课号,成绩),则表 *SC* 的关键字(键或码)为________。

A) 课号,成绩　　B) 学号,成绩

C) 学号,课号　　D) 学号,姓名,成绩

二、填空题

1. 设某循环队列的容量为50,如果头指针 front=45(指向队头元素的前一位置),尾指针 rear=10(指向队尾元素),则该循环队列中共有________个元素。

2. 设二叉树如下:

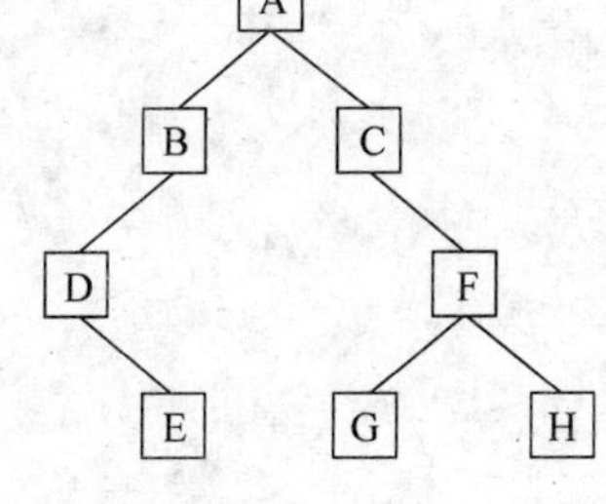

对该二叉树进行后序遍历的结果为________。

3. 软件是________、数据和文档的集合。

4. 程序测试分为静态分析和动态测试。其中________是指不执行程序,而只是对程序

文本进行检查,通过阅读和讨论,分析和发现程序中的错误。

5. 某二叉树有5个度为2的结点以及3个度为1的结点,则该二叉树中共有________个结点。

6. 程序流程图中的菱形框表示的是________。

7. 在数据库技术中,实体集之间的联系可以是一对一、一对多、多对多,那么“学生”和“可选课程”的联系为________。

8. 人员基本信息一般包括:身份证号、姓名、性别、年龄等,其中可以作为主关键字的是________。

9. 软件测试可分为白盒测试和黑盒测试。基本路径测试属于________测试。

10. 符合结构化原则的3种基本控制结构是:选择结构、循环结构和________。

11. 数据库系统的核心是________。

12. 按照软件测试的一般步骤,集成测试应在________测试之后进行。

13. 数据库设计包括概念设计、________和物理设计。

14. 深度为5的满二叉树有________个叶子结点。

15. 在面向对象方法中,________描述的是具有相似属性与操作的一组对象。

参考文献

[1] 教育部考试中心.全国计算机等级考试二级教程——Visual Basic 语言程序设计(2008 年版)[M].北京：高等教育出版社,2008.

[2] 教育部考试中心.全国计算机等级考试二级教程——公共基础知识(2008 年版)[M].北京：高等教育出版社,2008.

[3] 徐士良.计算机软件技术基础[M].北京：清华大学出版社,2002.

[4] 邱李华,曹青,郭志强.Visual Basic 程序设计教程[M].2 版.北京：机械工业出版社,2007.

[5] 安颖莲.Visual Basic 程序设计[M].北京：机械工业出版社,2009.

[6] 刘瑞新,汪远征.Visual Basic 程序设计教程.2 版.北京：机械工业出版社,2007.

（续）

特殊存储器字节 SMB200 ~ SMB549							
插槽 0 中的智能模块	插槽 1 中的智能模块	插槽 2 中的智能模块	插槽 3 中的智能模块	插槽 4 中的智能模块	插槽 5 中的智能模块	插槽 6 中的智能模块	说明
SMB222 ~ SMB249	SMB272 ~ SMB299	SMB322 ~ SMB349	SMB372 ~ SMB399	SMB422 ~ SMB449	SMB472 ~ SMB499	SMB522 ~ SMB549	专用于特殊模块类型的信息

参考文献

[1] 金彦平. 可编程序控制器及应用[M]. 北京：机械工业出版社，2010.
[2] 彭小平. 电气控制及PLC应用技术[M]. 北京：机械工业出版社，2011.
[3] 张伟林. 电气控制与PLC综合应用技术[M]. 北京：人民邮电出版社，2009.
[4] 阮友德. 电气控制与PLC实训教程[M]. 北京：人民邮电出版社，2006.
[5] 李俊秀. 电气控制与PLC应用技术(理实一体化项目教程)[M]. 北京：化学工业出版社，2010.
[6] 陶权，韦瑞录. PLC控制系统设计安装与调试[M]. 北京：北京理工大学出版社，2009.
[7] 廖常初. PLC基础及应用[M]. 北京：机械工业出版社，2003.